DIE GRUNDLEHREN DER
MATHEMATISCHEN WISSENSCHAFTEN
IN EINZELDARSTELLUNGEN MIT BESONDERER BERÜCKSICHTIGUNG DER ANWENDUNGSGEBIETE

HERAUSGEGEBEN VON

G. D. BIRKHOFF · W. BLASCHKE · R. COURANT
M. MORSE · F. K. SCHMIDT · E. TREFFTZ †
B. L. VAN DER WAERDEN

BAND XXXIII

MODERNE ALGEBRA I

VON

B. L. VAN DER WAERDEN

SPRINGER-VERLAG
BERLIN HEIDELBERG GMBH

1937

MODERNE ALGEBRA

VON

DR. B. L. VAN DER WAERDEN
O. PROFESSOR DER MATHEMATIK AN DER UNIVERSITÄT
LEIPZIG

UNTER BENUTZUNG VON VORLESUNGEN
VON
E. ARTIN UND E. NOETHER

ERSTER TEIL

ZWEITE
VERBESSERTE AUFLAGE

SPRINGER-VERLAG
BERLIN HEIDELBERG GMBH
1937

Die redaktionelle Leitung der Sammlung

DIE GRUNDLEHREN DER MATHEMATISCHEN WISSENSCHAFTEN

liegt in den Händen von

Prof. Dr. F. K. SCHMIDT, Jena, Abbeanum,

für das angelsächsische Sprachgebiet

in den Händen von

Prof. Dr. R. COURANT, New Rochelle (N.Y.) USA., 142 Calton Road.

ISBN 978-3-662-35604-3 ISBN 978-3-662-36434-5 (eBook)
DOI 10.1007/ 978-3-662-36434-5

Vorwort zur ersten Auflage.

Das vorliegende Buch hat sich aus einer Ausarbeitung einer Vorlesung von E. ARTIN (Hamburg, Sommer 1926) entwickelt; es ist aber so vielen Umarbeitungen und Erweiterungen unterzogen und es sind so viele andere Vorlesungen und neuere Untersuchungen darin verarbeitet worden (man sehe die Einleitung), daß man die ARTINsche Vorlesung nur schwer darin wird wiederfinden können.

Allen Helfern, die durch ihre kritischen Bemerkungen das Werk gefördert haben, sage ich an dieser Stelle herzlichen Dank. Vor allem muß ich aber Herrn Dr. W. WEBER in Göttingen erwähnen, dessen nie ermüdende Hilfe bei der Herstellung des Manuskriptes nicht hoch genug gewertet werden kann.

Groningen, im Sommer 1930.

B. L. VAN DER WAERDEN.

Vorwort zur zweiten Auflage.

Bei der Neubearbeitung des ersten Bandes habe ich danach gestrebt, das Buch wieder ganz auf die Höhe der Zeit zu bringen. Dazu war es allererst notwendig, die Grundlagen der Bewertungstheorie ausführlicher und gründlicher zu behandeln. Bei der Abfassung des neu eingefügten Kapitels über bewertete Körper hat mich Herr Dr. habil. M. DEURING in dankenswerter Weise unterstützt.

Zweitens hat sich die Möglichkeit ergeben, ohne das eigentliche Ziel des Buches aus dem Auge zu verlieren, aus dem ersten Bande ein für Anfänger brauchbares Elementarbuch der Algebra mit Ausnahme der Determinantentheorie zu machen. Zu diesem Zwecke wurde die EULERsche Resultantentheorie sowie die Theorie der linearen Gleichungen aus dem zweiten Bande in den ersten übernommen, ein Paragraph über Partialbruchzerlegung hinzugefügt, die Lehre von der Differentiation sowie die Interpolationsrechnung weiter ausgebaut, die Lehre der Faktorzerlegung elementar begründet und viele Einzelheiten leichter verständlich dargestellt. Die Begriffe Vektorraum und hyperkomplexes System habe ich jetzt schon im ersten Band erklärt und einige grundlegende Sätze über Dimensionen, Normen und Spuren gleich in der erforderlichen Allgemeinheit (statt wie bisher nur für kommutative Körper) bewiesen.

Zum dritten habe ich versucht, bedenkliche mengentheoretische Schlußweisen in der Algebra möglichst zu vermeiden. Ein völlig „finiter" Aufbau der Algebra unter Vermeidung von allen nicht konstruktiven Existenzbeweisen, ist leider ohne große Opfer nicht möglich. Man müßte dann wesentliche Teile der Algebra ausmerzen oder die Sätze mit so vielen Einschränkungen formulieren, daß die Darstellung ungenießbar und für Anfänger jedenfalls unbrauchbar werden würde. Wohl aber war es möglich, wenigstens die Bausteine zu einer finiten Begründung der Algebra, soweit sie jetzt schon vorhanden sind, zusammenzutragen. In der Körpertheorie habe ich das durchgeführt, indem ich die Aufführung der körpertheoretischen Operationen in endlich vielen Schritten so dargestellt habe, daß daraus die intuitionistische Begründung der Theorie, soweit sie überhaupt möglich ist, ohne weiteres entnommen werden kann. Auch die Lehre von der Faktorzerlegung wurde elementar und dadurch mehr finit dargestellt.

In Verfolgung derselben Tendenz wurden diejenigen Teile der Körpertheorie, die auf dem Auswahlpostulat und dem Wohlordnungssatz beruhten, in der neuen Auflage ganz weggelassen. Mitbestimmend war dafür die Erkenntnis, daß durch die Wohlordnung eines Körpers ein der Algebra fremdes Element hereinkommt, sowie der Erwägung, daß für nahezu alle Anwendungen der Spezialfall der abzählbaren Körper, in welchem die Abzählung die Wohlordnung ersetzt, vollauf genügt. Die schönen Grundgedanken der klassischen STEINITZschen Abhandlung über die algebraische Theorie der Körper kommen im abzählbaren Fall schon voll zur Geltung, und außerdem ist diese Abhandlung jetzt als Buch herausgegeben und somit jedem zugänglich.

Durch die Weglassung der Wohlordnungsbetrachtungen wurde erreicht, daß der Umfang des Buches trotz der eingangs erwähnten Erweiterungen kaum angewachsen ist.

Viele kleinere Verbesserungen, meist didaktischer Natur, verdanke ich der aufbauenden Kritik einer Reihe von Freunden, denen ich an dieser Stelle meinen herzlichen Dank ausspreche. Ich hoffe, daß durch die mehr elementare und an manchen Stellen auch ausführlichere Darstellung der Wert des Buches, insbesondere für angehende Mathematiker, gestiegen ist.

Leipzig, im Januar 1937.

B. L. VAN DER WAERDEN.

Inhaltsverzeichnis.

[Die eingeklammerten Zahlen geben die Nummern der Paragraphen in der ersten Auflage an.]

Fünftes Kapitel.

Körpertheorie.

Sechstes Kapitel.

Fortsetzung der Gruppentheorie.

Siebentes Kapitel.

Die Theorie von GALOIS.

Achtes Kapitel.

Unendliche Körpererweiterungen.

Neuntes Kapitel.

Reelle Körper.

Zehntes Kapitel.

Bewertete Körper.

Leitfaden.

Übersicht über die Kapitel der beiden Bände und ihre logische Abhängigkeit.

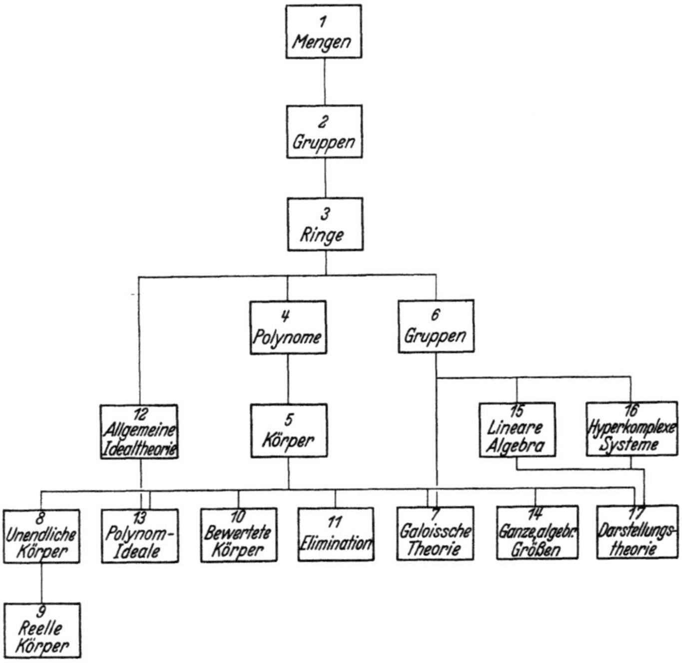

Einleitung.

Ziel des Buches. Die „abstrakte", „formale" oder „axiomatische" Richtung, der die Algebra ihren erneuten Aufschwung in der jüngsten Zeit verdankt, hat vor allem in der *Körpertheorie*, der *Idealtheorie*, der *Gruppentheorie* und der *Theorie der hyperkomplexen Zahlen* zu einer Reihe von neuartigen Begriffsbildungen, zur Einsicht in neue Zusammenhänge und zu weitreichenden Resultaten geführt. In diese ganze Begriffswelt den Leser einzuführen, soll das Hauptziel dieses Buches sein.

Stehen demnach allgemeine Begriffe und Methoden im Vordergrund, so sollen doch auch die Einzelresultate, die zum klassischen Bestand der Algebra gerechnet werden müssen, eine gehörige Berücksichtigung im Rahmen des modernen Aufbaus finden.

Einteilung. Anweisungen für die Leser. Um die allgemeinen Gesichtspunkte, welche die „abstrakte" Auffassung der Algebra beherrschen, genügend klar zu entwickeln, war es notwendig, die Grundlagen der Gruppentheorie und der elementaren Algebra von Anfang an neu darzustellen.

Angesichts der vielen in neuerer Zeit erschienenen guten Darstellungen der Gruppentheorie, der klassischen Algebra und der Körpertheorie ergab sich die Möglichkeit, diese einleitenden Teile knapp (aber lückenlos) zu fassen. Eine breitere Darstellung kann der Anfänger jetzt überall finden[1].

Als weiteres Leitprinzip diente die Forderung, daß möglichst jeder einzelne Teil für sich allein verständlich sein soll. Wer die allgemeine Idealtheorie oder die Theorie der hyperkomplexen Zahlen kennenlernen will, braucht nicht die GALOISsche Theorie vorher zu studieren, und umgekehrt; und wer etwas über Elimination oder lineare Algebra nachschlagen will, darf nicht durch komplizierte idealtheoretische Begriffsbildungen abgeschreckt werden.

[1] Für die Gruppentheorie sei verwiesen auf:

SPEISER, A.: Die Theorie der Gruppen von endlicher Ordnung, 2. Aufl. Berlin: Julius Springer 1927.

Für die Körpertheorie auf:

HASSE, H.: Höhere Algebra I, II und Aufgabensammlung zur Höheren Algebra. Sammlung Göschen 1926/27.

HAUPT, O.: Einführung in die Algebra I, II. Leipzig 1929.

Für die klassische Algebra auf:

PERRON, O.: Algebra I, II. 1927.

Für die lineare Algebra auf:

BÔCHER, M.: Introduction to higher Algebra. New York 1908 (auch deutsch von H. BECK, Leipzig 1910).

DICKSON, L. E.: Modern algebraic Theories, Chicago 1926 (auch deutsch von E. BODEWIG, Leipzig 1929).

Die Einteilung ist darum so gewählt, daß die ersten drei Kapitel auf kleinstem Raum das enthalten, was für *alle* weiteren Kapitel als Vorbereitung nötig ist: die ersten Grundbegriffe über: 1. Mengen; 2. Gruppen; 3. Ringe, Ideale und Körper. Die weiteren Kapitel des I. Bandes sind hauptsächlich der Theorie der kommutativen Körper gewidmet und beruhen in erster Linie auf der grundlegenden Arbeit von STEINITZ in CRELLES Journal Bd. 137 (1910)[1]. Im II. Band soll in möglichst voneinander unabhängigen Abschnitten die Theorie der Moduln, Ringe und Ideale mit Anwendungen auf Eliminationstheorie, Elementarteiler, hyperkomplexe Zahlen und Darstellungen von Gruppen zur Behandlung kommen.

Weggelassen mußten werden die Theorie der algebraischen Funktionen und die der kontinuierlichen Gruppen, weil beide für eine sachgemäße Behandlung transzendente Begriffe und Methoden benötigen würden; weiter auf Grund ihres Umfanges die Invariantentheorie. Als bekannt vorausgesetzt sind die Determinanten, die übrigens nur ganz selten benutzt werden.

Zur weiteren Orientierung sei auf das Inhaltsverzeichnis und vor allem auf den vorstehenden schematischen „Leitfaden" verwiesen, aus dem genau zu ersehen ist, wieviel von den vorangehenden Kapiteln zu jedem einzelnen Kapitel benötigt wird.

Weniger wichtige oder schwierigere Zusätze sind klein gedruckt. Die letzten drei Kapitel des I. Bandes können bei erster Lektüre übergangen werden.

Die eingestreuten Aufgaben sind meist so gewählt, daß man an ihnen erproben kann, ob man den Text verstanden hat. Sie enthalten auch Beispiele und Ergänzungen, auf die an späteren Stellen gelegentlich Bezug genommen wird. Kunstgriffe sind zu ihrer Lösung meist nicht erforderlich und sonst in eckigen Klammern angedeutet.

Quellen. Das vorliegende Buch hat sich teilweise aus Vorlesungsausarbeitungen entwickelt, und zwar wurden benutzt:

eine Vorlesung von E. ARTIN über Algebra (Hamburg, Sommersemester 1926);

ein Seminar über Idealtheorie, abgehalten von E. ARTIN, W. BLASCHKE, O. SCHREIER und dem Verfasser (Hamburg, Wintersemester 1926/27);

zwei Vorlesungen von E. NOETHER, beide über Gruppentheorie und hyperkomplexe Zahlen (Göttingen, Wintersemester 1924/25, Wintersemester 1927/28)[2].

Wo man in diesem Buch neue Beweise oder Beweisanordnungen findet, wird man sie oft auf die erwähnten Vorlesungen und Seminare zurückzuführen haben, auch dann, wenn nicht ausdrücklich die Quelle erwähnt ist.

---

[1] Diese Arbeit ist inzwischen auch in Buchform erschienen. STEINITZ, E.: Algebraische Theorie der Körper, mit Erläuterungen und einem Anhang von R. BAER und H. HASSE, Berlin 1930.

[2] Eine Ausarbeitung der zuletzt genannten Vorlesung von E. NOETHER ist erschienen in der Math. Zeitschrift Bd. 30 (1929) S. 641—692.

Erstes Kapitel.

Zahlen und Mengen.

Da gewisse logische und allgemein-mathematische Begriffe, insbesondere der Mengenbegriff, mit denen der angehende Mathematiker vielfach noch nicht vertraut ist, in diesem Buch Verwendung finden, soll ein kurzer Abschnitt über diese Begriffe vorangehen. Auf Grundlagenschwierigkeiten[1] soll dabei nicht eingegangen werden: wir stellen uns durchwegs auf den „naiven Standpunkt", allerdings unter Vermeidung von paradoxienerzeugenden Zirkeldefinitionen. Der Fortgeschrittene braucht sich von diesem Kapitel bloß die Bedeutung der Zeichen $\in$, $\subset$, $\supset$, $\frown$, $\vee$ und $\{\ldots\}$ zu merken und kann alles übrige übergehen.

§ 1. Mengen.

Wir denken uns, als Ausgangspunkt aller mathematischen Betrachtung, gewisse vorstellbare Objekte, etwa Zahlzeichen, Buchstaben oder Kombinationen von solchen. Eine Eigenschaft, die jedes einzelne dieser Objekte hat oder nicht hat, definiert eine *Menge* oder *Klasse*; *Elemente der Menge* sind diejenigen Objekte, denen diese Eigenschaft zukommt. Das Zeichen

$$a \in \mathfrak{M}$$

bedeutet: a ist Element von $\mathfrak{M}$. Man sagt auch geometrisch-bildlich: a liegt in $\mathfrak{M}$. Eine Menge heißt *leer*, wenn sie keine Elemente enthält.

Wir nehmen an, daß es erlaubt ist, Folgen und Mengen von Zahlen (oder von Buchstaben usw.) selbst wieder als Objekte und Elemente von Mengen (Mengen zweiter Stufe, wie man bisweilen sagt) aufzufassen. Diese Mengen zweiter Stufe können wieder Elemente von Mengen höherer Stufe sein, usw. Wir hüten uns jedoch vor Begriffsbildungen wie „die Menge aller Mengen" u. dgl., weil diese zu Widersprüchen Anlaß geben können (und gegeben haben); vielmehr bilden wir neue Mengen nur aus einer jeweils vorher abgegrenzten Kategorie von Objekten (zu denen die neuen Mengen noch nicht gehören).

Sind alle Elemente einer Menge $\mathfrak{N}$ zugleich Elemente von $\mathfrak{M}$, so heißt $\mathfrak{N}$ eine *Untermenge* oder *Teilmenge* von $\mathfrak{M}$, und man schreibt:

$$\mathfrak{N} \subseteq \mathfrak{M}.$$

[1] Für diese vergleiche man A. FRAENKEL, Einführung in die Mengenlehre, 3. Aufl. (Berlin 1928).

$\mathfrak{M}$ heißt dann auch *Obermenge* oder *umfassende Menge* von $\mathfrak{N}$, in Zeichen:

$$\mathfrak{M} \supseteqq \mathfrak{N}.$$

Aus $\mathfrak{A} \subseteqq \mathfrak{B}$ und $\mathfrak{B} \subseteqq \mathfrak{C}$ folgt $\mathfrak{A} \subseteqq \mathfrak{C}$.

Die leere Menge ist in jeder Menge enthalten.

Sind zugleich alle Elemente von $\mathfrak{M}$ in $\mathfrak{N}$ enthalten und alle Elemente von $\mathfrak{N}$ in $\mathfrak{M}$, so nennt man die Mengen $\mathfrak{M}$, $\mathfrak{N}$ *gleich:*

$$\mathfrak{M} = \mathfrak{N}.$$

Gleichheit bedeutet also das gleichzeitige Bestehen der Relationen

$$\mathfrak{M} \subseteqq \mathfrak{N}, \qquad \mathfrak{N} \subseteqq \mathfrak{M}.$$

Oder auch: Zwei Mengen sind gleich, wenn sie dieselben Elemente enthalten.

Ist $\mathfrak{N} \subseteqq \mathfrak{M}$, ohne $= \mathfrak{M}$ zu sein, so nennt man $\mathfrak{N}$ eine *echte Untermenge* von $\mathfrak{M}$, $\mathfrak{M}$ eine *echte Obermenge* von $\mathfrak{N}$ und schreibt

$$\mathfrak{N} \subset \mathfrak{M}, \qquad \mathfrak{M} \supset \mathfrak{N}.$$

$\mathfrak{N} \subset \mathfrak{M}$ heißt also, daß alle Elemente von $\mathfrak{N}$ in $\mathfrak{M}$ liegen und daß es außerdem noch mindestens ein weiteres Element in $\mathfrak{M}$ gibt, das nicht zu $\mathfrak{N}$ gehört.

Es seien nun $\mathfrak{A}$ und $\mathfrak{B}$ beliebige Mengen. Die Menge $\mathfrak{D}$, die aus allen Elementen besteht, welche sowohl zu $\mathfrak{A}$ als zu $\mathfrak{B}$ gehören, heißt der *Durchschnitt* der Mengen $\mathfrak{A}$ und $\mathfrak{B}$, geschrieben

$$\mathfrak{D} = [\mathfrak{A}, \mathfrak{B}] = \mathfrak{A} \wedge \mathfrak{B}.$$

$\mathfrak{D}$ ist Untermenge sowohl von $\mathfrak{A}$ als von $\mathfrak{B}$ und jede Menge von dieser Eigenschaft ist in $\mathfrak{D}$ enthalten.

Die Menge $\mathfrak{V}$, die aus allen Elementen besteht, die zu mindestens einer der Mengen $\mathfrak{A}$, $\mathfrak{B}$ gehören, heißt die *Vereinigungsmenge* von $\mathfrak{A}$ und $\mathfrak{B}$:

$$\mathfrak{V} = \mathfrak{A} \vee \mathfrak{B}.$$

$\mathfrak{V}$ umfaßt sowohl $\mathfrak{A}$ als $\mathfrak{B}$, und jede Menge, die $\mathfrak{A}$ und $\mathfrak{B}$ umfaßt, umfaßt auch $\mathfrak{V}$.

Ebenso definiert man Durchschnitt und Vereinigung einer beliebigen Menge Σ von Mengen $\mathfrak{A}$, $\mathfrak{B}$, ... Für den Durchschnitt (die Menge der Elemente, die in allen Mengen $\mathfrak{A}$, $\mathfrak{B}$, ... der Menge Σ liegen) schreibt man

$$\mathfrak{D}(\Sigma) = [\mathfrak{A}, \mathfrak{B}, \ldots].$$

Zwei Mengen heißen *zueinander fremd*, wenn ihr Durchschnitt leer ist, d. h. wenn die beiden Mengen keine Elemente gemeinsam haben.

Wenn eine Menge durch Aufzählung ihrer Elemente gegeben ist, etwa: die Menge $\mathfrak{M}$ soll bestehen aus den Elementen a, b, c, so schreibt man

$$\mathfrak{M} = \{a, b, c\}.$$

Die Schreibweise findet ihre Berechtigung darin, daß nach der Definition der Gleichheit von Mengen eine Menge durch Angabe ihrer

Elemente bestimmt ist. Die definierende Eigenschaft, welche die Elemente von $\mathfrak{M}$ auszeichnet, ist: mit a oder b oder c identisch zu sein.

§ 2. Abbildungen. Mächtigkeiten.

Wenn durch irgendeine Vorschrift jedem Element a einer Menge $\mathfrak{M}$ ein einziges neues Objekt $\varphi(a)$ zugeordnet wird, so nennen wir diese Zuordnung eine *Funktion* und die Menge $\mathfrak{M}$ den *Definitionsbereich* der Funktion. Die Menge $\mathfrak{N}$ aller Funktionswerte $\varphi(a)$ heißt der *Wertevorrat* der Funktion. Man nennt eine solche Zuordnung, bei welcher jedem Element von $\mathfrak{M}$ genau ein Element von $\mathfrak{N}$ zugeordnet wird und dabei alle Elemente von $\mathfrak{N}$ mindestens einmal benutzt werden, auch eine (eindeutige) *Abbildung* der Menge $\mathfrak{M}$ auf die Menge $\mathfrak{N}$. Das Element $\varphi(a)$ heißt dann das *Bild* von a, und a heißt ein *Urbild* von $\varphi(a)$. Das Bild $\varphi(a)$ ist durch a eindeutig bestimmt, aber nicht notwendig umgekehrt a durch $\varphi(a)$. Das Wort Abbildung wird im ganzen Buch nur für diese eindeutigen Abbildungen benutzt.

Tritt jedes Element von $\mathfrak{N}$ nur einmal als Bildelement auf, so heißt die Abbildung *umkehrbar eindeutig* oder *eineindeutig*. Es gibt dann eine „*inverse*" Abbildung, die jedem Element b von $\mathfrak{N}$ dasjenige Element von $\mathfrak{M}$ zuordnet, dessen Bild b ist.

Zwei Mengen, die sich eindeutig aufeinander abbilden lassen, heißen *gleichmächtig*, in Zeichen:

$$\mathfrak{M} \sim \mathfrak{N}.$$

Von gleichmächtigen Mengen sagt man auch, daß sie „dieselbe Mächtigkeit" haben.

Beispiele. Ordnet man jeder natürlichen Zahl n die Zahl 0 oder 1 zu, je nachdem n gerade oder ungerade ist, so hat man eine Abbildung der Menge der natürlichen Zahlen auf die Menge $\{0, 1\}$. Die Abbildung ist nicht eineindeutig. Ordnet man jeder Zahl n die Zahl $2n$ zu, so hat man eine eineindeutige Abbildung der Menge aller natürlichen Zahlen auf die Menge aller geraden Zahlen. Die Menge der natürlichen Zahlen ist also mit der Menge aller geraden Zahlen gleichmächtig.

Aufgabe. Man beweise folgende drei Eigenschaften des Zeichens $\sim$:

1. $\mathfrak{A} \sim \mathfrak{A}$.
2. Aus $\mathfrak{A} \sim \mathfrak{B}$ folgt $\mathfrak{B} \sim \mathfrak{A}$.
3. Aus $\mathfrak{A} \sim \mathfrak{B}$ und $\mathfrak{B} \sim \mathfrak{C}$ folgt $\mathfrak{A} \sim \mathfrak{C}$.

Eine Menge kann sehr wohl einer echten Obermenge gleichmächtig sein. Das zeigt schon das zweite der obigen Beispiele, ebenso das folgende: Ordnet man jeder natürlichen Zahl n die Zahl $n-1$ zu, so wird die Menge der natürlichen Zahlen eineindeutig abgebildet auf eine Menge, die außer den natürlichen Zahlen auch die Null enthält. Im nächsten Paragraphen werden wir aber sehen, daß etwas Derartiges für „endliche" Mengen nicht eintreten kann.

§ 3. Die Zahlreihe.

Als bekannt wird vorausgesetzt die Menge der natürlichen Zahlen:

$$1, 2, 3, \ldots$$

sowie die folgenden Grundeigenschaften dieser Menge (*Axiome von* PEANO):

I. 1 ist eine natürliche Zahl.

II. Jede Zahl[1] a hat einen bestimmten Nachfolger a^+ in der Menge der natürlichen Zahlen.

III. Stets ist

$$a^+ \neq 1,$$

d. h. es gibt keine Zahl mit dem Nachfolger 1.

IV. Aus $a^+ = b^+$ folgt $a = b$,

d. h. zu jeder Zahl gibt es keine oder genau eine, deren Nachfolger jene Zahl ist.

V. „*Prinzip der vollständigen Induktion*": Jede Menge von natürlichen Zahlen, welche die Zahl 1 enthält und welche zu jeder Zahl a, die sie enthält, auch deren Nachfolger a^+ enthält, enthält alle natürlichen Zahlen.

Auf Eigenschaft V. beruht die Beweismethode der *vollständigen Induktion*. Wenn man eine Eigenschaft E für alle Zahlen nachweisen will, weist man sie zunächst für die Zahl 1 nach und dann für ein beliebiges n^+ unter der „Induktionsvoraussetzung", daß die Eigenschaft E für n gilt. Auf Grund von V. muß dann die Menge der Zahlen, welche die Eigenschaft E besitzen, alle Zahlen enthalten.

Summe zweier Zahlen. Auf genau eine Art läßt sich jedem Zahlenpaar x, y eine natürliche Zahl, $x + y$ genannt, so zuordnen, daß

(1) $x + 1 = x^+$ für jedes x,

(2) $x + y^+ = (x + y)^+$ für jedes x und jedes y

gilt[2].

Auf Grund dieser Definition können wir statt a^+ fortan auch $a + 1$ schreiben. Es gelten die Rechnungsregeln:

(3) $(a + b) + c = a + (b + c)$ („Assoziatives Gesetz der Addition").

(4) $a + b = b + a$ („Kommutatives Gesetz der Addition").

(5) Aus $a + b = a + c$ folgt $b = c$.

Produkt zweier Zahlen. Auf genau eine Art läßt sich jedem Zahlenpaar x, y eine natürliche Zahl, $x \cdot y$ oder xy genannt, so zuordnen, daß

(6) $x \cdot 1 = x$,

(7) $x \cdot y^+ = x \cdot y + x$ für jedes x und jedes y.

[1] „Zahl" heißt vorläufig immer: natürliche Zahl.

[2] Für den Beweis wie für die Beweise aller noch folgenden Sätze dieses Paragraphen verweisen wir den Leser auf das Büchlein von E. LANDAU: Grundlagen der Analysis. Kap. 1. Leipzig 1930.

Es gelten die Rechnungsregeln:

(8) $ab \cdot c = a \cdot bc$ („Assoziatives Gesetz der Multiplikation").

(9) $a \cdot b = b \cdot a$ („Kommutatives Gesetz der Multiplikation").

(10) $a \cdot (b + c) = a \cdot b + a \cdot c$ („Distributivgesetz").

(11) Aus $ab = ac$ folgt $b = c$.

G r ö ß e r u n d k l e i n e r. Ist $a = b + u$, so schreibt man $a > b$, oder auch $b < a$. Man beweist nun weiter:

(12) Für je zwei Zahlen a, b gilt eine und nur eine der Relationen

$$a < b, \quad a = b, \quad a > b.$$

(13) Aus $a < b$ und $b < c$ folgt $a < c$.

(14) Aus $a < b$ folgt $a + c < b + c$.

(15) Aus $a < b$ folgt $ac < bc$.

Die [nach (5) einzige] Lösung u der Gleichung $a = b + u$ im Fall $a > b$ wird mit $a - b$ bezeichnet. Für „$a < b$ oder $a = b$" schreibt man kurz $a \leqq b$. Entsprechend wird $a \geqq b$ erklärt.

Weiter gilt der wichtige Satz:

Jede nichtleere Menge von natürlichen Zahlen enthält eine kleinste Zahl, d. h. eine solche, die kleiner ist als alle anderen Zahlen der Menge.

Auf diesem Satz beruht eine *zweite Form der vollständigen Induktion.* Man will eine Eigenschaft E für alle Zahlen als gültig nachweisen, und beweist sie zu dem Zweck für eine jede beliebige Zahl n unter der „Induktionsvoraussetzung", daß sie für alle Zahlen $< n$ bereits gilt. (Insbesondere gilt die Eigenschaft dann für $n = 1$, da es keine Zahlen < 1 gibt, also die „Induktionsvoraussetzung" hier wegfällt[1]. Der Induktionsbeweis muß natürlich so beschaffen sein, daß er den Fall $n = 1$ mit umfaßt, sonst ist er ungenügend.) Dann muß die Eigenschaft E allen Zahlen zukommen. Sonst wäre nämlich die Menge aller Zahlen, denen die Eigenschaft E nicht zukommt, nicht leer. Ihr kleinstes Element wäre eine Zahl n, welche die Eigenschaft E nicht besitzt, während alle Zahlen $< n$ die Eigenschaft E besitzen, was nicht geht.

[1] Eine Aussage „Alle A haben die Eigenschaft B" wird immer als richtig betrachtet, wenn es überhaupt keine A gibt. Ebenso wird die Aussage „Aus E folgt F" (wo E und F Eigenschaften sind, die gewissen Objekten x zukommen können oder nicht) als richtig betrachtet, wenn es keine x mit der Eigenschaft E gibt. Das ist alles in Übereinstimmung mit der schon früher gemachten Bemerkung, daß die leere Menge in jeder Menge enthalten ist.

Die Zweckmäßigkeit dieses in der Umgangssprache vielleicht nicht so üblichen Wortgebrauchs ist z. B. daraus ersichtlich, daß nur so die Aussage „Aus E folgt F" sich ausnahmslos in „Aus nicht-F folgt nicht-E" verwandeln läßt. — Die Negation von „Aus E folgt (stets) F" heißt: Es gibt ein x, für welches E richtig und F falsch ist.

Neben dem „Beweis durch vollständige Induktion" in seinen beiden Formen gibt es noch die „*Definition* (oder Konstruktion) *durch vollständige Induktion*". Man will jeder natürlichen Zahl x ein neues Objekt $\varphi(x)$ zuordnen, und man gibt ein System von „rekursiven Bestimmungsrelationen" vor, die den Funktionswert $\varphi(n)$ jeweils mit den vorangehenden Werten $\varphi(m)$ $(m < n)$ verknüpfen sollen. Angenommen wird, daß diese Relationen jeweils den Wert $\varphi(n)$ eindeutig bestimmen, sobald alle $\varphi(m)$ $(m < n)$ gegeben sind und untereinander die gegebenen Relationen erfüllen[1]. Der einfachste Fall ist der, daß für $m = n^+$ der Wert $\varphi(n^+)$ durch $\varphi(n)$ ausgedrückt wird, und daß für $m = 1$ der Wert $\varphi(1)$ direkt gegeben ist. Beispiele sind die Relationen (1), (2) bzw. (6), (7), durch welche oben die Summe und das Produkt definiert wurden. Nun wird behauptet: *Unter den angegebenen Voraussetzungen gibt es eine und nur eine Funktion $\varphi(x)$, deren Werte die gegebenen Relationen erfüllen.*

Beweis: Unter einem *Abschnitt* $(1, n)$ der Zahlreihe verstehen wir die Gesamtheit der Zahlen $\leqq n$. Wir behaupten nun zunächst: Auf jedem Abschnitt $(1, n)$ gibt es eine und nur eine Funktion $\varphi_n(x)$, definiert für die Zahlen x dieses Abschnittes, die die gegebenen Relationen erfüllt. Diese Behauptung gilt nämlich für den Abschnitt $(1, 1)$, sowie für jeden Abschnitt $(1, n^+)$, sobald sie für $(1, n)$ gilt. Denn kraft der rekursiven Relationen ist der Funktionswert $\varphi(1)$ und durch die vorangehenden Werte $\varphi(m) = \varphi_n(m)$ $(m \leqq n)$ der Funktionswert $\varphi(n^+)$ eindeutig bestimmt. Also gilt die Behauptung für jeden Abschnitt $(1, n)$. So erhalten wir eine Reihe von Funktionen $\varphi_n(x)$. Jede Funktion $\varphi_n(x)$ ist definiert auf $(1, n)$, also zugleich auf jedem kleineren Abschnitt $(1, m)$; dort erfüllt sie aber auch die Bestimmungsrelationen und stimmt somit dort mit der Funktion $\varphi_m(x)$ überein. Also stimmen je zwei Funktionen $\varphi_n(x)$, $\varphi_m(x)$ für alle Werte x, für die beide definiert sind, überein.

Die gesuchte Funktion $\varphi(x)$ muß nun auf *allen* Abschnitten $(1, n)$ definiert sein und die Bestimmungsrelationen erfüllen, also jeweils mit der Funktion φ_n übereinstimmen. Eine solche Funktion φ gibt es, aber auch nur eine: ihr Wert $\varphi(x)$ ist der gemeinsame Wert aller $\varphi_n(x)$, die für die Zahl x definiert sind. Damit ist der Satz bewiesen.

Wir werden von der „Konstruktion durch vollständige Induktion" sehr oft Gebrauch machen.

Aufgabe. 1. Eine Eigenschaft E gelte erstens für $n = 3$ und zweitens, wenn sie für $n \geqq 3$ gilt, auch für $n + 1$. Zu beweisen ist, daß E für alle Zahlen $\geqq 3$ gilt.

Durch Hinzunahme der Symbole $-a$ (negative ganze Zahlen) und 0 (Null) kann man die Zahlenreihe ergänzen zum Bereich der *ganzen Zahlen.*

[1] Diese Annahme schließt in sich, daß $\varphi(1)$ durch die Relationen *allein* bestimmt wird; denn es gibt keine Zahlen mehr, die der 1 vorangehen.

Um die Erklärung der Zeichen $+$, $\cdot$, $<$ in diesem Bereich bequemer zu gestalten, ist es zweckmäßig, die ganzen Zahlen durch Paare von natürlichen Zahlen (a, b) zu repräsentieren, und zwar repräsentiert man:

die natürliche Zahl a durch $(a+b, b)$,
die Null durch (b, b),
die negative Zahl $-a$ durch $(b, a+b)$,

wo jedesmal b eine beliebige natürliche Zahl ist.

Jede Zahl kann durch mehrere Symbole (a, b) repräsentiert werden; aber jedes Symbol (a, b) definiert eine und nur eine ganze Zahl, nämlich:

die natürliche Zahl $a-b$, falls $a>b$,
die Zahl 0, falls $a=b$,
die negative Zahl $-(b-a)$, falls $a<b$.

Man definiert nun:

$$(a, b)+(c, d)=(a+c, b+d),$$
$$(a, b)\cdot(c, d)=(ac+bd, ad+bc),$$
$$(a, b)<(c, d) \quad \text{oder} \quad (c, d)>(a, b), \quad \text{falls} \quad a+d<b+c,$$

und verifiziert mühelos: *erstens*, daß die Definitionen unabhängig sind von der Wahl der Symbole linker Hand, falls nur die durch diese Symbole dargestellten Zahlen dieselben bleiben; *zweitens*, daß die Rechengesetze (3), (4), (5), (8), (9), (10), (12), (13), (14) sowie (15) für $c>0$ erfüllt sind; *drittens*, daß die Lösung der Gleichung $a+x=b$ im erweiterten Bereich unbeschränkt und eindeutig möglich ist (die Lösung wird wieder mit $b-a$ bezeichnet); *viertens*, daß $ab=0$ dann und nur dann gilt, wenn $a=0$ oder $b=0$ ist[1].

Aufgaben. 2. Man führe die Beweise durch.

3. Dasselbe wie Aufg. 1 mit Ersetzung der Zahl 3 durch 0.

Von den elementaren Eigenschaften der ganzen Zahlen wurden hier nur diejenigen erwähnt, die für das folgende eine wichtige Rolle spielen. Für die Definition der Brüche, sowie für die Teilbarkeitseigenschaften der ganzen Zahlen s. Kap. 3.

§ 4. Endliche und abzählbare Mengen.

Eine Menge, die mit einem Abschnitt der Zahlreihe (also mit der Menge der natürlichen Zahlen $\leq n$) gleichmächtig ist, heißt *endlich*. Die leere Menge heißt auch endlich[2].

Einfacher ausgedrückt: Eine Menge heißt endlich, wenn ihre Elemente sich mit Nummern von 1 bis n versehen lassen, so daß verschiedene Elemente verschiedene Nummern erhalten und alle Nummern

---

[1] Für eine etwas andere Einführung der negativen Zahlen und der Null siehe E. LANDAU: Grundlagen der Analysis, Kap. 4.

[2] Für andere Definitionen des Begriffs der endlichen Menge vgl. A. TARSKI: Sur les ensembles finis, Fund. Math. 6 (1925).

von 1 bis n benutzt werden. Die Elemente einer endlichen Menge $\mathfrak{A}$ kann man demnach mit $a_1, \ldots, a_n$ bezeichnen.

$$\mathfrak{A} = \{a_1, \ldots, a_n\}.$$

Aufgabe. 1. Man beweise durch vollständige Induktion nach n, daß jede Untermenge einer endlichen Menge $\mathfrak{A} = \{a_1, \ldots, a_n\}$ wieder endlich ist.

Jede Menge, die nicht endlich ist, heißt *unendlich*. Zum Beispiel ist die Menge aller ganzen Zahlen unendlich, wie wir gleich beweisen werden.

Der *Hauptsatz über endliche Mengen* (auch „Hauptsatz der Arithmetik“ genannt) lautet so:

Eine endliche Menge kann nicht einer echten Obermenge gleichmächtig sein.

Beweis: Gesetzt, es wäre ein Abbildung einer endlichen Menge $\mathfrak{A}$ auf eine echte Obermenge $\mathfrak{O}$ gegeben. Die Elemente der Menge $\mathfrak{A}$ seien $a_1, \ldots, a_n$. Die Bildelemente seien $\varphi(a_1), \ldots, \varphi(a_n)$; unter ihnen kommen $a_1, \ldots, a_n$ wieder vor, außerdem aber mindestens noch ein weiteres Element, das wir a_{n+1} nennen.

Für $n = 1$ ist die Absurdität klar: ein einziges Element a_1 kann nicht die voneinander verschiedenen Bildelemente a_1, a_2 haben.

Die Unmöglichkeit einer Abbildung φ mit den obigen Eigenschaften sei also für den Wert $n-1$ bewiesen; sie soll für den Wert n bewiesen werden.

Wir können annehmen, es sei $\varphi(a_n) = a_{n+1}$; denn wenn das nicht der Fall ist, also wenn etwa

$$\varphi(a_n) = a' \qquad (a' \neq a_{n+1})$$

ist, so hat a_{n+1} ein anderes Urbild a_i:

$$\varphi(a_i) = a_{n+1},$$

und man kann statt der Abbildung φ eine andere konstruieren, die dem a_n das a_{n+1}, dem a_i das a' zuordnet und im übrigen mit φ übereinstimmt.

Jetzt wird die Untermenge $\mathfrak{A}' = \{a_1, \ldots, a_{n-1}\}$ durch die Funktion φ abgebildet auf eine Menge $\varphi(\mathfrak{A}')$, die aus $\varphi(\mathfrak{A}) = \mathfrak{O}$ durch Weglassung des Elements $\varphi(a_n) = a_{n+1}$ entsteht.

$\varphi(\mathfrak{A}')$ enthält somit $a_1, \ldots, a_n$, ist also eine echte Obermenge von $\mathfrak{A}'$ und eindeutiges Bild von $\mathfrak{A}'$. Das ist nach der Induktionsvoraussetzung unmöglich.

Aus diesem Satz folgt zunächst, daß eine Menge niemals mit zwei verschiedenen Abschnitten der Zahlreihe gleichmächtig sein kann; denn dann wären diese untereinander gleichmächtig, während doch notwendig der eine der beiden eine echte Obermenge des anderen ist. Eine endliche Menge $\mathfrak{A}$ ist also einem und nur einem Abschnitt $(1, n)$ der Zahlreihe gleichmächtig. Die somit eindeutig bestimmte Zahl n heißt die *Anzahl der Elemente* der Menge $\mathfrak{A}$ und kann als Maß für die Mächtigkeit dienen.

Zweitens folgt, daß ein Abschnitt der Zahlreihe niemals der ganzen Zahlreihe gleichmächtig sein kann. Die Reihe der natürlichen Zahlen ist also unendlich. Man nennt jede Menge, die der Reihe der natürlichen Zahlen gleichmächtig ist, *abzählbar unendlich*. Die Elemente einer abzählbar unendlichen Menge lassen sich demnach so mit Nummern versehen, daß jede natürliche Zahl genau einmal als Nummer benutzt wird.

Endliche und abzählbar unendliche Menge heißen beide *abzählbar*.

Aufgaben. 2. Man beweise, daß die Anzahl der Elemente einer Vereinigung von zwei fremden endlichen Mengen gleich der Summe der Anzahlen für die einzelnen Mengen ist. [Vollständige Induktion mit Hilfe der Rekursionsformeln (1), (2) § 3.]

3. Man beweise, daß die Anzahl der Elemente einer Vereinigung von r paarweise fremden Mengen von je s Elementen gleich rs ist. [Vollständige Induktion mit Hilfe der Rekursionsformeln (6), (7) § 3.]

4. Man beweise, daß jede Untermenge der Zahlenreihe abzählbar ist. Daraus abzuleiten: Eine Menge ist dann und nur dann abzählbar, wenn man ihre Elemente so mit Nummern versehen kann, daß verschiedene Elemente verschiedene Nummern erhalten.

Beispiel einer nicht abzählbaren Menge. Die Menge aller abzählbar unendlichen Folgen von natürlichen Zahlen ist nicht abzählbar. Daß sie nicht endlich ist, ist leicht einzusehen. Wäre sie abzählbar unendlich, so hätte jede Folge eine Nummer, und zu jeder Nummer i gehört eine Folge, die wir etwa mit

$$a_{i1},\ a_{i2},\ \ldots$$

bezeichnen. Man konstruiere nun die Zahlfolge

$$a_{11}+1,\qquad a_{22}+1,\ \ldots$$

Diese müßte auch eine Nummer haben, etwa die Nummer j. Demnach wäre

$$a_{j1}=a_{11}+1;\qquad a_{j2}=a_{22}+1;\ \text{usw.}$$

insbesondere

$$a_{jj}=a_{jj}+1,$$

was einen Widerspruch ergibt.

Aufgaben. 5. Man beweise, daß die Menge der ganzen Zahlen (positiven und negativen und Null) abzählbar unendlich ist. Ebenso, daß die Menge der geraden Zahlen abzählbar unendlich ist.

6. Man beweise, daß die Menge aller reellen Zahlen (d. h. aller unendlichen Dezimalbrüche) nicht abzählbar ist. [Die Schlußweise ist analog der im obigen Beispiel befolgten.]

7. Man beweise, daß die Mächtigkeit einer abzählbar unendlichen Menge sich nicht ändert, wenn man endlichviele oder abzählbar unendlich viele neue Elemente hinzufügt.

Die Vereinigung von abzählbar vielen abzählbaren Mengen ist wieder abzählbar.

Beweis: Die Mengen seien $\mathfrak{M}_1$, $\mathfrak{M}_2$, ...; die Elemente von $\mathfrak{M}_i$ seien m_{i1}, m_{i2}, ...

Es gibt nur endlichviele Elemente m_{ik} mit $i+k=2$, ebenso nur endlichviele mit $i+k=3$, usw. Numeriert man nun erst die Elemente durch, für die $i+k=2$ ist (etwa nach steigenden Werten von i), sodann (mit Zählen fortfahrend) die mit $i+k=3$ usw., so bekommt schließlich jedes Element m_{ik} eine Nummer, und verschiedene bekommen verschiedene Nummern. Daraus folgt die Behauptung.

Aufgabe. 8. Man beweise, daß die Menge aller unkürzbaren Brüche $\frac{\pm a}{b}$ (a, b teilerfremde, natürliche Zahlen) abzählbar unendlich ist.

§ 5. Klasseneinteilungen.

Das Gleichheitszeichen genügt den folgenden Regeln:

$$a = a.$$

Aus $a=b$ folgt $b=a$.

Aus $a=b$ und $b=c$ folgt $a=c$.

Man sagt statt dessen auch: Die Relation $a=b$ ist *reflexiv, symmetrisch* und *transitiv*. Wenn nun zwischen den Elementen irgendeiner Menge eine Beziehung $a \sim b$ definiert ist (so daß also für jedes Elementepaar a, b feststeht, ob $a \sim b$ ist oder nicht) und wenn diese den gleichen Axiomen genügt:

1. $a \sim a$;
2. aus $a \sim b$ folgt $b \sim a$;
3. aus $a \sim b$ und $b \sim c$ folgt $a \sim c$,

so nennt man die Relation $a \sim b$ eine *Äquivalenzrelation*. Zum Beispiel genügt die in § 2 für Mengen $\mathfrak{M}$, $\mathfrak{N}$, ... definierte Relation $\mathfrak{M} \sim \mathfrak{N}$ ($\mathfrak{M}$ gleichmächtig mit $\mathfrak{N}$) diesen Axiomen. Auch die Kongruenzrelation für Dreiecke ist eine solche Relation. Ein drittes Beispiel: Im Bereich der ganzen Zahlen nenne man zwei Zahlen äquivalent, wenn ihre Differenz durch 2 teilbar ist. Die Axiome sind offensichtlich erfüllt.

Ist nun irgendeine Äquivalenzrelation gegeben, so können wir alle die Elemente, die irgendeinem Element a äquivalent sind, in einer *Klasse* $\mathfrak{K}_a$ vereinigen. Alle Elemente einer Klasse sind dann untereinander äquivalent, denn aus $a \sim b$ und $a \sim c$ folgt nach 2. und 3. $b \sim c$, und alle einem Klassenelement äquivalenten Elemente liegen in derselben Klasse, denn aus $a \sim b$ und $b \sim c$ folgt $a \sim c$. Die Klasse ist mithin gegeben durch jedes ihrer Elemente: Wenn wir statt von a von irgendeinem Element b derselben Klasse ausgehen, kommen wir zur selben Klasse: $\mathfrak{K}_b = \mathfrak{K}_a$. Wir können demnach jedes b als *Repräsentanten* der Klasse wählen.

Gehen wir aber von einem Element b aus, das nicht derselben Klasse angehört (also nicht mit a äquivalent ist), so können $\mathfrak{K}_a$ und $\mathfrak{K}_b$ kein

Element gemein haben; denn aus $c \sim a$ und $c \sim b$ würde ja folgen $a \sim b$, also $b \in \mathfrak{K}_a$. Die Klassen $\mathfrak{K}_a$ und $\mathfrak{K}_b$ sind also in diesem Fall fremd.

Die Klassen überdecken die gegebene Menge ganz, da jedes Element a in einer Klasse, nämlich in $\mathfrak{K}_a$ liegt. Die Menge ist also *eingeteilt in lauter zueinander fremde Klassen.* In unserem letzten Beispiel sind dies die Klasse der geraden und die der ungeraden Zahlen.

Wie wir sahen, ist $\mathfrak{K}_a = \mathfrak{K}_b$ dann und nur dann, wenn $a \sim b$ ist. Durch Einführung der Klassen statt der Elemente können wir also die Äquivalenzrelation $a \sim b$ durch eine Gleichheitsrelation $\mathfrak{K}_a = \mathfrak{K}_b$ ersetzen.

Ist umgekehrt eine Klasseneinteilung einer Menge $\mathfrak{M}$ in lauter zueinander fremde Klassen gegeben, so können wir definieren: $a \sim b$, wenn a und b derselben Klasse angehören. Die Relation $a \sim b$ genügt dann offensichtlich den Axiomen 1, 2, 3.

Zweites Kapitel.

Gruppen.

Inhalt: Erklärung der für das ganze Buch grundlegenden gruppentheoretischen Grundbegriffe: Gruppe, Untergruppe, Isomorphie, Homomorphie, Normalteiler, Faktorgruppe.

§ 6. Der Gruppenbegriff.

Definition. Eine nicht leere Menge $\mathfrak{G}$ von Elementen irgendwelcher Art (z. B. von Zahlen, von Abbildungen, von Transformationen) heißt eine *Gruppe*, wenn folgende vier Bedingungen erfüllt sind:

1. Es ist eine *Zusammensetzungsvorschrift* gegeben, welche jedem Elementepaar a, b von $\mathfrak{G}$ ein drittes Element derselben Menge zuordnet, welches meistens das *Produkt* von a und b genannt und mit ab oder $a \cdot b$ bezeichnet wird. (Das Produkt kann von der Reihenfolge der Faktoren abhängen: es braucht nicht $ab = ba$ zu sein.)

2. Das *Assoziativgesetz*: Für je drei Elemente a, b, c von $\mathfrak{G}$ gilt:

$$ab \cdot c = a \cdot bc.$$

3. Es existiert (mindestens) ein (linksseitiges) *Einselement* e in $\mathfrak{G}$ mit der Eigenschaft:

$$ea = a \text{ für alle } a \text{ von } \mathfrak{G}.$$

4. Zu jedem a von $\mathfrak{G}$ existiert (mindestens) ein (linksseitiges) *Inverses* a^{-1} in $\mathfrak{G}$, mit der Eigenschaft

$$a^{-1}a = e.$$

Eine Gruppe heißt *abelsch*, wenn außerdem stets $ab = ba$ ist *(kommutatives Gesetz).*

Beispiele. Wenn die Elemente der Menge Zahlen sind und die Zusammensetzung die gewöhnliche Multiplikation, so muß man die

Null, die ja keine Inverse hat, zunächst ausschließen. Alle rationalen Zahlen $\neq 0$ bilden nun eine Gruppe (das Einselement ist die Zahl 1); ebenso die Zahlen 1 und -1 oder die Zahl 1 allein.

Beim Gruppenbegriff kommt es aber auf die Bezeichnung nicht an: die zugrunde gelegte Zusammensetzungsvorschrift kann auch die Addition von Zahlen sein, wenn nur alle Regeln 1. bis 4. erfüllt sind. Man muß dann nur die Benennung des aus a und b zusammengesetzten Elementes als ein „Produkt" fallen lassen und statt „Produkt $a \cdot b$" in den Rechnungsregeln überall „Summe $a + b$" lesen. Das Einselement wird in diesem Fall die Zahl 0, denn es ist $0 + a = a$ für alle Zahlen a. Ebenso ist das inverse Element zu a die Zahl $-a$, denn es ist $-a + a = 0$. Das Assoziativgesetz für die Addition:

$$a + (b + c) = (a + b) + c$$

ist für Zahlen stets erfüllt. Eine Menge von Zahlen ist also dann eine Gruppe bei der Addition, wenn sie zu je zwei Zahlen a und b auch deren Summe enthält, außerdem die Null und zu jeder Zahl a auch die entgegengesetzte Zahl $-a$. Solche Zahlenmengen nennt man auch *Zahlenmoduln*. Zum Beispiel bilden alle rationalen Zahlen einen Modul, ebenso alle ganzen Zahlen, alle geraden Zahlen, schließlich die Zahl 0 für sich allein.

Ein Beispiel einer Gruppe, deren Elemente nicht Zahlen sind, bildet die Gesamtheit der Drehungen der Ebene oder des Raumes um einen festen Punkt. Zwei Drehungen A, B werden zusammengesetzt, indem man sie nacheinander ausführt. Führt man zuerst B, dann A aus, so kann dasselbe Resultat (d. h. dieselbe Endlage aller Punkte des Raumes) auch durch eine einzelne Drehung erreicht werden, die dann mit $A \cdot B$ oder AB bezeichnet wird. Eine genauere algebraische Festlegung der Drehungen und ihrer Zusammensetzung werden wir später geben (Band II); hier soll die Gruppe der Drehungen im Raum nur unter Berufung auf die geometrische Anschauung angeführt werden als ein erstes Beispiel einer Gruppe, deren Elemente nicht Zahlen sind. Zugleich bildet die räumliche Drehungsgruppe ein erstes Beispiel einer nichtabelschen Gruppe, denn es ist, wie man geometrisch sehr leicht sieht, durchaus nicht gleichgültig, ob man zuerst die Drehung A und dann B ausführt oder zuerst B und dann A. Daß das Assoziativgesetz erfüllt ist, wird sich als Spezialfall des Assoziativgesetzes für beliebige Transformationen nachher ergeben. Das Einselement der Drehungsgruppe ist die Drehung um einen Winkel 0, die jeden Punkt fest läßt. Die inverse Drehung einer gegebenen ist die entgegengesetzte Drehung, die die erste rückgängig macht.

Die Drehungsgruppe ist ein Spezialfall des allgemeineren Begriffs einer *Transformationsgruppe*. Unter einer *Transformation* oder *Permutation* einer Menge $\mathfrak{M}$ verstehen wir eine eineindeutige Abbildung der

Menge $\mathfrak{M}$ auf sich, d. h. eine Zuordnung s, bei der jedem Element a von $\mathfrak{M}$ ein Bild $s(a)$ entspricht und jedes Element von $\mathfrak{M}$ das Bild genau eines a ist. Für $s(a)$ schreibt man auch sa. Die Elemente von $\mathfrak{M}$ sind die *Objekte* der Transformation s. Das Wort Transformationen wird meist bei unendlichen, das Wort Permutationen meist bei endlichen Mengen gebraucht.

Ist die Menge $\mathfrak{M}$ endlich und sind ihre Elemente mit Nummern $1, 2, \ldots, n$ versehen, so kann man jede Permutation vollständig beschreiben durch ein Schema, in dem unter jede Nummer k die Nummer $s(k)$ des Bildelementes geschrieben wird, z. B. ist

$$s = \begin{pmatrix} 1 & 2 & 3 & 4 \\ 2 & 4 & 3 & 1 \end{pmatrix}$$

diejenige Permutation der Ziffern 1, 2, 3, 4, die 1 in 2, 2 in 4, 3 in 3 und 4 in 1 überführt.

Unter dem *Produkt* st zweier Transformationen s, t wird diejenige Transformation verstanden, die entsteht, wenn man zuerst die Transformation t und dann auf die Bildelemente die Transformation s ausübt[1], d. h.:

$$st(a) = s(t(a)),$$

z. B. ist für $s = \begin{pmatrix} 1\,2\,3\,4 \\ 2\,4\,3\,1 \end{pmatrix}$, $t = \begin{pmatrix} 1\,2\,3\,4 \\ 2\,1\,4\,3 \end{pmatrix}$ das Produkt $st = \begin{pmatrix} 1\,2\,3\,4 \\ 4\,2\,1\,3 \end{pmatrix}$. Ebenso ist $ts = \begin{pmatrix} 1\,2\,3\,4 \\ 1\,3\,4\,2 \end{pmatrix}$.

Das assoziative Gesetz:

$$(rs)t = r(st)$$

kann für Transformationen allgemein so bewiesen werden: Wendet man beide Seiten an auf ein beliebiges Objekt a, so kommt:

$$(rs)t(a) = (rs)(t(a)) = r(s(t(a)))$$
$$r(st)(a) = r(st(a)) \quad = r(s(t(a))),$$

also beide Male dasselbe.

Die *Identität* oder *identische Transformation* ist diejenige Abbildung I, die jedes Objekt auf sich selbst abbildet:

$$I(a) = a.$$

Die identische Transformation hat offenbar die charakteristische Eigenschaft eines Einselementes einer Gruppe: es gilt $Is = s$ für jede Transformation s.

Die *inverse Transformation* einer Transformation s ist diejenige Abbildung, die $s(a)$ auf a abbildet, mithin s wieder rückgängig macht. Bezeichnet man sie mit s^{-1}, so gilt demnach für jedes Objekt a:

$$s^{-1}s(a) = a$$

[1] Die Reihenfolge ist Sache der Verabredung. Häufig macht man es gerade umgekehrt; st heißt dann: erst s, dann t. Zweckmäßig schreibt man dann die Transformationen rechts von den Objekten: as statt $s(a)$.

mithin auch

$$s^{-1}s = I.$$

Aus dem Bewiesenen folgt, daß alle Postulate 1. bis 4. für die Gesamtheit der Permutationen einer Menge $\mathfrak{M}$ erfüllt sind. Demnach bilden alle diese Permutationen eine Gruppe. Bei einer endlichen Menge $\mathfrak{M}$ von n Elementen heißt die Gruppe ihrer Permutationen auch die *symmetrische Gruppe*[1] $\mathfrak{S}_n$.

Weiter folgt aber, daß jede Menge $\mathfrak{G}$ von Transformationen einer Menge $\mathfrak{M}$ eine Gruppe ist, sobald sie nur: a) zu je zwei Transformationen auch deren Produkt enthält; b) zu jeder Transformation auch die inverse Transformation enthält; c) die Identität enthält. Ist die Menge nicht leer, so ist sogar die Forderung c) noch überflüssig, denn wenn s eine beliebige Transformation aus $\mathfrak{G}$ ist, so gehört nach b) auch s^{-1} und daher nach a) auch $s^{-1}s = I$ der Menge $\mathfrak{G}$ an.

Wir kehren nun zur allgemeinen Theorie der Gruppen zurück.

Für $ab \cdot c$ oder $a \cdot bc$ schreibt man kurz abc.

Aus 3. und 4. folgt:

$$a^{-1}aa^{-1} = ea^{-1} = a^{-1},$$

also, wenn man von links mit einem inversen Element von a^{-1} multipliziert:

$$eaa^{-1} = e$$

oder

$$aa^{-1} = e;$$

also ist jedes linksseitige inverse Element zugleich ein rechtsseitiges Inverses. Zugleich sieht man, daß ein Inverses von a^{-1} wieder a ist. Weiter folgt:

$$ae = aa^{-1}a = ea = a;$$

also ist das linksseitige Einselement zugleich rechtsseitiges.

Nunmehr folgt auch die *Möglichkeit der* (beiderseitigen) *Division*:

5. *Die Gleichung* $ax = b$ *besitzt eine Lösung in* $\mathfrak{G}$ *und ebenso die Gleichung* $ya = b$, *wo* a *und* b *beliebige Elemente von* $\mathfrak{G}$ *sind.*

Diese Lösungen sind nämlich $x = a^{-1}b$ und $y = ba^{-1}$, weil ja

$$a(a^{-1}b) = (aa^{-1})b = eb = b,$$
$$(ba^{-1})a = b(a^{-1}a) = be = b$$

ist.

Ebenso leicht beweist man die *Eindeutigkeit der Division*:

6. *Aus* $ax = ax'$ *und ebenso aus* $xa = x'a$ *folgt* $x = x'$.

Denn aus $ax = ax'$ folgt, indem man beide Seiten von links mit a^{-1} multipliziert, $x = x'$. Genau so beweist man den zweiten Teil der Behauptung.

[1] Der Name ist so gewählt, weil die Funktionen von $x_1, \ldots, x_n$, die bei allen Permutationen der Gruppe invariant bleiben, die „symmetrischen Funktionen" sind.

Insbesondere folgt daraus die Eindeutigkeit des Einselements (als Lösung der Gleichung $xa = a$) und die Eindeutigkeit des Inversen (als Lösung der Gleichung $xa = e$). Das (einzige) Einselement wird oft mit 1 bezeichnet.

Die Möglichkeit der Division 5. ist ein Postulat, das imstande ist, die Postulate 3. und 4. zu ersetzen. Setzen wir nämlich 1., 2. und 5. voraus und suchen zunächst 3. zu beweisen. Wir wählen ein Element c aus und verstehen unter e eine Lösung der Gleichung $xc = c$. Dann ist also

$$ec = c.$$

Für beliebiges a lösen wir nun die Gleichung

$$cx = a.$$

Dann ist

$$ea = ecx = cx = a,$$

womit 3. bewiesen ist. 4. ist aber eine unmittelbare Folge der Lösbarkeit von $xa = e$.

Demnach können wir immer 1., 2., 5. als gleichwertige Gruppenpostulate statt 1., 2., 3., 4. benutzen.

Ist $\mathfrak{G}$ *eine endliche Menge, so kann* 5. *auch durch* 6. *ersetzt werden.* Man braucht also nicht die Möglichkeit der Division, sondern nur (außer den Postulaten 1. und 2.) die Eindeutigkeit derselben vorauszusetzen.

Beweis: Sei a irgendein Element. Jedem Element x ordnen wir das Element ax zu. Diese Zuordnung ist nach 6. umkehrbar eindeutig; d. h. die Menge $\mathfrak{G}$ wird eineindeutig auf eine Untermenge, die Menge aller Produkte ax, abgebildet. Da aber $\mathfrak{G}$ nach Voraussetzung eine endliche Menge ist, so kann sie nicht auf eine echte Untermenge eineindeutig abgebildet werden. Also muß die Gesamtheit der Elemente ax mit $\mathfrak{G}$ identisch sein; d. h. jedes Element b ist in der Gestalt $b = ax$ zu schreiben, wie die erste Forderung 5. behauptet. Ebenso beweist man die Lösbarkeit von $b = xa$. Also folgt 5. aus 6.

Die Anzahl der Elemente einer endlichen Gruppe heißt die *Ordnung* der Gruppe.

Weitere Rechenregeln. Für das Inverse eines Produkts gilt die folgende Regel:

$$(ab)^{-1} = b^{-1}a^{-1}.$$

Denn es ist

$$(b^{-1}a^{-1})ab = b^{-1}(a^{-1}ab) = b^{-1}b = e.$$

Bei *abelschen Gruppen* ist es häufig zweckmäßig, die Verknüpfung *additiv zu schreiben,* d. h. $a + b$ statt $a \cdot b$ zu schreiben. Die Gruppe heißt dann eine *additive Gruppe* oder ein *Modul* (Verallgemeinerung der oben definierten Zahlenmoduln). Das Einselement bezeichnet man in diesem Fall mit 0, weil es, genau so wie die Null im Bereich der ganzen Zahlen, durch die Eigenschaft

$$0 + a = a$$

charakterisiert ist. Analog wird in einem Modul das inverse Element von a mit $-a$ bezeichnet.

Für $a+(-b)$ schreibt man kurz $a-b$, weil dieses Element die Lösung der Gleichung $x+b=a$ ist:

$$(a-b)+b=a+(-b+b)=a+0=a.$$

Aufgaben. 1. Die euklidischen Bewegungen und Umlegungen des Raumes (d. h. diejenigen Transformationen, bei denen alle Entfernungen der Punktepaare ungeändert bleiben) bilden eine unendliche nicht-abelsche Gruppe.

2. Man beweise, daß die Elemente e, a mit der Zusammensetzungsvorschrift

$$ee=e, \quad ea=a, \quad ae=a, \quad aa=e$$

eine (abelsche) Gruppe bilden.

Bemerkung. Man kann die Zusammensetzung einer Gruppe darstellen durch eine „Gruppentafel", eine Tabelle mit doppeltem Eingang, in der zu je zwei Elementen das Produkt eingetragen wird. Zum Beispiel heißt die Tafel für die obige Gruppe:

	e	a
e	e	a
a	a	e

3. Man stelle die Gruppentafel für die Gruppe der Permutationen von drei Ziffern auf.

Zusammengesetzte Produkte (Summen); Potenzen. In derselben Weise, wie wir für $ab \cdot c$ kurz abc geschrieben haben, wollen wir nun auch die *zusammengesetzten Produkte* von mehreren Faktoren:

$$\prod_{\nu=1}^{n} a_\nu = \prod_{1}^{n} a_\nu = a_1 a_2 \ldots a_n$$

definieren. Sind $a_1, \ldots, a_N$ gegeben, so definieren wir rekursiv (für $n<N$):

$$\begin{cases} \prod\limits_{1}^{1} a_\nu = a_1, \\ \prod\limits_{1}^{n+1} a_\nu = \left(\prod\limits_{1}^{n} a_\nu\right) \cdot a_{n+1}. \end{cases}$$[1]

Insbesondere ist $\prod\limits_{1}^{3} a_\nu$ unser altes $a_1 a_2 a_3$, ebenso $\prod\limits_{1}^{4} = a_1 a_2 a_3 a_4 = (a_1 a_2 a_3) a_4$, usw.

Wir beweisen nun, allein mit Hilfe des Assoziativgesetzes, die Regel:

$$\prod_{\mu=1}^{m} a_\mu \cdot \prod_{\nu=1}^{n} a_{m+\nu} = \prod_{\nu=1}^{m+n} a_\nu \tag{1}$$

[1] Das Symbol ν, das den variablen Index angibt, darf natürlich durch jedes andere Symbol ersetzt werden, ohne daß die Bedeutung des Produktes sich ändert.

in Worten: *Das Produkt zweier zusammengesetzten Produkte ist gleich dem zusammengesetzten Produkt aller ihrer Faktoren in derselben Reihenfolge.* Zum Beispiel ist:

$$(a\,b)\,(c\,d) = a\,b\,c\,d$$

ein Spezialfall von (1).

Die Formel (1) ist klar für $n = 1$ (nach Definition des Π-Zeichens). Ist sie für einen Wert n schon bewiesen, so ist für den nächsthöheren Wert $n+1$:

$$\prod_1^m a_\mu \cdot \prod_1^{n+1} a_{m+\nu} = \prod_1^m a_\mu \left(\prod_1^n a_{m+\nu} \cdot a_{m+n+1} \right)$$

$$= \left(\prod_1^m a_\mu \cdot \prod_1^n a_{m+\nu} \right) a_{m+n+1}$$

$$= \left(\prod_1^{m+n} a_\mu \right) a_{m+n+1} = \prod_1^{m+n+1} a_\nu .$$

Damit ist (1) bewiesen.

Bemerkung. Für $\prod\limits_1^n a_{m+\nu}$ schreibt man auch $\prod\limits_{m+1}^{m+n} a_\nu$. Auch setzt man gelegentlich, wenn es bequem ist, $\prod\limits_1^0 a_\nu = e$.

Ein Produkt von n gleichen Faktoren heißt eine *Potenz*:

$$a^n = \prod_1^n a \qquad \text{(insbesondere } a^1 = a,\ a^2 = a\,a, \text{ usw.).}$$

Aus dem bewiesenen Satz folgt:

(2) $$a^n \cdot a^m = a^{n+m}.$$

Weiter gilt:

(3) $$(a^m)^n = a^{m\,n}.$$

Der Beweis (durch vollständige Induktion) möge dem Leser überlassen bleiben.

Die bis jetzt bewiesenen Regeln (1), (2), (3) erforderten zu ihrem Beweis nur das Assoziativgesetz und werden daher im folgenden auf alle Arten von Bereichen angewandt, in denen Produkte definiert sind und das Assoziativgesetz gilt (wie z. B. im Bereich der natürlichen Zahlen), auch dann, wenn diese Bereiche keine Gruppen sind.

Ist die Multiplikation außerdem kommutativ (abelsche Gruppen), so kann man weitergehend beweisen, daß der Wert eines zusammengesetzten Produktes von der Reihenfolge der Faktoren unabhängig ist, genauer: *Ist φ eine eineindeutige Abbildung des Abschnittes* (1, n) *der Zahlenreihe auf sich, so ist*:

$$\prod_{\nu=1}^n a_{\varphi(\nu)} = \prod_1^n a_\nu .$$

Beweis. Für $n = 1$ ist die Behauptung klar; sie werde also für $n-1$ als richtig vorausgesetzt. Es gibt ein k, das auf n abgebildet wird: $\varphi(k) = n$. Dann ist

$$\prod_1^n a_{\varphi(\nu)} = \prod_1^{k-1} a_{\varphi(\nu)} \cdot a_{\varphi(k)} \cdot \prod_1^{n-k} a_{\varphi(k+\nu)} = \prod_1^{k-1} a_{\varphi(\nu)} \cdot \prod_1^{n-k} a_{\varphi(k+\nu)} \cdot a_{\varphi(k)} \cdot$$ [1]

Definiert man nun eine Abbildung ψ des Abschnittes $(1, n-1)$ auf sich durch

$$\psi(\nu) = \varphi(\nu) \qquad (\nu < k)$$
$$\psi(\nu) = \varphi(\nu+1) \qquad (\nu \geqq k)$$

so erhält man:

$$\prod_1^n a_{\varphi(\nu)} = \prod_1^{k-1} a_{\psi(\nu)} \prod_1^{n-k} a_{\psi(k-1+\nu)} \cdot a_n = \prod_1^{n-1} a_{\psi(\nu)} \cdot a_n,$$

also nach der Induktionsvoraussetzung

$$= \prod_1^{n-1} a_\nu \cdot a_n = \prod_1^n a_\nu .$$

Aus der bewiesenen Regel folgt, daß man bei abelschen Gruppen berechtigt ist zu einer Schreibweise wie z. B.:

$$\prod_{1 \leqq i < k \leqq n} a_{ik},$$

oder

$$\prod_{i<k} a_{ik} \qquad (i = 1, \ldots, n;\ k = 1, \ldots, n),$$

welche bedeutet, daß die Menge der Indexpaare i, k mit $1 \leqq i < k \leqq n$ irgendwie durchnumeriert werden soll (wie, ist gleichgültig) und dann das Produkt gebildet wird.

In beliebigen Gruppen kann man die nullte und die negativen Potenzen eines Elementes a wie üblich definieren durch

$$a^0 = 1,$$
$$a^{-n} = (a^{-1})^n,$$

und man weist mühelos nach, daß die Regeln (2), (3) nunmehr für beliebige ganzzahlige Exponenten gelten.

In einer additiven Gruppe schreibt man statt $\prod_1^n a_\nu$ natürlich $\sum_1^n a_\nu$, und statt a^n entsprechend $n \cdot a$. In der additiven Gruppe der ganzen Zahlen ist diese Definition mit der früheren des Produktes zweier ganzen Zahlen in Übereinstimmung. Alles für Produkte Bewiesene überträgt sich jetzt auf Summen.

Die Rechnungsregel (3) hat, additiv geschrieben, die Form eines Assoziativgesetzes:

$$n \cdot ma = nm \cdot a,$$

während (2) die Form eines „Distributivgesetzes“ hat:

$$ma + na = (m+n)a.$$

---

[1] Im Fall $k = 1$ fällt der erste Faktor weg, im Fall $k = n$ der zweite; das stört den Beweis aber nicht.

Zu diesen beiden tritt nun noch ein anderes Distributivgesetz:

$$m(a+b) = ma + mb$$

[multiplikativ: $(ab)^m = a^m b^m$], das aber nur in abelschen Gruppen gilt. Man beweist es wieder für positive m durch Induktion:

Für $m = 1$ ist alles klar. Angenommen, es sei $m(a+b) = ma + mb$. Dann ist

$$\begin{aligned}(m+1)(a+b) &= m(a+b) + (a+b)\\ &= ma + mb + a + b\\ &= (ma + a) + (mb + b)\\ &= (m+1)a + (m+1)b.\end{aligned}$$

Wie man sieht, wird beim Beweis die Vertauschbarkeit von mb und a benutzt. Für $m = 0$ ist die Behauptung ebenfalls klar, während man für negative m nur die Definition der negativen Potenzen anzuwenden hat, um auf positive m zurückzukommen.

Aufgaben. 5. Man beweise für abelsche Gruppen:

$$\prod_{\nu=1}^{n} \prod_{\mu=1}^{m} a_{\mu\nu} = \prod_{\mu=1}^{m} \prod_{\nu=1}^{n} a_{\mu\nu}.$$

6. Ebenso

$$\prod_{\nu=1}^{n} \prod_{\mu=1}^{\nu} a_{\mu\nu} = \prod_{\mu=1}^{n} \prod_{\nu=\mu}^{n} a_{\mu\nu}.$$

7. Die Ordnung der symmetrischen Gruppe $\mathfrak{S}_n$ ist $n! = \prod_{1}^{n} \nu$. [Vollst. Induktion nach n.]

§ 7. Untergruppen.

Damit eine nichtleere Untermenge $\mathfrak{g}$ einer Gruppe $\mathfrak{G}$ mit der gleichen Zusammensetzungsvorschrift für die Elemente von $\mathfrak{g}$ wie für die von $\mathfrak{G}$ wieder eine Gruppe ist, ist notwendig und hinreichend, daß sie die Forderungen 1., 2., 3., 4. erfüllt. 1. besagt, daß, wenn a und b in $\mathfrak{g}$ liegen, auch ab in $\mathfrak{g}$ liegt. Die Forderung 2. ist für $\mathfrak{g}$ von selbst erfüllt, weil sie sogar für $\mathfrak{G}$ gilt. Die Forderung 3. und 4. besagen, daß in $\mathfrak{g}$ das Einselement liegt und daß $\mathfrak{g}$ mit a auch das inverse Element a^{-1} enthält. Davon ist wieder die Forderung des Einselements überflüssig; denn wenn a irgendein Element von $\mathfrak{g}$ ist, so liegt in $\mathfrak{g}$ auch a^{-1}, also auch das Produkt $aa^{-1} = e$. Damit ist bewiesen:

Notwendig und hinreichend, damit eine nichtleere Untermenge $\mathfrak{g}$ einer gegebenen Gruppe $\mathfrak{G}$ eine Untergruppe ist, sind die folgenden Bedingungen:

1. $\mathfrak{g}$ *enthält mit je zwei Elementen a, b auch das Produkt ab;*
2. $\mathfrak{g}$ *enthält zu jedem Element a auch das inverse Element a^{-1}.*

Ist insbesondere $\mathfrak{g}$ *endlich*, so ist die zweite dieser Forderungen sogar überflüssig; denn in diesem Fall können 3. und 4. durch 6. ersetzt werden, und die Forderung 6. gilt sicher für $\mathfrak{g}$, da sie sogar für $\mathfrak{G}$ gilt.

Allgemein kann man die Bedingungen 1. und 2. in einer einzigen zusammenfassen: $\mathfrak{g}$ soll mit a und b auch ab^{-1} enthalten. Denn dann enthält $\mathfrak{g}$ mit a auch $aa^{-1}=e$, weiter $ea^{-1}=a^{-1}$, daher mit a und b auch b^{-1} und $a(b^{-1})^{-1}=ab$.

Wenn (in abelschen Gruppen) die Gruppenrelationen additiv geschrieben werden, so ist eine Untergruppe dadurch charakterisiert, daß sie mit a und b auch $a+b$, mit a auch $-a$ enthält. Diese beiden Forderungen kann man durch die einzige Forderung ersetzen, daß mit a und b auch $a-b$ in der Untergruppe enthalten sein soll.

Beispiele von Untergruppen:

Jede Gruppe hat als Untergruppe die Einheitsgruppe $\mathfrak{E}$, die nur aus dem Einselement besteht.

Die wichtigste Untergruppe der symmetrischen Gruppe $\mathfrak{S}_n$ aller Permutationen von n Objekten ist die *alternierende Gruppe* $\mathfrak{A}_n$, die aus denjenigen Permutationen besteht, welche, auf die Variablen $x_1, \ldots, x_n$ angewandt, die Funktion

$$\Delta = \prod_{i<k} (x_i - x_k) \tag{1}$$

in sich überführen. Diese Permutationen heißen *gerade*, die übrigen *ungerade*. Letztere kehren das Vorzeichen der Funktion Δ um. Jede *Transposition* (= Permutation, die zwei Ziffern vertauscht) ist eine ungerade Permutation. Das Produkt zweier geraden oder zweier ungeraden Permutationen ist gerade; das Produkt aus einer geraden und einer ungeraden Permutation ist ungerade. Aus der ersten Eigenschaft folgt, daß $\mathfrak{A}_n$ eine Gruppe ist. Da eine feste Transposition bei Multiplikation mit einer geraden Permutation eine ungerade ergibt und umgekehrt, gibt es gleich viele gerade wie ungerade Permutationen, mithin von jeder Art $\frac{n!}{2}$ (vgl. § 6, Aufg. 7).

Um die Untergruppen der symmetrischen Gruppe $\mathfrak{S}_n$ bequem hinschreiben zu können, bedient man sich der bekannten *Zykeldarstellung* der Permutationen:

Mit $(p\,q\,r\,s)$ bezeichnen wir eine zyklische Vertauschung, die p in q, q in r, r in s und s in p überführt und alle übrigen Objekte festläßt. Man zeigt mit Leichtigkeit, daß jede Permutation eindeutig (bis auf die Reihenfolge) als Produkt von solchen zyklischen Permutationen oder „Zyklen"

$$(i\,k\,l\ldots)\,(p\,q\ldots)\ldots$$

darstellbar ist, wobei keine zwei Zyklen ein Element gemein haben. Die Faktoren dieses Produktes sind vertauschbar. Ein Zyklus aus einem Element, etwa (1), stellt die identische Permutation dar. Es ist natürlich

$$(1\;2\;5\;4) = (2\;5\;4\;1) \text{ usw.}$$

Mit diesen Bezeichnungen können wir die $3! = 6$ Permutationen der Gruppe $\mathfrak{S}_3$ so darstellen:

$$(1),\ (1\;2),\ (1\;3),\ (2\;3),\ (1\;2\;3),\ (1\;3\;2).$$

Die Untergruppen sind leicht alle zu bestimmen. Sie sind (außer $\mathfrak{S}_3$ selbst):

$\mathfrak{A}_3$: (1), (1 2 3), (1 3 2);

$\left\{\begin{array}{l}\mathfrak{S}_2\text{: (1), (1 2);}\\ \mathfrak{S}_2'\text{: (1), (1 3);} \qquad \mathfrak{S}_2''\text{: (1), (2 3);}\end{array}\right.$

$\mathfrak{E}$: (1).

Sind $a, b, \ldots$ irgendwelche Elemente in einer Gruppe $\mathfrak{G}$, so gibt es außer $\mathfrak{G}$ möglicherweise noch andere Untergruppen, die $a, b, \ldots$ enthalten. Der Durchschnitt aller dieser ist wieder eine Gruppe $\mathfrak{A}$. Man nennt diese die von $a, b, \ldots$ *erzeugte* Gruppe. Diese enthält sicher alle Potenzprodukte wie $a^{-1}a^{-1}bab^{-1}\ldots$ (von endlichvielen Faktoren, mit oder ohne Wiederholung). Diese Potenzprodukte bilden aber eine Gruppe, die $a, b, \ldots$ enthält und die also auch $\mathfrak{A}$ umfaßt. Also ist diese Gruppe mit $\mathfrak{A}$ identisch. Damit ist gezeigt:

Die von $a, b, \ldots$ erzeugte Gruppe besteht aus allen Potenzprodukten aus je endlichvielen dieser Elemente.

Insbesondere erzeugt ein einziges Element a die Gruppe aller Potenzen $a^{\pm n}$ (inklusive $a^0 = e$). Wegen

$$a^n a^m = a^{n+m} = a^m a^n$$

ist diese Gruppe abelsch.

Eine Gruppe, die aus den Potenzen eines einzigen Elementes besteht, nennt man *zyklisch.*

Es gibt nun zwei Möglichkeiten. *Entweder* sind alle Potenzen a^h verschieden; dann ist die zyklische Gruppe

$$\ldots, a^{-2}, a^{-1}, a^0, a^1, a^2, \ldots$$

unendlich. Oder es kommt einmal vor, daß

$$a^h = a^k, \quad h > k$$

ist. Dann ist

$$a^{h-k} = e \qquad (h-k>0).$$

In diesem Falle sei nun n der kleinste positive Exponent, für den $a^n = e$ ist. Dann sind die Potenzen $a^0, a^1, a^2, \ldots, a^{n-1}$ alle verschieden; denn aus

$$a^h = a^k \qquad (0 \leqq k < h < n)$$

würde folgen

$$a^{h-k} = e \qquad (0 < h-k < n),$$

entgegen der über n gemachten Voraussetzung.

Stellt man jede ganze Zahl m in der Form

$$m = qn + r \qquad (0 \leqq r < n)$$

dar, so ist

$$a^m = a^{qn+r} = a^{qn}a^r = (a^n)^q a^r = e\,a^r = a^r.$$

Also sind alle Potenzen von a schon in der Reihe $a^0, a^1, \ldots, a^{n-1}$ vertreten. Die zyklische Gruppe hat demnach genau n Elemente, nämlich

$$a^0, a^1, \ldots, a^{n-1}.$$

Die Zahl n, die Ordnung der von a erzeugten zyklischen Gruppe, heißt die *Ordnung des Elements a.* Sind alle Potenzen von a verschieden, so nennt man a ein *Element unendlicher Ordnung.*

Beispiele. Die ganzen Zahlen

$$\ldots, -2, -1, 0, 1, 2, \ldots$$

mit der Addition als Verknüpfung bilden eine unendliche zyklische Gruppe. Die oben angeschriebenen Gruppen $\mathfrak{S}_2$, $\mathfrak{A}_3$ sind zyklische Gruppen der Ordnungen 2, 3.

Aufgaben. 1. In einer abelschen Gruppe ist das Produkt eines Elements a der Ordnung n und eines Elements b der Ordnung m, wo m und n Zahlen ohne gemeinsamen Teiler >1 sind, ein Element der Ordnung mn.

2. Es gibt zyklische Permutationsgruppen beliebiger Ordnung.

3. Man beweise durch Induktion nach n, daß die $n-1$ Transpositionen $(1\,2)$, $(1\,3)$, $\ldots$, $(1\,n)$ für $n>1$ die symmetrische Gruppe $\mathfrak{S}_n$ erzeugen.

4. Ebenso, daß die $n-2$ Dreierzyklen $(1\,2\,3)$, $(1\,2\,4)$, $\ldots$, $(1\,2\,n)$ für $n>2$ die alternierende Gruppe $\mathfrak{A}_n$ erzeugen.

Wir wollen nun alle Untergruppen der zyklischen Gruppen bestimmen. Es sei $\mathfrak{G}$ eine zyklische Gruppe mit dem erzeugenden Element a und $\mathfrak{g}$ eine Untergruppe, welche nicht nur aus der Eins besteht. Wenn $\mathfrak{g}$ ein Element a^{-m} mit negativem Exponenten enthält, so liegt auch das inverse Element a^m in $\mathfrak{g}$. Es sei nun a^m das Element von $\mathfrak{g}$ mit kleinstem positiven Exponenten. Wir beweisen, daß alle Elemente von $\mathfrak{g}$ Potenzen von a^m sind. Ist nämlich a^s ein beliebiges Element von $\mathfrak{g}$, so kann man wieder

$$s = qm + r \qquad (0 \leqq r < m)$$

setzen. Dann ist $a^s(a^m)^{-q} = a^{s-mq} = a^r$ ein Element von $\mathfrak{g}$ mit $r<m$. Daraus folgt $r=0$ wegen der Wahl von m, mithin $s=qm$ und $a^s=(a^m)^q$. Alle Elemente von $\mathfrak{g}$ sind also Potenzen von a^m.

Hat a die endliche Ordnung n, $a^n=e$, so muß, da $a^n=e$ in der Untergruppe $\mathfrak{g}$ liegt, n durch m teilbar sein: $n=qm$. Die Untergruppe $\mathfrak{g}$ besteht dann aus den Elementen a^m, a^{2m}, $\ldots$, $a^{qm}=e$ und hat die Ordnung q. Wenn aber a unendliche Ordnung hat, so ist auch die Untergruppe $\mathfrak{g}$, bestehend aus den Elementen e, $a^{\pm m}$, $a^{\pm 2m}$, $\ldots$ von unendlicher Ordnung. Damit ist bewiesen:

Eine Untergruppe einer zyklischen Gruppe ist wieder zyklisch. Sie besteht entweder nur aus der Eins oder aus den Potenzen des Elements a^m mit kleinstmöglichem positivem m, oder anders formuliert: Sie besteht aus den m-ten Potenzen der Elemente der ursprünglichen Gruppe. Dabei ist für eine zyklische Gruppe unendlicher Ordnung m beliebig, während für eine zyklische Gruppe der endlichen Ordnung n die Zahl m ein Teiler von n sein muß. In diesem Fall hat die Untergruppe die Ordnung $q=\frac{n}{m}$. Zu jeder solchen Zahl m gehört eine und nur eine Untergruppe $\{a^m\}$ der zyklischen Gruppe $\{a\}$.

§ 8. Das Rechnen mit Komplexen. Nebenklassen.

Unter einem *Komplex* versteht man in der Gruppentheorie eine beliebige Menge von Elementen einer Gruppe $\mathfrak{G}$.

Unter dem *Produkt* $\mathfrak{g}\mathfrak{h}$ zweier Komplexe $\mathfrak{g}$ und $\mathfrak{h}$ versteht man die Menge aller Produkte gh, wo g aus $\mathfrak{g}$ und h aus $\mathfrak{h}$ entnommen ist. Besteht in dem Produkt $\mathfrak{g}\mathfrak{h}$ der eine Komplex, etwa $\mathfrak{g}$, nur aus einem Element g, so schreibt man für $\mathfrak{g}\mathfrak{h}$ einfach $g\mathfrak{h}$.

Offenbar gilt die Regel

$$\mathfrak{g}(\mathfrak{h}\mathfrak{k}) = (\mathfrak{g}\mathfrak{h})\mathfrak{k}.$$

In zusammengesetzten Produkten von Komplexen können die Klammern also weggelassen werden [vgl. § 6, (1)].

Ist der Komplex $\mathfrak{g}$ eine Gruppe, so gilt

$$\mathfrak{g}\mathfrak{g} = \mathfrak{g}.$$

Es seien $\mathfrak{g}$ und $\mathfrak{h}$ Untergruppen von $\mathfrak{G}$. Wir fragen, unter welchen Bedingungen das Produkt $\mathfrak{g}\mathfrak{h}$ wieder eine Gruppe ist. Die Gesamtheit der Inversen der Elemente von $\mathfrak{g}\mathfrak{h}$ ist $\mathfrak{h}\mathfrak{g}$, denn das Inverse von gh ist $h^{-1}g^{-1}$. Soll also $\mathfrak{g}\mathfrak{h}$ eine Gruppe sein, so muß

(1) $$\mathfrak{h}\mathfrak{g} = \mathfrak{g}\mathfrak{h}$$

sein, d. h. $\mathfrak{g}$ muß mit $\mathfrak{h}$ vertauschbar sein. Diese Bedingung reicht aber auch hin, denn wenn sie erfüllt ist, so enthält $\mathfrak{g}\mathfrak{h}$ zugleich mit jedem Elemente gh auch das Inverse $h^{-1}g^{-1}$ und außerdem zu je zwei Elementen auch das Produkt wegen

$$\mathfrak{g}\mathfrak{h}\mathfrak{g}\mathfrak{h} = \mathfrak{g}\mathfrak{g}\mathfrak{h}\mathfrak{h} = \mathfrak{g}\mathfrak{h}.$$

Also: *Das Produkt* $\mathfrak{g}\mathfrak{h}$ *von zwei Untergruppen* $\mathfrak{g}$ *und* $\mathfrak{h}$ *von* $\mathfrak{G}$ *ist dann und nur dann wieder eine Gruppe, wenn die Untergruppen* $\mathfrak{g}$ *und* $\mathfrak{h}$ *vertauschbar sind.* Dazu ist natürlich nicht erforderlich, daß jedes Element von $\mathfrak{g}$ mit jedem Element von $\mathfrak{h}$ vertauschbar ist. Ist die Vertauschbarkeitsbedingung (1) erfüllt, so ist das Produkt $\mathfrak{g}\mathfrak{h}$ die von $\mathfrak{g}$ und $\mathfrak{h}$ erzeugte Gruppe.

In einer abelschen Gruppe ist (1) stets erfüllt. Wird die abelsche Gruppe additiv geschrieben, sind $\mathfrak{g}$ und $\mathfrak{h}$ also Untermoduln eines Moduls, so schreibt man $(\mathfrak{g}, \mathfrak{h})$ statt $\mathfrak{g}\mathfrak{h}$, während die Bezeichnung $\mathfrak{g} + \mathfrak{h}$ für den später zu untersuchenden Spezialfall der „direkten Summe" vorbehalten bleibt.

Ist $\mathfrak{g}$ eine Untergruppe und a ein Element von $\mathfrak{G}$, so bezeichnet man den Komplex $a\mathfrak{g}$ als eine *linksseitige Nebenklasse*, den Komplex $\mathfrak{g}a$ als eine *rechtsseitige Nebenklasse* (auch *Nebengruppe*, *Nebenkomplex oder Restklasse*) von $\mathfrak{g}$ in $\mathfrak{G}$. Liegt a in $\mathfrak{g}$, so ist $a\mathfrak{g} = \mathfrak{g}$, also ist stets eine der linksseitigen (und ebenso eine der rechtsseitigen) Nebenklassen von $\mathfrak{g}$ gleich $\mathfrak{g}$ selbst.

Im folgenden werden hauptsächlich die linksseitigen Nebenklassen betrachtet, obwohl alle anzustellenden Betrachtungen auch für die rechtsseitigen Nebenklassen gelten.

Zwei Nebenklassen $a\mathfrak{g}$, $b\mathfrak{g}$ können sehr wohl gleich sein, ohne daß $a=b$ ist. Immer dann nämlich, wenn $a^{-1}b$ in $\mathfrak{g}$ liegt, gilt

$$b\mathfrak{g}=aa^{-1}b\mathfrak{g}=a(a^{-1}b\mathfrak{g})=a\mathfrak{g}.$$

Zwei *verschiedene* Nebenklassen haben kein Element gemeinsam. Denn wenn die Nebenklassen $a\mathfrak{g}$ und $b\mathfrak{g}$ ein Element gemein haben, etwa

$$a g_1=b g_2,$$

so folgt

$$g_1 g_2^{-1}=a^{-1} b,$$

so daß $a^{-1}b$ in $\mathfrak{g}$ liegt; nach dem Vorigen sind also $a\mathfrak{g}$ und $b\mathfrak{g}$ identisch.

Jedes Element a gehört einer Nebenklasse an, nämlich der Nebenklasse $a\mathfrak{g}$. Diese enthält ja sicher das Element $ae=a$. Nach dem eben Bewiesenen gehört das Element a auch *nur* einer Nebenklasse an. Wir können demnach jedes Element a als *Repräsentanten* der a enthaltenden Nebenklasse $a\mathfrak{g}$ ansehen.

Nach dem Vorhergehenden bilden die Nebenklassen eine *Klasseneinteilung* der Gruppe $\mathfrak{G}$. Jedes Element gehört einer und nur einer Klasse an[1].

Je zwei Nebenklassen sind gleichmächtig. Denn durch $ag\to bg$ ist eine eineindeutige Abbildung von $a\mathfrak{g}$ auf $b\mathfrak{g}$ definiert.

Die Nebenklassen sind, mit Ausnahme von $\mathfrak{g}$ selbst, *keine* Gruppen; denn eine Gruppe müßte das Einselement enthalten.

Die Anzahl der verschiedenen Nebenklassen einer Untergruppe $\mathfrak{g}$ in $\mathfrak{G}$ heißt der *Index* von $\mathfrak{g}$ in $\mathfrak{G}$. Der Index kann endlich oder unendlich sein.

Ist N die als (endlich angenommene) Ordnung von $\mathfrak{G}$, n die von $\mathfrak{g}$, j der Index, so gilt die Relation

$$N=jn; \tag{2}$$

denn $\mathfrak{G}$ ist ja in j Klassen eingeteilt, deren jede n Elemente enthält[2].

Man kann für endliche Gruppen aus (2) den Index j berechnen:

$$j=\frac{N}{n}.$$

Folge. *Die Ordnung einer Untergruppe einer endlichen Gruppe ist ein Teiler der Ordnung der Gesamtgruppe.*

Nimmt man für die Untergruppe speziell die von einem Element c erzeugte zyklische Gruppe, so folgt:

---

[1] In der Literatur findet man oft die von GALOIS eingeführte Schreibweise:

$$\mathfrak{G}=a_1\mathfrak{g}+a_2\mathfrak{g}+\cdots,$$

welche besagen soll, daß die Klassen $a_\nu\mathfrak{g}$ zueinander fremd sind und zusammen die Gruppe $\mathfrak{G}$ ausmachen. Wir vermeiden diese Schreibweise, weil wir das Zeichen $+$ für die später zu erklärende direkte Summe reservieren wollen.

[2] Die Relation gilt zwar auch, wenn N unendlich ist; nur muß man dann, um ihren Sinn zu erklären, Produkte von Kardinalzahlen einführen, was wir nicht getan haben.

Die Ordnung eines Elements einer endlichen Gruppe ist ein Teiler der Gruppenordnung.

Eine unmittelbare Folge dieses Satzes ist: *In einer Gruppe mit n Elementen gilt für jedes a die Beziehung* $a^n = e$.

Es kann vorkommen, daß alle linksseitigen Nebenklassen $a\mathfrak{g}$ zugleich rechtsseitige sind. Soll das der Fall sein, so muß diejenige linksseitige Nebenklasse, in der ein beliebig vorgegebenes Element a liegt, mit der rechtsseitigen Nebenklasse, die a enthält, identisch sein; d. h. es muß für jedes a

$$a\mathfrak{g} = \mathfrak{g}a \tag{3}$$

sein.

Man nennt eine Untergruppe $\mathfrak{g}$, welche die Eigenschaft (3) hat, d. h. welche mit jedem Element a aus $\mathfrak{G}$ vertauschbar ist, einen *Normalteiler*[1] oder eine *ausgezeichnete* oder *invariante Untergruppe* in $\mathfrak{G}$.

Ist $\mathfrak{g}$ ein Normalteiler, so ist das Produkt zweier Nebenklassen wieder eine Nebenklasse:

$$a\mathfrak{g} \cdot b\mathfrak{g} = a \cdot \mathfrak{g}b \cdot \mathfrak{g} = ab\mathfrak{g}\mathfrak{g} = ab\mathfrak{g}.$$

Aufgaben. 1. Man suche zu den Untergruppen der $\mathfrak{S}_3$ die rechts- und linksseitigen Nebenklassen. Welche von diesen Untergruppen sind Normalteiler?

2. Man zeige, daß bei einer beliebigen Untergruppe die Inversen der Elemente einer linksseitigen Nebenklasse eine rechtsseitige Nebenklasse bilden. Daraus ist weiter zu erschließen, daß der Index auch als Anzahl der rechtsseitigen Nebenklassen bestimmt werden kann.

3. Man zeige, daß jede Untergruppe vom Index 2 Normalteiler ist. Beispiel: die alternierende Gruppe in der symmetrischen von n Ziffern.

4. Eine Untergruppe einer abelschen Gruppe ist immer Normalteiler.

5. Diejenigen Elemente einer Gruppe, die mit allen Elementen vertauschbar sind, bilden in der Gruppe einen Normalteiler (das „*Zentrum*" der Gruppe).

6. Ist $\mathfrak{G}$ eine von a erzeugte zyklische Gruppe, $\mathfrak{g}$ eine von $\mathfrak{E}$ verschiedene Untergruppe, die von a^m mit minimalem m erzeugt wird (vgl. § 7), so sind $1, a, a^2, \ldots, a^{m-1}$ Repräsentanten der Nebenklassen und m ist der Index von $\mathfrak{g}$ in $\mathfrak{G}$.

7. Wenn das Produkt von je zwei linksseitigen Nebenklassen von $\mathfrak{g}$ in $\mathfrak{G}$ stets wieder eine Linksnebenklasse ist, so ist $\mathfrak{g}$ Normalteiler in $\mathfrak{G}$.

§ 9. Isomorphismen und Automorphismen.

Wir denken uns zwei Mengen $\mathfrak{M}$, $\overline{\mathfrak{M}}$ gegeben. In jeder dieser Mengen seien irgendwelche Relationen zwischen den Elementen definiert. Man kann sich z. B. denken, daß die Mengen $\mathfrak{M}$, $\overline{\mathfrak{M}}$ Gruppen sind und daß

[1] Der Name ist so zu erklären: Teiler heißt hier Untergruppe und das Wort „normal" soll die besondere Eigenschaft $a\mathfrak{g} = \mathfrak{g}a$ zum Ausdruck bringen.

die Relationen die Gleichungen $a \cdot b = c$ sind, die vermöge der Gruppeneigenschaft bestehen. Oder man kann sich etwa denken, daß die Mengen geordnet sind und daß die Relationen $a > b$ gemeint sind.

Wenn es nun möglich ist, die beiden Mengen eineindeutig aufeinander abzubilden derart, daß die Relationen bei der Abbildung erhalten bleiben, d. h. wenn jedem Element a von $\mathfrak{M}$ umkehrbar eindeutig ein Element $\bar{a}$ von $\bar{\mathfrak{M}}$ zugeordnet werden kann, so daß die Relationen, die zwischen irgendwelchen Elemenen $a, b, \ldots$ von $\mathfrak{M}$ bestehen, auch zwischen den zugeordneten Elementen $\bar{a}, \bar{b}, \ldots$ bestehen und umgekehrt, so nennt man die beiden Mengen *isomorph* (bezüglich der fraglichen Relationen) und schreibt $\mathfrak{M} \simeq \bar{\mathfrak{M}}$. Die Zuordnung selbst heißt *Isomorphismus*.

Um die Eineindeutigkeit zum Ausdruck zu bringen, sagt man auch 1-*isomorph* und 1-*Isomorphismus*.

So kann man reden von 1-*isomorphen Gruppen*, von isomorphgeordneten oder *ähnlich-geordneten* Mengen usw. Ein 1-Isomorphismus zweier Gruppen ist also eine solche eineindeutige Abbildung $a \to \bar{a}$, bei der aus $ab = c$ folgt $\bar{a}\bar{b} = \bar{c}$ (und umgekehrt), also bei der dem Produkt ab stets das Produkt $\bar{a}\bar{b}$ zugeordnet ist.

Ebenso wie gleichmächtige Mengen für die allgemeine Mengentheorie gleichwertig sind, so sind ähnliche Mengen in der Theorie der Ordnungstypen und isomorphe Gruppen in der Gruppentheorie als nicht wesentlich verschieden zu betrachten. Man kann alle Begriffe und Sätze, die auf Grund der gegebenen Relationen einer Menge definiert und bewiesen werden können, unmittelbar auf jede 1-isomorphe Menge übertragen. Zum Beispiel ist eine Menge, in der Produktrelationen definiert sind und die einer Gruppe 1-isomorph ist, wieder eine Gruppe, und Einselement, Inverses und Untergruppen gehen bei der 1-Isomorphie wieder in Einselement, Inverses und Untergruppen über.

Wenn insbesondere die beiden Mengen $\bar{\mathfrak{M}}$, $\mathfrak{M}$ identisch sind, d. h. wenn die betrachtete Zuordnung jedem Element a ein Element $\bar{a}$ derselben Menge umkehrbar eindeutig zuordnet mit Erhaltung der Relationen, so heißt die Zuordnung ein *Automorphismus* (oder 1-*Automorphismus*).

Zum Beispiel ist, wenn $\mathfrak{M}$ die Menge der ganzen Zahlen ist und die zugrunde gelegte Relation die Anordnungsrelation $a < b$, die Zuordnung

$$a \to a + 1$$

ein 1-Automorphismus, denn die Zuordnung bildet die Menge der ganzen Zahlen eineindeutig auf sich selbst ab und aus $a < b$ folgt $a + 1 < b + 1$ und umgekehrt.

Die 1-Automorphismen einer Menge bringen gewissermaßen ihre Symmetrieeigenschaften zum Ausdruck. Denn was bedeutet eine Symmetrie z. B. einer geometrischen Figur? Sie heißt, daß die Figur bei gewissen Transformationen (Spiegelungen, Drehungen usw.) in sich übergeht, wobei gewisse Relationen (Entfernungen, Winkel, Lagebeziehungen) erhalten bleiben, oder in unserer Terminologie, daß die Figur in bezug auf ihre metrischen Eigenschaften gewisse 1-Automorphismen gestattet.

Offenbar ist das Produkt zweier 1-Automorphismen (Produktbildung von Transformationen nach § 6) wieder ein 1-Automorphismus und die inverse Operation eines 1-Automorphismus wieder ein solcher. Daraus folgt nach § 6, daß die 1-Automorphismen einer beliebigen Menge (mit beliebigen Relationen zwischen ihren Elementen) eine Transformationsgruppe bilden: die *Automorphismengruppe* der Menge.

Insbesondere bilden die 1-Automorphismen einer Gruppe wieder eine Gruppe. Wir wollen einige dieser Automorphismen etwas näher betrachten.

Ist a ein festes Gruppenelement, so ist die Zuordnung, die x in

$$\bar{x} = a x a^{-1} \tag{1}$$

überführt, ein 1-Automorphismus. Denn erstens läßt sich (1) nach x eindeutig auflösen:

$$x = a^{-1} \bar{x} a;$$

also ist die Zuordnung eineindeutig. Zweitens ist

$$\bar{x}\,\bar{y} = a x a^{-1} \cdot a y a^{-1} = a (x y) a^{-1} = \overline{x y};$$

also ist die Zuordnung isomorph.

Man nennt $a x a^{-1}$ *das aus x mit Hilfe von a transformierte Element* und nennt die Elemente x, $a x a^{-1}$ *konjugierte Gruppenelemente.* Die von den Elementen a erzeugten Automorphismen $x \to a x a^{-1}$ heißen *innere Automorphismen* der Gruppe. Alle übrigen 1-Automorphismen (falls noch andere existieren) heißen *äußere Automorphismen.*

Bei einem inneren Automorphismus $x \to a x a^{-1}$ geht eine Untergruppe $\mathfrak{g}$ in eine Untergruppe $a \mathfrak{g} a^{-1}$ über, die man eine *zu $\mathfrak{g}$ konjugierte Untergruppe* nennt.

Ist eine Untergruppe $\mathfrak{g}$ mit allen ihren konjugierten identisch:

$$a \mathfrak{g} a^{-1} = \mathfrak{g} \text{ für jedes } a, \tag{2}$$

so heißt das nichts anderes, als daß die Gruppe $\mathfrak{g}$ mit jedem Element a vertauschbar ist:

$$a \mathfrak{g} = \mathfrak{g} a,$$

mithin *Normalteiler* ist (§ 8). Also:

Die gegenüber allen inneren Automorphismen invarianten Untergruppen sind die Normalteiler.

Durch diesen Satz erklärt sich die Bezeichnung „invariante Untergruppe“ für die Normalteiler.

Die Forderung (2) kann durch die etwas schwächere

$$a \mathfrak{g} a^{-1} \subseteqq \mathfrak{g} \tag{3}$$

ersetzt werden. Denn wenn (3) für jedes a gilt, so gilt es auch für a^{-1}:

$$a^{-1} \mathfrak{g} a \subseteqq \mathfrak{g},$$

$$\mathfrak{g} \subseteqq a \mathfrak{g} a^{-1}; \tag{4}$$

aus (3) und (4) folgt aber (2). Also:

Eine Untergruppe ist Normalteiler, wenn sie zu jedem Element b auch alle konjugierten Elemente aba^{-1} enthält.

Aufgaben. 1. Abelsche Gruppen haben keine inneren Automorphismen außer dem identischen. Man zeige, daß die Gruppe

$$e, a, b, c$$

mit dem Einselement e und den Zusammensetzungsregeln:

$$\begin{cases} a^2 = b^2 = c^2 = e, \\ ab = ba = c, \\ bc = cb = a, \\ ca = ac = b \end{cases}$$

keine inneren Automorphismen außer dem identischen, aber fünf äußere Automorphismen hat.

2. In Permutationsgruppen kann man das transformierte Element aba^{-1} eines Elements b dadurch erhalten, daß man b als Produkt von Zyklen darstellt (§ 7) und die Ziffern in diesen Zyklen der Permutation a unterwirft. Beweis? Mit Hilfe dieses Satzes berechne man aba^{-1} für den Fall

$$b = (1\ 2)\ (3\ 4\ 5),$$
$$a = (2\ 3\ 4\ 5).$$

3. Man beweise, daß die symmetrische Gruppe $\mathfrak{S}_3$ keine äußeren, aber sechs innere Automorphismen hat.

4. Die symmetrische Gruppe $\mathfrak{S}_4$ hat außer sich selbst und der Einheitsgruppe *nur* die folgenden Normalteiler:

a) die alternierende Gruppe $\mathfrak{A}_4$,

b) die „KLEINsche Vierergruppe" $\mathfrak{B}_4$, bestehend aus den Permutationen

$$(1),\ (1\ 2)\ (3\ 4),\ (1\ 3)\ (2,4),\ (1\ 4)\ (2\ 3).$$

Die letztere Gruppe ist abelsch und isomorph zu der in Aufgabe 1 abstrakt definierten Gruppe.

5. Ist $\mathfrak{g}$ Normalteiler in $\mathfrak{G}$ und $\mathfrak{H}$ eine „Zwischengruppe":

$$\mathfrak{g} \subseteq \mathfrak{H} \subseteq \mathfrak{G},$$

so ist $\mathfrak{g}$ auch Normalteiler in $\mathfrak{H}$.

6. Alle unendlichen zyklischen Gruppen sind isomorph zur additiven Gruppe der ganzen Zahlen.

7. Die mit einem Element a vertauschbaren Elemente x in einer Gruppe $\mathfrak{G}$, die Elemente x also, für die

$$xa = ax$$

ist, bilden eine Gruppe, den *Normalisator* von a. Diese enthält die von a erzeugte zyklische Gruppe als einen Normalteiler. Die Anzahl der mit a konjugierten Elemente ist gleich dem Index des Normalisators in $\mathfrak{G}$.

8. Man kann die Elemente einer Gruppe $\mathfrak{G}$ in Klassen konjugierter Elemente einteilen. Die Anzahl der Elemente einer Klasse ist, falls $\mathfrak{G}$ endlich ist, ein Teiler der Ordnung von $\mathfrak{G}$. Die Eins, sowie jedes Zentrumselement (§ 8, Aufg. 5), bildet für sich eine Klasse.

9. Ist in einer Gruppe der Ordnung p^n, wo p Primzahl ist, a_λ die Anzahl der Klassen mit p^λ Elementen, insbesondere a_0 die Anzahl der Zentrumselemente, so ist

$$p^n = a_0 + a_1 p + a_2 p^2 + \dots$$

Man zeige mit Hilfe dieser Gleichung, daß das Zentrum einer Gruppe der Ordnung p^n nicht aus dem Einselement allein bestehen kann.

§ 10. Homomorphie. Normalteiler. Faktorgruppen.

Wenn in zwei Mengen $\mathfrak{M}$, $\overline{\mathfrak{M}}$ gewisse Relationen definiert sind und wenn jedem Element a von $\mathfrak{M}$ genau ein Bildelement $\bar{a}$ in $\overline{\mathfrak{M}}$ zugeordnet ist derart, daß:

1. jedes Element $\bar{a}$ von $\overline{\mathfrak{M}}$ mindestens einmal als Bild auftritt,
2. alle Relationen zwischen Elementen von $\mathfrak{M}$ auch für die entsprechenden Elemente von $\overline{\mathfrak{M}}$ gelten,

so heißt die Zuordnung ein *Homomorphismus*[1] oder *mehrstufiger Isomorphismus*. $\overline{\mathfrak{M}}$ heißt dann ein *homomorphes Bild* von $\mathfrak{M}$ oder kurz *homomorph* zu $\mathfrak{M}$.

Man schreibt dann $\mathfrak{M} \sim \overline{\mathfrak{M}}$. Ist $\overline{\mathfrak{M}} \subseteqq \mathfrak{M}$, also der Homomorphismus eine Abbildung von $\mathfrak{M}$ in sich, so nennen wir ihn einen *Endomorphismus*.

Ist die Zuordnung umkehrbar eindeutig und gilt die Homorphieeigenschaft auch in der umgekehrten Richtung, so ist der Homorphismus ein „einstufiger Isomorphismus" oder 1-Isomorphismus im früher erklärten Sinn.

Bei einer homomorphen Abbildung kann man die Elemente von $\mathfrak{M}$, die ein festes Bild $\bar{a}$ in $\overline{\mathfrak{M}}$ haben, zu einer Klasse $\mathfrak{a}$ vereinigen. Jedes Element a gehört einer und nur einer Klasse $\mathfrak{a}$ an; d. h. die Menge $\mathfrak{M}$ ist *in Klassen eingeteilt*, die den Elementen von $\overline{\mathfrak{M}}$ eineindeutig zugeordnet sind.

Beispiele: Ordnet man jedem Element einer Gruppe das Einselement zu, so entsteht eine Homomorphie der Gruppe mit der Einheitsgruppe. Ebenso entsteht eine Homomorphie, wenn man jeder Permutation einer Permutationsgruppe die Zahl $+1$ oder -1 zuordnet, je nachdem die Permutation gerade oder ungerade ist; die zugeordnete Gruppe ist die multiplikative Gruppe der Zahlen $+1$ und -1.

---

[1] Ein fester Sprachgebrauch für die Wörter Isomorphismus und Homomorphismus existiert nicht. Speiser z. B. verwendet in der 1. Auflage seiner früher zitierten „Theorie der Gruppen von endlicher Ordnung" die beiden Wörter gerade umgekehrt. Die hier gewählte Bezeichnung schließt sich mehr dem Üblichen an.

Ordnet man jeder ganzen Zahl m die Potenz a^m eines Elements a einer Gruppe zu, so entsteht ein Homomorphismus der additiven Gruppe der ganzen Zahlen mit der von a erzeugten zyklischen Gruppe, denn der Summe $m+n$ ist das Produkt $a^{m+n} = a^m \cdot a^n$ zugeordnet. Ist a ein Element von unendlicher Ordnung, so ist der Homomorphismus ein 1-Isomorphismus.

Wir wollen nun speziell Homomorphismen von Gruppen untersuchen.

Sind in einer Menge $\overline{\mathfrak{G}}$ *Produkte* $\bar{a}\,\bar{b}$ *(also Relationen der Gestalt* $\bar{a}\,\bar{b} = \bar{c}$*) definiert und ist eine Gruppe* $\mathfrak{G}$ *auf* $\overline{\mathfrak{G}}$ *homomorph abgebildet, so ist auch* $\overline{\mathfrak{G}}$ *eine Gruppe.* Kurz: *Das homomorphe Abbild einer Gruppe ist wieder eine Gruppe.*

Beweis: Zunächst sind je drei gegebene Elemente $\bar{a}$, $\bar{b}$, $\bar{c}$ von $\overline{\mathfrak{G}}$ stets Bilder von Elementen von $\mathfrak{G}$, also etwa von a, b, c. Aus

$$ab \cdot c = a \cdot bc$$

folgt dann

$$\bar{a}\,\bar{b} \cdot \bar{c} = \bar{a} \cdot \bar{b}\,\bar{c}.$$

Weiter folgt aus

$$ae = a \text{ für alle } a,$$

$$\bar{a}\,\bar{e} = \bar{a} \text{ für alle } \bar{a},$$

und aus

$$ba = e \qquad (b = a^{-1}),$$

$$\bar{b}\,\bar{a} = \bar{e}.$$

Also gibt es in $\overline{\mathfrak{G}}$ ein Einselement $\bar{e}$ und zu jedem $\bar{a}$ ein Inverses. Also ist $\overline{\mathfrak{G}}$ eine Gruppe. Zugleich ist bewiesen:

Einselement und inverses Element gehen bei einem Homomorphismus wieder in Einselement und inverses Element über.

Jetzt soll die durch eine homomorphe Abbildung $\mathfrak{G} \to \overline{\mathfrak{G}}$ gegebene Klasseneinteilung genauer studiert werden. Es wird sich dabei eine sehr wichtige eineindeutige Beziehung zwischen Homomorphismen und Normalteilern herausstellen.

Die Klasse $\mathfrak{e}$ *von* $\mathfrak{G}$*, der bei einer Homomorphie* $\mathfrak{G} \sim \overline{\mathfrak{G}}$ *das Einheitselement* $\bar{e}$ *von* $\overline{\mathfrak{G}}$ *entspricht, ist ein Normalteiler von* $\mathfrak{G}$ *und die übrigen Klassen sind die Nebenklassen dieses Normalteilers.*

Beweis: Zunächst ist $\mathfrak{e}$ eine Gruppe. Denn wenn a und b bei der Homomorphie beide in $\bar{e}$ übergehen, so geht ab über in $\bar{e}^2 = \bar{e}$; also enthält $\mathfrak{e}$ zu je zwei Elementen das Produkt. Weiter geht a^{-1} über in $\bar{e}^{-1} = \bar{e}$; also enthält $\mathfrak{e}$ auch das Inverse eines jeden Elementes.

Die Elemente einer linksseitigen Nebenklasse $a\mathfrak{e}$ gehen alle über in das Element $\bar{a}\,\bar{e} = \bar{a}$. Wenn umgekehrt ein Element a' in $\bar{a}$ übergeht, so bestimme man x aus

$$a x = a'.$$

Es folgt:

$$\bar{a}\,\bar{x} = \bar{a},$$

$$\bar{x} = \bar{e}.$$

Also liegt x in $\mathfrak{e}$, also a' in $a\mathfrak{e}$.

Die Klasse von $\mathfrak{G}$, die dem Element $\bar{a}$ entspricht, ist also genau die linksseitige Nebenklasse $a\mathfrak{e}$.

Genau so zeigt man aber, daß die Klasse, die $\bar{a}$ entspricht, die rechtsseitige Nebenklasse $\mathfrak{e}a$ sein muß. Also stimmen rechts- und linksseitige Nebenklassen überein:

$$a\mathfrak{e} = \mathfrak{e}a,$$

und $\mathfrak{e}$ ist Normalteiler. Damit ist alles bewiesen.

Wir sind bis jetzt von einer gegebenen Homomorphie ausgegangen und sind zwangsläufig auf einen Normalteiler geführt worden. Nun kehren wir aber die Frage um: *Gegeben sei ein Normalteiler* $\mathfrak{g}$ *von* $\mathfrak{G}$. *Kann man eine zu* $\mathfrak{G}$ *homomorphe Gruppe* $\overline{\mathfrak{G}}$ *bilden, so daß die Nebenklassen von* $\mathfrak{g}$ *genau den Elementen von* $\overline{\mathfrak{G}}$ *entsprechen?*

Um das zu erreichen, wählen wir am einfachsten als Elemente der zu konstruierenden Gruppe $\overline{\mathfrak{G}}$ die Nebenklassen von $\mathfrak{g}$ selbst. Nach § 8 ist das Produkt zweier Nebenklassen des Normalteilers $\mathfrak{g}$ wieder eine Nebenklasse, und wenn a zur Nebenklasse $a\mathfrak{g}$ und b zu $b\mathfrak{g}$ gehört, so gehört ab zur Produktnebenklasse $ab\mathfrak{g} = a\mathfrak{g} \cdot b\mathfrak{g}$. Die Nebenklassen bilden demnach eine zu $\mathfrak{G}$ homomorphe Menge, *also eine zu* $\mathfrak{G}$ *homomorphe Gruppe.* Man nennt diese die *Faktorgruppe* von $\mathfrak{G}$ nach $\mathfrak{g}$ und stellt sie durch das Symbol

$$\mathfrak{G}/\mathfrak{g}$$

dar. Die Ordnung von $\mathfrak{G}/\mathfrak{g}$ ist der Index von $\mathfrak{g}$.

Wir sehen hier die prinzipielle Wichtigkeit der Normalteiler: sie ermöglichen die Konstruktion von neuen Gruppen, die zu gegebenen Gruppen homomorph sind.

Ist eine Gruppe $\mathfrak{G}$ auf eine andere Gruppe $\overline{\mathfrak{G}}$ homomorph abgebildet, so sahen wir schon, daß den Elementen von $\overline{\mathfrak{G}}$ (umkehrbar eindeutig) die Nebenklassen eines Normalteilers $\mathfrak{e}$ in $\mathfrak{G}$ entsprechen. Diese Zuordnung ist natürlich eine Isomorphie; denn wenn $a\mathfrak{g}$, $b\mathfrak{g}$ zwei Nebenklassen sind, so ist $ab\mathfrak{g}$ ihr Produkt; die entsprechenden Elemente in $\overline{\mathfrak{G}}$ sind $\bar{a}$, $\bar{b}$, $\overline{(ab)}$ und es ist in der Tat

$$\overline{(ab)} = \bar{a} \cdot \bar{b}$$

wegen der Homomorphie. Also haben wir:

$$\mathfrak{G}/\mathfrak{e} \cong \overline{\mathfrak{G}},$$

und damit den *Homomorphiesatz für Gruppen:*

Jede Gruppe $\overline{\mathfrak{G}}$, *auf die* $\mathfrak{G}$ *homomorph abgebildet ist, ist isomorph einer Faktorgruppe* $\mathfrak{G}/\mathfrak{e}$; *dabei ist* $\mathfrak{e}$ *derjenige Normalteiler von* $\mathfrak{G}$, *dessen Elementen das Einselement in* $\overline{\mathfrak{G}}$ *entspricht. Umgekehrt ist* $\mathfrak{G}$ *auf jede Faktorgruppe* $\mathfrak{G}/\mathfrak{e}$ *(wo* $\mathfrak{e}$ *Normalteiler) homomorph abgebildet.*

Aufgaben. 1. Triviale Faktorgruppen einer jeden Gruppe $\mathfrak{G}$ sind: $\mathfrak{G}/\mathfrak{E} \cong \mathfrak{G}$; $\mathfrak{G}/\mathfrak{G} \cong \mathfrak{E}$.

2. Die Faktorgruppe der alternierenden Gruppe ($\mathfrak{S}_n/\mathfrak{A}_n$) ist eine zyklische Gruppe der Ordnung 2.

3. Die Faktorgruppe $\mathfrak{S}_4/\mathfrak{B}_4$ der KLEINschen Vierergruppe (§ 9, Aufgabe 4) ist isomorph mit $\mathfrak{S}_3$.

4. Die Elemente $aba^{-1}b^{-1}$ einer Gruppe $\mathfrak{G}$ und ihre Produkte (zu je endlichvielen) bilden eine Gruppe, die man die *Kommutatorgruppe* von $\mathfrak{G}$ nennt. Diese ist Normalteiler, und ihre Faktorgruppe ist abelsch. Jeder Normalteiler, dessen Faktorgruppe abelsch ist, umfaßt die Kommutatorgruppe.

5. Die mit einer Untergruppe $\mathfrak{g}$ vertauschbaren Elemente bilden eine Gruppe $\mathfrak{h}$, in der $\mathfrak{g}$ Normalteiler ist. Man nennt sie den *Normalisator* von $\mathfrak{g}$. Der Index von $\mathfrak{h}$ in $\mathfrak{G}$ ist die Anzahl der mit $\mathfrak{g}$ konjugierten Untergruppen von $\mathfrak{G}$.

6. Ist $\mathfrak{G}$ zyklisch, a das erzeugende Element von $\mathfrak{G}$, $\mathfrak{g}$ eine Untergruppe vom Index m, so ist $\mathfrak{G}/\mathfrak{g}$ zyklisch von der Ordnung m. Als Repräsentanten der Nebenklassen können die Elemente $1, a, a^2, \ldots, a^{m-1}$ gewählt werden.

In einer abelschen Gruppe ist jede Untergruppe Normalteiler (vgl. § 8, Aufgabe 4). Schreibt man die Verknüpfung als Addition, so hat man für die Gruppen und ihre Untergruppen, wie schon erwähnt, den Namen *Moduln*. Die Nebenklassen $a + \mathfrak{M}$ (wo $\mathfrak{M}$ ein Modul ist) heißen Restklassen nach $\mathfrak{M}$ oder Restklassen modulo $\mathfrak{M}$, und die Faktorgruppe $\mathfrak{G}/\mathfrak{M}$ heißt *Restklassenmodul* von $\mathfrak{G}$ nach $\mathfrak{M}$.

Zwei Elemente a, b liegen in einer Restklasse, wenn ihre Differenz in $\mathfrak{M}$ liegt. Man nennt zwei solche Elemente *kongruent nach dem Modul* $\mathfrak{M}$ oder: *kongruent modulo* $\mathfrak{M}$, und schreibt

$$a \equiv b \pmod{\mathfrak{M}}$$

oder kurz

$$a \equiv b \ (\mathfrak{M}).$$

Für die im Homomorphismus zugeordneten Elemente $\bar{a}, \bar{b}$ des Restklassenmoduls gilt dann:

$$\bar{a} = \bar{b}.$$

Umgekehrt folgt aus $\bar{a} = \bar{b}$ stets $a \equiv b\,(\mathfrak{M})$.

Zum Beispiel bilden im Bereich der ganzen Zahlen die Vielfachen einer natürlichen Zahl m einen Modul, und man schreibt dementsprechend

$$a \equiv b\,(m),$$

wenn die Differenz $a - b$ durch m teilbar ist. Die Restklassen können durch $0, 1, 2, \ldots, m - 1$ repräsentiert werden, und der Restklassenmodul ist eine zyklische Gruppe der Ordnung m.

Aufgabe. 7. Jede zyklische Gruppe der Ordnung m ist isomorph dem Restklassenmodul nach der ganzen Zahl m.

Drittes Kapitel.

Ringe und Körper.

Inhalt: Definition der Begriffe Ring, Integritätsbereich, Körper. Allgemeine Methoden, aus Ringen andere Ringe (bzw. Körper) zu bilden. Sätze über Primfaktorzerlegung in Integritätsbereichen.

Die Begriffe dieses Kapitels werden im ganzen Buch benutzt.

§ 11. Ringe.

Die Größen, mit denen man in der Algebra und Arithmetik operiert, sind von verschiedener Natur; bald sind es die ganzen, bald die rationalen, die reellen, die komplexen, die algebraischen Zahlen; die Polynome oder die rationalen Funktionen von n Veränderlichen usw. Wir werden später noch Größen von ganz anderer Natur: hyperkomplexe Zahlen, Restklassen u. dgl., kennenlernen, mit denen man ganz oder fast ganz wie mit Zahlen rechnen kann. Es ist daher wünschenswert, alle diese Größenbereiche unter einen gemeinsamen Begriff zu bringen und die Rechengesetze in diesen Bereichen allgemein zu untersuchen.

Unter einem *System mit doppelter Komposition* versteht man eine Menge von Elementen $a, b, \ldots$, in der zu je zwei Elementen a, b eindeutig eine *Summe* $a+b$ und ein *Produkt* $a \cdot b$ definiert sind, die wieder der Menge angehören.

Ein System mit doppelter Komposition heißt ein *Ring*, wenn folgende *Rechengesetze* für alle Elemente des Systems erfüllt sind:

I. *Gesetze der Addition.*

a) *Assoziatives Gesetz*: $a+(b+c)=(a+b)+c$.

b) *Kommutatives Gesetz*: $a+b=b+a$.

c) *Lösbarkeit*[1] *der Gleichung* $a+x=b$ für alle a und b.

II. *Gesetz der Multiplikation.*

a) *Assoziatives Gesetz*: $a \cdot bc = ab \cdot c$.

III. *Distributivgesetze.*

a) $a \cdot (b+c) = ab+ac$.

b) $(b+c) \cdot a = ba+ca$.

Zusatz: Gilt auch für die Multiplikation das kommutative Gesetz:

II. b) $a \cdot b = b \cdot a$,

so heißt der Ring *kommutativ*. Vorläufig werden wir es hauptsächlich mit kommutativen Ringen zu tun haben.

Zu den Gesetzen der Addition. Die drei Gesetze Ia, b, c zusammen besagen nichts anderes, als daß die Ringelemente bei der Addition eine abelsche Gruppe bilden[2]. Also können wir alle früher

[1] Eindeutige Lösbarkeit wird nicht verlangt, folgt aber später.

[2] Man bezeichnet diese Gruppe als die *additive Gruppe* des Ringes.

für abelsche Gruppen bewiesenen Sätze auf Ringe übertragen: Es gibt ein (und nur ein) *Nullelement* 0, mit der Eigenschaft:

$$a + 0 = a \text{ für alle } a.$$

Weiter existiert zu jedem Element a ein *entgegengesetzes Element* $-a$, mit der Eigenschaft

$$-a + a = 0.$$

Sodann ist die Gleichung $a + x = b$ nicht nur lösbar, sondern eindeutig lösbar; ihre einzige Lösung ist

$$x = -a + b;$$

wir bezeichnen sie auch mit $b - a$. Da man vermöge

$$a - b = a + (-b)$$

jede Differenz in eine Summe verwandeln kann, so gelten in diesem Sinne auch für Differenzen dieselben Vertauschungsregeln wie für Summen, etwa

$$(a - b) - c = (a - c) - b,$$

usw. Schließlich ist $-(-a) = a$ und $a - a = 0$.

Zu den Assoziativgesetzen. Wie wir im Kap. 2, § 6 sahen, kann man auf Grund des Assoziativgesetzes für die Multiplikation die zusammengesetzten Produkte

$$\prod_1^n a_\nu = a_1 a_2 \ldots a_n$$

definieren und ihre Haupteigenschaft

$$\prod_1^m a_\mu \cdot \prod_{\nu=1}^n a_{m+\nu} = \prod_1^{m+n} a_\nu$$

beweisen. Ebenso kann man die Summen

$$\sum_1^n a_\nu = a_1 + a_2 \ldots + a_n$$

definieren und ihre Haupteigenschaft

$$\sum_1^m a_\mu + \sum_{\nu=1}^n a_{m+\nu} = \sum_1^{m+n} a_\nu$$

beweisen. Vermöge Ib kann man auch in einer Summe die Glieder beliebig vertauschen, und dasselbe gilt in kommutativen Ringen auch für Produkte.

Zu den Distributivgesetzen. Sobald das Kommutativgesetz der Multiplikation gilt, ist IIIb natürlich eine Folge von IIIa.

Aus IIIa folgt durch vollständige Induktion nach n sofort:

$$a(b_1 + b_2 + \cdots + b_n) = ab_1 + ab_2 + \cdots + ab_n,$$

ebenso aus IIIb:

$$(a_1 + a_2 + \cdots + a_n)b = a_1 b + a_2 b + \cdots + a_n b.$$

Beide zusammen ergeben die übliche Regel für die Multiplikation von Summen:

$$\begin{aligned}(a_1 + \cdots + a_n)(b_1 + \cdots + b_m) \\ = a_1 b_1 + \cdots + a_1 b_m \\ + \cdots\cdots\cdots \\ + a_n b_1 + \cdots + a_n b_m \\ = \sum_{i=1}^{n} \sum_{k=1}^{m} a_i b_k .\end{aligned}$$

Die Distributivgesetze gelten auch für die Subtraktion; z. B. ist

$$a(b - c) = ab - ac,$$

wie man aus

$$a(b - c) + ac = a(b - c + c) = ab$$

ersieht.

Insbesondere ist

$$a \cdot 0 = a(a - a) = a \cdot a - a \cdot a = 0,$$

oder: *Ein Produkt ist sicher dann Null, wenn ein Faktor es ist.*

Die Umkehrung dieses Satzes braucht, wie wir später an Beispielen sehen werden, nicht zu gelten: Es kann vorkommen, daß

$$a \cdot b = 0, \qquad a \neq 0, \qquad b \neq 0.$$

In diesem Fall nennt man a und b *Nullteiler*, und zwar a einen linken, b einen rechten Nullteiler. (In kommutativen Ringen fallen die beiden Begriffe zusammen.) Es ist zweckmäßig, auch die Null selbst als Nullteiler zu betrachten. a heißt also linker Nullteiler, wenn es ein $b \neq 0$ gibt, so daß $ab = 0$ ist[1].

Wenn es in einem Ring außer der Null keine Nullteiler gibt, d. h. wenn aus $ab = 0$ stets $a = 0$ oder $b = 0$ folgt, so spricht man von einem *Ring ohne Nullteiler*. Ist der Ring außerdem kommutativ, so wird er auch *Integritätsbereich* genannt.

Beispiele: Alle anfangs genannten Beispiele (Ring der ganzen Zahlen, der rationalen Zahlen usw.) sind Ringe ohne Nullteiler. Der Ring der stetigen Funktionen im Intervall $(-1, +1)$ hat Nullteiler; denn setzt man

$$f = f(x) = \max(0, x),$$
$$g = g(x) = \max(0, -x),$$

so ist $f \neq 0$[2], $g \neq 0$, $fg = 0$.

Aufgaben. 1. Die Zahlenpaare (a_1, a_2) (a_1, a_2 etwa rationale Zahlen) mit

$$(a_1, a_2) + (b_1, b_2) = (a_1 + b_1, a_2 + b_2),$$
$$(a_1, a_2) \cdot (b_1, b_2) = (a_1 b_1, a_2 b_2)$$

bilden einen Ring mit Nullteilern.

---

[1] Angenommen, daß es im Ring überhaupt Elemente $\neq 0$ gibt.

[2] $f \neq 0$ heißt: f ist eine andere Funktion als die Null. Es soll nicht heißen, daß f nirgends den Wert Null annimmt.

2. Es ist erlaubt, eine Gleichung $a x = a y$ durch a zu kürzen, falls a kein linker Nullteiler ist. (Insbesondere kann man in einem Integritätsbereich durch jedes $a \neq 0$ kürzen.)

3. Man konstruiere, von einer beliebigen abelschen Gruppe als additiver Gruppe ausgehend, einen Ring, in dem das Produkt von je zwei Elementen Null ist.

Einselement. Besitzt ein Ring ein links-Einselement e:

$$e x = x \text{ für alle } x,$$

und *zugleich* ein rechts-Einselement e':

$$x e' = x \text{ für alle } x,$$

so müssen beide gleich sein, wegen

$$e = e e' = e'.$$

Ebenso ist dann jedes rechts-Einselement auch gleich e, ebenso jedes links-Einselement. Man nennt dann e das Einselement schlechthin und spricht von einem *Ring mit Einselement.* Oft wird das Einselement mit 1 bezeichnet, obzwar es von der Zahl 1 zu unterscheiden ist.

Die ganzen Zahlen bilden einen Ring C mit Einselement, die geraden Zahlen einen Ring ohne Einselement. Es gibt auch Ringe, wo zwar ein oder mehrere rechts-Einselemente, aber kein links-Einselement existiert, oder umgekehrt.

Inverses Element. Ist a ein beliebiges Element eines Rings mit Einselement e, so versteht man unter einem *Linksinversen* von a ein Element $a_{(l)}^{-1}$ mit der Eigenschaft

$$a_{(l)}^{-1} a = e$$

und unter einem *Rechtsinversen* ein $a_{(r)}^{-1}$ mit der Eigenschaft

$$a a_{(r)}^{-1} = e.$$

Besitzt ein Element a sowohl Links- wie auch Rechtsinverses, so sind wiederum beide einander gleich wegen

$$a_{(l)}^{-1} = a_{(l)}^{-1} (a a_{(r)}^{-1}) = (a_{(l)}^{-1} a) a_{(r)}^{-1} = a_{(r)}^{-1}$$

und daher auch jedes Rechts- sowie jedes Linksinverse von a gleich diesem einen. Man sagt in diesem Fall: *a besitzt ein inverses Element,* und bezeichnet das inverse Element mit a^{-1}.

Potenzen und Vielfache. Wir sahen schon in Kap. 2, daß man auf Grund des Assoziativgesetzes die Potenzen a^n (n eine natürliche Zahl) für jedes Ringelement a definieren kann und daß die üblichen Regeln gelten:

$$(1) \qquad \begin{cases} a^n \cdot a^m = a^{n+m}, \\ (a^n)^m = a^{n m}, \\ (a b)^n = a^n b^n, \end{cases}$$

letztere für kommutative Ringe.

bilden[1]. Für sie gelten die folgenden Rechnungsregeln:

$$(1)\qquad \begin{cases} \dfrac{a}{b}=\dfrac{c}{d} \text{ dann und nur dann, wenn } ad=bc\,; \\[1ex] \dfrac{a}{b}+\dfrac{c}{d}=\dfrac{ad+bc}{bd}\,; \\[1ex] \dfrac{a}{b}\cdot\dfrac{c}{d}=\dfrac{ac}{bd}\,. \end{cases}$$

Zum Beweise überlege man sich, daß beide Seiten jedesmal nach Multiplikation mit bd dasselbe ergeben und daß aus $bdx=bdy$ folgt $x=y$.

Man sieht also, daß die Quotienten $\frac{a}{b}$ einen kommutativen Körper P bilden, den man den *Quotientenkörper* des kommutativen Ringes $\mathfrak{R}$ nennt. Weiter ersieht man aus den Regeln (1), daß die Art, wie man Brüche vergleicht, addiert und multipliziert, bekannt ist, sobald man diese Operationen für ihre Zähler und Nenner, also für die Elemente von $\mathfrak{R}$ ausführen kann, d. h. die Struktur des Quotientenkörpers P ist durch die von $\mathfrak{R}$ völlig bestimmt, oder: *Quotientenkörper von* 1-*isomorphen Ringen sind* 1-*isomorph*. Insbesondere sind je zwei Quotientenkörper eines einzigen Ringes stets 1-isomorph, oder: *Der Quotientenkörper* P *ist durch den Ring* $\mathfrak{R}$ *bis auf Isomorphie eindeutig bestimmt, wenn es überhaupt einen Quotientenkörper zum Ring* $\mathfrak{R}$ *gibt.*

Wir fragen nun: Welche kommutativen Ringe besitzen einen Quotientenkörper? Oder, was auf dasselbe hinauskommt, welche lassen sich überhaupt in einen Körper einbetten?

Damit ein Ring $\mathfrak{R}$ in einen Körper eingebettet werden kann, ist zunächst notwendig, daß es in $\mathfrak{R}$ keine Nullteiler gibt; denn ein Körper hat keine Nullteiler. Diese Bedingung ist nun im kommutativen Fall auch hinreichend: *Jeder Integritätsbereich* $\mathfrak{R}$ *läßt sich in einen Körper einbetten*[2].

Beweis: Wir können von dem trivialen Fall, daß $\mathfrak{R}$ nur aus einem Nullelement besteht, absehen. Wir betrachten die Menge aller Elementpaare (a, b), wo $b \neq 0$ ist. Diesen Paaren sollen nachher Brüche $\frac{a}{b}$ zugeordnet werden.

Wir setzen $(a, b) \sim (c, d)$, wenn $ad=bc$. [Vgl. die früheren Formeln (1).] Die so definierte Relation $\sim$ ist offenbar reflexiv und symmetrisch; sie ist auch transitiv, denn aus

$$(a, b) \sim (c, d), \qquad (c,d) \sim (e, f)$$

folgt

$$ad=bc, \qquad cf=de,$$

also

$$adf=bcf=bde,$$

[1] Aus $ab=ba$ folgt nämlich $ab^{-1}=b^{-1}a$, indem man von links und von rechts mit b^{-1} multipliziert.

[2] Für nichtkommutative Ringe ohne Nullteiler gilt dieser Satz nicht mehr; vgl. A. MALCEV: Math. Ann. 113 (1936).

also wegen $d \neq 0$ und der Kommutativität von $\mathfrak{R}$:

$$af = be,$$
$$(a, b) \sim (e, f).$$

Die Relation $\sim$ hat also alle Eigenschaften einer Äquivalenzrelation; sie definiert somit nach Kap. 1, § 5 eine Klasseneinteilung für die Paare (a, b), indem äquivalente Paare zur selben Klasse gerechnet werden. Die Klasse, in der (a, b) liegt, sei durch das Symbol $\frac{a}{b}$ dargestellt. Zufolge dieser Definition ist $\frac{a}{b} = \frac{c}{d}$ dann und nur dann, wenn $(a, b) \sim (c, d)$, also wenn $ad = bc$.

Entsprechend der früheren Formel (1) *definieren* wir nun Summe und Produkt der neuen Symbole $\frac{a}{b}$ durch:

$$\frac{a}{b} + \frac{c}{d} = \frac{ad + bc}{bd}, \tag{2}$$

$$\frac{a}{b} \cdot \frac{c}{d} = \frac{ac}{bd}. \tag{3}$$

Die Definitionen sind zulässig; denn *erstens* ist $bd \neq 0$, wenn $b \neq 0$ und $d \neq 0$, also sind $\frac{ad + bc}{bd}$ und $\frac{ac}{bd}$ erlaubte Symbole; *zweitens* sind die rechten Seiten unabhängig von der Wahl der Repräsentanten (a, b) und (c, d) der Klassen $\frac{a}{b}$ und $\frac{c}{d}$. Ersetzt man nämlich in (2) a und b durch a' und b', wo

$$ab' = ba',$$

so folgt

$$adb' = a'db,$$
$$adb' + bcb' = a'db + b'cb,$$
$$(ad + bc)b'd = (a'd + b'c)bd,$$

also

$$\frac{ad + bc}{bd} = \frac{a'd + b'c}{b'd}.$$

Ebenso:

$$ab' = ba',$$
$$acb'd = a'cbd,$$
$$\frac{ac}{bd} = \frac{a'c}{b'd}.$$

Entsprechendes gilt bei Ersetzung von (c, d) durch (c', d'), wo $cd' = dc'$ ist.

Man zeigt ohne Mühe, daß alle Körpereigenschaften erfüllt sind. Das Assoziativgesetz der Addition z. B. ergibt sich so:

$$\frac{a}{b} + \left(\frac{c}{d} + \frac{e}{f}\right) = \frac{a}{b} + \frac{cf + de}{df} = \frac{adf + bcf + bde}{bdf},$$

$$\left(\frac{a}{b} + \frac{c}{d}\right) + \frac{e}{f} = \frac{ad + bc}{bd} + \frac{e}{f} = \frac{adf + bcf + bde}{bdf},$$

und alle anderen Gesetze dementsprechend.

Der konstruierte Körper ist offenbar kommutativ. Um zu erreichen, daß er den Ring $\mathfrak{R}$ umfaßt, müssen wir gewisse Brüche mit Elementen von $\mathfrak{R}$ identifizieren. Das geschieht folgendermaßen:

Wir ordnen dem Element c alle Brüche $\frac{c\,b}{b}$ zu, wobei $b \neq 0$ ist. Diese Brüche sind sämtlich gleich:

$$\frac{c\,b}{b} = \frac{c\,b'}{b'} \quad \text{wegen} \quad (c\,b)\,b' = b\,(c\,b').$$

Jedem Element c wird also nur *ein* Bruch zugeordnet. Verschiedenen Elementen c, c' werden aber auch verschiedene Brüche zugeordnet; denn aus

$$\frac{c\,b}{b} = \frac{c'\,b'}{b'}$$

folgt

$$c\,b\,b' = b\,c'\,b'$$

oder wegen $b \neq 0$, $b' \neq 0$, da man kürzen kann:

$$c = c'.$$

Also sind den Elementen von $\mathfrak{R}$ eineindeutig gewisse Brüche zugeordnet.

Ist $c_1 + c_2 = c_3$ oder $c_1 c_2 = c_3$ in $\mathfrak{R}$, so folgt daraus für beliebige $b_1 \neq 0$, $b_2 \neq 0$ und $b_3 = b_1 b_2$:

$$\frac{c_1 b_1}{b_1} + \frac{c_2 b_2}{b_2} = \frac{c_1 b_1 b_2 + c_2 b_1 b_2}{b_1 b_2} = \frac{c_3 b_3}{b_3}$$

bzw.

$$\frac{c_1 b_1}{b_1} \cdot \frac{c_2 b_2}{b_2} = \frac{c_1 c_2 b_1 b_2}{b_1 b_2} = \frac{c_3 b_3}{b_3}.$$

Die zugeordneten Brüche $\frac{c_i b_i}{b_i}$ addieren und multiplizieren sich also genau so wie die Ringelemente c_i: sie bilden einen zu $\mathfrak{R}$ isomorphen Bereich. Demnach können wir die Brüche $\frac{c\,b}{b}$ durch die entsprechenden Elemente c ersetzen (§ 12, Schluß). Dadurch erreichen wir, daß der Körper den Ring $\mathfrak{R}$ umfaßt.

Damit ist die Existenz eines umfassenden Körpers zu jedem Integritätsbereich $\mathfrak{R}$ bewiesen.

Die Quotientenbildung ist das erste Hilfsmittel, aus Ringen andere Ringe (in casu Körper) zu bilden. Sie erzeugt z. B. aus dem Ring C der gewöhnlichen ganzen Zahlen den Körper Γ der rationalen Zahlen.

Aufgabe. Man zeige, daß jeder kommutative Ring $\mathfrak{R}$ (mit oder ohne Nullteiler) sich in einem „Quotientenring" einbetten läßt, bestehend aus allen Quotienten $\frac{a}{b}$, wo b alle Nichtnullteiler durchläuft. Allgemeiner kann man b irgendeine Menge $\mathfrak{M}$ von Nichtnullteilern durchlaufen lassen, die zu je zwei Elementen b_1, b_2 auch das Produkt $b_1 b_2$ enthält, und bekommt so einen Quotientenring $\mathfrak{R}_{\mathfrak{M}}$.

§ 14. Vektorräume und hyperkomplexe Systeme.

Es sei $\mathfrak{R}$ ein Ring mit Einselement, dessen Elemente mit griechischen Buchstaben $\alpha, \beta, \ldots$ bezeichnet werden, und es sei $\mathfrak{G}$ eine additive abelsche Gruppe, deren Elemente mit lateinischen Typen $u, v, \ldots$ bezeichnet werden.

Der Modul $\mathfrak{G}$ heißt ein *n-gliedriger Linearformenmodul* oder ein *n-dimensionaler Vektorraum* in bezug auf $\mathfrak{R}$, wenn außer der Addition in $\mathfrak{G}$ noch eine Multiplikation der Elemente von $\mathfrak{R}$ mit den Elementen von $\mathfrak{G}$ definiert ist mit folgenden Eigenschaften:

1. Das Produkt αu eines Elementes α von $\mathfrak{R}$ mit einem Element u von $\mathfrak{G}$ gehört stets zu $\mathfrak{G}$.

2. $\alpha(u+v) = \alpha u + \alpha v$.

3. $(\alpha+\beta)\,u = \alpha u + \beta u$.

4. $(\alpha\beta)\,u = \alpha(\beta u)$.

5. Alle Elemente von $\mathfrak{G}$ sind eindeutig darstellbar als Linearformen $\alpha_1 u_1 + \cdots + \alpha_n u_n$ mit Hilfe von n festen „Basiselementen" $u_1, \ldots, u_n$

Aus 2. und 4. folgt

$$\beta(\alpha_1 u_1 + \cdots + \alpha_n u_n) = (\beta\alpha_1)\,u_1 + \cdots + (\beta\alpha_n)\,u_n. \tag{1}$$

Setzt man insbesondere $\beta = 1$ und $\alpha_1 u_1 + \cdots + \alpha_n u_n = u$, so folgt

$$1 \cdot u = u. \tag{2}$$

Aus 3. folgt weiter

$$\left\{\begin{aligned} &(\alpha_1 u_1 + \cdots + \alpha_n u_n) + (\beta_1 u_1 + \cdots + \beta_n u_n)\\ &\qquad = (\alpha_1+\beta_1)\,u + \cdots + (\alpha_n+\beta_n)\,u_n. \end{aligned}\right. \tag{3}$$

Jedes Element $u = \alpha_1 u_1 + \ldots + \alpha_n u_n$ des Vektorraumes wird eindeutig durch eine Reihe von n Elementen $(\alpha_1, \ldots, \alpha_n)$, den *Komponenten* von u (in bezug auf die Basis $u_1, \ldots, u_n$) dargestellt. Die Zahl n der Basiselemente oder der Komponenten heißt die Dimension des Vektorraumes. Die Addition zweier Elemente von $\mathfrak{G}$ geschieht nach (3) durch Addition ihrer Komponenten; die Multiplikation mit β geschieht nach (4) durch Multiplikation aller Komponenten mit β.

Der Vektorraum ist also bis auf Isomorphie eindeutig bestimmt durch Angabe des Ringes $\mathfrak{R}$ und der Dimension n.

Auf Grund dieses Satzes kann man bei gegebenem $\mathfrak{R}$ einen Vektorraum gegebener Dimension als Modell für alle nehmen. Am bequemsten geschieht das, indem man unter einem Vektor eine geordnete Reihe von n Elementen $\alpha_1, \ldots, \alpha_n$ von $\mathfrak{R}$ versteht. Die Summe zweier Vektoren $(\alpha_1, \ldots, \alpha_n)$ und $(\beta_1, \ldots, \beta_n)$ wird durch $(\alpha_1+\beta_1, \ldots, \alpha_n+\beta_n)$ erklärt und das Produkt $\beta(\alpha_1, \ldots, \alpha_n)$ durch $(\beta\alpha_1, \ldots, \beta\alpha_n)$. Die Rechnungsregeln

1. bis 4. sind dann von selbst erfüllt. Setzt man weiter

$$\begin{aligned}(1, 0, \ldots, 0) &= u_1\\ (0, 1, \ldots, 0) &= u_2\\ \ldots\ldots\ldots&\ldots\ldots\\ \ldots\ldots\ldots&\ldots\ldots\\ (0, 0, \ldots, 1) &= u_n,\end{aligned}$$

so wird

$$\begin{aligned}(\alpha_1, \ldots, \alpha_n) &= (\alpha_1, 0, \ldots, 0) + (0, \alpha_2, \ldots, 0) + \cdots + (0, 0, \ldots, \alpha_n)\\ &= \alpha_1 u_1 + \alpha_2 u_2 + \cdots + \alpha_n u_n,\end{aligned}$$

also ist auch 5. erfüllt. Die Vektoren $(\alpha_1, \ldots, \alpha_n)$ bilden also in der Tat einen n-dimensionalen Vektorraum im Sinne unserer Definition.

Ein Vektorraum $\mathfrak{S}$ wird zu einem Ring, wenn noch eine Multiplikation für die Elemente $u, v, \ldots$ untereinander erklärt wird. Von dieser Multiplikation verlangen wir außer dem Assoziativgesetz und den beiden Distributivgesetzen noch die folgende Eigenschaft

(4) $$(\alpha u) v = u (\alpha v) = \alpha (u v) \qquad \text{für } \alpha \in \mathfrak{R}.$$

Sind diese Eigenschaften alle erfüllt, so heißt der Ring $\mathfrak{S}$ ein *hyperkomplexes System* oder eine *Algebra* vom Range n über dem Ring $\mathfrak{R}$. Meistens wird dabei $\mathfrak{R}$ als ein Körper angenommen, jedoch ist das nicht unbedingt nötig. Wie man hyperkomplexe Systeme effektiv angeben kann, werden wir bald sehen.

Aus (4) folgt zunächst

$$(\alpha u)(\beta v) = (\alpha\beta)(u v)$$

und weiter

(5) $$\left(\sum_j \alpha_j u_j\right)\left(\sum_k \beta_k u_k\right) = \sum_j \sum_k \alpha_j \beta_k (u_j u_k).$$

Daher sind die Produkte uv sämtlich berechenbar, sobald die Produkte $u_j u_k$ bekannt sind, und zwar müssen diese natürlich wieder Linearkombinationen von $u_1, \ldots, u_n$ sein:

(6) $$u_j u_k = \sum_l \gamma_{jk}^l u_l.$$

Die n^3 Konstanten γ_{jk}^l, die nach (5) und (6) die Multiplikation im hyperkomplexen System vollständig bestimmen, heißen die Strukturkonstanten des Systems.

Sind ein Ring $\mathfrak{R}$, ein Vektorraum $\mathfrak{S}$ über $\mathfrak{R}$ und ein System von Strukturkonstanten γ_{jk}^l gegeben, so ist die durch (5) und (6) definierte Multiplikation jedenfalls distributiv in bezug auf die Addition. Ist $\mathfrak{R}$ kommutativ, so ist auch (4) erfüllt. Nur das Assoziativgesetz der Multiplikation ist nicht von selbst erfüllt. Es gilt nur dann für beliebige Summen

$$u = \sum_i \alpha_j u_j, \qquad v = \sum_k \beta_k u_k, \qquad w = \sum_l \gamma_l u_l,$$

wenn es für die Produkte $u_j u_k u_l$ der Basiselemente gilt, wenn also

(7) $$u_j (u_k u_l) = (u_j u_k) u_l$$

ist. (7) stellt eine Zusatzbedingung für die Strukturkonstanten γ^l_{jk} dar. Ist diese Bedingung erfüllt, so definieren die Formeln (1), (3), (5), (6) die Rechenoperationen eines hyperkomplexen Systems über dem Ring $\mathfrak{R}$.

Ist $\mathfrak{R}$ kommutativ und die Multiplikation der u_j auch: $u_j u_k = u_k u_j$, so ist $\mathfrak{S}$ ein kommutativer Ring. Enthält $\mathfrak{S}$ ein Einselement e, so bilden die Vielfachen αe in $\mathfrak{S}$ einen zu $\mathfrak{R}$ 1-isomorphen Ring; sie können daher mit den Elementen α von $\mathfrak{R}$ identifiziert werden.

Ist $\mathfrak{S}$ ein Schiefkörper, so heißt $\mathfrak{S}$ auch eine *Divisionsalgebra*.

Beispiel 1. *Definition der gewöhnlichen komplexen Zahlen.*

Man wähle für $\mathfrak{R}$ den Körper der reellen Zahlen und lege für die mit e und i bezeichneten Basiselemente eines zweidimensionalen Vektorraumes $\mathfrak{S}$ die Multiplikationsformeln

$$e \cdot e = e \qquad e \cdot i = i$$
$$i \cdot e = i \qquad i \cdot i = -e$$

zugrunde. Die Multiplikation der Basiselemente ist assoziativ und kommutativ; daher wird $\mathfrak{S}$ ein kommutativer Ring mit Einselement e. Die Vielfachen αe können mit den reellen Zahlen α identifiziert werden. Statt $ae + bi$ schreiben wir also $a + bi$. Wegen

$$(a - bi)(a + bi) = a^2 + b^2 > 0 \qquad (\text{außer für } a = b = 0)$$

hat jedes von Null verschiedene Element $a + bi$ ein Inverses, nämlich $(a^2 + b^2)^{-1}(a - bi)$. Der Ring $\mathfrak{S}$ ist also ein Körper, der Körper der komplexen Zahlen.

Dasselbe gilt, wenn man für $\mathfrak{R}$ den Körper der rationalen Zahlen nimmt. Das so entstandene System $\mathfrak{S}$ heißt der GAUSS*sche Zahlkörper*. Nimmt man für $\mathfrak{R}$ den Ring der ganzen rationalen Zahlen, so wird $\mathfrak{S}$ der *Ring der ganzen* GAUSS*schen Zahlen* $a + bi$.

Beispiel 2. *Das System der Quaternionen.* $\mathfrak{R}$ sei wiederum der Körper der reellen oder der rationalen Zahlen, $\mathfrak{S}$ ein vierdimensionaler Vektorraum mit den Basiselementen e, j, k, l. Die Multiplikationsregeln

$$ee = e; \qquad jj = kk = ll = -e;$$
$$ej = je = j; \qquad ek = ke = k; \qquad el = le = l;$$
$$jk = l; \qquad kj = -l;$$
$$kl = j; \qquad lk = -j$$
$$lj = k; \qquad jl = -k$$

sind assoziativ, aber nicht kommutativ. Wir erhalten also einen nichtkommutativen Ring mit Einselement e. Die Vielfachen ae werden mit den Zahlen a identifiziert. Die Elemente $a + bj + ck + dl$ heißen *Quaternionen*. Wegen

$$(a - bj - ck - dl)(a + bj + ck + dl) = a^2 + b^2 + c^2 + d^2$$

hat jede von Null verschiedene Quaternion $a + bj + ck + dl$ eine Inverse $(a^2 + b^2 + c^2 + d^2)^{-1} (a - bj - ck - dl)$. Das System der Quaternionen ist also ein Schiefkörper, der *Quaternionenkörper*.

Beispiel 3. *Der Gruppenring einer endlichen Gruppe.* Wählt man als Basiselemente eines Vektorraumes $\mathfrak{R}_\mathfrak{g}$ die Elemente einer endlichen Gruppe $\mathfrak{g}$, so ist das Assoziativgesetz (7) von selbst erfüllt. Das so entstandene hyperkomplexe System $\mathfrak{R}_\mathfrak{g}$ heißt der *Gruppenring von* $\mathfrak{g}$ *in* $\mathfrak{R}$.

Aufgaben. 1. Definiert man eine Matrix n-ten Grades als ein System von n^2 Elementen $\alpha_{jk} (j = l, \ldots, n,\ k = l, \ldots, n)$ des Ringes $\mathfrak{R}$ und definiert man die Summe (σ_{jk}) und das Produkt (π_{jk}) von zwei Matrices (α_{jk}), (β_{jk}) wie üblich durch

$$\sigma_{jk} = \alpha_{jk} + \beta_{jk}$$
$$\pi_{jl} = \sum_{k=1}^{n} \alpha_{jk} \beta_{kl},$$

so bilden die Matrices n-ten Grades ein hyperkomplexes System vom Range n^2 über $\mathfrak{R}$.

2. Die zweireihigen komplexen Matrices

$$\begin{pmatrix} a + ib & c + id \\ -c + id & a - ib \end{pmatrix}$$

bilden eine zum Quaternionenkörper isomorphe Algebra. (Mit dem Beweis dieser Tatsache ist gleichzeitig das Assoziativgesetz für die Quaternionenmultiplikation in einfacher Weise bewiesen.)

Eine Verallgemeinerung der hyperkomplexen Systeme zu Systemen unendlichen Ranges liegt auf der Hand. Man betrachte unendlichviele Basiselemente $u_1, u_2, \ldots$, für die eine Multiplikation gemäß (6) und (7) definiert sei. Als Elemente des verallgemeinerten hyperkomplexen Systems $\mathfrak{S}$ betrachte man aber nur *endliche* Summen $\sum \alpha_j u_j$. Alle Betrachtungen dieses Paragraphen gelten auch für solche „hyperkomplexen Systeme mit unendlicher Basis".

Das einfachste Beispiel eines solches Systems ist der Polynomring $\mathfrak{R}[x]$, den wir im nächsten Paragraphen definieren werden.

§ 15. Polynomringe.

Es sei $\mathfrak{R}$ ein Ring mit Einselement und es sei $\mathfrak{g}$ eine unendliche zyklische Gruppe, bestehend aus den Potenzen eines Elementes x. Aus der Gruppe $\mathfrak{g}$ greifen wir die Elemente x^ν mit $\nu \geqq 0$ heraus. Das Produkt von zwei solchen Elementen ist vermöge

$$x^\mu \cdot x^\nu = x^{\mu + \nu}$$

wieder ein solches Element. Diese Elemente $x^0, x^1, x^2, \ldots$ sollen nun als Basiselemente eines hyperkomplexen Systems mit unendlicher Basis dienen.

Die Elemente dieses Systems sind alle endlichen Summen

$$\sum a_\nu x^\nu.$$

Sie heißen *Polynome in x über* $\mathfrak{R}$. Ihre Gesamtheit heißt der *Polynombereich* $\mathfrak{R}[x]$. Das erzeugende Element x heißt die *Unbestimmte* des Polynombereichs. Die a_ν heißen die *Koeffizienten* des Polynoms.

Da die Basiselemente $u_k = x^{k-1}$ des Polynombereichs die Bedingungen (7) des vorigen Paragraphen erfüllen, ist der Polynombereich $\mathfrak{R}[x]$ ein *Ring*. Die Summe und das Produkt zweier Polynome werden durch

$$(1)\qquad \begin{cases} \sum a_\nu x^\nu + \sum b_\nu x^\nu = \sum (a_\nu + b_\nu) x^\nu \\ (\sum a_\lambda x^\lambda)(\sum b_\mu x^\mu) = \sum c_\nu x^\nu \end{cases}$$

mit

$$(2)\qquad c_\nu = \sum_{\lambda+\mu=\nu} a_\lambda b_\mu$$

gegeben.

Der *Grad* eines von Null verschiedenen Polynoms ist die größte Zahl ν, für die $a_\nu \neq 0$ ist. Dieses a_ν heißt der *Anfangskoeffizient* oder der *höchste Koeffizient.*

Polynome vom nullten Grad haben die Form $a_0 x^0$. Diese Polynome identifizieren wir mit den Elementen a_0 des Grundrings $\mathfrak{R}$, was erlaubt ist, da sie sich genau so addieren und multiplizieren, mithin ein zum Grundring $\mathfrak{R}$ 1-isomorphes System bilden (vgl. § 12, Schluß). Der Polynomring $\mathfrak{R}[x]$ umfaßt also $\mathfrak{R}$.

Den Übergang von $\mathfrak{R}$ zu $\mathfrak{R}[x]$ nennt man auch *Adjunktion* (und zwar Ringadjunktion) *einer Unbestimmten x.* Ist $\mathfrak{R}$ kommutativ, so ist $\mathfrak{R}[x]$ es auch.

Adjungiert man einem Ring $\mathfrak{R}$ sukzessive die Unbestimmten $x_1, \ldots, x_n$, bildet also $\mathfrak{R}[x_1][x_2]\ldots[x_n]$, so entsteht der Polynomring $\mathfrak{R}[x_1, \ldots, x_n]$, bestehend aus allen Summen

$$\sum a_{\alpha_1 \ldots \alpha_n} x_1^{\alpha_1} \ldots x_n^{\alpha_n}.$$

Es sei erlaubt, in einem solchen Polynom überall die Reihenfolge der Faktoren $x_1^{\alpha}, \ldots, x_n^{\alpha_n}$ zu vertauschen. In dieser Weise wird der Polynomring $\mathfrak{R}[x_1][x_2]\ldots[x_n]$ mit dem Polynomring der vertauschten Unbestimmten, etwa mit $\mathfrak{R}[x_2][x_n]\ldots[x_1]$ identifiziert. Diese Identifikation ist erlaubt, da die Vertauschung der x_i auf die Summen- und Produktdefinition keinen Einfluß hat. Man nennt $\mathfrak{R}[x_1, \ldots, x_n]$ den *Polynomring in den n Unbestimmten* $x_1, \ldots, x_n$.

Ist insbesondere $\mathfrak{R}$ der Ring der ganzen Zahlen, so spricht man von *ganzzahligen Polynomen.*

Die Ersetzung des Unbestimmten durch beliebige Ringelemente. Ist $f(x) = \sum a_\nu x^\nu$ ein Polynom über $\mathfrak{R}$ und ist α ein Ringelement (aus $\mathfrak{R}$ oder aus einem Erweiterungsring von $\mathfrak{R}$), welches mit allen Elementen von $\mathfrak{R}$ vertauschbar ist, so kann man in dem Ausdruck für $f(x)$ überall x durch α ersetzen und erhält so den Wert $f(\alpha) = \sum a_\nu \alpha^\nu$.

Ist $g(x)$ ein zweites Polynom und $g(\alpha)$ sein Wert für $x=\alpha$, so haben die Summe und das Produkt

$$f(x)+g(x)=s(x), \qquad f(x)\cdot g(x)=p(x)$$

für $x=\alpha$ die Werte

$$f(\alpha)+g(\alpha)=s(\alpha), \qquad f(\alpha)\cdot g(\alpha)=p(\alpha).$$

Für die Summe ist das selbstverständlich. Für das Produkt verläuft die Rechnung auf Grund der Formel (2) so:

$$\begin{aligned} p(\alpha) &= \sum_\nu c_\nu \alpha^\nu = \sum_\nu \sum_{\lambda+\mu=\nu} a_\lambda b_\mu \alpha^\nu = \sum_\lambda \sum_\mu a_\lambda b_\mu \alpha^{\lambda+\mu} \\ &= \left(\sum a_\lambda \alpha^\lambda\right)\left(\sum b_\mu \alpha^\mu\right) = f(\alpha)\, g(\alpha). \end{aligned}$$

Damit ist bewiesen: *Alle auf Addition und Multiplikation beruhenden Relationen zwischen Polynomen $f(x)$, $g(x)$, ... bleiben bestehen bei der Ersetzung von x durch irgendein mit allen Elementen von $\mathfrak{R}$ vertauschbares Ringelement α.*

Der entsprechende Satz gilt auch für Polynome in mehreren Unbestimmten. Insbesondere kann man, wenn $\mathfrak{R}$ kommutativ ist, in den Polynomen $f(x_1, \ldots, x_n)$ die Unbestimmten durch beliebige Elemente aus $\mathfrak{R}$ (oder aus einem kommutativen Erweiterungsring von $\mathfrak{R}$) ersetzen. Auf Grund dieser Ersetzungsmöglichkeit nennt man die Polynome auch *ganze rationale Funktionen* der *Variablen* $x_1, \ldots, x_n$.

Bei den ganzzahligen Polynomen ohne konstantes Glied geht die Einsetzungsmöglichkeit noch weiter: man kann für x eine Größe irgendeines Ringes einsetzen, mag der Ring nun den der ganzen Zahlen umfassen oder nicht.

Ist $\mathfrak{R}$ ein Integritätsbereich, so ist $\mathfrak{R}[x]$ auch ein Integritätsbereich.

Beweis. Ist $f(x) \neq 0$ und $g(x) \neq 0$ und ist a_α der höchste (von Null verschiedene) Koeffizient in $f(x)$ und ebenso b_β der höchste Koeffizient in $g(x)$, so ist $a_\alpha b_\beta \neq 0$ der Koeffizient von $x^{\alpha+\beta}$ in $f(x)\cdot g(x)$; daher ist $f(x)\cdot g(x) \neq 0$. Also sind keine Nullteiler vorhanden.

Aus dem Beweis ergibt sich noch der

Zusatz. *Ist $\mathfrak{R}$ ein Integritätsbereich, so ist der Grad von $f(x)\cdot g(x)$ die Summe der Gradzahlen von $f(x)$ und $g(x)$.*

Für Polynome von n Veränderlichen ergibt sich durch vollständige Induktion unmittelbar:

Ist $\mathfrak{R}$ ein Integritätsbereich, so ist auch $\mathfrak{R}[x_1, \ldots, x_n]$ ein Integritätsbereich.

Unter dem *Grad* eines Gliedes $a_{\alpha_1 \ldots \alpha_r} x_1^{\alpha_1} \ldots x_r^{\alpha_r}$ versteht man die Summe der Exponenten $\sum \alpha_i$. Unter dem Grad eines nichtverschwindenden Polynoms versteht man den größten der Grade der von Null verschiedenen Glieder. Ein Polynom heißt *homogen* oder eine *Form*, wenn alle Glieder den gleichen Grad haben. Produkte von homogenen Polynomen sind wieder homogen, und der Grad des Produkts ist, falls $\mathfrak{R}$ ein Integritätsbereich, gleich der Summe der Gradzahlen der Faktoren.

Inhomogene Polynome lassen sich (eindeutig) als Summen von homogenen Bestandteilen verschiedenen Grades schreiben. Multipliziert man zwei solche Polynome f, g von den Gradzahlen m, n, so ist das Produkt der homogenen Bestandteile höchsten Grades, im Fall eines Integritätsbereichs $\mathfrak{R}$, eine nichtverschwindende Form vom Grade $m+n$. Alle übrigen Bestandteile von $f \cdot g$ haben niedrigeren Grad; daher ist der Grad von $f \cdot g$ wieder $m+n$. Der obige Gradsatz („Zusatz") gilt demnach auch für Polynome in beliebig vielen Unbestimmten.

Der Divisionsalgorithmus. Ist $\mathfrak{R}$ ein Ring mit Einselement 1, ist weiter

$$g(x) = \sum c_\nu x^\nu$$

ein Polynom, dessen höchster Koeffizient $c_n = 1$ ist, und

$$f(x) = \sum a_\nu x^\nu$$

ein beliebiges Polynom von einem Grade $m \geqq n$, so kann man den höchsten Koeffizienten a_m zum Verschwinden bringen, indem man von f ein Vielfaches von g, nämlich $a_m x^{m-n} g$, subtrahiert. Ist sodann der Grad noch immer $\geqq n$, so kann man wieder den höchsten Koeffizienten zum Verschwinden bringen, indem man nochmals ein Vielfaches von g subtrahiert. So fortfahrend, drückt man schließlich den Grad des Restes unter n hinab und hat:

$$f - qg = r, \tag{3}$$

wo r einen kleineren Grad als g hat oder Null ist. Dieses Verfahren nennt man den *Divisionsalgorithmus*.

Ist insbesondere $\mathfrak{R}$ ein Körper und $g \neq 0$, so ist die Voraussetzung $c_n = 1$ überflüssig; denn dann kann man nötigenfalls g mit c_n^{-1} multiplizieren und so erzwingen, daß der höchste Koeffizient Eins wird.

Aufgabe. Sind $x, y, \ldots$ unendlichviele Symbole, so kann man die Gesamtheit aller $\mathfrak{R}$-Polynome in diesen Unbestimmten betrachten. Jedes Polynom darf aber nur endlichviele dieser Unbestimmten enthalten. Man beweise, daß auch der so definierte Bereich ein Ring bzw. Integritätsbereich ist, sobald $\mathfrak{R}$ einer ist.

§ 16. Ideale. Restklassenringe.

Es sei $\mathfrak{o}$ ein Ring.

Damit eine Untermenge von $\mathfrak{o}$ wieder ein Ring (*Unterring* von $\mathfrak{o}$) ist, ist notwendig und hinreichend, daß sie

1. eine Untergruppe der additiven Gruppe ist, m. a. W. zu a und b auch $a-b$ enthält[1] *(Moduleigenschaft)*,

2. zu a und b auch ab enthält.

---

[1] Hieraus folgt schon, daß die Menge auch die Null und alle Summen $a+b$ enthält; vgl. § 7.

Unter den Unterringen spielen nun einige, die wir *Ideale* nennen, eine Sonderrolle, analog den Normalteilern in der Gruppentheorie.

Eine nichtleere Untermenge $\mathfrak{m}$ von $\mathfrak{o}$ heißt *Ideal* und zwar *Rechtsideal,* wenn

1. aus $a \in \mathfrak{m}$ und $b \in \mathfrak{m}$ folgt $a - b \in \mathfrak{m}$ (Moduleigenschaft),

2. aus $a \in \mathfrak{m}$, r beliebig in $\mathfrak{o}$ folgt $ar \in \mathfrak{m}$. In Worten: der Modul $\mathfrak{m}$ soll zu jedem a auch alle „*Rechtsvielfachen*" $a \cdot r$ enthalten.

Ebenso heißt ein Modul $\mathfrak{m}$ *Linksideal,* wenn aus $a \in \mathfrak{m}$ für beliebiges r aus $\mathfrak{o}$ folgt $ra \in \mathfrak{m}$.

Schließlich heißt $\mathfrak{m}$ *zweiseitiges Ideal,* wenn $\mathfrak{m}$ sowohl Links- als auch Rechtsideal ist.

Für kommutative Ringe fallen alle drei Begriffe zusammen, und man redet von *Idealen* schlechthin. *In diesem Paragraphen wird weiterhin $\mathfrak{o}$ als kommutativer Ring vorausgesetzt.* Ideale werden immer mit kleinen deutschen Buchstaben bezeichnet.

Beispiele von Idealen:

1. Das *Nullideal,* das aus dem Nullelement allein besteht.

2. Das *Einheitsideal* $\mathfrak{o}$, das alle Größen des Ringes umfaßt.

3. Das *von einem Element a erzeugte Ideal* (a), das aus allen Ausdrücken der Gestalt

$$ra + na \qquad (r \in \mathfrak{o},\ n \text{ eine ganze Zahl})$$

besteht. Daß diese Menge stets ein Ideal ist, sieht man leicht ein: Die Differenz zweier solcher Ausdrücke hat offenbar wieder dieselbe Gestalt, und ein beliebiges Vielfaches hat die Form

$$s \cdot (ra + na) = (sr + ns) \cdot a,$$

also die Form $r'a$ oder $r'a + 0 \cdot a$.

Das Ideal (a) ist offenbar das kleinste (am wenigsten umfassende) Ideal, das a enthält; denn jedes solche Ideal muß mindestens alle Vielfachen ra und alle Summen $\pm \sum a = na$ enthalten, also auch alle Summen $ra + na$. Das Ideal (a) kann also auch definiert werden als der Durchschnitt aller Ideale, die a als Element enthalten.

Hat der Ring $\mathfrak{o}$ ein Einselement e, so kann man für $ra + na$ auch $ra + nea = (r + ne)a = r'a$ schreiben; *also besteht in diesem Falle (a) aus allen gewöhnlichen Vielfachen ra.* So besteht z. B. das Ideal (2) im Ring der ganzen Zahlen aus den geraden Zahlen.

Ein von einem Element a erzeugtes Ideal (a) heißt *Hauptideal.* Das Nullideal (0) ist immer Hauptideal; das Einheitsideal $\mathfrak{o}$ ist es auch, falls $\mathfrak{o}$ ein Einheitselement e besitzt, es ist dann nämlich $\mathfrak{o} = (e)$.

4. Das von mehreren Elementen $a_1, \ldots, a_n$ erzeugte Ideal kann ebenso definiert werden als Gesamtheit aller Summen der Gestalt

$$\sum r_i a_i + \sum n_j a_j$$

(bzw., wenn $\mathfrak{o}$ ein Einheitselement hat, $\sum r_i a_i$) oder als Durchschnitt aller Ideale von $\mathfrak{o}$, welche die Elemente $a_1, \ldots, a_n$ enthalten. Das

Ideal wird mit $(a_1, \ldots, a_n)$ bezeichnet, und man sagt, daß $a_1, \ldots, a_n$ eine *Idealbasis* bilden.

5. Ebenso kann man das von einer unendlichen Menge $\mathfrak{M}$ erzeugte Ideal $(\mathfrak{M})$ definieren; es ist die Gesamtheit aller endlichen Summen der Gestalt

$$\sum r_i a_i + \sum n_j a_j \qquad (a \in \mathfrak{M},\ r_i \in \mathfrak{o},\ n_j \text{ ganze Zahlen}).$$

Restklassen. Ein Ideal $\mathfrak{m}$ in $\mathfrak{o}$ definiert, weil es Untergruppe der additiven Gruppe ist, eine Einteilung von $\mathfrak{o}$ in Nebenklassen oder *Restklassen* nach $\mathfrak{m}$. Zwei Elemente a, b heißen *kongruent nach* $\mathfrak{m}$ oder *kongruent modulo* $\mathfrak{m}$, wenn sie derselben Restklasse angehören, d. h. wenn $a - b \in \mathfrak{m}$ ist. Zeichen:

$$a \equiv b \pmod{\mathfrak{m}}$$

oder kurz

$$a \equiv b\,(\mathfrak{m}).$$

Für „a nicht kongruent zu b" schreibt man $a \not\equiv b$.

Ist $\mathfrak{m}$ speziell ein Hauptideal (m), so wäre statt $a \equiv b(\mathfrak{m})$ auch $a \equiv b\,((m))$ zu schreiben. In diesem Falle spart man indessen lieber ein Klammerpaar und schreibt einfach $a \equiv b\,(m)$.

Beispielsweise kommt man so auf die gewöhnliche Kongruenz nach einer ganzen Zahl: $a \equiv b\,(n)$ (sprich: a kongruent b modulo n) bedeutet, daß $a - b$ zu (n) gehört, d. h. ein Vielfaches von n ist.

Das Rechnen mit Kongruenzen. Eine Kongruenz $a \equiv b$ nach einem Ideal $\mathfrak{m}$ bleibt offensichtlich gültig, wenn man dasselbe Element c zu beiden Seiten addiert, oder wenn man beide Seiten mit c multipliziert. Daraus folgt weiter: Ist $a \equiv a'$ und $b \equiv b'$, so ist

$$a + b \equiv a + b' \equiv a' + b',$$
$$ab \equiv ab' \equiv a'b';$$

man darf also Kongruenzen zueinander addieren und miteinander multiplizieren.

Auch mit einer gewöhnlichen ganzen Zahl n darf man beide Seiten einer Kongruenz multiplizieren. Im Falle $n = -1$ ergibt sich insbesondere durch Kombination mit dem vorigen, daß man Kongruenzen voneinander subtrahieren darf.

Man rechnet also mit Kongruenzen ganz wie mit Gleichungen. Nur kürzen darf man im allgemeinen nicht: im Bereich der ganzen Zahlen ist z. B.

$$15 \equiv 3\,(6);$$

aber trotzdem $3 \not\equiv 0\,(6)$ ist, kann man nicht auf $5 \equiv 1\,(6)$ schließen.

Aufgaben. 1. Man zeige, daß man im Ring der ganzen Zahlen die Restklassen nach einem Ideal (m) $(m > 0)$ durch die Zahlen $0, 1, \ldots, m-1$ repräsentieren, also mit $\mathfrak{R}_0, \mathfrak{R}_1, \ldots, \mathfrak{R}_{m-1}$ bezeichnen kann.

2. Welches Ideal erzeugen die Zahlen 10 und 13 zusammen im Ring der ganzen Zahlen?

3. Was heißt $a \equiv b\,(0)$?

4. Alle Vielfachen ra eines Elements a bilden ein Ideal $\mathfrak{o}a$. Man mache sich am Ring der geraden Zahlen klar, daß dieses Ideal nicht notwendig mit dem Hauptideal (a) übereinstimmt.

5. Man definiere auch für nichtkommutative Ringe das von einer beliebigen Menge erzeugte Rechtsideal bzw. Linksideal bzw. zweiseitige Ideal.

6. Welche Operationen mit Kongruenzen sind in nichtkommutativen Ringen erlaubt?

Die Ideale stehen in derselben Beziehung zum Begriff der Ringhomomorphie wie die Normalteiler zu dem der Gruppenhomomorphie. Gehen wir vom Homomorphiebegriff aus!

Ein Homomorphismus $\mathfrak{o} \sim \bar{\mathfrak{o}}$ zweier Ringe definiert eine Klasseneinteilung des Ringes $\mathfrak{o}$: eine Klasse $\mathfrak{K}_a$ wird gebildet von allen Elementen a, die dasselbe Bild $\bar{a}$ haben. Diese Klasseneinteilung können wir nun aber genauer charakterisieren:

Die Klasse $\mathfrak{n}$ von $\mathfrak{o}$, der bei dem Homomorphismus $\mathfrak{o} \sim \bar{\mathfrak{o}}$ das Nullelement entspricht, ist ein Ideal in $\mathfrak{o}$, und die übrigen Klassen sind die Restklassen dieses Ideals.

Beweis. Zunächst ist $\mathfrak{n}$ ein Modul. Denn wenn a und b beim Homomorphismus in Null übergehen, so geht auch $-b$ in Null über, also auch die Differenz $a-b$; mit a und b gehört also auch $a-b$ der Klasse $\mathfrak{n}$ an.

$\mathfrak{n}$ ist Ideal; denn wenn a in Null übergeht und r beliebig ist, so geht ra in $r \cdot 0 = 0$ über, gehört also wieder zu $\mathfrak{n}$. (Im nichtkommutativen Fall ist $\mathfrak{n}$ sogar ein zweiseitiges Ideal.)

Die Elemente $a + c\ (c \in \mathfrak{n})$ einer Restklasse nach $\mathfrak{n}$, deren Repräsentant das Element a ist, gehen über in $\bar{a} + 0$, also in $\bar{a}$, gehören also alle einer Klasse $\mathfrak{K}_a$ an. Wenn umgekehrt ein Element b in $\bar{a}$ übergeht, so geht $b-a$ in $\bar{a}-\bar{a}=0$ über; also ist $b - a \in \mathfrak{n}$, und b liegt in derselben Restklasse wie a. Damit ist alles bewiesen.

So gehört also zu jedem Homomorphismus ein Ideal.

Wir kehren nun den Zusammenhang um: wir gehen von einem Ideal $\mathfrak{m}$ in $\mathfrak{o}$ aus und fragen, *ob es einen zu $\mathfrak{o}$ homomorphen Ring $\bar{\mathfrak{o}}$ gibt, so daß den Restklassen nach $\mathfrak{m}$ genau die Elemente von $\bar{\mathfrak{o}}$ entsprechen.*

Um einen solchen Ring zu konstruieren, verfahren wir wie in Kap. 2, § 10: wir wählen als Elemente des zu konstruierenden Rings einfach die Restklassen nach $\mathfrak{m}$, bezeichnen die Restklasse $a + \mathfrak{m}$ mit $\bar{a}$ und versuchen, eine Addition und eine Multiplikation für sie zu definieren, so daß die Zuordnung $a \to \bar{a}$ ein Homomorphismus ist. Wir müssen also zu je zwei Restklassen $\bar{a}$, $\bar{b}$ eine Summenklasse $\bar{a} + \bar{b}$ und eine Produktklasse $\bar{a} \cdot \bar{b}$ zu bestimmen versuchen, so daß alle Summen der

Elemente von $\bar{a}$ mit denen von $\bar{b}$ in der Summenklasse, alle Produkte in der Produktklasse liegen.

Es sei also a irgendein Element von $\bar{a}$, b eins von $\bar{b}$. Wir definieren versuchsweise $\bar{a} + \bar{b}$ als *die Klasse, in welcher $a + b$ liegt*, und $\bar{a} \cdot \bar{b}$ als *die Klasse, in welcher $a \cdot b$ liegt.* Ist $a' \equiv a$ irgendein anderes Element von $\bar{a}$ und $b' \equiv b$ eins von $\bar{b}$, so ist nach dem vorigen[1]

$$a' + b' \equiv a + b,$$
$$a' \cdot b' \equiv a \cdot b;$$

daher liegt $a' + b'$ in derselben Restklasse wie $a + b$, ebenso $a' \cdot b'$ in derselben wie $a \cdot b$. Unsere Definition von Summen- und Produktklasse ist also unabhängig von der Wahl der Elemente a, b innerhalb $\bar{a}, \bar{b}$. Diese Klassen $\bar{a} + \bar{b}$, $\bar{a} \cdot \bar{b}$ haben aber in der Tat die verlangten Eigenschaften, daß jede Summe $a' + b'$ in der Summenklasse $\bar{a} + \bar{b}$ und jedes Produkt $a' \cdot b'$ in der Produktklasse $\bar{a} \cdot \bar{b}$ liegt.

Jedem Element a entspricht eine Restklasse $\bar{a}$, und diese Zuordnung ist homomorph, da der Summe $a + b$ die Summe $\bar{a} + \bar{b}$ und dem Produkt $a\,b$ ebenso $\bar{a}\,\bar{b}$ entspricht. Also bilden die Restklassen einen Ring (§ 12). Diesen Ring bezeichnen wir als den *Restklassenring* $\mathfrak{o}/\mathfrak{m}$ von $\mathfrak{o}$ nach dem Ideal $\mathfrak{m}$ oder von $\mathfrak{o}$ modulo $\mathfrak{m}$. Der Ring $\mathfrak{o}$ ist auf $\mathfrak{o}/\mathfrak{m}$ mittels des angegebenen Zuordnungsverfahrens homomorph abgebildet. Das Ideal $\mathfrak{m}$ spielt bei diesem Homomorphismus genau die Rolle des obigen $\mathfrak{n}$; es ist ja identisch mit der Menge aller Elemente, deren Restklasse die Nullklasse ist.

Wir sehen hier die prinzipielle Wichtigkeit der Ideale: sie ermöglichen die Konstruktion homomorpher Ringe zu einem vorgegebenen Ring. Elemente eines solchen neuen Rings sind die Restklassen nach einem Ideal: jedem Element a ist eine Restklasse $\bar{a}$ zugeordnet. Zwei Restklassen werden multipliziert oder addiert, indem man irgend zwei Repräsentanten aus diesen Restklassen multipliziert oder addiert. *Aus $a \equiv b$ folgt $\bar{a} = \bar{b}$; die Kongruenzen werden also durch Übergang zum Restklassenring in Gleichheiten verwandelt, und dem Rechnen mit Kongruenzen in $\mathfrak{o}$ entspricht das Rechnen mit Gleichungen in $\mathfrak{o}/\mathfrak{m}$.*

Die hier konstruierten speziellen mit $\mathfrak{o}$ homomorphen Ringe: die Restklassenringe $\mathfrak{o}/\mathfrak{m}$, erschöpfen nun im wesentlichen alle zu $\mathfrak{o}$ homomorphen Ringe. Ist nämlich $\bar{\mathfrak{o}}$ ein beliebiges homomorphes Abbild von $\mathfrak{o}$, so sahen wir, daß den Elementen von $\bar{\mathfrak{o}}$ umkehrbar eindeutig die Restklassen nach einem Ideal $\mathfrak{n}$ in $\mathfrak{o}$ entsprechen. Der Restklasse $\mathfrak{K}_a$ entspricht das Element $\bar{a}$ in $\bar{\mathfrak{o}}$. Summe und Produkt zweier Restklassen $\mathfrak{K}_a$, $\mathfrak{K}_b$ werden gegeben durch $\mathfrak{K}_{a+b}$ bzw. $\mathfrak{K}_{ab}$; ihnen entsprechen also die Elemente

$$\overline{a + b} = \bar{a} + \bar{b}$$

[1] Alle Kongruenzen natürlich modulo $\mathfrak{m}$.

und $$\overline{ab} = \bar{a}\,\bar{b}.$$

Also ist die Zuordnung der Restklassen zu den Elementen von $\bar{\mathfrak{o}}$ ein Isomorphismus. Damit ist bewiesen:

Jeder zu $\mathfrak{o}$ *homomorphe Ring* $\bar{\mathfrak{o}}$ *ist isomorph einem Restklassenring* $\mathfrak{o}/\mathfrak{n}$. *Dabei ist* $\mathfrak{n}$ *das Ideal derjenigen Elemente, deren Bild in* $\bar{\mathfrak{o}}$ *die Null ist. Umgekehrt ist jeder Restklassenring* $\mathfrak{o}/\mathfrak{n}$ *ein homomorphes Bild von* $\mathfrak{o}$. *(Homomorphiesatz für Ringe.)*

Beispiele zum Restklassenring. Im Ring der ganzen Zahlen kann man (vgl. Aufgabe 1) die Restklassen nach einer positiven Zahl m mit $\mathfrak{K}_0, \mathfrak{K}_1, \ldots, \mathfrak{K}_{m-1}$ bezeichnen, wo $\mathfrak{K}_a$ aus denjenigen Zahlen besteht, die bei Division durch m den Rest a lassen. Um zwei Restklassen $\mathfrak{K}_a$, $\mathfrak{K}_b$ zu addieren oder zu multiplizieren, addiere bzw. multipliziere man ihre Repräsentanten a, b und reduziere das Ergebnis auf seinen kleinsten nichtnegativen Rest nach m.

Aufgaben. 7. Der Restklassenring $\mathfrak{o}/\mathfrak{m}$ kann Nullteiler haben, auch wenn $\mathfrak{o}$ keine hat. Beispiele im Ring der ganzen Zahlen?

8. Die Homomorphie $\mathfrak{o} \sim \bar{\mathfrak{o}}$ ist dann und nur dann eine 1-Isomorphie, wenn $\mathfrak{n} = (0)$ ist.

9. In einem Körper gibt es keine Ideale außer dem Nullideal und dem Einheitsideal. Beweis? Was folgt daraus für die möglichen homomorphen Abbildungen eines Körpers?

10. Bei nichtkommutativen Ringen wird ein homomorphes Abbild immer von einem *zweiseitigen* Ideal vermittelt, und jedes zweiseitige Ideal besitzt auch tatsächlich einen Restklassenring.

11. Der Ring der ganzen Gaussschen Zahlen $a + bi$ (§ 14, Beispiel 1) ist isomorph dem Restklassenring nach dem Ideal $(x^2 + 1)$ im ganzzahligen Polynombereich der Unbestimmten x.

§ 17. Teilbarkeit. Primideale.

Es sei $\mathfrak{b}$ ein Ideal (oder allgemeiner ein Modul) im Ring $\mathfrak{o}$. Ist a Element von $\mathfrak{b}$, so kann man dafür auch schreiben $a \equiv 0(\mathfrak{b})$, und man nennt *a teilbar durch das Ideal* $\mathfrak{b}$. Sind alle Elemente eines Ideals (oder Moduls) $\mathfrak{a}$ teilbar durch $\mathfrak{b}$, so nennt man $\mathfrak{a}$ *teilbar durch* $\mathfrak{b}$; das bedeutet aber nichts anderes, als daß $\mathfrak{a}$ Untermenge von $\mathfrak{b}$ ist. Zeichen:

$$\mathfrak{a} \equiv 0(\mathfrak{b}).$$

Man nennt $\mathfrak{b}$ einen *Teiler* von $\mathfrak{a}$, $\mathfrak{a}$ ein *Vielfaches* von $\mathfrak{b}$. Also: teilen = umfassen, Vielfaches = Untermenge. Ist außerdem $\mathfrak{a} \neq \mathfrak{b}$, also $\mathfrak{a} \subset \mathfrak{b}$, so heißt $\mathfrak{b}$ ein *echter Teiler* von $\mathfrak{a}$, $\mathfrak{a}$ ein *echtes Vielfaches* von $\mathfrak{b}$.

Bei Hauptidealen in kommutativen Ringen mit Einselement bedeutet $(a) \equiv 0\,((b))$ nichts anderes als $a = rb$, und der idealtheoretische Teilbarkeitsbegriff geht in den gewöhnlichen über.

Von jetzt an seien wieder alle betrachteten Ringe kommutativ.

Unter einem *Primideal* in $\mathfrak{o}$ versteht man ein solches Ideal $\mathfrak{p}$, dessen Restklassenring $\mathfrak{o}/\mathfrak{p}$ ein Integritätsbereich ist, d. h. keine Nullteiler besitzt.

Bezeichnet man Restklassen nach $\mathfrak{p}$ wie früher mit Querstrichen, so soll also

aus $\bar{a}\bar{b} = 0$ *und* $\bar{a} \neq 0$ *folgen* $\bar{b} = 0$.

Oder, was auf dasselbe hinauskommt, es soll aus

$$ab \equiv 0(\mathfrak{p}),$$
$$a \not\equiv 0(\mathfrak{p})$$

folgen

$$b \equiv 0(\mathfrak{p}),$$

für beliebige a und b aus $\mathfrak{o}$; in Worten: *Ein Produkt soll nur dann durch das Ideal* $\mathfrak{p}$ *teilbar sein, wenn ein Faktor es ist.*

Klar ist: *Das Einheitsideal ist stets prim.* Denn die Voraussetzung $a \not\equiv 0(\mathfrak{o})$ ist niemals erfüllbar. — *Das Nullideal ist dann und nur dann prim, wenn der Ring* $\mathfrak{o}$ *selbst ein Integritätsbereich ist.* Weitere Beispiele von Primidealen sind die von den Primzahlen erzeugten Hauptideale im Ring C der ganzen Zahlen, wie wir später sehen werden.

Ein Ideal in $\mathfrak{o}$ heißt *teilerlos*, wenn es von keinem anderen Ideal in $\mathfrak{o}$ außer von $\mathfrak{o}$ selbst umfaßt wird, m. a. W., wenn es *keine echten Teiler außer dem Einheitsideal* $\mathfrak{o}$ *besitzt.* [Die eben genannten Prim-Hauptideale (p) in C sind z. B. teilerlos.]

Jedes von $\mathfrak{o}$ *verschiedene teilerlose Ideal* $\mathfrak{p}$ *in einem Ring* $\mathfrak{o}$ *mit Einselement ist prim, und der Restklassenring* $\mathfrak{o}/\mathfrak{p}$ *ist ein Körper. Ist umgekehrt* $\mathfrak{o}/\mathfrak{p}$ *ein Körper, so ist* $\mathfrak{p}$ *teilerlos.*

Beweis. Wir wollen im Restklassenring die Gleichung $\bar{x}\bar{a} = \bar{b}$ für $\bar{a} \neq 0$ lösen. Es sei also $a \not\equiv 0(\mathfrak{p})$ und b beliebig. $\mathfrak{p}$ und a zusammen erzeugen ein Ideal, welches Teiler von $\mathfrak{p}$ und (weil es a enthält) sogar echter Teiler von $\mathfrak{p}$ ist, also $= \mathfrak{o}$ sein muß. Daher läßt sich das beliebige Element b von $\mathfrak{o}$ schreiben in der Form

$$b = p + ra \qquad (p \in \mathfrak{p},\ r \in \mathfrak{o}).$$

Daraus folgt vermöge der Homomorphie von $\mathfrak{o}$ zum Restklassenring:

$$\bar{b} = \bar{r}\bar{a},$$

womit die Gleichung $\bar{x}\bar{a} = \bar{b}$ gelöst ist.

Der Restklassenring ist also ein Körper. Da ein Körper keine Nullteiler hat, so ist das Ideal $\mathfrak{p}$ prim.

Ist umgekehrt $\mathfrak{o}/\mathfrak{p}$ ein Körper, $\mathfrak{a}$ ein echter Teiler von $\mathfrak{p}$, a ein Element von $\mathfrak{a}$, das nicht zu $\mathfrak{p}$ gehört, so ist die Kongruenz

$$ax \equiv b(\mathfrak{p})$$

für jedes b aus $\mathfrak{o}$ lösbar. Es folgt

$$a x \equiv b(\mathfrak{a}),$$
$$0 \equiv b(\mathfrak{a}),$$

also, da b jedes Element von $\mathfrak{o}$ sein kann, $\mathfrak{a} = \mathfrak{o}$.

Daß nicht umgekehrt jedes Primideal teilerlos ist, zeigt das Beispiel des Nullideals im Ring der ganzen Zahlen oder weniger trivial das Ideal (x) im ganzzahligen Polynombereich $C[x]$, welches u. a. das Ideal $(2, x)$ als echten Teiler besitzt. Beide Ideale (x) und $(2, x)$ sind, wie man leicht feststellt, Primideale.

Aufgaben. 1. Man führe den Beweis der letzten Behauptung durch.

2. Man diskutiere die Restklassenringe der Ideale (2) und (3) im Ring der ganzen Zahlen und zeige, daß diese Ideale prim sind.

3. Dasselbe für die Ideale (3) und $(1 + i)$ im Ring der ganzen Gaussschen Zahlen (§ 14, Beispiel 1). Ist das Ideal (2) hier prim?

G. G. T. und K. G. V. Das von der Vereinigung von zwei Idealen $\mathfrak{a}$, $\mathfrak{b}$ erzeugte Ideal $(\mathfrak{a}, \mathfrak{b})$ wird auch als der *größte gemeinsame Teiler* (G.G.T.) dieser Ideale bezeichnet, weil es ein gemeinsamer Teiler ist, den jeder gemeinsame Teiler teilt. Weiter bezeichnet man es auch als die *Summe* der beiden Ideale, weil es offenbar aus allen Summen $a + b$ besteht, wo $a \in \mathfrak{a}$, $b \in \mathfrak{b}$ ist.

In derselben Weise bezeichnet man den Durchschnitt $\mathfrak{a} \cap \mathfrak{b}$ zweier Ideale $\mathfrak{a}$, $\mathfrak{b}$ auch als deren *kleinstes gemeinsames Vielfaches* (K.G.V.), weil er ein gemeinsames Vielfaches ist und jedes andere gemeinsame Vielfache durch ihn teilbar ist.

§ 18. Euklidische Ringe und Hauptidealringe.

Satz. *Im Ring C der ganzen Zahlen ist jedes Ideal Hauptideal.*

Beweis. Es sei $\mathfrak{a}$ ein Ideal in C. Ist $\mathfrak{a} = (0)$, so ist man fertig. Enthält $\mathfrak{a}$ noch eine Zahl $c \neq 0$, so enthält $\mathfrak{a}$ auch die Zahl $-c$, und eine dieser beiden Zahlen ist positiv. Es sei a die kleinste positive Zahl im Ideal $\mathfrak{a}$.

Ist nun b irgendeine Zahl des Ideals und r der Rest, den b bei Division durch a läßt, so ist

$$b = q a + r, \qquad 0 \leqq r < a.$$

Da b und a dem Ideal angehören, tut es auch $b - q a = r$. Da $r < a$ ist, muß $r = 0$ sein; denn a war die kleinste positive Zahl des Ideals. Also folgt $b = q a$; d. h. alle Zahlen des Ideals $\mathfrak{a}$ sind Vielfache von a. Daraus folgt $\mathfrak{a} = (a)$; also ist $\mathfrak{a}$ Hauptideal.

Genau so beweist man:

Ist P *ein Körper, so ist im Polynombereich* $\mathsf{P}[x]$ *jedes Ideal Hauptideal.*

Man kann nämlich wieder $\mathfrak{a} \neq (0)$ annehmen. Für a wähle man ein Polynom kleinsten Grades im Ideal $\mathfrak{a}$. Da auch im Polynombereich ein Divisionsalgorithmus existiert, kann man jedes Polynom b des Ideals in der Gestalt

$$b = qa + r$$

annehmen; der Grad von r ist, falls $r \neq 0$, kleiner als der von a, usw.

Ein Integritätsbereich mit Einselement, in dem jedes Ideal Hauptideal ist, heißt ein *Hauptidealring*. Wie eben bewiesen, ist der Ring C der ganzen Zahlen, sowie jeder Polynomring $\mathsf{P}[x]$, ein Hauptidealring[1].

In trivialer Weise ist ferner jeder Körper ein Hauptidealring. Denn wenn ein Ideal $\mathfrak{a}$ im Körper P nicht das Nullideal ist, enthält es zu einem beliebigen $a \neq 0$ auch $a^{-1}a = 1$; also ist $\mathfrak{a} = (1)$ das einzige Ideal außer dem Nullideal. (Vgl. § 16, Aufg. 9.)

Die eben in zwei Fällen angewandte Schlußweise läßt sich folgendermaßen verallgemeinern. Es sei $\mathfrak{R}$ ein kommutativer Ring, in welchem jedem von Null verschiedenen Ringelement a eine nicht negative ganze Zahl $g(a)$ zugeordnet ist, mit folgenden Eigenschaften:

1. Für $a \neq 0$ und $b \neq 0$ ist $ab \neq 0$ und $g(ab) \geqq g(a)$.

2. (Divisionsalgorithmus.) Es gibt zu je zwei Ringelementen a, b mit $a \neq 0$ eine Darstellung

$$b = qa + r$$

in welcher entweder $r = 0$ oder $g(r) < g(a)$ ist.

Im Fall $R = C$ ist $g(a) = |a|$ zu setzen, im Fall $R = \mathsf{P}[x]$ ist $g(a)$ der Grad des Polynoms a. Ein Ring mit den angegebenen Eigenschaften heißt ein *euklidischer Ring*. Mit Hilfe der oben in den beiden Fällen $R = C$ und $R = \mathsf{P}[x]$ angewandten Schlußweisen ergibt sich nun ohne weiteres der Satz:

In einem euklidischen Ring ist jedes Ideal Hauptideal, und zwar sind alle Elemente des Ideals Vielfache qa des erzeugenden Elements a.

Wendet man diesen Satz insbesondere auf das Einheitsideal, also auf den ganzen Ring an, so ergibt sich, daß es ein a gibt, von dem alle Ringelemente Vielfache qa sind. Insbesondere ist a selbst so darstellbar:

$$a = ae.$$

Es folgt für $b = qa$:

$$qa = qae, \quad \text{also} \quad b = be.$$

Damit ist bewiesen:

Ein euklidischer Ring besitzt stets ein Einselement.

Zwei von Null verschiedene Elemente a, b eines euklidischen Rings erzeugen ein Ideal (a, b), welches aus allen Ausdrücken der Gestalt $ra + sb$ besteht und welches wieder ein Hauptideal ist, also von einem

[1] Eine elementare Untersuchung über die Bedingungen, die ein Integritätsbereich zu erfüllen hat, damit jedes Ideal in ihm Hauptideal sei, gibt H. Hasse in Crelles J. f. Math. Bd. 159, S. 3—12. 1928.

Element d erzeugt wird. Es gilt also

$$d = ra + sb \tag{1}$$

$$\begin{cases} a = gd \\ b = hd. \end{cases} \tag{2}$$

d ist nach (2) ein gemeinsamer Teiler von a und b. Wegen (1) ist d auch der *größte gemeinsame Teiler*, d. h. alle gemeinsamen Teiler von a und b sind auch Teiler von d. Also: *In einem Hauptidealring besitzen je zwei Elemente a, b einen größten gemeinsamen Teiler d, der sich in der Gestalt* (1) *darstellen läßt.* Das gilt insbesondere im Ring der ganzen Zahlen und im Ring $\mathsf{P}[x]$.

Man bezeichnet den größten gemeinsamen Teiler gewöhnlich mit $d = (a, b)$. Korrekter wäre allerdings $(d) = (a, b)$, denn nur das Ideal (d), nicht das Element d ist durch a und b eindeutig bestimmt. Ist $(a, b) = 1$, so heißen a und b *teilerfremd* oder *relativ prim*.

Der obige Existenzbeweis für den G.G.T. liefert noch kein Mittel, diesen wirklich zu berechnen. In euklidischen Ringen wird ein solches Mittel durch das schon von EUKLID[1] angegebene Verfahren der sukzessiven Divisionen (den *euklidischen Algorithmus*, nach welchem auch die euklidischen Ringe benannt sind) gegeben.

Gegeben seien zwei Ringelemente a_0, a_1 und es sei etwa $g(a_1) \leqq g(a_0)$. Dann setzen wir, dem Divisionsalgorithmus entsprechend,

$$\begin{aligned} a_0 &= q_1 a_1 + a_2 \qquad & g(a_2) &< g(a_1) \\ a_1 &= q_2 a_2 + a_3 \qquad & g(a_3) &< g(a_2) \end{aligned}$$

und fahren damit solange fort, bis einmal die Division mit dem Rest Null aufgeht:

$$a_{s-1} = q_s a_s.$$

Dann haben alle Zahlen $a_0, a_1, a_2, \ldots, a_s$ die Gestalt $ra_0 + sa_1$. Jeder Teiler von a_s (insbesondere a_s selbst) ist nach der letzten Gleichung auch Teiler von a_{s-1}, sodann auch von a_{s-2}, schließlich auch von a_1 und von a_0. Also ist a_s der G.G.T. von a_0 und a_1.

Die bisherigen Überlegungen lassen sich auch auf den nichtkommutativen Fall übertragen; nur muß man dann die Existenz eines linksseitigen *und* eines rechtsseitigen Divisionsalgorithmus verlangen:

$$b = q_1 a + r_1 = a q_2 + r_2, \qquad g(r_1) < g(a), \qquad g(r_2) < g(a).$$

Es folgt dann, daß jedes Linksideal ein Element a enthält, von dem alle Elemente des Ideals Linksvielfache qa sind, und ebenso jedes Rechtsideal ein Element a, von welchem alle Elemente des Ideals Rechtsvielfache aq sind. Ein zweiseitiges Ideal besitzt ein erzeugendes Element a, von dem alle Elemente sowohl Linksvielfache als auch Rechtsvielfache sind. Wendet man das insbesondere auf das Einheitsideal an, so folgt die Existenz eines links- und eines rechts-Einselementes, also die eines Einselementes schlechthin.

---

[1] EUKLID: Elemente, Buch 7, Satz 1 und 2.

Schließlich beweist man wie oben die Existenz eines linksseitigen, sowie auch eines rechtsseitigen G.G.T. zweier Elemente a, b.

Das wichtigste Beispiel eines nichtkommutativen euklidischen Rings ist der Polynomring $\mathsf{P}[x]$ über einem Schiefkörper P.

Aufgaben. 1. Die Relation $(a, b) = d$ bleibt bestehen bei Erweiterung des Ringes $\mathfrak{o}$ zu irgendeinem umfassenden Ring $\bar{\mathfrak{o}}$.

2. Die Elemente ε eines euklidischen Ringes, die im Ring ein Inverses ε^{-1} besitzen, sind durch $g(\varepsilon) = g(1)$ gekennzeichnet.

3. Jedes Element a der Ordnung $r \cdot s$ in einer Gruppe $\mathfrak{G}$ ist Produkt aus einem eindeutig bestimmten Element $a^{\lambda r}$ der Ordnung s und einem eindeutig bestimmten Element $a^{\mu s}$ der Ordnung r, vorausgesetzt, daß die Zahlen r und s teilerfremd sind:

$$(r, s) = 1.$$

4. Eine zyklische Gruppe der Ordnung n mit dem erzeugenden Element a hat als Erzeugende alle Potenzen a^{μ}, wo $(\mu, n) = 1$ ist.

Weiteres Beispiel eines euklidischen Rings. Wir betrachten den Ring der ganzen Gaussschen Zahlen $a + bi$ (§ 14, Schluß).

Aus der Produktdefinition

$$(a + bi)(c + di) = (ac - bd) + (ad + bc)i$$

folgt, wenn man die „Norm" einer Zahl $\alpha = a + bi$ definiert durch

$$N(\alpha) = (a + bi)(a - bi) = a^2 + b^2,$$

leicht die Gleichung

$$N(\alpha\beta) = N(\alpha) \cdot N(\beta). \tag{3}$$

Die Norm $N(\alpha)$ ist eine gewöhnliche ganze Zahl, die (als Summe zweier Quadrate) nur dann verschwindet, wenn α selbst verschwindet, und sonst positiv ist. Aus (3) folgt, daß ein Produkt $\alpha\beta$ nur dann verschwindet, wenn α oder β verschwindet; wir befinden uns also in einem Integritätsbereich.

Nach § 13 existiert ein Quotientenkörper. Ist $\alpha = a + bi \neq 0$, so ist $\alpha^{-1} = \frac{a - bi}{N(\alpha)}$; die Zahlen des Quotientenkörpers lassen sich also in der Gestalt $\frac{a}{n} + \frac{b}{n} i$ darstellen (a, b, n ganze Zahlen). Diese „gebrochenen Zahlen" bilden den „Gaussschen Zahlkörper" (§ 14, Beispiel 1). Die Normdefinition und die Gleichung (3) bleiben für die Elemente dieses Körpers wörtlich erhalten.

Um zu einem Divisionsalgorithmus für den Ring der ganzen Gaussschen Zahlen zu kommen, stellen wir uns die Aufgabe, zu gegebenem α und $\beta \neq 0$ eine Zahl $\alpha - \lambda\beta$ zu finden, die eine kleinere Norm als β hat. Zunächst bestimme man eine gebrochene Zahl $\lambda' = a' + b'i$, so daß $\alpha - \lambda'\beta = 0$ ist; sodann ersetze man a' und b' durch die nächstliegenden ganzen Zahlen a und b und setze $\lambda = a + bi$, $\lambda' - \lambda = \varepsilon$. Dann folgt:

$$\alpha - \lambda\beta = \alpha - \lambda'\beta + \varepsilon\beta = \varepsilon\beta,$$

$$N(\alpha - \lambda\beta) = N(\varepsilon) N(\beta),$$

$$N(\varepsilon) = N(\lambda' - \lambda) = (a' - a)^2 + (b' - b)^2 \leqq (\tfrac{1}{2})^2 + (\tfrac{1}{2})^2 < 1,$$

$$N(\alpha - \lambda\beta) < N(\beta).$$

Damit ist ein „Divisionsalgorithmus" gefunden und der Ring als euklidisch erkannt.

Aufgabe. 5. In derselben Weise behandle man den Ring der Zahlen $a + b\varrho$, der als hyperkomplexes System in bezug auf den Ring der ganzen Zahlen durch die Basiselemente 1, ϱ und die Rechnungsregel

$$\varrho^2 = -\varrho - 1$$

definiert wird. Ebenso die Ringe der Zahlen $a + b\sqrt{2}$; $a + b\sqrt{-2}$. Warum versagt die Methode bei $a + b\sqrt{-3}$ und $a + b\sqrt{-5}$? Ist das Ideal $(2, 1 + \sqrt{-3})$ im erstgenannten Ring Hauptideal?

Literatur. Über die Frage, ob der euklidische Algorithmus oder eine Verallgemeinerung derselben in beliebigen Hauptidealringen existiert, siehe H. HASSE: J. reine angew. Math. Bd. 159 (1928) S. 3—12. In welchen algebraischen Zahlringen der euklidische Algorithmus gilt, haben O. PERRON (Math. Ann. Bd. 107 S. 489), A. OPPENHEIM (Math. Ann. Bd. 109 S. 349), E. BERG (Kgl. Fysiogr. Sällskapets Lund Förhandl. Bd. 5 N 5), N. HOFREITER (Mh. Math. Physik Bd. 42 S. 397), H. BEHRBOHM und L. REDEI (J. reine u. angew. Math. Bd. 174, S. 198) untersucht.

§ 19. Faktorzerlegung.

Wir betrachten in diesem Paragraphen nur Integritätsbereiche mit Einselement. Zunächst wollen wir untersuchen, was wir in diesen Bereichen zweckmäßig unter Primelementen oder unzerlegbaren Elementen zu verstehen haben. Dabei betrachten wir, auch wenn es nicht immer ausdrücklich gesagt wird, nur die von Null verschiedenen Ringelemente.

Eine gewöhnliche Primzahl im Ring der ganzen Zahlen läßt sich immer in Faktoren zerlegen, sogar auf zwei Weisen:

$$p = p \cdot 1 = (-p) \cdot (-1).$$

Aber einer dieser Faktoren ist immer eine „Einheit", d. h. eine solche Zahl ε, deren Inverse ε^{-1} auch im Ring liegt. $+1$ und -1 sind Einheiten.

Ist allgemein ein Integritätsbereich mit Einselement gegeben, so verstehen wir unter einer *Einheit*[1] ein solches Element ε, das im Bereich ein Inverses ε^{-1} besitzt. Offensichtlich ist dann auch ε^{-1} eine Einheit.

Jedes Element a läßt, wenn ε eine Einheit ist, eine Zerlegung

$$a = a\varepsilon^{-1} \cdot \varepsilon$$

zu. Solche Zerlegungen, bei denen ein Faktor eine Einheit ist, kann man „triviale Zerlegungen" nennen.

Ein Element $p \neq 0$, das nur triviale Zerlegungen zuläßt, so daß also aus $p = ab$ folgt, daß a oder b Einheit ist, heißt ein *unzerlegbares Element* oder ein *Primelement*. (Speziell bei ganzen Zahlen auch: *Primzahl*[2]; bei Polynomen auch: *irreduzibles Polynom.*)

Man nennt bisweilen zwei Größen wie a und $b = a\varepsilon^{-1}$, die sich nur um eine Einheit als Faktor unterscheiden, „assoziierte Größen". Jede

[1] Das Wort „Einheit" wird oft als Synonym für „Einselement" gebraucht. In Untersuchungen über Faktorzerlegung aber sind die beiden Begriffe streng zu trennen, da z. B. -1 auch eine Einheit ist.

[2] Meist versteht man unter Primzahlen nur die positiven unzerlegbaren Zahlen $\neq 1$, also die Zahlen

$$2, 3, 5, 7, 11, \ldots$$

ist Teiler der anderen, und für die zugehörigen Hauptideale gilt:

$$(a) \subseteqq (b), \qquad (b) \subseteqq (a), \quad \text{also} \quad (b) = (a);$$

mithin erzeugen zwei assoziierte Größen dasselbe Hauptideal.

Wenn umgekehrt von den beiden Größen a und b jede ein Teiler der anderen ist:

$$a = bc, \qquad b = ad,$$

so folgt

$$b = bcd, \quad \text{also} \quad 1 = cd, \qquad c = d^{-1},$$

mithin sind c und d Einheiten und es ist a zu b assoziiert.

Ist c ein Teiler von a, aber nicht assoziiert zu a, also $a = cd$ und d keine Einheit, so heißt c ein *echter Teiler* von a. In diesem Fall ist a nicht zugleich Teiler von c, und das Ideal (c) ist ein echter Teiler des Ideals (a). Wäre nämlich a ein Teiler von c, etwa $c = ab$, so wäre

$$a = cd = abd$$
$$1 = bd$$

und d wäre doch eine Einheit.

Ein Primelement kann jetzt auch definiert werden als ein von Null verschiedenes Element, das keine echten Teiler außer Einheiten besitzt.

Ist in einem euklidischen Ring b ein echter Teiler von a, so ist $g(b) < g(a)$.

Beweis: Die Division von b durch a geht nicht auf, ergibt also

$$b = aq + r, \quad g(r) < g(a).$$

Daraus folgt, wenn $a = bc$ gesetzt wird,

$$r = b - aq = b(1 - cq)$$
$$g(r) \geqq g(b), \quad \text{also} \quad g(b) \leqq g(r) < g(a).$$

In einem euklidischen Ring ist jedes von Null verschiedene Element a ein Produkt von Primelementen:

$$a = p_1 p_2 \ldots p_r.$$

Beweis: Wir wenden vollständige Induktion nach $g(a)$ an: Die Behauptung sei richtig für alle Elemente b mit $g(b) < n$ und es sei $g(a) = n$. Ist nun a prim: $a = p$, so ist nichts mehr zu beweisen. Ist aber a zerlegbar: $a = bc$, wobei b und c echte Teiler von a sind, so ist

$$g(b) < g(a), \qquad g(c) < g(a).$$

Nach der Induktionsvoraussetzung sind nun b und c Produkte von Primelementen. Also ist $a = bc$ auch ein Produkt von Primelementen.

Wir wollen nun untersuchen, wie es mit der Eindeutigkeit der Primfaktorzerlegung $a = p_1 p_2 \ldots p_r$ steht und betrachten dabei nicht nur die euklidischen Ringe, sondern allgemein beliebige Hauptidealringe.

In einem Hauptidealring erzeugt ein unzerlegbares Element, das keine Einheit ist, ein teilerloses Primideal (dessen Restklassenring also ein Körper ist).

Beweis: Ist p unzerlegbar, so hat p keine echten Teiler außer Einheiten, also (da jedes Ideal Hauptideal ist) das Ideal (p) keine echten Idealteiler außer dem Einheitsideal.

Bemerkung. Man kann natürlich die Lösbarkeit der Gleichung $\bar{a}\bar{x}=\bar{b}$ im Restklassenring oder der Kongruenz $ax \equiv b\,(p)$ im gegebenen Ring auch direkt aus der Tatsache erschließen, daß für $a \not\equiv 0\,(p)$ notwendig $(a, p)=1$ sein muß, also

$$\begin{aligned} 1 &= ar + ps, \\ b &= arb + psb \\ b &\equiv arb \ (p) \end{aligned}$$

ist. Auf Grund dieser Bemerkung kann man auch die Lösung der genannten Kongruenz in konkreten Fällen mit Hilfe des euklidischen Algorithmus wirklich berechnen.

Eine unmittelbare Folgerung ist:

Ist ein Produkt durch das Primelement p teilbar, so muß ein Faktor es sein; denn der Restklassenring hat keine Nullteiler.

Aufgaben. 1. Man löse die Kongruenz

$$6x \equiv 7\,(19).$$

2. Was ist das inverse Element zur Restklasse von 6 im Restklassenkörper der ganzen Zahlen modulo (19)?

Nunmehr sind wir imstande, den *Satz von der Eindeutigkeit der Primfaktorzerlegung in Hauptidealringen* zu beweisen. Es seien

$$a = p_1 p_2 \cdots p_r = q_1 q_2 \cdots q_s \tag{1}$$

zwei Zerlegungen derselben Zahl a in einem Hauptidealring. Den trivialen Fall, daß a eine Einheit ist und folglich alle p_i und q_j Einheiten sind, schließen wir aus. Dann können wir annehmen, daß p_1 und q_1 keine Einheiten sind und daß alle eventuellen Einheiten unter den Faktoren p_i und q_j mit dem Faktor p_1 bzw. q_1 vereinigt sind. Die p_i und q_j seien also keine Einheiten. Nun wird behauptet: *Es ist $r=s$ und die p_i stimmen mit den q_j bis auf die Reihenfolge und bis auf Einheitsfaktoren überein.*

Für $r=1$ ist die Behauptung klar; denn wegen der Unzerlegbarkeit von $a=p_1$ kann das Produkt $q_1 \cdots q_s$ auch nur einen Faktor $q_1=p_1$ enthalten. Wir können also Induktion nach r vornehmen. Da p_1 in dem Produkt $q_1 \cdots q_s$ aufgeht, so muß p_1 in einem der Faktoren q_i aufgehen. Durch Umordnung der q erreichen wir, daß p_1 in q_1 aufgeht:

$$q_1 = \varepsilon_1 p_1. \tag{2}$$

Hierin muß ε_1 Einheit sein, da sonst q_1 nicht prim wäre. Setzt man (2) in (1) ein und kürzt durch p_1, so kommt

$$p_2 \cdots p_r = (\varepsilon_1 q_2)\, q_3 \cdots q_s. \tag{3}$$

Nach der Induktionsvoraussetzung müssen die Faktoren in (3) links und rechts bis auf Einheiten übereinstimmen. Da auch p_1 mit q_1 bis auf die Einheit ε_1 übereinstimmt, ist alles bewiesen.

Aus den bewiesenen Sätzen folgt: *Die Elemente eines euklidischen Ringes sind bis auf Einheiten und bis auf die Reihenfolge der Faktoren eindeutig als Produkte von Primelementen darstellbar.* Insbesondere gilt das für die ganzen Zahlen, für die Polynome einer Veränderlichen mit Koeffizienten aus einem Körper, sowie für die ganzen GAUSSschen Zahlen.

Aufgaben. 3. Die ganzzahligen Polynome $f(x)$ sind modulo jeder Primzahl p eindeutig in modulo p unzerlegbare Faktoren zerlegbar.

4. Was sind die Einheiten des GAUSSschen Zahlenringes? Man zerlege die Zahlen 2, 3, 5 in diesem Ring in Primfaktoren.

5. Im Ring der Zahlen $a+b\sqrt{-3}$ bestehen für die Zahl 4 die beiden wesentlich verschiedenen Zerlegungen in unzerlegbare Faktoren:

$$4=2\cdot 2=\left(1+\sqrt{-3}\right)\left(1-\sqrt{-3}\right).$$

6. In einem Hauptidealring bilden diejenigen Restklassen modulo a, die aus zu a teilerfremden Elementen bestehen, bei der Multiplikation eine Gruppe.

Wir werden im nächsten Kapitel sehen, daß es auch andere als Hauptidealringe gibt, in denen der Satz von der eindeutigen Faktorzerlegung gilt. Für alle solchen Ringe beweisen wir nun den Satz:

Wenn in $\mathfrak{o}$ jedes Element eindeutig in Primelemente zerlegbar ist, so erzeugt jedes unzerlegbare Element p ein Primideal, jedes von Null verschiedene zerlegbare Element ein Nichtprimideal.

Beweis: p sei unzerlegbar. Ist nun $ab\equiv 0\,(p)$, so muß in der Faktorzerlegung von ab der Faktor p vorkommen. Diese Faktorzerlegung erhält man aber durch Zusammensetzung der Faktorzerlegungen von a und b; also muß schon in a oder b der Faktor p vorkommen, also $a\equiv 0\,(p)$ oder $b\equiv 0\,(p)$ sein.

Nun sei p zerlegbar: $p=ab$, a und b echte Teiler von p. Dann folgt $ab\equiv 0\,(p)$, $a\not\equiv 0\,(p)$, $b\not\equiv 0\,(p)$. Das Ideal (p) ist also nicht prim.

Aufgaben. 7. Man beweise für alle Ringe mit eindeutiger Faktorzerlegung, daß es für je zwei oder mehrere Elemente einen „größten gemeinsamen Teiler" und ein „kleinstes gemeinsames Vielfaches" gibt, die beide bis auf Einheitsfaktoren bestimmt sind.

Bemerkung. Für Ringe der betrachteten Art ist der G.G.T. im Elementsinn nicht immer derselbe wie der G.G.T. im Idealsinn. So haben z. B. im ganzzahligen Polynombereich einer Veränderlichen x die Elemente 2 und x keine gemeinsamen Teiler außer Einheiten; aber das Ideal $(2, x)$ ist nicht das Einheitsideal. (Daß in diesem Ring die eindeutige Faktorzerlegung besteht, wird im nächsten Kapitel bewiesen werden.)

Viertes Kapitel.

Ganzrationale Funktionen.

Inhalt: Einfache Sätze über Polynome in einer und in mehreren Veränderlichen, mit Koeffizienten aus einem kommutativen Ring $\mathfrak{o}$ oder Körper Σ.

§ 20. Differentiation.

In diesem Paragraphen sollen die Differentialquotienten ganzer rationaler Funktionen ohne Stetigkeitsbetrachtungen für beliebige Polynombereiche $\mathfrak{o}[x]$ definiert werden.

Es sei $f(x) = \sum a_i x^i$ ein Polynom in $\mathfrak{o}[x]$. Bildet man nun in einem Polynombereich $\mathfrak{o}[x, h]$ das Polynom $f(x+h) = \sum a_i (x+h)^i$ und entwickelt es nach Potenzen von h, so kommt:

$$f(x+h) = f(x) + h f_1(x) + h^2 f_2(x) + \cdots$$

oder

$$f(x+h) \equiv f(x) + h \cdot f_1(x) \pmod{h^2}.$$

Der (eindeutig bestimmte) Koeffizient $f_1(x)$ der ersten Potenz von h heißt die *Ableitung* von $f(x)$ und wird immer mit $f'(x)$ bezeichnet. Man kann $f'(x)$ offenbar auch so erhalten, daß man die Differenz $f(x+h) - f(x)$ bildet, durch den darin ganzrational enthaltenen Faktor h durchdividiert und im so entstandenen Polynom $h = 0$ setzt. Daraus folgt leicht, daß die Definition der Ableitung mit der üblichen Definition des *Differentialquotienten* als $\lim\limits_{h \to 0} \frac{f(x+h) - f(x)}{h}$, falls $\mathfrak{o}$ etwa der Körper der reellen Zahlen ist, in Einklang steht. Man bezeichnet daher die Ableitung auch mit $\frac{df}{dx}$ oder mit $\frac{d}{dx} f(x)$ oder aber, wenn f außer x noch andere Variablen enthält, mit $\frac{\partial f}{\partial x}$.

Es gelten die folgenden Rechnungsregeln:

(1) $$(f+g)' = f' + g' \text{ (Summenregel).}$$

(2) $$(fg)' = f'g + fg' \text{ (Produktregel).}$$

Beweis (1):

$$f(x+h) + g(x+h) \equiv f(x) + hf'(x) + g(x) + hg'(x) \pmod{h^2}.$$

Beweis (2):

$$\begin{aligned} f(x+h)g(x+h) &\equiv \{f(x) + hf'(x)\}\{g(x) + hg'(x)\} \\ &\equiv f(x)g(x) + h\{f'(x)g(x) + f(x)g'(x)\} \pmod{h^2}. \end{aligned}$$

Ebenso beweist man allgemeiner:

(3) $$(f_1 + \cdots + f_n)' = f_1' + \cdots + f_n',$$

(4) $$(f_1 f_2 \cdots f_n)' = f_1' f_2 \cdots f_n + f_1 f_2' \cdots f_n + \cdots + f_1 f_2 \cdots f_n'.$$

Aus (4) folgt weiter:

(5) $$(a x^n)' = n a x^{n-1}.$$

Aus (3) und (5) folgt:

$$\left(\sum_0^n a_k x^k\right)' = \sum_0^n k a_k x^{k-1}.$$

Durch diese Formel hätte man auch den Differentialquotienten formal definieren können.

Aufgaben. 1. Es sei $F(z_1, \ldots, z_m)$ ein Polynom und $F_\nu = \frac{\partial F}{\partial z_\nu}$. Man beweise die Formel

$$\frac{d}{dx} F(f_1(x), \ldots, f_m(x)) = \sum_1^m F_\nu(f_1, \ldots, f_m) \frac{d f_\nu}{dx}.$$

2. Man leite für homogene Polynome r-ten Grades $f(x_1, \ldots, x_n)$ aus der Gleichung

$$f(h x_1, \ldots, h x_n) = h^r f(x_1, \ldots, x_n)$$

die „EULERsche Differentialgleichung" her:

$$\sum_\nu \frac{\partial f}{\partial x_\nu} x_\nu = r f.$$

3. Man gebe eine algebraische Definition für die Ableitung einer gebrochen-rationalen Funktion $\frac{f(x)}{g(x)}$ mit Koeffizienten aus einem Körper und beweise die bekannten Rechnungsregeln für die Differentiation von Summen, Produkten und Quotienten.

§ 21. Nullstellen.

Es sei $\mathfrak{o}$ ein Integritätsbereich mit Einselement.

Ein Element α von $\mathfrak{o}$ heißt *Nullstelle* oder *Wurzel* eines Polynoms $f(x)$ aus $\mathfrak{o}[x]$, wenn $f(\alpha) = 0$ ist. Es gilt der Satz:

Ist α eine Nullstelle von $f(x)$, so ist $f(x)$ durch $x - \alpha$ teilbar.

Beweis: Division von $f(x)$ durch $x - \alpha$ ergibt:

$$f(x) = q(x) \cdot (x - \alpha) + r,$$

wo r eine Konstante ist. Einsetzung von $x = \alpha$ ergibt:

$$0 = r,$$

mithin ist

$$f(x) = q(x) \cdot (x - \alpha), \qquad \text{q. e. d.}$$

Sind $\alpha_1, \ldots, \alpha_k$ verschiedene Nullstellen von $f(x)$, so ist $f(x)$ durch das Produkt $(x - \alpha_1)(x - \alpha_2) \cdots (x - \alpha_k)$ teilbar.

Beweis: Für $k = 1$ wurde der Satz eben bewiesen. Ist er für den Wert $k - 1$ bewiesen, so hat man:

$$f(x) = (x - \alpha_1) \cdots (x - \alpha_{k-1}) g(x).$$

Einsetzung von $x = \alpha_k$ ergibt:

$$0 = (\alpha_k - \alpha_1) \cdots (\alpha_k - \alpha_{k-1}) g(\alpha_k),$$

also, da $\mathfrak{o}$ keine Nullteiler hat und $\alpha_k \neq \alpha_1, \ldots, \alpha_k \neq \alpha_{k-1}$ ist:

$$g(\alpha_k) = 0,$$

mithin nach dem vorigen Satz:

$$g(x) = (x - \alpha_k) \cdot h(x),$$

$$f(x) = (x - \alpha_1) \cdots (x - \alpha_{k-1})(x - \alpha_k) h(x), \qquad \text{q. e. d.}$$

Folgerung: *Ein von Null verschiedenes Polynom vom Grade n hat in einem Integritätsbereich höchsten n Nullstellen.*

Dieser Satz gilt auch in Integritätsbereichen ohne Einselement, da man einen solchen ja stets in einen Körper (mit Einselement) einbetten kann. Er gilt aber nicht in Ringen mit Nullteilern; beispielsweise hat im Restklassenring modulo 16 das Polynom x^2 die Nullstellen 0, 4, 8, 12, und es gibt sogar Ringe, in denen dasselbe Polynom unendlichviele Nullstellen hat (§ 11, Aufgabe 3). Ebenso wird der Satz falsch für nichtkommutative Ringe, denn im Quaternionenkörper (§ 14, Beispiel 2) hat das Polynom $x^2 + 1$ die Nullstellen $\pm i$, $\pm j$, $\pm k$ (und noch unendlichviele andere).

Ist $f(x)$ durch $(x - \alpha)^k$, aber nicht durch $(x - \alpha)^{k+1}$ teilbar, so nennt man α eine *k-fache Nullstelle* (oder k-fache Wurzel) von $f(x)$. Es gilt:

Eine k-fache Nullstelle von $f(x)$ ist eine mindestens $(k-1)$-fache Nullstelle der Ableitung $f'(x)$.

Beweis: Aus $f(x) = (x - \alpha)^k g(x)$ folgt:

$$f'(x) = k(x - \alpha)^{k-1} g(x) + (x - \alpha)^k g'(x);$$

mithin ist $f'(x)$ durch $(x - \alpha)^{k-1}$ teilbar.

Ebenso beweist man: *Eine einfache Nullstelle von $f(x)$ ist nicht zugleich Nullstelle der Ableitung $f'(x)$.*

Wir kommen nun zu einigen Sätzen über die Nullstellen von Polynomen in mehreren Veränderlichen.

Ist ein Polynom $f(x_1, \ldots, x_n)$ von Null verschieden und stellt man für jede der Unbestimmten $x_1, \ldots, x_n$ eine unendliche Menge von speziellen Werten aus $\mathfrak{o}$ oder aus einem $\mathfrak{o}$ umfassenden Integritätsbereich zur Verfügung, so gibt es daraus mindestens ein Wertsystem $x_1 = \alpha_1, \ldots, x_n = \alpha_n$, für das $f(\alpha_1, \ldots, \alpha_n) \neq 0$ ist.

Beweis: $f(x_1, \ldots, x_n)$ hat als Polynom in x_n (mit Koeffizienten aus dem Integritätsbereich $\mathfrak{o}[x_1, \ldots, x_{n-1}]$) höchstens endlichviele Nullstellen; also gibt es in der unendlichen Menge der Werte, die für x_n zur Verfügung stehen, einen Wert α_n, so daß

$$f(x_1, \ldots, x_{n-1}, \alpha_n) \neq 0$$

ist. Diesen Ausdruck behandle man nun als Polynom in x_{n-1}; so ergibt sich ein Wert α_{n-1}, für den

$$f(x_1, x_1, \ldots, x_{n-2}, \alpha_{n-1}, \alpha_n) \neq 0.$$

ist, usw.

Folgerung. *Nimmt das Polynom* $f(x_1, \ldots, x_n)$ *für alle speziellen Werte* x_i *aus einem unendlichen Integritätsbereich den Wert Null an, so verschwindet es („identisch").*

Es sei an dieser Stelle daran erinnert, daß in der Algebra das Verschwinden eines Polynoms in $x_1, \ldots, x_n$ das Verschwinden aller Koeffizienten bedeutet und nicht definiert ist durch das Verschwinden für alle Werte, die man für $x_1, \ldots, x_n$ einsetzen kann. Der eben aufgestellte Satz ist also keine Tautologie. Auch wird er gegenstandslos für endliche Integritätsbereiche[1] und ist falsch für viele Ringe mit Nullteilern.

Aufgabe. Man erweitere den letzten Satz auf ein endliches System von Polynomen $f_i(x_1, \ldots, x_n)$, von denen keines identisch verschwindet.

§ 22. Interpolationsformeln.

Wir kehren zu den Polynomen in einer Veränderlichen zurück, nehmen aber nunmehr den Koeffizientenbereich als einen *Körper* an. Nach den bewiesenen Sätzen sind zwei Polynome vom Grade $\leqq n$, deren Werte an $n+1$ Stellen übereinstimmen, einander gleich; denn ihre Differenz hat $n+1$ Nullstellen und ist höchstens vom Grade n. Es gibt also höchstens ein Polynom, welches an $n+1$ verschiedenen Stellen $\alpha_0, \ldots, \alpha_n$ vorgegebene Werte $f(\alpha_i)$ annimmt. Nun gibt es immer ein Polynom vom Grade $\leqq n$, welches an diesen Stellen die vorgegebenen Werte annimmt, nämlich das Polynom

$$(1) \qquad f(x) = \sum_{i=0}^{n} \frac{f(\alpha_i)(x-\alpha_0)\cdots(x-\alpha_{i-1})(x-\alpha_{i+1})\cdots(x-\alpha_n)}{(\alpha_i-\alpha_0)\cdots(\alpha_i-\alpha_{i-1})(\alpha_i-\alpha_{i+1})\cdots(\alpha_i-\alpha_n)}.$$

Es gibt also ein und nur ein Polynom vom Grade $\leqq n$, *welches an den* $n+1$ *Stellen* α_i *vorgegebene Werte* $f(\alpha_i)$ *annimmt, und dieses wird durch die Formel* (1) *gegeben.* Die Formel (1) heißt die *Interpolationsformel von* LAGRANGE, weil sie es gestattet, die Werte einer ganzen rationalen Funktion vom Grade n an allen Stellen zu berechnen, sobald man ihre Werte an $n+1$ Stellen kennt.

Man erhält ein Polynom mit den gewünschten Eigenschaften auch durch die NEWTON*sche Interpolationsformel*

$$(2) \qquad \begin{cases} f(x) = \lambda_0 + \lambda_1(x-\alpha_0) + \lambda_2(x-\alpha_0)(x-\alpha_1) + \cdots \\ \qquad + \lambda_n(x-\alpha_0)(x-\alpha_1)\cdots(x-\alpha_{n-1}), \end{cases}$$

wo die Koeffizienten $\lambda_0, \ldots, \lambda_n$ sukzessiv durch Einsetzung der Werte $x=\alpha_0, \ldots, x=\alpha_n$ bestimmt werden. Es ist klar, daß man in dieser Weise für jedes λ_i eine lineare Gleichung erhält, in welcher der Koeffizient dieses λ_i den Wert

$$(\alpha_i-\alpha_0)(\alpha_i-\alpha_1)\cdots(\alpha_i-\alpha_{i-1}) \neq 0$$

hat und sonst nur λ mit kleineren Indices vorkommen.

[1] Beispiel: Das Polynom x^2+x verschwindet für alle x aus dem Körper $C/(2)$, ohne selbst zu verschwinden.

Man richtet die Rechnung am besten folgendermaßen ein: Man setze in (2) zuerst $x=\alpha_0$ und erhält

$$f(\alpha_0)=\lambda_0.$$

Subtrahiert man das von (2) und dividiert durch $x-\alpha_0$, so findet man

$$\frac{f(x)-f(\alpha_0)}{x-\alpha_0}=\lambda_1+\lambda_2(x-\alpha_1)+\cdots+\lambda_n(x-\alpha_1)\cdots(x-\alpha_{n-1}). \tag{3}$$

Die linke Seite nennen wir $f(\alpha_0, x)$. Setzt man in (3) $x=\alpha_1$ ein, so kommt

$$f(\alpha_0,\alpha_1)=\lambda_1.$$

Subtrahiert man das von (3) und dividiert durch $x-\alpha_1$, so folgt

$$\frac{f(\alpha_0\, x)-f(\alpha_0,\alpha_1)}{x-\alpha_1}=\lambda_2+\lambda_3(x-\alpha_2)+\cdots+\lambda_n(x-\alpha_2)\cdots(x-\alpha_{n-1}).$$

Die linke Seite nennen wir $f(\alpha_0,\alpha_1, x)$. Setzt man nun $x=\alpha_2$, so folgt

$$f(\alpha_0,\alpha_1,\alpha_2)=\lambda_2.$$

In dieser Weise können wir fortfahren. Wir setzen allgemein (Definition durch vollständige Induktion)

$$f(\alpha_0,\ldots,\alpha_k, x)=\frac{f(\alpha_0,\ldots,\alpha_{k-1}, x)-f(\alpha_0,\ldots,\alpha_{k-1},\alpha_k)}{x-\alpha_k} \tag{4}$$

und finden wie oben

$$f(\alpha_0,\ldots,\alpha_{k-1}, x)=\lambda_k+\lambda_{k+1}(x-\alpha_k)+\cdots+\lambda_n(x-\alpha_k)\cdots(x-\alpha_{n-1}),$$

$$f(\alpha_0,\ldots,\alpha_k)=\lambda_k. \tag{5}$$

Man nennt $f(\alpha_0,\ldots\alpha_k)$ die k-te Steigung oder den k-ten Differenzenquotienten der Funktion $f(x)$ für die Stellen $\alpha_0,\ldots,\alpha_k$. Nach (4) ist

$$\left\{\begin{aligned} f(\alpha_0,\alpha_1)&=\frac{f(\alpha_1)-f(\alpha_0)}{\alpha_1-\alpha_0}\\ f(\alpha_0,\alpha_1,\alpha_2)&=\frac{f(\alpha_0,\alpha_2)-f(\alpha_0,\alpha_1)}{\alpha_2-\alpha_1}\\ f(\alpha_0,\ldots,\alpha_n)&=\frac{f(\alpha_0,\ldots,\alpha_{n-2},\alpha_n)-f(\alpha_0,\ldots,\alpha_{n-2},\alpha_{n-1})}{\alpha_n-\alpha_{n-1}}. \end{aligned}\right. \tag{6}$$

Die k-te Steigung kann auch definiert werden als der Koeffizient von x^k in demjenigen Polynom $\varphi_k(x)$ vom Grade $\leqq k$, welches an den Stellen $\alpha_0,\ldots,\alpha_k$ die Werte $f(\alpha_0),\ldots,f(\alpha_k)$ annimmt. Dieses Polynom wird nämlich nach der NEWTONschen Interpolationsformel durch

$$\varphi_k(x)=\lambda_0+\lambda_1(x-\alpha_0)+\cdots+\lambda_k(x-\alpha_0)\cdots(x-\alpha_{k-1})$$

gegeben und der Koeffizient von x^k in diesem Ausdruck ist genau $\lambda_k=f(\alpha_0,\ldots,\alpha_k)$.

Aus der zuletzt gegebenen Definition folgt, daß die k-te Steigung von der Reihenfolge (d. h. von der Numerierung) der Stellen $\alpha_0,\ldots,\alpha_k$ unabhängig ist. Diese Eigenschaft verwendet man beim praktischen Rechnen dadurch, daß man, wenn $\alpha_0,\ldots,\alpha_n$ etwa als rationale Zahlen in natürlicher Reihenfolge gegeben sind, die Differenzenquotienten immer nur für aufeinanderfolgende Stellen α_ν bildet und statt (6) die Formeln

$$f(\alpha_0, \alpha_1, \ldots, \alpha_k) = \frac{f(\alpha_1, \ldots, \alpha_k) - f(\alpha_0, \ldots, \alpha_{k-1})}{\alpha_k - \alpha_0} \tag{7}$$

benutzt, die aus (6) durch eine Vertauschung der α_ν entstehen. Man kann die Differenzenquotienten dann in ein Schema der folgenden Art anordnen

$$\begin{array}{llll}
f(\alpha_0) & & & \\
& f(\alpha_0, \alpha_1) & & \\
f(\alpha_1) & & f(\alpha_0, \alpha_1, \alpha_2) & \\
& f(\alpha_1, \alpha_2) & & \ldots \\
f(\alpha_2) & & f(\alpha_1, \alpha_2, \alpha_3) & \\
& f(\alpha_2, \alpha_3) & \ldots & \\
f(\alpha_3) & \ldots & & \\
\ldots & & &
\end{array}$$

Jede folgende Spalte entsteht nach (7) durch Bildung der ersten Differenzenquotienten aus der vorhergehenden Spalte. Man kann das Schema nach unten beliebig weit fortsetzen, indem man immer neue Stellen heranzieht. Ist $f(x)$ ein Polynom n-ten Grades, so steht in der n-ten Spalte überall eine Konstante, nämlich der Koeffizient λ_n von x^n. In der $(n+1)$-ten Spalte würden in diesem Fall lauter Nullen stehen.

Arithmetische Reihen höherer Ordnung. Wir nehmen nun an, daß der zugrunde gelegte Körper den Körper der rationalen Zahlen umfaßt und daß die Stellen $\alpha_0, \alpha_1, \alpha_2, \ldots$ als aufeinanderfolgende ganze Zahlen, etwa gleich $0, 1, 2, \ldots$ gewählt werden. Bildet man dann das obige Schema der Differenzenquotienten, so sind die Nenner $\alpha_k - \alpha_0$, $\alpha_{k+1} - \alpha_1, \ldots$ die laut (7) bei der Berechnung der Differenzenquotienten der $(k+1)$-ten Spalte auftreten, alle gleich k. Multipliziert man nun die zweite Spalte mit 1, die dritte mit 2, die vierte mit $2 \cdot 3$, allgemein die $(k+1)$-te Spalte mit $k!$, so erhält man an Stelle des Schemas der Steigungen das *Schema der Differenzen*

$$\left\{\begin{array}{llll}
a_0 & & & \\
& \Delta a_0 & & \\
a_1 & & \Delta^2 a_0 & \\
& \Delta a_1 & & \ldots \\
a_2 & & \Delta^2 a_1 & \\
& \Delta a_2 & \vdots & \\
a_3 & \vdots & & \\
\vdots & & &
\end{array}\right. \tag{8}$$

Dabei haben wir $f(\alpha_\nu) = a_\nu$ gesetzt. Δa_ν bedeutet $a_{\nu+1} - a_\nu$; $\Delta^2 a_\nu$ bedeutet $\Delta\Delta a_\nu = \Delta a_{\nu+1} - \Delta a_\nu$, usw. Sind $a_0, a_1, \ldots$ die Werte eines Polynoms n-ten Grades, so sind nach dem obigen die n-ten Differenzen konstant und die $(n+1)$-ten Differenzen sind Null. Das Polynom selbst wird durch die Formel (2) mit

$$\lambda_k = \frac{\Delta^k a_0}{k!} \tag{9}$$

gegeben. Von diesen Tatsachen gilt nun auch die Umkehrung:

Sind die $(n+1)$-ten Differenzen der Folge $a_0, a_1, a_2, \ldots$ Null, so sind $a_0, a_1, \ldots$ die Werte eines Polynoms n-ten Grades $f(x)$ welches durch die Formeln (2) *und* (9) *gegeben wird.*

Bildet man nämlich mit den Werten des Polynoms $f(x)$ das Differenzenschema und vergleicht es mit dem vorgegebenen Schema (8), so stimmen jedenfalls die Anfangselemente $a_0, \Delta a_0, \Delta^2 a_0, \ldots, \Delta^n a_0$ der Spalten überein, während die $(n+1)$-te Spalte beide Male lauter Nullen enthält. Daraus folgt nun der Reihe nach, daß die Elemente der n-ten Spalte, der $(n-1)$-ten Spalte, ..., schließlich der ersten Spalte in beiden Schemata übereinstimmen.

Die eben durchgeführte Überlegung zeigt gleichzeitig, in welcher Weise man, mit der letzten Spalte beginnend, alle Elemente des Schemas (8) berechnen kann, wenn die Anfangselemente $\Delta^k a_0 = k!\,\lambda_k\;(k = 0, 1, \ldots, n)$ der Spalten gegeben sind. Das folgende Beispiel ($n = 3$, $a_0 = 0$, $\Delta a_0 = 1$, $\Delta^2 a_0 = 6$, $\Delta^3 a_0 = 6$) möge die Rechnung erläutern

$$\begin{array}{ccccccc}
0 & & & & & & \lambda_0 = 0 \\
 & 1 & & & & & \\
1 & & 6 & & & & \lambda_1 = 1 \\
 & 7 & & 6 & & & \\
8 & & 12 & & & & \lambda_2 = \frac{6}{2} = 3 \\
 & 19 & & 6 & & & \\
27 & & 18 & & & & \lambda_3 = \frac{6}{6} = 1 \\
 & 37 & & 6 & & & \\
64 & & 24 & & & & \\
 & 61 & & & & & \\
125 & & & & & &
\end{array}$$

$$f(x) = \lambda_0 + \lambda_1 x + \lambda_2 x(x-1) + \lambda_3 x(x-1)(x-2) =$$
$$= x + 3x(x-1) + x(x-1)(x-2) = x^3.$$

Versteht man unter einer arithmetischen Reihe nullter Ordnung eine Folge von lauter gleichen Zahlen $c, c, c, \ldots$ und unter einer arithmetischen Reihe n-ter Ordnung eine solche Zahlenfolge, deren Differenzenfolge eine arithmetische Reihe $(n-1)$-ter Ordnung darstellt, so ist klar, daß die erste Spalte des Schemas (8) eine arithmetische Reihe n-ter Ordnung bildet, falls die $(n+2)$-te Spalte aus lauter Nullen besteht. Wir können demnach das oben Bewiesene auch so formulieren:

Die Werte eines Polynoms $f(x)$ vom Grade n an den Stellen $0, 1, 2, 3, \ldots$ *bilden eine arithmetische Reihe n-ter Ordnung und jede arithmetische Reihe n-ter Ordnung besteht aus den Werten eines Polynoms höchstens n-ter Ordnung an jenen Stellen.* Das Polynom $f(x)$ selbst wird aus (2) und (9) gefunden. Das allgemeine Glied a_x einer arithmetischen Reihe n-ter Ordnung wird demnach durch die Formel

$$a_x = f(x) = a_0 + (\Delta a_0)\,x + \frac{\Delta^2 a_0}{2}\,x(x-1) + \cdots + \frac{\Delta^n a_0}{n!}\,x(x-1)\cdots(x-n+1)$$

gegeben.

Das Differenzenschema (8) findet praktisch Anwendung bei der Interpolation und Integration von Funktionen, die durch numerische (etwa empirisch gewonnene) Tabellen gegeben sind. Sind $a_0, a_1, a_2, \ldots$ die Werte einer Funktion $\varphi(x)$ für äquidistante Argumentwerte α_0, $\alpha_0 + h$, $\alpha_0 + 2h, \ldots$, so zeigt die Praxis, daß bei regelmäßig verlaufenden Funktionen und bei nicht allzu großer Intervallänge h die zweiten, dritten, vierten oder schlimmstenfalls die fünften Differenzen praktisch Null werden, also die Funktion sich in einigen unmittelbar aufeinanderfolgenden Intervallen fast genau wie ein Polynom von höchstens viertem Grad verhält. Für die Zwecke der numerischen Interpolation oder Integration kann man daher die Funktion durch ein Polynom ersetzen, welches an 2 bis 5 aufeinanderfolgenden Stellen die durch die Tabellen gegebenen Werte annimmt. Die Interpolation geschieht mittels der Formel (2); dabei kommt man fast immer mit den ersten und zweiten Differenzen, also mit linearen oder quadratischen Polynomen aus. Bei der Umrechnung von Differenzen $\Delta^k a_\nu$ in Differenzenquotienten treten außer den Faktoren $k!$ noch Potenzen der Intervallänge h auf; an Stelle von (9) hat man demnach die Formel

$$\lambda_k = \frac{\Delta^k a_0}{k!\,h^k}$$

zu benutzen.

Sind die Argumentwerte $\alpha_0, \alpha_1, \ldots$ nicht mehr äquidistant, so hat man statt der Differenzen $\Delta^k a_\nu$ von vornherein die Differenzenquotienten (7) zu bilden. Für weitere Einzelheiten der Rechnung sowie für Fehlerabschätzungen usw. verweisen wir auf die einschlägige Lehrbuchliteratur[1].

Aufgaben. 1. Die Teilsummen $s_m = \sum_{\nu=0}^{m-1} a_\nu$ einer arithmetischen Reihe n-ter Ordnung (wobei $s_0 = 0$ gesetzt wird) bilden eine arithmetische Reihe $(n+1)$-ter Ordnung. Daraus ist die Summenformel

$$s_m = m a_0 + \binom{m}{2} \Delta a_0 + \cdots + \binom{m}{n+1} \Delta^n a_0$$

herzuleiten.

2. Man gebe Formeln für die Summen $\sum_{\nu=0}^{m-1} \nu$, $\sum_{\nu=0}^{m-1} \nu^2$, $\sum_{\nu=0}^{m-1} \nu^3$.

[1] Siehe etwa KOWALEWSKI: Interpolation und genäherte Quadratur. Leipzig 1930; weniger ausführlich R. COURANT: Vorlesungen über Differentialrechnung und Integralrechnung I. Berlin 1929. Anhang zum 6. Kapitel.

§ 23. Faktorzerlegung.

Wir haben in § 19 schon gesehen, daß für den Polynombereich $\mathsf{K}[x]$, wo K ein kommutativer *Körper* ist, der Satz von der eindeutigen Zerlegung in Primfaktoren gilt. Wir werden jetzt den folgenden allgemeineren *Hauptsatz* beweisen:

Ist $\mathfrak{S}$ ein Integritätsbereich mit Einselement und gilt in $\mathfrak{S}$ der Satz von der eindeutigen Primfaktorzerlegung, so gilt dieser Satz auch im Polynombereich $\mathfrak{S}[x]$.

Der hier darzustellende Beweis geht auf GAUSS zurück.

Es sei $f(x) = \sum\limits_{0}^{n} a_i x^i$ ein von Null verschiedenes Polynom aus $\mathfrak{S}[x]$. Der größte gemeinsame Teiler d von $a_0, \ldots, a_n$ in $\mathfrak{S}$ (vgl. § 19, Aufgabe 7) heißt der *Inhalt* von $f(x)$. Klammert man d aus, so kommt

$$f(x) = d \cdot g(x),$$

wo $g(x)$ den Inhalt 1 hat. $g(x)$ und d sind bis auf Einheitsfaktoren eindeutig bestimmt. Polynome vom Inhalt 1 heißen *Einheitsformen* oder *primitive Polynome* (in bezug auf $\mathfrak{S}$).

Hilfssatz. 1. *Das Produkt zweier Einheitsformen ist wieder eine Einheitsform.*

Beweis: Es seien

$$f(x) = a_0 + a_1 x + \cdots$$

und

$$g(x) = b_0 + b_1 x + \cdots$$

Einheitsformen. Gesetzt, die Koeffizienten von $f(x) \cdot g(x)$ hätten einen gemeinsamen Teiler d, der keine Einheit wäre. Ist p ein Primfaktor von d, so muß p in allen Koeffizienten von $f(x) g(x)$ aufgehen. Es sei a_r der erste nicht durch p teilbare Koeffizient von $f(x)$ [der sicher vorhanden ist, da sonst $f(x)$ keine Einheitsform wäre] und entsprechend b_s der von $g(x)$.

Der Koeffizient von x^{r+s} in $f(x) g(x)$ sieht so aus:

$$\begin{aligned} a_r b_s &+ a_{r+1} b_{s-1} + a_{r+2} b_{s-2} + \cdots \\ &+ a_{r-1} b_{s+1} + a_{r-2} b_{s+2} + \cdots. \end{aligned}$$

Die Summe soll durch p teilbar sein. Alle Glieder außer dem ersten sind durch p teilbar. Also muß $a_r b_s$ durch p teilbar, also a_r oder b_s durch p teilbar sein, entgegen der Voraussetzung.

Es sei nun Σ der Quotientenkörper von $\mathfrak{S}$ (§ 13). Dann ist in $\Sigma[x]$ jedes Polynom eindeutig zerlegbar (§ 19). Um nun von der Zerlegung in $\Sigma[x]$ zu einer Zerlegung in $\mathfrak{S}[x]$ zu gelangen, benutzen wir folgende Tatsache: Jedes Polynom $\varphi(x)$ von $\Sigma[x]$ kann man in der Gestalt $\frac{F(x)}{b}$ ($F(x)$ in $\mathfrak{S}[x]$, b in $\mathfrak{S}$) schreiben, wo b etwa das Produkt der Nenner der Koeffizienten von $\varphi(x)$ ist. Sodann kann man $F(x)$ als Produkt

„Inhalt mal Einheitsform" schreiben:

$$F(x) = a \cdot f(x),$$

(1) $$\varphi(x) = \frac{a}{b} \cdot f(x).$$

Wir behaupten nun:

Hilfssatz 2. *Die in* (1) *auftretende Einheitsform* $f(x)$ *ist eindeutig bis auf Einheiten aus* $\mathfrak{S}$ *durch* $\varphi(x)$ *bestimmt. Umgekehrt ist* $\varphi(x)$ *nach* (1) *eindeutig bis auf Einheiten aus* $\Sigma[x]$ *durch* $f(x)$ *bestimmt. Läßt man in dieser Weise jedem* $\varphi(x)$ *aus* $\Sigma[x]$ *eine Einheitsform* $f(x)$ *entsprechen, so entspricht dem Produkt zweier Polynome* $\varphi(x)$, $\psi(x)$ *bis auf Einheiten das Produkt der zugehörigen Einheitsformen (und umgekehrt). Ist* $\varphi(x)$ *unzerlegbar in* $\Sigma[x]$, *so ist* $f(x)$ *unzerlegbar in* $\mathfrak{S}[x]$ *(und umgekehrt).*

Beweis: Es seien zwei verschiedene Darstellungen eines $\varphi(x)$ gegeben:

$$\varphi(x) = \frac{a}{b} f(x) = \frac{c}{d} g(x).$$

Dann folgt:

(2) $$a d f(x) = c b g(x).$$

Der Inhalt der linken Seite ist ad, der der rechten Seite cb; also muß

$$ad = \varepsilon c b$$

sein, wo ε eine Einheit aus $\mathfrak{S}$ ist. Setzt man das in (2) ein und kürzt durch cb, so folgt

$$\varepsilon f(x) = g(x).$$

$f(x)$ und $g(x)$ unterscheiden sich also nur um eine Einheit aus $\mathfrak{S}$.

Für das Produkt zweier Polynome

$$\varphi(x) = \frac{a}{b} f(x),$$

$$\psi(x) = \frac{c}{d} g(x)$$

erhält man sofort: $$\varphi(x) \cdot \psi(x) = \frac{a\,c}{b\,d} f(x) g(x),$$

und nach Hilfssatz 1 ist $f(x) g(x)$ wieder eine Einheitsform. Dem Produkt $\varphi(x) \cdot \psi(x)$ entspricht also das Produkt $f(x) \cdot g(x)$.

Ist schließlich $\varphi(x)$ unzerlegbar, so ist es auch $f(x)$; denn eine Zerlegung $f(x) = g(x) h(x)$ würde sofort eine Zerlegung

$$\varphi(x) = \frac{a}{b} f(x) = \frac{a}{b} g(x) \cdot h(x)$$

nach sich ziehen. Das Umgekehrte wird ebenso bewiesen.

Damit ist Hilfssatz 2 bewiesen.

Vermöge des Hilfssatzes 2 überträgt sich nun die eindeutige Faktorzerlegung der Polynome $\varphi(x)$ unmittelbar auf die zugehörigen Einheitsformen. Also: *Einheitsformen lassen sich bis auf Einheiten eindeutig in Primfaktoren, die wieder Einheitsformen sind, zerlegen.*

Nun wenden wir uns der Faktorzerlegung beliebiger Polynome in $\mathfrak{S}[x]$ zu. Unzerlegbare Polynome sind notwendig entweder unzerlegbare Konstanten oder unzerlegbare Einheitsformen; denn jedes andere

Polynom ist zerlegbar in Inhalt mal Einheitsform. Um also ein Polynom $f(x)$ zu zerlegen, muß man zuerst $f(x)$ in Inhalt mal Einheitsform aufspalten und dann diese beiden Bestandteile getrennt in Primfaktoren zerlegen. Das erstere ist bis auf Einheiten eindeutig möglich nach der Voraussetzung des Hauptsatzes, das zweite ebenfalls nach dem eben Bewiesenen. Damit ist der Hauptsatz *bewiesen.*

Als wichtiges Nebenresultat des Beweises ergibt sich:

Ist ein Polynom $F(x)$ aus $\mathfrak{S}[x]$ zerlegbar in $\Sigma[x]$, so ist es schon in $\mathfrak{S}[x]$ zerlegbar.

Denn vermöge $F(x) = d \cdot f(x)$ entspricht dem Polynom $F(x)$ eine Einheitsform $f(x)$, und nach Hilfssatz 2 zieht eine Produktzerlegung von $F(x)$ in $\Sigma[x]$ eine solche von $f(x)$ in $\mathfrak{S}[x]$ nach sich; mit $f(x)$ ist aber $F(x)$ zerlegbar.

Beispielsweise ist ein jedes Polynom mit ganzen rationalen Koeffizienten, das sich rationalzahlig zerlegen läßt, schon ganzzahlig zerlegbar. Also: *Wenn ein ganzzahliges Polynom ganzzahlig unzerlegbar ist, so ist es auch rationalzahlig unzerlegbar.*

Durch vollständige Induktion erhält man aus dem Hauptsatz das weitergehende Ergebnis:

Ist $\mathfrak{S}$ ein Integritätsbereich mit Einselement und gilt in $\mathfrak{S}$ der Satz von der eindeutigen Faktorzerlegung, so gilt dieser Satz auch im Polynombereich $\mathfrak{S}[x_1, \ldots, x_n]$.

Daraus folgt unter anderem die eindeutige Faktorzerlegung für die ganzzahligen Polynome (von beliebig vielen Variablen), für die Polynome mit Koeffizienten aus einem Körper usw.

Der Begriff „primitives Polynom", oben in den GAUSSschen Hilfssätzen eingeführt, wird insbesondere dann verwendet, wenn es sich um Polynombereiche in mehreren Variablen handelt. Ist K ein Körper, so heißt ein Polynom f aus $\mathsf{K}[x_1, \ldots, x_n]$ *primitiv in bezug auf* $x_1, \ldots, x_{n-1}$, wenn es primitiv in bezug auf den Integritätsbereich $\mathsf{K}[x_1, \ldots, x_{n-1}]$ ist, d. h. keinen nichtkonstanten Teiler hat, der nur von $x_1, \ldots, x_{n-1}$ abhängt. Zum Beispiel ist ein Polynom dann primitiv in bezug auf $x_1, \ldots, x_{n-1}$, wenn es *„regulär in bezug auf x_n"* ist, d. h. wenn der Koeffizient der höchsten Potenz von x_n eine von Null verschiedene Konstante (unabhängig von $x_1, \ldots, x_{n-1}$) ist.

Aufgaben. 1. Einheiten in $\mathfrak{S}[x]$ sind nur die Einheiten von $\mathfrak{S}$.

2. Man beweise, daß in einer Faktorzerlegung eines homogenen Polynoms nur homogene Faktoren auftreten können.

3. Man beweise, daß die Determinante

$$\Delta = \begin{vmatrix} x_{11} & \cdots & x_{1n} \\ \vdots & & \vdots \\ x_{n1} & \cdots & x_{nn} \end{vmatrix}$$

im Polynombereich $\mathfrak{S}[x_{11}, \ldots, x_{nn}]$ unzerlegbar ist. (Man zeichne eine Unbestimmte, etwa x_{11}, aus und zeige, daß Δ primitiv in bezug auf die übrigen ist.)

4. Man gebe eine Regel an, die es erlaubt, von jedem ganzzahligen Polynom zu entscheiden, ob es einen Faktor ersten Grades hat.

5. Man beweise die Unzerlegbarkeit des Polynoms

$$x^4 - x^2 + 1$$

im ganzzahligen Polynombereich der Unbestimmten x. Ist das Polynom im rationalzahligen Polynombereich zerlegbar? Ist es zerlegbar im GAUSSschen Ring als Koeffizientenbereich?

§ 24. Irreduzibilitätskriterien.

Es sei $\mathfrak{S}$ ein Integritätsbereich mit Einselement, in dem die eindeutige Zerlegbarkeit gilt, und es sei

$$f(x) = a_0 + a_1 x + \ldots + a_n x^n$$

ein Polynom aus $\mathfrak{S}[x]$. Der folgende Satz gibt in vielen Fällen Auskunft über die Irreduzibilität von $f(x)$.

EISENSTEINscher Satz. *Wenn es ein Primelement p in $\mathfrak{S}$ gibt, so daß*

$$a_n \not\equiv 0\ (p),$$
$$a_i \equiv 0\ (p) \quad \text{für alle } i < n,$$
$$a_0 \not\equiv 0\ (p^2)$$

ist, so ist $f(x)$ irreduzibel in $\mathfrak{S}[x]$ bis auf konstante Faktoren; m. a. W. es ist $f(x)$ irreduzibel in $\Sigma[x]$, wo Σ den Quotientenkörper von $\mathfrak{S}$ bedeutet.

Beweis: Wäre $f(x)$ zerlegbar:

$$f(x) = g(x) \cdot h(x),$$
$$g(x) = \sum_0^r b_\nu x^\nu,$$
$$h(x) = \sum_0^s c_\nu x^\nu,$$
$$r > 0, \quad s > 0, \quad r + s = n,$$

so hätte man

$$a_0 = b_0 c_0 \quad \text{und} \quad a_0 \equiv 0\ (p).$$

Daraus folgt, daß entweder $b_0 \equiv 0\ (p)$ oder $c_0 \equiv 0\ (p)$ ist. Es sei etwa $b_0 \equiv 0\ (p)$. Dann ist $c_0 \not\equiv 0\ (p)$, weil sonst $a_0 = b_0 c_0 \equiv 0\ (p^2)$ wäre.

Nicht alle Koeffizienten von $g(x)$ sind durch p teilbar; denn sonst wäre das Produkt $f(x) = g(x) \cdot h(x)$ durch p teilbar, also alle Koeffizienten, insbesondere a_n durch p teilbar, entgegen der Voraussetzung. Es sei also b_i der erste Koeffizient von $g(x)$, der nicht durch p teilbar ist $(0 < i \leqq r < n)$. Es ist

$$a_i = b_i c_0 + b_{i-1} c_1 + \ldots + b_0 c_i,$$
$$a_i \equiv 0\ (p),$$
$$b_{i-1} \equiv 0\ (p),$$
$$\ldots\ldots\ldots\ldots$$
$$b_0 = 0\ (p),$$

also

$$b_i c_0 \equiv 0\ (p),$$
$$c_0 \not\equiv 0\ (p),$$
$$b_i \equiv 0\ (p),$$

entgegen der Voraussetzung.

Also ist $f(x)$ bis auf konstante Faktoren irreduzibel.

Das Kriterium führt nicht immer zu einer Entscheidung; denn es gibt viele Polynome, wie x^2+1, die nicht darunter fallen und trotzdem irreduzibel sind. Doch gewinnt man aus ihm in günstigen Fällen sehr allgemeine Resultate.

Beispiel 1. $x^m - p$ (p prim) ist im ganzzahligen (und somit auch im rationalzahligen) Polynombereich irreduzibel. Also ist $\sqrt[m]{p}$ ($m > 1$, p prim) stets irrational.

Beispiel 2. $f(x) = x^{p-1} + x^{p-2} + \cdots + 1$ ist, wenn p Primzahl ist, die linke Seite einer „Kreisteilungsgleichung". Wir fragen wieder nach ganzzahliger (oder, was auf dasselbe hinauskommt, rationalzahliger) Irreduzibilität. Das EISENSTEINsche Kriterium ist nicht direkt anwendbar; aber man kann folgendermaßen schließen. Wäre $f(x)$ reduzibel, so wäre $f(x+1)$ es auch. Nun ist

$$f(x+1) = \frac{(x+1)^p - 1}{(x+1)-1} = \frac{x^p + \binom{p}{1}x^{p-1} + \cdots + \binom{p}{p-1}x}{x}$$
$$= x^{p-1} + \binom{p}{1}x^{p-2} + \cdots + \binom{p}{p-1}.$$

Alle Koeffizienten außer dem von x^{p-1} sind durch p teilbar; denn in der Formel für die Binomialkoeffizienten

$$\binom{p}{i} = \frac{p(p-1)\cdots(p-i+1)}{i!}$$

ist für $i < p$ der Zähler durch p teilbar, der Nenner aber nicht. Außerdem ist das konstante Glied $\binom{p}{p-1} = p$ nicht durch p^2 teilbar. Also ist $f(x+1)$ irreduzibel, also $f(x)$ irreduzibel.

Beispiel 3. Dieselbe Transformation führt auch für $f(x) = x^2 + 1$ zur Entscheidung, da

$$f(x+1) = x^2 + 2x + 2$$

ist.

Aufgaben. 1. Man zeige die Irrationalität von $\sqrt[m]{p_1 p_2 \ldots p_r}$, wo $p_1, \ldots, p_r$ verschiedene Primzahlen sind und $m > 1$ ist.

2. Man zeige die Irreduzibilität von

$$x^2 + y^2 - 1$$

in $\mathsf{P}[x, y]$, wo P irgend ein Körper ist, in welchem $+1 \neq -1$ ist.

3. Man zeige die Irreduzibilität der Polynome

$$x^4 + 1; \quad x^6 + x^3 + 1,$$

im ganzzahligen Polynombereich.

Im Grunde beruht der EISENSTEINsche Satz darauf, daß man die Gleichung

$$f(x) = g(x) \cdot h(x)$$

in eine Kongruenz nach p^2 verwandelt:

$$f(x) \equiv g(x) \cdot h(x),$$

und diese ad absurdum führt. In sehr vielen anderen Fällen ist es ebenfalls möglich, Irreduzibilitätsbeweise dadurch zu führen, daß man die Gleichungen in Kongruenzen modulo irgendeiner Größe q des Bereichs $\mathfrak{S}$ verwandelt und untersucht, ob das vorgelegte Polynom $f(x)$ modulo q zerfällt. Ist insbesondere $\mathfrak{S}$ der Bereich der ganzen Zahlen C, so gibt es im Restklassenbereich nach q nur endlichviele Polynome von gegebenem Grad; also hat man modulo q immer nur endlichviele Möglichkeiten der Zerfällung von $f(x)$ zu untersuchen. Stellt es sich heraus, daß $f(x)$ modulo q irreduzibel ist, so war $f(x)$ auch in $C[x]$ irreduzibel, und auch im anderen Fall kann man unter Umständen Schlüsse aus der gefundenen Zerlegung mod q ziehen, wobei man sich im Falle $q =$ Primzahl auf den Satz von der eindeutigen Primfaktorzerlegung der Polynome mod q (§ 19, Aufg. 3) stützen kann.

Beispiel 1. $\mathfrak{S} = C$; $f(x) = x^5 - x^2 + 1$. Wenn $f(x)$ mod 2 zerlegbar ist, so muß einer der Faktoren linear oder quadratisch sein. Nun gibt es mod 2 bloß zwei lineare Polynome:

$$x, \; x+1,$$

und bloß ein irreduzibles quadratisches Polynom:

$$x^2 + x + 1.$$

Ausführung der Division lehrt, daß $x^5 - x^2 + 1$ durch alle diese Polynome nicht teilbar ist (mod 2). Man sieht das auch direkt aus

$$x^5 - x^2 + 1 = x^2(x^3 - 1) + 1 \equiv x^2(x+1)(x^2+x+1) + 1.$$

Also ist $f(x)$ irreduzibel.

Beispiel 2. $\mathfrak{S} = C$; $f(x) = x^4 + 3x^3 + 3x^2 - 5$. Modulo 2 zerfällt $f(x)$:

$$f(x) \equiv (x+1)(x^3 + x + 1).$$

Der letzte Faktor ist irreduzibel mod 2. Wenn also $f(x)$ überhaupt zerfällt, so muß es in einen Linearfaktor und einen kubischen Faktor zerfallen. Man kann nun leicht direkt zeigen, daß ein Linearfaktor nicht vorhanden ist, am bequemsten, indem man sich überlegt, daß modulo 3 die einzig in Betracht kommenden Linearfaktoren x, $x+1$, $x-1$ nicht in $f(x)$ aufgehen.

Eine weitgehende Verallgemeinerung des EISENSTEINschen Irreduzibilitätskriteriums rührt von G. DUMAS her. Es sei wieder p ein Primelement aus $\mathfrak{S}$. Zu jedem von Null verschiedenen Glied $ax^\lambda = cp^\mu x^\lambda$ von $f(x)$ mit $(c, p) = 1$ gehört dann ein Exponentenpaar (λ, μ). Wir können diese Zahlenpaare als Koordinaten von ebensovielen Gitterpunkten in einer (λ, μ)-Ebene auffassen als es Glieder in $f(x)$ gibt.

Wir geben nun jedem Gliede $cp^\mu x^\lambda$ ein *Gewicht* $\alpha\lambda + \beta\mu$, wobei α, β teilerfremde ganze Zahlen sein sollen und $\beta > 0$ ist. Das heißt, wir geben den Faktoren x das Gewicht α, den Faktoren p das positive Gewicht β, den zu p teilerfremden Faktoren das Gewicht 0 und setzen das Gewicht eines Produktes gleich der Summe der Gewichte der Faktoren.

Unter allen Gewichten der Glieder von $f(x)$ gibt es einen kleinsten Wert γ. Wir wollen α und β so wählen, daß dieser kleinste Wert mindestens zweimal angenommen wird. Die Gerade $\alpha\lambda + \beta\mu = \gamma$ muß zu diesem Zweck so gewählt werden, daß mindestens zwei von den betrachteten Gitterpunkten auf ihr und keine unter ihr liegen. Der Quotient $\frac{-\alpha}{\beta}$ ist dann die Steigung der Geraden als gekürzter Bruch.

Es seien etwa (λ_1, μ_1) und (λ_2, μ_2) zwei Wertepaare von (λ, μ), für welche $\alpha\lambda + \beta\mu$ den kleinsten Wert γ annimmt, wobei λ_1 möglichst klein und λ_2 möglichst groß gewählt wird. Aus

$$\alpha\lambda_1 + \beta\mu_1 = \alpha\lambda_2 + \beta\mu_2 = \gamma$$

folgt dann

$$\alpha(\lambda_2 - \lambda_1) + \beta(\mu_2 - \mu_1) = 0, \tag{1}$$

also ist $\alpha(\lambda_2 - \lambda_1)$ und somit auch $(\lambda_2 - \lambda_1)$ durch β teilbar:

$$\lambda_2 - \lambda_1 = m\beta, \qquad \mu_2 - \mu_1 = -m\alpha, \qquad m = (\lambda_2 - \lambda_1, \mu_2 - \mu_1).$$

Nunmehr wird behauptet: *Wenn $f(x)$ zerfällt, so haben die beiden Faktorpolynome notwendig Gradzahlen von der Form*

$$m_1\beta + r_1 \qquad \textit{und} \qquad m_2\beta + r_2 \tag{2}$$

$$(m_1, m_2, r_1, r_2 \ \textit{alle} \geqq 0, \ m_1 + m_2 = m, \ r_1 + r_2 = n - m\beta).$$

Beweis. Es sei $f(x) = g_1(x) \cdot g_2(x)$ und es sei γ_1 das kleinste der Gewichte der Glieder von $g_1(x)$ und γ_2 das kleinste der Gewichte der Glieder von $g_2(x)$. Unter den Gliedern von $g_1(x)$ vom Gewichte γ_1 sei $d\,x^\delta$ dasjenige mit kleinstem Exponenten δ und $e\,x^\varepsilon$ das mit größtem Exponenten ε; entsprechend seien $r\,x^\varrho$ und $s\,x^\sigma$ für $g_2(x)$ definiert. Wenn man nun das Produkt $g_1(x)\,g_2(x)$ bildet, so erhält man einige Glieder vom Gewichte $\gamma_1 + \gamma_2$, darunter das Glied $d\,r\,x^{\delta+\varrho}$ vom kleinsten und das Glied $e\,s\,x^{\varepsilon+\sigma}$ vom größten Exponenten, während alle anderen Glieder größere Gewichte haben. Die Hinzufügung von Gliedern mit größeren Gewichten zu einem Glied wie $d\,r\,x^{\delta+\varrho}$ oder $e\,s\,x^{\varepsilon+\sigma}$ vom Gewichte $\gamma_1 + \gamma_2$ ändert aber dieses Gewicht nicht. Soll nun das Produkt $g_1 g_2$ mit $f(x)$ übereinstimmen, so muß offenbar

$$\gamma_1 + \gamma_2 = \gamma, \qquad \delta + \varrho = \lambda_1, \qquad \varepsilon + \sigma = \lambda_2$$

sein. Daraus folgt

$$(\varepsilon - \delta) + (\sigma - \varrho) = \lambda_2 - \lambda_1 = m\beta.$$

Aus demselben Grunde wie vorhin $\lambda_2 - \lambda_1$ müssen auch $\varepsilon - \delta$ und $\sigma - \varrho$ durch β teilbar sein, denn δ und ε spielen für $g_1(x)$ dieselbe Rolle wie λ_1 und λ_2 für $f(x)$. Also ist

$$\varepsilon - \delta = m_1\beta, \qquad \sigma - \varrho = m_2\beta, \qquad m_1 + m_2 = m.$$

Schließlich ist der Grad von $g_1(x)$ mindestens ε, also $\geqq m_1\beta$ und ebenso der von $g_2(x)$ mindestens $m_2\beta$. Daraus folgen ohne weiteres die behaupteten Ausdrücke für die Gradzahlen von $g_1(x)$ und $g_2(x)$.

Folgerungen. 1. *Mindestens eine der beiden Gradzahlen* (2) *ist* $\geqq \beta$.

2. *Haben das erste und das letzte Glied von* $f(x)$ *das kleinste Gewicht* γ, *so sind die Gradzahlen von* g_1 *und* g_2 *durch* β *teilbar.*

In diesem Fall ist nämlich

$$m\beta = \lambda_2 - \lambda_1 = n - 0 = n, \qquad r_1 + r_2 = n - m\beta = 0, \qquad r_1 = r_2 = 0.$$

3. *Ist* $\beta = n$, *so ist* $f(x)$ *irreduzibel* (folgt aus 1).

Nimmt man speziell $\alpha = 1$, $\beta = \gamma = n$, so erhält man das Kriterium von EISENSTEIN.

Beispiele. 1. Es sei $f(x) = x^n + cp^m$, $(c, p) = 1$, $(m, n) = 1$. Die Linearform $m\lambda + n\mu$ hat für beide Glieder von $f(x)$ den Wert nm. Man hat also $\alpha = m$, $\beta = n$ zu setzen. Nach Folgerung 3 ist $f(x)$ unzerlegbar.

2. Es sei $n \geqq 2$ und $f(x) = x^n + px + bp^2$. Die Linearform $\lambda + (n-1)\mu$ hat für die ersten beiden Glieder den Wert n, für das letzte einen Wert $2n - 2 \geqq n$. Man kann also $\alpha = 1$, $\beta = n - 1$ setzen. Wenn $f(x)$ zerlegbar ist, so muß nach 1. der eine Faktor den Grad $n - 1$ haben und der andere daher linear sein.

§ 25. Die Durchführung der Faktorzerlegung in endlichvielen Schritten.

Wir haben zwar die theoretische Möglichkeit eingesehen, bei gegebenem Körper Σ jedes Polynom aus $\Sigma[x_1, \ldots, x_n]$ in Primfaktoren zu zerlegen, und in einigen Fällen auch die Mittel aufgezeigt, die Zerlegung wirklich anzugeben bzw. die Unmöglichkeit einer Zerlegung darzutun; aber eine allgemeine Methode, die Zerlegung in jedem Fall in endlichvielen Schritten durchzuführen, besitzen wir noch nicht. Eine solche Methode wollen wir wenigstens für den Fall, daß Σ der Körper der rationalen Zahlen ist, angeben.

Man kann nach § 23 jedes rationalzahlige Polynom ganzzahlig voraussetzen und seine Zerlegung im ganzzahligen Polynombereich vornehmen. Im Ring C der ganzen Zahlen selbst ist jede Primfaktorzerlegung offenbar durch endliches Ausprobieren durchführbar; außerdem gibt es dort nur endlichviele Einheiten ($+1$ und -1), also nur endlichviele mögliche Zerlegungen. Auch im Polynombereich $C[x_1, \ldots, x_n]$ gibt es nur die Einheiten $+1$, -1. Durch vollständige Induktion nach der Variablenzahl n wird nun alles auf das folgende Problem zurückgeführt:

In $\mathfrak{S}$ sei jede Faktorzerlegung in endlichvielen Schritten ausführbar; außerdem gebe es in $\mathfrak{S}$ nur endlichviele Einheiten. Gesucht wird eine Methode, jedes Polynom aus $\mathfrak{S}[x]$ in Primfaktoren zu zerlegen.

Die Lösung ist von KRONECKER gegeben worden.

Es sei $f(x)$ ein Polynom n-ten Grades in $\mathfrak{S}[x]$. Wenn $f(x)$ zerlegbar ist, so hat einer der Faktoren einen Grad $\leqq \frac{n}{2}$; ist also s die größte ganze Zahl $\leqq \frac{n}{2}$, dann haben wir zu untersuchen, ob $f(x)$ einen Faktor $g(x)$ vom Grade $\leqq s$ hat. Wir bilden die Funktionswerte $f(a_0), f(a_1), \ldots, f(a_s)$ an $s+1$ beliebig gewählten ganzzahligen Stellen $a_0, a_1, \ldots, a_s$. Soll nun $f(x)$ durch $g(x)$ teilbar sein, so muß $f(a_0)$ durch $g(a_0)$, $f(a_1)$ durch $g(a_1)$ usw. teilbar sein. Da aber jedes $f(a_i)$ in $\mathfrak{S}$ nur endlichviele Teiler besitzt, so kommen für jedes $g(a_i)$ nur endlichviele Möglichkeiten in Betracht, die man nach Voraussetzung alle aufzufinden imstande ist. Zu jeder möglichen Kombination von Werten $g(a_0), g(a_1), \ldots, g(a_s)$ gibt es nach den Sätzen von § 22 ein und nur ein Polynom $g(x)$, welches man (etwa mit der LAGRANGEschen oder bequemer mit der NEWTONschen Interpolationsformel) jeweils explizite aufstellen kann. Damit hat man also endlichviele Polynome $g(x)$ gefunden, die als Teiler in Betracht kommen. Von jedem dieser Polynome $g(x)$ kann man nun durch den Divisionsalgorithmus feststellen, ob es wirklich ein Teiler von $f(x)$ ist. Ist keines der möglichen $g(x)$, abgesehen von den Einheiten, Teiler von $f(x)$, so ist $f(x)$ unzerlegbar; im anderen Fall hat man eine Zerlegung gefunden und kann auf die beiden Faktoren dasselbe Verfahren weiter anwenden, usw. Schließlich kommt man so auf die unzerlegbaren Faktoren.

Im ganzzahligen Fall ($\mathfrak{S} = C$) kann man das Verfahren oft ganz erheblich abkürzen. Zunächst läßt sich durch Zerlegung des gegebenen Polynoms modulo 2 und eventuell noch modulo 3 eine Übersicht darüber gewinnen, welche Gradzahlen die möglichen Faktorpolynome $g(x)$ haben können und welchen Restklassen die Koeffizienten modulo 2 und 3 angehören. Das schränkt die Anzahl der möglichen $g(x)$ schon erheblich ein. Sodann kann man bei Anwendung der NEWTONschen Interpolationsformel beachten, daß der letzte Koeffizient λ_s ein Teiler des höchsten Koeffizienten von $f(x)$ sein muß, was wieder eine Einschränkung der Möglichkeiten bedeutet. Schließlich benutzt man oft mit Vorteil mehr als $s+1$ Stellen a_i (die man am liebsten gleich $0, \pm 1, \pm 2$ usw. wählt). Man verwendet dann zur Bestimmung der möglichen $g(a_i)$ diejenigen $f(a_i)$, welche am wenigsten Primfaktoren enthalten; die übrigen Stellen können nachher benutzt werden, um die Anzahl der Möglichkeiten noch weiter einzuschränken, indem man für jedes errechnete $g(x)$ erst prüft, ob es an den noch nicht berücksichtigten Stellen a_i Werte annimmt, die Teiler des jeweiligen $f(a_i)$ sind.

Aufgaben. 1. Man zerlege

$$f(x) = x^5 + x^4 + x^2 + x + 2$$

in $C[x]$.

2. Man zerlege

$$f(x, y, z) = -x^3 - y^3 - z^3 + x^2(y+z) + y^2(x+z) + z^2(x+y) - 2xyz$$

in $C[x, y, z]$.

§ 26. Symmetrische Funktionen.

Es sei $\mathfrak{o}$ ein beliebiger kommutativer Ring mit Einselement.

Ein Polynom aus $\mathfrak{o}[x_1, \ldots, x_n]$, das bei jeder beliebigen Permutation der Unbestimmten $x_1, \ldots, x_n$ in sich übergeht, heißt eine (ganze rationale) *symmetrische Funktion* der Variablen $x_1, \ldots, x_n$. Beispiele: Summe, Produkt, Potenzsumme $s_\varrho = \sum_{\nu=1}^{n} x_\nu^\varrho$.

Setzt man mit einer neuen Unbestimmten z

$$(1)\qquad \begin{aligned} f(z) &= (z-x_1)(z-x_2)\dots(z-x_n) \\ &= z^n - \sigma_1 z^{n-1} + \sigma_2 z^{n-2} - \cdots + (-1)^n \sigma_n, \end{aligned}$$

so sind die Koeffizienten der Potenzen von z:

$$\begin{aligned} \sigma_1 &= x_1 + x_2 + \cdots + x_n, \\ \sigma_2 &= x_1 x_2 + x_1 x_3 + \cdots + x_2 x_3 + \cdots + x_{n-1} x_n, \\ \sigma_3 &= x_1 x_2 x_3 + x_1 x_2 x_4 + \cdots + x_{n-2} x_{n-1} x_n, \\ &\dots\dots\dots\dots\dots\dots\dots\dots \\ \sigma_n &= x_1 x_2 \dots x_n, \end{aligned}$$

offenbar symmetrische Funktionen, weil die linke Seite von (1) und somit auch die rechte bei allen Permutationen der x_i ungeändert bleibt. Man nennt $\sigma_1, \dots, \sigma_n$ die *elementarsymmetrischen Funktionen* von $x_1, \dots, x_n$.

Jedes Polynom $\varphi(\sigma_1, \dots, \sigma_n)$ ergibt, wenn man die σ durch ihre Ausdrücke in den x ersetzt, eine symmetrische Funktion der $x_1, \dots, x_n$. Und zwar ergibt ein Glied $c\sigma_1^{\mu_1} \dots \sigma_n^{\mu_n}$ von $\varphi(\sigma_1, \dots, \sigma_n)$ ein homogenes Polynom in den x_i vom Grade $\mu_1 + 2\mu_2 + \cdots + n\mu_n$, da jedes σ_i ein homogenes Polynom i-ten Grades ist. Wir nennen die Summe $\mu_1 + 2\mu_2 + \cdots + n\mu_n$ das *Gewicht* des Gliedes $c\sigma_1^{\mu_1} \dots \sigma_n^{\mu_n}$ und verstehen unter dem Gewicht eines Polynoms $\varphi(\sigma_1, \dots, \sigma_n)$ das höchste Gewicht, das unter seinen Gliedern vorkommt. Polynome $\varphi(\sigma_1, \dots, \sigma_n)$ vom Gewicht k ergeben demnach symmetrische Polynome der x_i vom Grade $\leqq k$.

Der sogenannte *Hauptsatz über die symmetrischen Funktionen* besagt nun, daß sich diese Verhältnisse umkehren lassen:

Jede ganze rationale symmetrische Funktion vom Grade k aus $\mathfrak{o}[x_1, \dots, x_n]$ läßt sich als Polynom $\varphi(\sigma_1, \dots, \sigma_n)$ vom Gewicht k schreiben.

Das wichtigste an diesem Satze ist natürlich, daß jede symmetrische Funktion sich durch $\sigma_1, \dots, \sigma_n$ ausdrücken läßt; der Zusatz über Grad und Gewicht dient hauptsächlich dazu, den Induktionsbeweis zu erleichtern.

Dem Beweis sei eine Bemerkung vorausgeschickt:

Wenn zwei Polynome aus $\mathfrak{o}[x_1, \dots, x_n]$ einander gleich sind und beide durch x_1 teilbar sind, so bleibt die Gleichheit der Polynome bestehen, wenn man aus allen Gliedern den Faktor x_1 heraushebt. Dies gilt unabhängig davon, ob $\mathfrak{o}$ Nullteiler hat oder nicht, einfach weil die Gleichheit zweier Polynome das völlige Übereinstimmen der Koeffizienten bedeutet.

Setzt man nun in der Identität (1) auf beiden Seiten $x_n = 0$, während die übrigen x_i den Charakter von Unbestimmten beibehalten, so kommt:

$$\begin{aligned} (z-x_1)\cdots(z-x_{n-1})\, z = z^n - (\sigma_1)_0 z^{n-1} + \cdots \\ + (-1)^{n-1} (\sigma_{n-1})_0 z, \end{aligned}$$

wo $(\sigma_i)_0$ den Ausdruck bedeutet, der aus σ_i für $x_n = 0$ entsteht. Kürzt man auf Grund der obigen Bemerkung auf beiden Seiten mit z, so ergibt sich:

$$(z - x_1) \cdots (z - x_{n-1}) = z^{n-1} - (\sigma_1)_0 z^{n-2} + \cdots + (-1)^{n-1} (\sigma_{n-1})_0 .$$

Diese Gleichung besagt: Die Ausdrücke $(\sigma_1)_0, \ldots, (\sigma_{n-1})_0$ sind die elementarsymmetrischen Funktionen der ersten $n - 1$ Veränderlichen.

Der *Beweis des Hauptsatzes* wird durch Induktion nach n geführt. Für $n = 1$ ist der Satz richtig; denn bei einer Veränderlichen x_1 ist jedes Polynom $f(x_1)$ symmetrisch und $\sigma_1 = x_1$, mithin $f(x_1) = f(\sigma_1)$. Der Satz sei also für Polynome in $n - 1$ Variablen $(n > 1)$ bewiesen; wir zeigen ihn nunmehr für Polynome in n Variablen.

Für Polynome nullten Grades in n Variablen ist der Satz trivial. Wir können also noch annehmen, er sei für alle Polynome der Grade $< k$ in n Variablen bewiesen, und haben ihn lediglich für Polynome k-ten Grades in n Variablen zu zeigen.

Es möge nun ein symmetrisches Polynom k-ten Grades $f(x_1, \ldots, x_n)$ gegeben sein. Setzt man $x_n = 0$, so hat man nach den Induktionsvoraussetzungen

$$f(x_1, \ldots, x_{n-1}, 0) = \varphi\left((\sigma_1)_0, \ldots, (\sigma_{n-1})_0\right),$$

wo φ als Funktion der elementarsymmetrischen Funktionen von $x_1, \ldots, x_{n-1}$ ein Gewicht $\leqq k$ hat. Demnach hat auch die Funktion $\varphi(\sigma_1, \ldots, \sigma_{n-1})$ ein Gewicht $\leqq k$. Man bilde nun

$$f_1 = f(x_1, \ldots, x_{n-1}, x_n) - \varphi(\sigma_1, \ldots, \sigma_{n-1}).$$

Das Polynom $f_1(x_1, \ldots, x_n)$ ist offenbar symmetrisch. Das erste Glied der rechten Seite hat den Grad k, das zweite ein Gewicht $\leqq k$, also als Polynom in den x einen Grad $\leqq k$, und folglich hat f_1 einen Grad $\leqq k$. Außerdem verschwindet f_1 für $x_n = 0$; also enhalten alle Glieder den Faktor x_n. Da die Funktion f_1 symmetrisch ist, haben auch alle Glieder die Faktoren $x_1, x_2, \ldots, x_{n-1}$. Spaltet man aus allen Gliedern das Produkt $x_1 x_2 \ldots x_n = \sigma_n$ ab, so folgt

$$f_1 = \sigma_n \, g(x_1, \ldots, x_n),$$

wo g wieder ein symmetrisches Polynom ist und einen Grad $\leqq k - n < k$ hat. Nach Voraussetzung läßt sich daher g durch $\sigma_1, \ldots, \sigma_n$ ausdrücken:

$$g = \psi(\sigma_1, \ldots, \sigma_n),$$

wo ψ ein Polynom vom Gewichte $\leqq k - n$ ist. Daraus folgt für f die Darstellung

$$f = f_1 + \varphi(\sigma_1, \ldots, \sigma_{n-1}) = \sigma_n \psi(\sigma_1, \ldots, \sigma_n) + \varphi(\sigma_1, \ldots, \sigma_{n-1}).$$

Die rechte Seite ist ganzrational in den σ und hat höchstens das Gewicht k. Das Gewicht kann nicht kleiner als k sein, da sonst f einen Grad $< k$ hätte. Also hat die rechte Seite genau das Gewicht k, womit alles bewiesen ist.

Dieser Beweis gibt zugleich ein Mittel, eine vorgelegte symmetrische Funktion wirklich rechnerisch durch die σ_i auszudrücken. Die Methode ist aber etwas umständlich; wir werden nachher eine kürzere angeben.

Aus dem Beweis folgt noch: Homogene symmetrische Funktionen können durch „isobare“ Ausdrücke in den σ_i dargestellt werden, d. h. durch solche, deren Glieder alle dasselbe Gewicht haben.

Wir wollen jetzt zeigen, daß eine symmetrische Funktion sich *nur auf eine Art* durch $\sigma_1, \ldots, \sigma_n$ ganzrational ausdrücken läßt; genauer:

Sind $\varphi_1(y_1, \ldots, y_n)$ und $\varphi_2(y_1, \ldots, y_n)$ zwei Polynome in den Unbestimmten $y_1, \ldots, y_n$ und ist

$$\varphi_1(y_1, \ldots, y_n) \neq \varphi_2(y_1, \ldots, y_n),$$

so ist

$$\varphi_1(\sigma_1, \ldots, \sigma_n) \neq \varphi_2(\sigma_1, \ldots, \sigma_n).$$

Bildet man die Differenz $\varphi_1 - \varphi_2 = \varphi$, so sieht man, daß es genügt, zu beweisen: Aus $\varphi(y_1, \ldots, y_n) \neq 0$ folgt $\varphi(\sigma_1, \ldots, \sigma_n) \neq 0$.

Der Satz gilt für $n = 1$, da dann $\sigma_1 = x_1$ selbst eine Unbestimmte ist, mithin aus $\varphi(y_1) \neq 0$ stets $\varphi(\sigma_1) \neq 0$ folgt.

Der Satz braucht also für ein beliebiges $n > 1$ nur unter der Annahme bewiesen zu werden, daß er für jede kleinere Anzahl von Unbestimmten bereits gilt. Gesetzt, er wäre für n falsch; dann gibt es ein Polynom $\varphi(y_1, \ldots, y_n) \neq 0$ von möglichst niedrigem Grad m in bezug auf y_n, so daß $\varphi(\sigma_1, \ldots, \sigma_n) = 0$ ist. Ordnet man $\varphi(y_1, \ldots, y_n)$ nach y_n, so erhalten die beiden Relationen die Gestalt

$$\varphi_m y_n^m + \varphi_{m-1} y_n^{m-1} + \cdots + \varphi_0 \neq 0,$$

$$\varphi_m(\sigma_1, \ldots, \sigma_{n-1}) \sigma_n^m + \cdots + \varphi_0(\sigma_1, \ldots, \sigma_{n-1}) = 0. \tag{2}$$

Es muß $\varphi_0(y_1, \ldots, y_{n-1}) \neq 0$ sein; denn sonst könnte man in der ersten Relation aus allen Gliedern y_n herausheben, in der zweiten Relation ebenso σ_n und würde erhalten:

$$\bar{\varphi}(y_1, \ldots, y_n) = \varphi_m y_n^{m-1} + \cdots + \varphi_1 \neq 0,$$

$$\bar{\varphi}(\sigma_1, \ldots, \sigma_n) = \varphi_m(\sigma_1, \ldots, \sigma_{n-1}) \sigma_n^{m-1} + \cdots + \varphi_1(\sigma_1, \ldots, \sigma_{n-1}) = 0,$$

wo das Polynom $\bar{\varphi}$ einen Grad $< m$ hat, entgegen der Voraussetzung. Setzt man nun in (2) $x_n = 0$, so kommt:

$$\varphi_0((\sigma_1)_0, \ldots, (\sigma_{n-1})_0) = 0,$$

obgleich $\varphi_0(y_1, \ldots, y_{n-1}) \neq 0$ war, entgegen der Induktionsvoraussetzung. Wir haben also bewiesen:

Jedes symmetrische Polynom aus $\mathfrak{o}[x_1, \ldots, x_n]$ läßt sich auf eine und nur eine Art als Polynom in $\sigma_1, \ldots, \sigma_n$ schreiben; das Gewicht dieses Polynoms ist gleich dem Grad des gegebenen Polynoms.

Alle ganzrationalen Relationen zwischen symmetrischen Funktionen bleiben bestehen, wenn die x_i nicht Unbestimmte sind, sondern Größen aus $\mathfrak{o}$, etwa die Wurzeln eines in $\mathfrak{o}[z]$ vollständig zerfallenden Polynoms

$f(z)$. Aus dem Bewiesenen ergibt sich also, daß jede symmetrische Funktion der Wurzeln von $f(z)$ sich durch die Koeffizienten von $f(z)$ ausdrücken läßt.

Für die praktische Durchführung der Rechnungen, die nötig sind, um eine gegebene symmetrische Funktion durch die elementarsymmetrischen Funktionen $\sigma_1, \ldots, \sigma_n$ auszudrücken, existieren verschiedene Methoden, von denen hier nur noch eine angeführt werden möge. (Weitere folgen als Übungsaufgaben.) Man ordne das gegebene symmetrische Polynom „*lexikographisch*" (wie im Lexikon), d. h. so, daß ein Glied $x_1^{\alpha_1} \ldots x_n^{\alpha_n}$ einem anderen $x_1^{\beta_1} \ldots x_n^{\beta_n}$ vorangeht, wenn die erste nichtverschwindende Differenz $\alpha_i - \beta_i$ positiv ist. Mit einem Glied $x_1^{\alpha_1} \ldots x_n^{\alpha_n}$ kommen auch alle Glieder vor, deren Exponenten eine Permutation der α_i sind; diese werden nicht alle geschrieben, sondern man schreibt $\sum x_1^{\alpha_1} \ldots x_n^{\alpha_n}$, wobei $\alpha_1 \geqq \alpha_2 \geqq \cdots \geqq \alpha_n$ angenommen werden kann. Nun sucht man zum Anfangsglied $a\, x_1^{\alpha_1} \ldots x_n^{\alpha_n}$ des gegebenen Polynoms ein Produkt von elementarsymmetrischen Funktionen, welches (ausmultipliziert und lexikographisch geordnet) dasselbe Anfangsglied $a\, x_1^{\alpha_1} \ldots x_n^{\alpha_n}$ besitzt; dieses ist leicht zu finden, nämlich:

$$a\, \sigma_1^{\alpha_1 - \alpha_2} \sigma_2^{\alpha_2 - \alpha_3} \ldots \sigma_n^{\alpha_n}.$$

Dieses Produkt subtrahiert man vom gegebenen Polynom, ordnet wieder lexikographisch, sucht das Anfangsglied usw.

Aufgaben. 1. Man zeige, daß man in dieser Weise immer zum Ziel kommt und leite daraus einen zweiten Beweis für den Hauptsatz sowie für den Eindeutigkeitssatz ab.

2. Man drücke für beliebige n die „Potenzsummen" $\sum x_1$, $\sum x_1^2$, $\sum x_1^3$ durch die elementarsymmetrischen Funktionen aus.

3. Es sei $\sum x_1^\varrho = s_\varrho$. Man beweise die Formeln

$$s_\varrho - s_{\varrho-1}\sigma_1 + s_{\varrho-2}\sigma_2 - \cdots + (-1)^{\varrho-1} s_1 \sigma_{\varrho-1} + (-1)^\varrho \varrho\, \sigma_\varrho = 0 \quad \text{für } \varrho \leqq n,$$

$$s_\varrho - s_{\varrho-1}\sigma_1 + \cdots + (-1)^n s_{\varrho-n}\sigma_n = 0 \quad \text{für } \varrho > n$$

und drücke mit ihrer Hilfe die Potenzsummen s_1, s_2, s_3, s_4, s_5 durch die elementarsymmetrischen Funktionen aus.

4. Setzt man, dem Hauptsatz entsprechend:

$$s_\varrho = \sum a_{\lambda_1, \ldots, \lambda_n} \sigma_1^{\lambda_1} \sigma_2^{\lambda_2} \ldots \sigma_n^{\lambda_n}$$

(Summation über alle λ_i mit $\lambda_1 + 2\lambda_2 + 3\lambda_3 + \cdots = \varrho$), so erhält man aus Aufgabe 3 für die $a_{\lambda_1, \ldots, \lambda_n}$ die Rekursionsformeln:

$$a_{\lambda_1, \ldots, \lambda_n} = a_{\lambda_1 - 1, \ldots, \lambda_n} - a_{\lambda_1, \lambda_2 - 1, \ldots, \lambda_n} + \cdots [+ (-1)^{\varrho-1} \varrho],$$

wo das Glied in eckiger Klammer nur dann (und zwar als einziges) auftritt, wenn $\lambda_\varrho = 1$ ist und alle übrigen $\lambda_i = 0$ sind, und wo alle a mit einem negativen Index gleich Null zu setzen sind. Man zeige, daß die Lösung dieser rekursiven Beziehung lautet:

$$a_{\lambda_1, \ldots, \lambda_n} = (-1)^{\lambda_2 + \lambda_4 + \lambda_6 + \cdots} \frac{\varrho \cdot (\lambda_1 + \lambda_2 + \cdots + \lambda_n - 1)!}{\lambda_1!\, \lambda_2! \cdots \lambda_n!}.$$

5. Es sei gesetzt

$$(k_1, \ldots, k_h) = \sum x_1^{k_1} x_2^{k_2} \cdots x_h^{k_h}$$

mit Summation über alle *verschiedenen* permutierten Glieder, die entstehen, wenn man statt 1, 2, ..., h eine andere Indexfolge nimmt. Zu beweisen:

$$\begin{aligned}(k_1, \ldots, k_h) \cdot (m) &= c_1 (k_1 + m, k_2, \ldots, k_h) \\ &+ c_2 (k_1, k_2 + m, \ldots, k_h) + \cdots \\ &+ c_h (k_1, k_2, \ldots, k_h + m) + c_0 (k_1, \ldots, k_h, m),\end{aligned}$$

wobei die Koeffizienten $c_i (i = 1, \ldots, h)$ bzw. c_0 angeben, wie viele der ganzen Zahlen im danebenstehenden Symbol gleich $k_i + m$ bzw. gleich m sind.

6. Man löse die in Aufg. 5 gefundene Formel nach $(k_1, \ldots, k_h, m)$ auf und leite daraus ein Rechenverfahren ab, mit dessen Hilfe beliebige symmetrische Funktionen durch die Potenzsummen (m) ausgedrückt werden können (vorausgesetzt, daß im zugrunde gelegten Ring die Division durch beliebige von Null verschiedene ganze Zahlen erlaubt ist).

Eine wichtige symmetrische Funktion ist das Quadrat des Differenzenprodukts:

$$D = \prod_{i<k} (x_i - x_k)^2.$$

Der Ausdruck von D als Polynom in $a_1 = -\sigma_1$, $a_2 = \sigma_2, \ldots, a_n = (-1)^n \sigma_n$ heißt die *Diskriminante* des Polynoms $f(z) = z^n + a_1 z^{n-1} + \cdots + a_n$; das Verschwinden der Diskriminante für spezielle $a_1, \ldots, a_n$ gibt an, daß $f(z)$ einen mehrfachen Linearfaktor enthält.

Setzt man das Polynom $f(z)$ allgemeiner mit einem beliebigen Anfangskoeffizienten a_0 an:

$$f(z) = a_0 z^n + a_1 z^{n-1} + \cdots + a_n$$

so wird

$$\sigma_1 = -\frac{a_1}{a_0}, \qquad \sigma_2 = \frac{a_2}{a_0}, \ldots, \sigma_n = (-1)^n \frac{a_n}{a_0}.$$

Als Diskriminante von $f(z)$ bezeichnet man in diesem Fall das mit a_0^{2n-2} multiplizierte Differenzenprodukt:

$$D = a_0^{2n-2} \prod_{i<k} (x_i - x_k)^2.$$

In § 28 werden wir sehen, daß D ein Polynom in $a_0, a_1, \ldots, a_n$ ist.

Durch Anwendung der oben erklärten allgemeinen Methode findet man für die Diskriminanten

von $a_0 x^2 + a_1 x + a_2$:

$$D = a_1^2 - 4 a_0 a_2,$$

von $a_0 x^3 + a_1 x^2 + a_2 x + a_3$:

$$D = a_1^2 a_2^2 - 4 a_0 a_2^3 - 4 a_1^3 a_3 - 27 a_0^2 a_3^2 + 18 a_0 a_1 a_2 a_3.$$

Aufgabe. 7. Die Diskriminante bleibt bei der Ersetzung aller x_i durch $x_i + h$ invariant. Daraus ist die Differentialbedingung

$$\Omega D = n \frac{\partial D}{\partial a_1} + (n-1) a_1 \frac{\partial D}{\partial a_2} + \cdots + a_{n-1} \frac{\partial D}{\partial a_n} = 0$$

abzuleiten.

§ 27. Die Resultante zweier Polynome.

Es sei K ein beliebiger Körper und es seien

$$f(x) = a_0 x^n + a_1 x^{n-1} + \cdots + a_n,$$
$$g(x) = b_0 x^m + b_1 x^{m-1} + \cdots + b_m$$

zwei Polynome in $K[x]$. Wir suchen eine notwendige und hinreichende Bedingung dafür, daß die beiden Polynome einen nichtkonstanten gemeinsamen Faktor $\varphi(x)$ besitzen.

Wir schließen von vornherein die Möglichkeit nicht aus, daß $a_0 = 0$ oder $b_0 = 0$ ausfällt, daß also der Grad von $f(x)$ in Wirklichkeit kleiner als n oder der Grad von $g(x)$ kleiner als m ist. Wenn das Polynom $f(x)$ in der angegebenen Gestalt hingeschrieben wird, anfangend mit einem (eventuell verschwindenden) Gliede $a_0 x^n$, so nennen wir n den *formalen Grad* des Polynoms und a_0 den *formalen Anfangskoeffizienten.* Wir nehmen vorläufig an, daß mindestens einer der beiden Anfangskoeffizienten a_0, b_0 nicht verschwindet.

Unter dieser Annahme zeigen wir nun zunächst: $f(x)$ und $g(x)$ haben dann und nur dann einen nichtkonstanten gemeinsamen Teiler $\varphi(x)$, wenn eine Gleichung der Gestalt

$$h(x) f(x) = k(x) g(x) \tag{1}$$

besteht, wo $h(x)$ höchstens vom Grade $m-1$, $k(x)$ höchstens vom Grade $n-1$ ist und nicht beide Polynome h, k identisch verschwinden.

Ist nämlich (1) erfüllt und zerlegt man die beiden Seiten der Gleichung (1) in Primfaktoren, so muß links und rechts dasselbe herauskommen. Wir können annehmen, daß etwa $f(x)$ wirklich den Grad n hat ($a_0 \neq 0$); denn andernfalls brauchen wir nur die Rollen von $f(x)$ und $g(x)$ zu vertauschen. Alle Primfaktoren von $f(x)$ müssen auch in der rechten Seite von (1) gleich oft wie in $f(x)$ aufgehen. In $k(x)$ allein können nicht alle so oft vorkommen; denn $k(x)$ hat höchstens den Grad $n-1$. Also kommt ein Primfaktor von $f(x)$ auch in $g(x)$ vor, was wir beweisen wollten.

Ist umgekehrt $\varphi(x)$ ein nichtkonstanter gemeinsamer Faktor von $f(x)$ und $g(x)$, so hat man nur zu setzen

$$f(x) = \varphi(x)\, k(x),$$
$$g(x) = \varphi(x)\, h(x),$$

und die Gleichung (1) ist erfüllt.

Um nun die Gleichung (1) weiter zu untersuchen, setzen wir

$$h(x) = c_0 x^{m-1} + c_1 x^{m-2} + \cdots + c_{m-1},$$
$$k(x) = d_0 x^{n-1} + d_1 x^{n-2} + \cdots + d_{n-1}.$$

Auswertung der Gleichung (1) und Vergleichung der Koeffizienten der Potenzen x^{n+m-1}, $x^{n+m-2}, \ldots, x$, 1 links und rechts ergibt das folgende lineare Gleichungssystem für die Koeffizienten c_i und d_j:

$$(2)\qquad \left\{\begin{array}{ll} c_0 a_0 & = d_0 b_0, \\ c_0 a_1 + c_1 a_0 & = d_0 b_1 + d_1 b_0, \\ c_0 a_2 + c_1 a_1 + c_2 a_0 & = d_0 b_2 + d_1 b_1 + d_2 b_0, \\ \cdots\cdots\cdots & \cdots\cdots\cdots \\ c_{m-2} a_n + c_{m-1} a_{n-1} & = d_{n-2} b_m + d_{n-1} b_{m-1}, \\ c_{m-1} a_n & = d_{n-1} b_m. \end{array}\right.$$

Das sind $n + m$ homogene lineare Gleichungen für die $n + m$ Größen c_i, d_j. Von diesen Größen wird verlangt, daß sie nicht sämtlich verschwinden. Die Bedingung dafür ist das Verschwinden der Determinante. Um Minuszeichen in der Determinante zu vermeiden, kann man, nachdem man die rechten Seiten von (2) nach links gebracht hat, die Größen c_i und $-d_j$ als Unbekannte auffassen. Vertauscht man dann noch Zeilen und Spalten der Determinante (Spiegelung an der Hauptdiagonale), so nimmt sie die Gestalt

$$(3)\qquad R = \begin{vmatrix} a_0\, a_1 \ldots a_n & & \\ & a_0\, a_1 \ldots a_n & \\ & \cdots\cdots\cdots & \\ & & a_0\, a_1 \ldots a_n \\ b_0\, b_1 \ldots b_m & & \\ & b_0\, b_1 \ldots b_m & \\ & \cdots\cdots\cdots & \\ & & b_0\, b_1 \ldots b_m \end{vmatrix}$$

an. (Überall, wo nichts hingeschrieben ist, sind Nullen zu denken.)

Die angeschriebene Determinante nennt man die *Resultante* der Polynome $f(x)$, $g(x)$. Zu bemerken ist, daß sie homogen vom Grade m in den a_i und homogen vom Grade n in den b_j ist; weiter, daß sie das „Hauptglied" $a_0^m b_m^n$ (Hauptdiagonale) enthält, und schließlich, daß sie nicht nur verschwindet, wenn die Polynome f, g einen gemeinsamen Faktor haben, sondern auch dann, wenn (entgegen der zu Anfang gemachten Voraussetzung) $a_0 = b_0 = 0$ ist.

Fassen wir zusammen:

Die Resultante zweier Polynome $f(x)$, $g(x)$ ist eine ganze rationale Form in den Koeffizienten von der Gestalt (3). *Verschwindet die Resultante, so haben die Polynome f, g entweder einen gemeinsamen nichtkonstanten Faktor oder in beiden verschwindet der Anfangskoeffizient, und umgekehrt.*

Die hier befolgte Eliminationsmethode stammt von EULER; die Gestalt (3) der Resultante wird meist nach SYLVESTER benannt.

Der Ausnahmefall $a_0 = b_0 = 0$ in der Formulierung des Satzes läßt sich vermeiden, indem man von zwei homogenen Formen in zwei Variablen statt von Polynomen in einer Variablen ausgeht:

$$F(x) = a_0 x_1^n + a_1 x_1^{n-1} x_2 + \cdots + a_n x_2^n,$$
$$G(x) = b_0 x_1^m + b_1 x_1^{m-1} x_2 + \cdots + b_m x_2^m.$$

Die ursprünglichen Polynome f, g und die Zahlen m, n bestimmen die Formen F, G eindeutig, und umgekehrt. Jeder Faktorzerlegung von f:

$$\begin{aligned} f(x) &= a_0 x^n + a_1 x^{n-1} + \cdots + a_n \\ &= (p_0 x^r + \cdots + p_r)(q_0 x^s + \cdots + q_s), \end{aligned}$$

entspricht eine Zerlegung von F:

$$\begin{aligned} F(x) &= a_0 x_1^n + \cdots + a_n x_2^n \\ &= (p_0 x_1^r + \cdots + p_r x_2^r)(q_0 x_1^s + \cdots + q_s x_2^s), \end{aligned}$$

und entsprechendes gilt für g und G. Daher entspricht jedem gemeinsamen Faktor von f und g ein gemeinsamer Faktor von F und G. Umgekehrt ergibt jede Zerlegung von F oder G, indem man $x_1 = x$, $x_2 = 1$ setzt, sofort eine Zerlegung von f bzw. g, und jeder gemeinsame Faktor von F und G einen gemeinsamen Faktor von f und g; aber es kann sein, daß jener gemeinsame Faktor von F und G eine reine Potenz von x_2 und der entsprechende gemeinsame Faktor von f und g daher eine Konstante ist. Dieser Fall, in dem F und G beide durch x_2 teilbar sind, ist aber gerade der Fall $a_0 = b_0 = 0$, und so vereinigen sich die beiden im obigen Satz formulierten Fälle, in denen die Resultante verschwindet, zu einer einzigen Aussage: F und G haben einen nichtkonstanten, homogenen gemeinsamen Faktor.

Wir wollen eine wichtige Identität herleiten. Die Koeffizienten a_μ, b_ν der Polynome $f(x)$, $g(x)$ seien jetzt Unbestimmte. Wir bilden

$$\begin{aligned} x^{m-1} f(x) &= a_0 x^{n+m-1} + a_1 x^{n+m-2} + \cdots + a_n x^{m-1} \\ x^{m-2} f(x) &= \qquad\quad a_0 x^{n+m-2} + \cdots \qquad + a_n x^{m-2} \\ &\cdots\cdots\cdots\cdots\cdots\cdots\cdots\cdots \\ f(x) &= \qquad\qquad\qquad a_0 x^n + \cdots \qquad + a_n \\ x^{n-1} g(x) &= b_0 x^{n+m-2} + b_1 x^{n+m-2} + \cdots + b_m x^{n-1} \\ x^{n-2} g(x) &= \qquad\quad b_0 x^{n+m-2} + \cdots \qquad + b_m x^{n-2} \\ &\cdots\cdots\cdots\cdots\cdots\cdots\cdots\cdots \\ g(x) &= \qquad\qquad\qquad b_0 x^m + \cdots \qquad + b_m \end{aligned}$$

Die Determinante dieses Gleichungssystems ist genau R. Eliminiert man rechts $x^{n+m-1}, \ldots, x$, indem man mit den Unterdeterminanten der letzten Spalte multipliziert und addiert, so erhält man eine Identität der Gestalt[1]

(4) $$Af + Bg = R$$

in der A und B ganzzahlige Polynome in den Unbestimmten a_μ, b_ν, x sind.

Aufgaben. 1. Man gebe ein Determinantenkriterium dafür, daß $f(x)$ und $g(x)$ einen Faktor von mindestens dem Grade k gemein haben.

2. Für zwei Polynome zweiten Grades ist

$$4R = (2a_0b_2 - a_1b_1 + 2a_2b_0)^2 - (4a_0a_2 - a_1^2)(4b_0b_2 - b_1^2).$$

§ 28. Die Resultante als symmetrische Funktion der Wurzeln.

Wir nehmen nun an, daß die beiden Polynome $f(x)$ und $g(x)$ vollständig in Linearfaktoren zerfallen:

$$f(x) = a_0(x - x_1)(x - x_2)\dots(x - x_n)$$
$$g(x) = b_0(x - y_1)(x - y_2)\dots(x - y_m).$$

Die Koeffizienten a_μ von $f(x)$ sind dann Produkte von a_0 mit den elementarsymmetrischen Funktionen der Wurzeln $x_1, \dots, x_n$; ebenso sind die b_ν Produkte von b_0 mit den symmetrischen Funktionen der y_k. Die Resultante R ist homogen vom Grade m in den a_μ und homogen vom Grade n in den b_ν; also wird R gleich $a_0^m b_0^n$ mal einer symmetrischen Funktion der x_i und der y_k.

Die Wurzeln x_i und y_k seien nun zunächst Unbestimmte. Das Polynom R verschwindet für $x_i = y_k$, da in diesem Fall die Polynome $f(x)$ und $g(x)$ einen Linearfaktor gemeinsam haben. Daher ist R durch $x_i - y_k$ teilbar (§ 19). Da die Linearformen $x_i - y_k$ untereinander teilerfremd sind, muß R durch das Produkt

(1) $$S = a_0^m b_0^n \prod_i \prod_k (x_i - y_k)$$

teilbar sein. Dieses Produkt kann man nun in zweierlei Weisen umformen. Erstens folgt aus

$$g(x) = b_0 \prod_k (x - y_k)$$

durch die Substitution $x = \xi_i$ und Produktbildung

$$\prod_i g(x_i) = b_0^n \prod_i \prod_k (x_i - y_k),$$

mithin

(2) $$S = a_0^m \prod_i g(x_i).$$

Zweitens folgt aus

$$f(x) = a_0 \prod_i (x - x_i) = (-1)^n a_0 \prod_i (x_i - x)$$

---

[1] Für die Formen F und G lautet die entsprechende Relation:

$$AF + BG = x_2^{n+m-1} R.$$

in derselben Weise

(3) $$S = (-1)^{nm} b_0^n \prod_k f(y_k).$$

Aus (2) sieht man, daß S ganz und homogen vom Grade n in den b ist, und aus (3), daß S ganz und homogen vom Grade m in den a ist. R hat aber dieselben Gradzahlen und ist durch S teilbar; also muß R mit S bis auf einen ganzen Zahlenfaktor übereinstimmen. Der Vergleich derjenigen Glieder, die die höchste Potenz von b_m enthalten, ergibt sowohl in R wie in S ein Glied $+ a_0^m b_m^n$; daher hat der Zahlenfaktor den Wert 1 und es ist
$$R = S.$$
Damit sind für R die drei Darstellungen (1), (2), (3) gefunden. Nach dem Eindeutigkeitssatz von § 26 gilt (2) identisch in den b_ν und (3) identisch in den a_μ; d. h. (2) gilt auch dann, wenn $f(x)$ nicht in Linearfaktoren zerfällt.

Hieraus ergibt sich leicht auch die *Unzerlegbarkeit der Resultante* als Polynom in den Unbestimmten $a_0, \ldots, b_m$, und zwar nicht nur die Unzerlegbarkeit im ganzzahligen Polynombereich, sondern auch die *absolute Irreduzibilität*, d. h. die Unzerlegbarkeit im Polynombereich derselben Unbestimmten mit einem beliebigen Körper als Koeffizientenbereich. Wäre nämlich R zerlegbar in zwei Faktoren A, B, so könnte man wieder A und B als symmetrische Funktionen der Wurzeln schreiben. Da R durch $x_1 - y_1$ teilbar ist, so muß A oder B, etwa A, es auch sein. Als symmetrische Funktion muß dann aber A auch durch alle anderen $x_i - y_k$, also durch ihr Produkt
$$\prod_i \prod_k (x_i - y_k)$$
teilbar sein. Wegen
$$R = a_0^m b_0^n \prod \prod (x_i - y_k)$$
bleibt für den anderen Faktor B nur die Möglichkeit $B = a_0^p b_0^q$. Aber R ist als Polynom in den a und b weder durch a_0 noch durch b_0 teilbar; also bleibt nur $B = 1$ übrig. Damit ist die Irreduzibilität von R bewiesen.

Ein anderer Beweis findet sich bei F. S. Macaulay: Algebraic Theory of Modular Systems. § 3. Cambridge 1916.

Es besteht eine interessante Beziehung zwischen der Resultante zweier Polynome und der Diskriminante eines Polynoms. Bildet man nämlich aus dem Polynom
$$f(x) = a_0 x^n + a_1 x^{n-1} + \cdots + a_n = a_0 (x - x_1)(x - x_2) \cdots (x - x_n)$$
und seiner Ableitung $f'(x)$ die Resultante $R(f, f')$, so ist nach (2)

(4) $$R(f, f') = a_0^{n-1} \prod_i f'(x_i).$$

Nach der Regel für Produktdifferentiation ist aber
$$f'(x) = \sum_i a_0 (x - x_1) \cdots (x - x_{i-1})(x - x_{i+1}) \cdots (x - x_n)$$
$$f'(x_i) = a_0 (x_i - x_1) \cdots (x_i - x_{i-1})(x_i - x_{i+1}) \cdots (x_i - x_n).$$

Setzt man das in (4) ein, so erhält man

$$R(f, f') = a_0^{2n-1} \prod_{i \neq k} (x_i - x_k)$$

oder, wenn D die Diskriminante von $f(x)$ bezeichnet,

$$R(f, f') = a_0 D. \tag{5}$$

Schreibt man $R(f, f')$ als Determinante nach § 27, so kann man aus der ersten Spalte den Faktor a_0 herausheben; somit ist D ein Polynom in $a_0, \ldots, a_n$. (5) gilt natürlich wieder identisch in $a_0, \ldots, a_n$, unabhängig davon, ob $f(x)$ wirklich in Linearfaktoren zerfällt.

Aufgaben. 1. Die Resultante von f und g ist in den Koeffizienten a und b zusammen isobar vom Gewichte mn (vgl. § 26).

2. Wenn $y_1, \ldots, y_{n-1}$ die Nullstellen von $f'(x)$ sind, so ist

$$D = n^n a_0^{n-1} \prod_k f(y_k)$$

3. Dann und nur dann verschwindet die Diskriminante D, wenn $f(x)$ und $f'(x)$ einen Faktor gemeinsam haben. Ist das der Fall, so kommt in der Primfaktorzerlegung von $f(x)$ entweder ein mehrfacher Faktor vor, oder ein solcher Faktor, dessen Ableitung identisch verschwindet.

§ 29. Partialbruchzerlegung der rationalen Funktionen.

Die Partialbruchzerlegung der rationalen Funktionen hat ihren Ursprung in dem folgenden Satz über ganze rationale Funktionen: *Sind $g(x)$ und $h(x)$ zwei teilerfremde Polynome über einem Körper K, ist a der Grad von $g(x)$, b der von $h(x)$ und ist $f(x)$ ein beliebiges Polynom, dessen Grad kleiner als $a + b$ ist, so gilt eine Identität*

$$f(x) = r(x)\, g(x) + s(x)\, h(x) \tag{1}$$

in der $r(x)$ einen Grad $< b$ und $s(x)$ einen Grad $< a$ hat.

Beweis. Nach Voraussetzung ist der größte gemeinsame Teiler von $g(x)$ und $h(x)$ gleich Eins; daher gilt eine Identität

$$1 = c(x)\, g(x) + d(x)\, h(x).$$

Multipliziert man diese mit $f(x)$, so erhält man

$$f(x) = f(x)\, c(x)\, g(x) + f(x)\, d(x)\, h(x). \tag{2}$$

Um den Grad von $f(x) c(x)$ auf einen Wert $< b$ zu bringen, dividieren wir dieses Polynom durch $h(x)$:

$$f(x)\, c(x) = q(x)\, h(x) + r(x), \tag{3}$$

wobei der Grad von $r(x)$ kleiner als der von $h(x)$ also kleiner als b ist. Setzt man (3) in (2) ein, so folgt

$$f(x) = r(x)\, g(x) + \{f(x)\, d(x) + q(x)\, g(x)\}\, h(x) = r(x)\, g(x) + s(x)\, h(x).$$

Dabei haben die linke Seite und das erste Glied rechts einen Grad $< a + b$, also hat auch das letzte Glied rechts einen Grad $< a + b$, somit ist der Grad von $s(x)$ kleiner als a. Damit ist der obige Satz bewiesen.

Dividiert man die Identität (1) auf beiden Seiten durch $g(x)\,h(x)$, so erhält man die Zerlegung des Bruches $\frac{f(x)}{g(x)\,h(x)}$ in zwei Partialbrüche.

$$\frac{f(x)}{g(x)\,h(x)} = \frac{r(x)}{h(x)} + \frac{s(x)}{g(x)}.$$

Auf der linken Seite ist der Grad des Zählers nach Voraussetzung kleiner als der des Nenners. Bei den beiden Partialbrüchen rechts ist das gleiche der Fall. Falls in einem dieser Brüche der Nenner sich weiter in zwei teilerfremde Faktoren zerlegen läßt, so kann man diesen Bruch wieder in zwei Partialbrüche zerlegen. So kann man fortfahren, bis die Nenner Potenzen von Primpolynomen geworden sind. Auf diese Weise ergibt sich der *Satz von der Partialbruchzerlegung* in der folgenden Fassung:

Jeder Bruch $\frac{f(x)}{k(x)}$, *dessen Zähler einen kleineren Grad hat als der Nenner, ist als Summe von Partialbrüchen darstellbar, deren Nenner diejenigen Potenzen von Primpolynomen sind, in welche der Nenner* $k(x)$ *zerfällt.*

Die so erhaltenen Partialbrüche $\frac{r(x)}{q(x)}$ mit dem Nenner $q(x) = p(x)^t$ lassen sich nun noch weiter aufspalten. Hat nämlich das Primpolynom $p(x)$ den Grad l, also $q(x)$ den Grad lt, so kann man den Zähler $r(x)$, dessen Grad $< lt$ ist, zunächst durch $p(x)^{t-1}$ dividieren mit einem Rest vom Grade $< l(t-1)$, dann diesen Rest durch $p(x)^{t-2}$ dividieren mit einem Rest von einem Grad $< l(t-2)$ usw.

$$\begin{aligned}
r(x) &= s_1(x)\,p(x)^{t-1} + r_1(x)\\
r_1(x) &= s_2(x)\,p(x)^{t-2} + r_2(x)\\
&\cdots\cdots\\
r_{t-2}(x) &= s_{t-1}(x)\,p(x) + r_{t-1}(x)\\
r_{t-1}(x) &= s_t(x).
\end{aligned}$$

Dabei haben die Quotienten $s_1, \ldots, s_t$ alle einen Grad $< l$. Aus allen diesen Gleichungen zusammen folgt

$$r(x) = s_1(x)\,p(x)^{t-1} + s_2(x)\,p(x)^{t-2} + \cdots + s_{t-1}(x)\,p(x) + s_t(x)$$

$$\frac{r(x)}{p(x)^t} = \frac{s_1(x)}{p(x)} + \frac{s_2(x)}{p(x)^2} + \cdots + \frac{s_{t-1}(x)}{p(x)^{t-1}} + \frac{s_t(x)}{p(x)^t}. \tag{4}$$

So ergibt sich die zweite Fassung des Satzes von der Partialbruchzerlegung.

Jeder Bruch $\frac{f(x)}{k(x)}$, *dessen Zähler einen kleineren Grad hat als der Nenner und dessen Nenner die Primfaktorzerlegung*

$$k(x) = p_1(x)^{t_1}\,p_2(x)^{t_2}\ldots p_h(x)^{t_h}$$

hat, ist Summe von Partialbrüchen, deren Nenner die Potenzen $p_\nu(x)^{\mu_\nu}$ *sind* ($\mu_\nu = 1, 2, \ldots, t_\nu$; $\nu = 1, 2, \ldots, h$) *und deren Zähler entweder Null sind oder einen kleineren Grad als das jeweils im Nenner vorkommende Primpolynom* $p_\nu(x)$ *haben.*

Sind insbesondere die Primfaktoren $p_\nu(x)$ alle linear, so sind die Zähler der Partialbrüche Konstante. In diesem wichtigen Spezialfall läßt sich die Partialbruchzerlegung nach einem sehr einfachen Verfahren herstellen, indem man immer einen Partialbruch mit höchstmöglichem Nennerexponenten abspaltet und dadurch den Grad des Nenners immer erniedrigt. Schreibt man nämlich den Nenner in der Gestalt $k(x) = (x-a)^t g(x)$, wo $g(x)$ den Faktor $x-a$ nicht mehr enthält, so hat man

$$\frac{f(x)}{k(x)} = \frac{f(x)}{(x-a)^t g(x)} = \frac{b}{(x-a)^t} + \frac{f(x) - b g(x)}{(x-a)^t g(x)}, \tag{5}$$

wobei die Konstante b immer so bestimmt werden kann, daß der Zähler des zweiten Bruches für $x = a$ Null wird und folglich durch $x-a$ teilbar ist:

$$f(a) - b g(a) = 0$$

$$f(x) - b \cdot g(x) = (x-a) f_1(x).$$

In dem zweiten Bruch in (5) kann man jetzt den Faktor $x-a$ kürzen und dann mit diesem Bruch in der gleichen Weise verfahren bis zur vollständigen Zerlegung in Partialbrüche.

Fünftes Kapitel.

Körpertheorie.

Ziel dieses Kapitels ist, über die Struktur der kommutativen Körper, über ihre einfachsten Unterkörper und Erweiterungskörper eine erste Übersicht zu gewinnen. Indessen gelten einige der folgenden Untersuchungen (§§ 30, 31, 33, 34) auch für Schiefkörper.

§ 30. Unterkörper. Primkörper.

Σ sei ein Schiefkörper.

Wenn eine Untermenge Δ von Σ wieder ein Schiefkörper ist, so heißt sie *Unterkörper* von Σ. Dazu ist notwendig und hinreichend, daß Δ erstens ein Unterring ist (d. h. mit a und b auch $a-b$ und $a \cdot b$ enthält), zweitens das Einselement und zu jedem $a \neq 0$ auch das Inverse a^{-1} enthält. Statt dessen kann man auch verlangen, daß Δ ein von Null verschiedenes Element und mit a und b auch $a-b$ und ab^{-1} enthält.

Klar ist:

Der Durchschnitt beliebig vieler Unterkörper von Σ ist wieder ein Unterkörper von Σ.

Ein *Primkörper* ist ein Schiefkörper, der keinen echten Unterkörper enthält. Wir werden nachher sehen, daß alle Primkörper kommutativ sind.

In jedem Körper Σ gibt es einen und nur einen Primkörper.

Beweis. Der Durchschnitt *aller* Unterkörper von Σ ist ein Schiefkörper, der offenbar keinen echten Unterkörper mehr hat.

Gäbe es zwei verschiedene Primkörper, so wäre ihr Durchschnitt wieder Unterkörper von beiden, also mit beiden identisch; die beiden wären also doch nicht verschieden.

Typen von Primkörpern. Π sei der in Σ enthaltene Primkörper. Er enthält die Null und die Einheit e, also auch alle ganzzahligen Vielfachen $n \cdot e = \pm \Sigma e$.

Die Addition und Multiplikation dieser Elemente ne geschieht nach den Regeln:

$$ne + me = (n + m)\,e,$$
$$ne \cdot me = nm \cdot e^2 = nm \cdot e.$$

Die ganzzahligen Vielfachen ne bilden also einen kommutativen Ring $\mathfrak{P}$. Weiter ist durch $n \to ne$ eine homomorphe Abbildung des Ringes C der ganzen Zahlen auf den Ring $\mathfrak{P}$ gegeben. Nach dem Homomorphiesatz (§ 16) ist daher $\mathfrak{P}$ isomorph einem Restklassenring $C/\mathfrak{p}$, wo $\mathfrak{p}$ das Ideal derjenigen ganzen Zahlen n ist, denen die Null zugeordnet wird, also für die $ne = 0$ gilt. (In vielen bekannten Körpern ist $ne = 0$ nur für $n = 0$ möglich, also $\mathfrak{p}$ das Nullideal. Dagegen gilt z. B. im Körper $C/(p)$ der Restklassen nach einer Primzahl p die Gleichung $pe = 0$.)

Da $\mathfrak{P}$ keine Nullteiler hat, kann $C/\mathfrak{p}$ auch keine haben; also muß $\mathfrak{p}$ ein Primideal sein. Weiter kann $\mathfrak{p}$ nicht das Einheitsideal sein; denn sonst wäre schon $1 \cdot e = 0$. Es gibt also zwei Möglichkeiten:

1. $\mathfrak{p} = (p)$, wo p eine Primzahl ist. p ist dann die kleinste positive Zahl mit der Eigenschaft $pe = 0$. Es folgt

$$\mathfrak{P} \cong C/(p).$$

$C/(p)$ ist ein Körper; also ist auch der Ring $\mathfrak{P}$ ein Körper, stellt somit den gesuchten Primkörper dar. *In diesem Fall ist also der Primkörper Π isomorph dem Restklassenring nach einer Primzahl im Ring der ganzen Zahlen: mit den Elementen $n \cdot e$ wird gerechnet wie mit den Restklassen der Zahlen n mod p.*

2. $\mathfrak{p} = (0)$. Die Homomorphie $C \to \mathfrak{P}$ wird eine 1-Isomorphie. Die Vielfachen ne sind in diesem Falle alle verschieden: aus $ne = 0$ folgt $n = 0$. In diesem Falle ist der Ring $\mathfrak{P}$ noch kein Körper; denn der Ring der ganzen Zahlen ist keiner. Der Primkörper Π muß nicht nur die Elemente von $\mathfrak{P}$, sondern auch deren Quotienten enthalten. Nun wissen wir aus § 13, daß die isomorphen Integritätsbereiche $\mathfrak{P}$, C auch isomorphe Quotientenkörper haben müssen, mithin ist in diesem Falle *der Primkörper Π isomorph dem Körper Γ der rationalen Zahlen.*

Demnach ist allgemein die Struktur des in Σ enthaltenen Primkörpers völlig bestimmt durch Angabe der Zahl p oder 0, welche das Ideal $\mathfrak{p}$ erzeugt. ($\mathfrak{p}$ besteht, wie gesagt, aus den Zahlen n mit der Eigenschaft $ne = 0$.) Die Zahl p bzw. 0 heißt die *Charakteristik* des Schiefkörpers Σ oder des Primkörpers Π.

Alle gewöhnlichen Zahl- und Funktionenkörper, welche den Körper der rationalen Zahlen umfassen, haben die Charakteristik Null.

Die Definition der Charakteristik führt sofort zu folgendem Satz: *Es sei* $a \neq 0$ *ein Element von* Σ, *und* k *sei die Charakteristik von* Σ. *Dann folgt aus* $na = ma$ *stets* $n \equiv m(k)$ *und umgekehrt.*

Beweis. Multipliziert man die Gleichung $na = ma$ mit a^{-1}, so folgt $ne = me$ und daraus nach Definition der Charakteristik $n \equiv m(k)$. Der Schluß ist umkehrbar.

Ebenso beweist man, daß aus $na = nb$ und $n \not\equiv 0(k)$ folgt $a = b$.

Eine wichtige Rechnungsregel sei noch hergeleitet:

In kommutativen Körpern der Charakteristik p *ist*

$$(a + b)^p = a^p + b^p,$$
$$(a - b)^p = a^p - b^p.$$

Beweis. Es gilt der Binomialsatz (§ 11, Aufg. 5):

$$(a + b)^p = a^p + \binom{p}{1} a^{p-1} b + \cdots + \binom{p}{p-1} a b^{p-1} + b^p.$$

Nun ist aber für $0 < i < p$:

$$\binom{p}{i} = \frac{p(p-1)\cdots(p-i+1)}{1 \cdot 2 \cdots i} \equiv 0(p),$$

weil der Zähler den Faktor p enthält, der sich nicht wegkürzen kann. Also bleiben nur die Glieder a^p und b^p stehen:

$$(a + b)^p = a^p + b^p.$$

Setzt man hier $a + b = a'$, so kommt

$$a'^p = (a' - b)^p + b^p,$$
$$(a' - b)^p = a'^p - b^p,$$

womit beide Behauptungen bewiesen sind.

Aufgaben. 1. Man beweise für Charakteristik p durch Induktion nach f:

$$(a + b)^{p^f} = a^{p^f} + b^{p^f},$$
$$(a - b)^{p^f} = a^{p^f} - b^{p^f}.$$

2. Ebenso:

$$(a_1 + a_2 + \cdots + a_n)^p = a_1^p + a_2^p + \cdots + a_n^p.$$

3. Man wende Aufg. 2 auf eine Summe $1 + 1 + \cdots + 1$ modulo p an.

4. Man beweise für Charakteristik p:

$$(a - b)^{p-1} = \sum_{j=0}^{p-1} a^j b^{p-1-j}.$$

5. Welche Charakteristik haben die Restklassenringe der Primideale $(1 + i)$, (3), $(2 + i)$ im Ring der ganzen GAUSSschen Zahlen? (§ 17, Aufg. 3.)

§ 31. Adjunktion.

Ist Δ ein Unterkörper eines Körpers Ω, so heißt Ω ein *Erweiterungskörper* oder *Oberkörper* von Δ. Unser Ziel ist, eine Übersicht über alle möglichen Erweiterungen eines vorgegebenen Körpers Δ zu erhalten. Damit würde zugleich eine Übersicht über alle überhaupt möglichen Körper gewonnen sein, da ja jeder Körper als Erweiterung des darin enthaltenen Primkörpers aufgefaßt werden kann. Allerdings ist das gesteckte Ziel nur im kommutativen Fall in den wichtigsten Teilen als erreicht zu betrachten.

Zunächst sei Ω ein vorgelegter Erweiterungskörper von Δ, und $\mathfrak{S}$ sei eine beliebige Menge von Elementen aus Ω. Es gibt Körper, die Δ und $\mathfrak{S}$ umfassen; denn Ω ist ein solcher. Der Durchschnitt aller Körper, die Δ und $\mathfrak{S}$ umfassen, ist selbst ein Körper, der Δ und $\mathfrak{S}$ umfaßt, und wird mit $\Delta(\mathfrak{S})$ bezeichnet. Er ist der kleinste Körper, der Δ und $\mathfrak{S}$ umfaßt. Wir sagen, daß $\Delta(\mathfrak{S})$ aus Δ durch *Adjunktion* (und zwar Körperadjunktion) der Menge $\mathfrak{S}$ hervorgeht. Es ist

$$\Delta \subseteqq \Delta(\mathfrak{S}) \subseteqq \Omega,$$

und die beiden Extremfälle sind: $\Delta(\mathfrak{S}) = \Delta$, $\Delta(\mathfrak{S}) = \Omega$.

Zu $\Delta(\mathfrak{S})$ gehören alle Elemente von Δ und alle von $\mathfrak{S}$, also auch alle die Elemente, die durch Addition, Subtraktion, Multiplikation und Division aus Elementen von Δ und $\mathfrak{S}$ hervorgehen. Diese Elemente zusammen bilden aber schon einen Körper, der folglich mit $\Delta(\mathfrak{S})$ identisch sein muß. Mithin: *$\Delta(\mathfrak{S})$ besteht aus allen rationalen Verbindungen der Elemente von $\mathfrak{S}$ mit denen von Δ.* Im kommutativen Fall lassen sich diese Verbindungen einfach schreiben als Quotienten ganzer rationaler Funktionen der Elemente von $\mathfrak{S}$ mit Koeffizienten aus Δ.

Ist $\mathfrak{S}$ eine endliche Menge: $\mathfrak{S} = \{u_1, \ldots, u_n\}$, so schreibt man für $\Delta(\mathfrak{S})$ auch $\Delta(u_1, \ldots, u_n)$. Man spricht dann auch von Adjunktion der Elemente $u_1, \ldots, u_n$ zu Δ. Die runden Klammern bedeuten demnach immer Körperadjunktion, während eckige Klammern, z. B. $\Delta[x]$, die Ringadjunktion (Bildung aller *ganzen* rationalen Verbindungen) bezeichnen.

In dem rationalen Ausdruck eines Elements von $\Delta(\mathfrak{S})$ durch Elemente von Δ und von $\mathfrak{S}$ kommen auf jeden Fall nur endlichviele Elemente von $\mathfrak{S}$ vor. Jedes Element des Körpers $\Delta(\mathfrak{S})$ liegt also schon in einem Körper $\Delta(\mathfrak{T})$, wo $\mathfrak{T}$ eine endliche Untermenge von $\mathfrak{S}$ ist. *Demnach ist $\Delta(\mathfrak{S})$ die Vereinigungsmenge aller Körper $\Delta(\mathfrak{T})$, wo $\mathfrak{T}$ jeweils eine endliche Untermenge von $\mathfrak{S}$ ist.* Die Adjunktion einer beliebigen Menge ist damit zurückgeführt auf Adjunktionen endlicher Mengen und Bildung einer Vereinigungsmenge.

Ist $\mathfrak{S}$ die Vereinigungsmenge von $\mathfrak{S}_1$ und $\mathfrak{S}_2$, so ist offenbar

$$\Delta(\mathfrak{S}) = \Delta(\mathfrak{S}_1)(\mathfrak{S}_2).$$

Denn $\Delta(\mathfrak{S}_1)(\mathfrak{S}_2)$ umfaßt $\Delta(\mathfrak{S}_1)$ und $\mathfrak{S}_2$, folglich Δ, $\mathfrak{S}_1$ und $\mathfrak{S}_2$, folglich Δ und $\mathfrak{S}$, also $\Delta(\mathfrak{S})$, und umgekehrt umfaßt $\Delta(\mathfrak{S})$ sicher Δ, $\mathfrak{S}_1$ und $\mathfrak{S}_2$, also $\Delta(\mathfrak{S}_1)$ und $\mathfrak{S}_2$, also $\Delta(\mathfrak{S}_1)(\mathfrak{S}_2)$.

Die Adjunktion einer endlichen Menge ist demnach zurückführbar auf endlichviele sukzessive Adjunktionen eines einzigen Elements. Erweiterungen durch Adjunktion eines einzigen Elements nennt man *einfache Körpererweiterungen*. Solche wollen wir im nächsten Paragraphen studieren.

§ 32. Einfache Körpererweiterungen.

Alle in diesem Paragraphen zu betrachtenden Körper sollen kommutativ sein. Es sei wieder $\Delta \leqq \Omega$, und ϑ sei ein beliebiges Element von Ω; wir untersuchen den einfachen Erweiterungskörper $\Delta(\vartheta)$.

Dieser Körper umfaßt zunächst den Ring $\mathfrak{S}$ aller Polynome $\sum a_k \vartheta^k$ $(a_k \in \Delta)$. Wir vergleichen $\mathfrak{S}$ mit dem Polynombereich $\Delta[x]$ einer Unbestimmten x.

Durch die Abbildung $f(x) \to f(\vartheta)$, genauer:

$$\sum a_k x^k \to \sum a_k \vartheta^k$$

ist $\Delta[x]$ homomorph auf $\mathfrak{S}$ abgebildet[1]. Nach dem Homomorphiesatz ist also $\mathfrak{S}$ isomorph einem Restklassenring:

$$\mathfrak{S} \cong \Delta[x]/\mathfrak{p},$$

wo $\mathfrak{p}$ das Ideal derjenigen Polynome $f(x)$ ist, welche die Nullstelle ϑ besitzen, d. h. für welche $f(\vartheta) = 0$ ist.

Da $\mathfrak{S}$ keine Nullteiler hat, so muß auch $\Delta[x]/\mathfrak{p}$ nullteilerfrei, mithin das Ideal $\mathfrak{p}$ prim sein. Weiter kann $\mathfrak{p}$ nicht das Einheitsideal sein, da dem Einheitselement e bei der Homomorphie nicht die Null, sondern e selbst zugeordnet wird. Da in $\Delta[x]$ jedes Ideal Hauptideal ist, so bleiben nur zwei Möglichkeiten:

1. $\mathfrak{p} = (\varphi(x))$, wo $\varphi(x)$ ein in $\Delta[x]$ unzerlegbares Polynom ist[2]. $\varphi(x)$ ist ein Polynom niedrigsten Grades mit der Eigenschaft $\varphi(\vartheta) = 0$. Es folgt:

$$\mathfrak{S} \cong \Delta[x]/(\varphi(x)).$$

Der Restklassenring rechts ist ein Körper (§ 19); also ist auch der Ring $\mathfrak{S}$ ein Körper. Demnach ist $\mathfrak{S}$ der gesuchte einfache Erweiterungskörper $\Delta(\vartheta)$.

2. $\mathfrak{p} = (0)$. Der Homomorphismus $\Delta[x] \sim \mathfrak{S}$ wird zu einem Isomorphismus. Es gibt außer der Null kein Polynom $f(x)$ mit der Eigenschaft $f(\vartheta) = 0$, und mit den Ausdrücken $f(\vartheta)$ wird gerechnet, als ob

[1] Im nichtkommutativen Fall ist dies falsch, weil die Variable x immer als mit dem Koeffizienten a_k vertauschbar angenommen wurde, die Größe ϑ es aber nicht zu sein braucht. Nur wenn speziell ϑ mit allen Elementen von Δ vertauschbar ist, gelten alle Betrachtungen dieses Paragraphen.

[2] Für „Unzerlegbar in $\Delta[x]$" sagt man gelegentlich auch weniger exakt: „Unzerlegbar im Körper Δ". Besser wäre vielleicht: „Unzerlegbar über dem Körper Δ".

ϑ eine Unbestimmte x wäre. Der Ring $\mathfrak{S} \cong \Delta[x]$ ist in diesem Fall noch kein Körper; aber aus der 1-Isomorphie dieser Ringe folgt die Isomorphie ihrer Quotientenkörper: *Der Körper $\Delta(\vartheta)$, Quotientenkörper von $\mathfrak{S}$, ist* 1-*isomorph dem Körper der rationalen Funktionen einer Unbestimmten x.*

Im ersten Fall, wo ϑ einer algebraischen Gleichung $\varphi(\vartheta) = 0$ in Δ genügt, heißt ϑ *algebraisch in bezug auf* Δ und der Körper $\Delta(\vartheta)$ eine *einfache algebraische Erweiterung* von Δ; im zweiten Fall, wo aus $f(\vartheta) = 0$ folgt $f(x) = 0$, heißt ϑ *transzendent in bezug auf* Δ und der Körper $\Delta(\vartheta)$ eine *einfache transzendente Erweiterung* von Δ. Mit einer Transzendenten wird nach dem Obigen gerechnet wie mit einer Unbestimmten; es ist $\Delta(\vartheta) \cong \Delta(x)$. Im algebraischen Fall dagegen gilt nach dem Obigen:

$$\Delta(\vartheta) = \mathfrak{S} \cong \Delta[x]/(\varphi(x)),$$

wo $\varphi(x)$ das (unzerlegbare) Polynom niedrigsten Grades mit der Nullstelle ϑ ist.

Aus der letzten Relation ergeben sich im algebraischen Fall folgende Tatsachen:

a) Jede rationale Funktion von ϑ ist auch als Polynom $\sum a_k \vartheta^k$ zu schreiben. (Denn $\mathfrak{S}$ war definiert als die Gesamtheit dieser Polynome.)

b) Mit diesen Polynomen wird gerechnet wie mit Restklassen modulo $\varphi(x)$ im Polynombereich $\Delta[x]$.

c) Eine Gleichung

$$f(\vartheta) = 0$$

läßt sich in eine Kongruenz

$$f(x) \equiv 0 \, (\varphi(x))$$

verwandeln und umgekehrt.

d) Da jedes Polynom $f(x)$ modulo $\varphi(x)$ auf ein Polynom vom Grade $< n$ reduzierbar ist, wo n der Grad von $\varphi(x)$ ist, so lassen sich alle Größen von $\Delta(\vartheta)$ in der Gestalt $\beta = \sum_{k=0}^{n-1} a_k \vartheta^k$ schreiben.

e) Da ϑ keiner Gleichung von niedrigerem als n-tem Grade genügt, so ist die Darstellung

$$\beta = \sum_{k=0}^{n-1} a_k \vartheta^k$$

der Elemente von $\Delta(\vartheta)$ eindeutig.

Die irreduzible Gleichung $\varphi(x) = 0$, deren Lösung oder *Wurzel* ϑ ist, heißt die *definierende Gleichung* des Körpers $\Delta(\vartheta)$. Der Grad des Polynoms $\varphi(x)$ heißt der *Grad* der algebraischen Größe ϑ in bezug auf Δ.

Der Grad ist gleich 1, wenn ϑ eine Lösung einer *linearen* Gleichung in Δ ist, also selbst dem Körper Δ angehört. Man kann dann $\varphi(x) = x - \vartheta$ wählen. Der obige Satz c) ergibt somit von neuem die schon in § 21 bewiesene Tatsache:

Jedes Polynom $f(x)$ mit der Nullstelle ϑ ist durch $x - \vartheta$ teilbar.

Aufgaben. 1. Man beweise für den Fall einer einfachen algebraischen Erweiterung die Irreduzibilität des Minimalpolynoms $\varphi(x)$ sowie die Tatsachen a) bis e) direkt, d. h. ohne Benutzung des Homomorphiesatzes und der Körpereigenschaft von $\Delta[x]/(\varphi(x))$. [Reihenfolge der Behauptungen: Irreduzibilität, c), b), a), d), e). Bei a) benutze man c).]

2. Man zeige weiter, daß $\varphi(x)$ bis auf konstante Faktoren das einzige in $\Delta[x]$ irreduzible Polynom mit der Nullstelle ϑ ist.

3. Was sind der Grad eines erzeugenden Elements und die definierende Gleichung

a) des Körpers der komplexen in bezug auf den der reellen Zahlen;

b) des Körpers $\Gamma(\sqrt[5]{3})$ in bezug auf den Körper Γ der rationalen Zahlen;

c) des Körpers $\Gamma\left(e^{\frac{2\pi i}{5}}\right)$ in bezug auf den Körper Γ der rationalen Zahlen;

d) des Körpers $C[i]/(7)$ in bezug auf den darin enthaltenen Primkörper? ($C[i]$ ist der Ring der ganzen GAUSSschen Zahlen.)

4. Es sei Γ ein kommutativer Grundkörper, z eine Unbestimmte, $\Sigma = \Gamma(z)$, $\Delta = \Gamma\left(\frac{z^3}{z+1}\right)$. Man zeige, daß Σ eine einfache algebraische Erweiterung von Δ ist. Welche ist die in Δ irreduzible Gleichung, der das Element z genügt?

Zwei Erweiterungen Σ, Σ' eines Körpers Δ heißen *äquivalent* (in bezug auf Δ), wenn es einen 1-Isomorphismus $\Sigma \cong \Sigma'$ gibt, der jedes Element von Δ in sich selbst überführt (fest läßt).

Je zwei einfache transzendente Erweiterungen eines Körpers Δ sind äquivalent.

Denn vermöge $\frac{f(x)}{g(x)} \to \frac{f(\vartheta)}{g(\vartheta)}$ ist jede einfache transzendente Erweiterung $\Delta(\vartheta)$ äquivalent dem Körper der rationalen Funktionen der Unbestimmten x.

Je zwei einfache algebraische Erweiterungen $\Delta(\alpha)$, $\Delta(\beta)$ sind äquivalent, sobald α und β Nullstellen desselben in $\Delta[x]$ irreduziblen Polynoms $\varphi(x)$ sind, und zwar gibt es dann einen solchen 1-Isomorphismus, welcher die Elemente von Δ fest läßt und α in β überführt.

Beweis: Die Elemente von $\Delta(\alpha)$ haben die Gestalt $\sum\limits_{0}^{n-1} a_k \alpha^k$ und die von $\Delta(\beta)$ die Gestalt $\sum\limits_{0}^{n-1} a_k \beta^k$. Mit diesen Elementen wird beide Male gerechnet wie mit Polynomen modulo $\varphi(x)$. Die Zuordnung

$$\sum a_k \alpha^k \to \sum a_k \beta^k$$

ist also ein Isomorphismus von der gesuchten Art.

Ein in Δ irreduzibles Polynom $\varphi(x)$ braucht in einem Erweiterungskörper Ω nicht irreduzibel zu bleiben. Hat es in Ω eine Nullstelle ϑ, so spaltet es mindestens einen Linearfaktor $x - \vartheta$ ab. Möglicherweise zerfällt es in Ω noch weiter in lineare und nichtlineare Faktoren:

$$\varphi(x) = (x - \vartheta)(x - \vartheta_2) \cdots (x - \vartheta_j)\, \varphi_1(x) \cdots \varphi_k(x).$$

Nach dem oben Bewiesenen sind in diesem Fall die Körper $\Delta(\vartheta)$, $\Delta(\vartheta_2)$, ..., $\Delta(\vartheta_j)$ alle äquivalent, und bei den Isomorphismen

$$\Delta(\vartheta) \cong \Delta(\vartheta_2) \cong \cdots \cong \Delta(\vartheta_j)$$

geht ϑ in $\vartheta_2, \ldots, \vartheta_j$ über.

Äquivalente Erweiterungen [wie $\Delta(\vartheta)$, $\Delta(\vartheta_2)$, ..., $\Delta(\vartheta_j)$], die einem gemeinsamen Oberkörper Ω angehören, nennt man untereinander *konjugiert* (in bezug auf Δ), und die Größen $\vartheta, \vartheta_2 \ldots$, die bei den betreffenden 1-Isomorphismen ineinander übergehen, heißen *konjugierte Größen*[1]. Aus dem Bewiesenen folgt: *Alle Nullstellen in Ω eines in $\Delta[x]$ irreduziblen Polynoms $\varphi(x)$ sind untereinander konjugiert in bezug auf Δ.* Umgekehrt sind konjugierte Größen, wenn sie algebraisch sind, stets Nullstellen desselben irreduziblen Polynoms $\varphi(x)$; denn aus $\varphi(\vartheta_1) = 0$ folgt, wenn ϑ_1 durch eine 1-Isomorphie in ϑ_2 übergeht, vermöge eben dieser Isomorphie $\varphi(\vartheta_2) = 0$.

Die Existenz der einfachen Erweiterungen. Bis jetzt war immer Ω ein vorgegebener Oberkörper, und es wurde die Struktur der einfachen Erweiterungen $\Delta(\vartheta)$ innerhalb Ω studiert. Jetzt aber soll das Problem anders gestellt werden: Gegeben sei ein Körper Δ; gesucht ist eine Erweiterung $\Delta(\vartheta)$, wobei von ϑ außerdem verlangt wird, entweder, daß ϑ transzendent oder daß ϑ Nullstelle eines vorgegebenen in $\Delta[x]$ irreduziblen Polynoms sein soll.

Soll ϑ transzendent sein, so ist die Lösung leicht: Man nehme für ϑ eine Unbestimmte:

$$\vartheta = x,$$

bilde den Polynombereich $\Delta[x]$ und dessen Quotientenkörper $\Delta(x)$, den Körper der rationalen Funktionen der Unbestimmten x. Wie wir sahen, ist $\Delta(x)$ bis auf äquivalente Erweiterungen die einzige einfache transzendente Erweiterung; mithin:

Es gibt eine und bis auf äquivalente Erweiterungen nur eine einfache transzendente Erweiterung $\Delta(\vartheta)$ eines vorgegebenen Körpers Δ.

Soll zweitens ϑ algebraisch sein, und zwar Nullstelle des in $\Delta[x]$ irreduziblen Polynoms $\varphi(x)$, so können wir zunächst annehmen, daß φ nicht linear ist, da sonst $\Delta(\vartheta) = \Delta$ genommen werden kann.

Der gesuchte Körper $\Delta(\vartheta)$ muß nach dem Vorigen isomorph dem Körper der Restklassen

$$\Sigma' = \Delta[x]/(\varphi(x))$$

[1] Die Bezeichnung wird hauptsächlich auf algebraische Größen ϑ angewandt. Transzendente Größen desselben Körpers sind *stets* untereinander konjugiert (s. o.).

sein. Nun ist jedem Polynom f aus $\Delta[x]$ eine Restklasse $\bar{f}$ in Σ' zugeordnet und die Abbildung ist homomorph. Insbesondere entspricht jeder Konstanten a aus Δ eine Restklasse $\bar{a}$ und diese Abbildung von Δ ist nicht nur homomorph, sondern sogar 1-isomorph, da die Null die einzige Konstante ist, die $\equiv 0 \bmod \varphi(x)$ ist. Also können wir nach § 12, Schluß, im Körper Σ' die Restklassen $\bar{a}$ durch die ihnen entsprechenden Elemente a von Δ ersetzen; dadurch geht Σ' über in einen Körper Σ, der Δ umfaßt und $\cong \Sigma'$ ist.

Dem Polynom x ist eine Restklasse zugeordnet, welche ϑ heißen möge. Wir können also in Σ den Körper $\Delta(\vartheta)$ bilden. (Übrigens ist $\Sigma = \Delta(\vartheta)$, wie leicht zu sehen.) Aus

$$\varphi(x) = \sum_0^n a_k x^k \equiv 0 \; (\varphi(x))$$

folgt vermöge der Isomorphie

$$\sum_0^n \bar{a}_k \vartheta^k = 0 \quad (\text{in } \Sigma')$$

und daraus, wenn die $\bar{a}_k$ durch die a_k ersetzt werden:

$$\varphi(\vartheta) = \sum_0^n a_k \vartheta^k = 0.$$

Also ist ϑ Nullstelle von $\varphi(x)$.

Damit ist bewiesen:

Zu einem vorgegebenen Körper Δ gibt es eine (und bis auf äquivalente Erweiterungen nur eine) einfache algebraische Erweiterung $\Delta(\vartheta)$ von der Beschaffenheit, daß ϑ einer vorgegebenen in $\Delta[x]$ irreduziblen Gleichung $\varphi(x) = 0$ genügt.

Der beim Beweis benutzte Prozeß der „*symbolischen Adjunktion*" mit Hilfe des Restklassenringes und des Symbols ϑ steht in einem gewissen Gegensatz zur unsymbolischen Adjunktion, die möglich ist, wenn man von vornherein über einen umfassenden Körper Ω verfügt, in dem eine Größe ϑ mit den verlangten Eigenschaften schon vorhanden ist (vgl. den Anfang dieses Paragraphen). Ist Δ z. B. der Körper der rationalen Zahlen, so kann man die unsymbolische Adjunktion einer algebraischen Zahl, d. h. einer Wurzel einer algebraischen Gleichung, dadurch erreichen, daß man von dem auf transzendentem Wege konstruierten Körper der komplexen Zahlen Ω ausgeht, in dem nach dem „Fundamentalsatz der Algebra" jede Gleichung mit rationalen Zahlenkoeffizienten tatsächlich lösbar ist. Die obige symbolische Adjunktion vermeidet diesen transzendenten Umweg, indem sie direkt die algebraische Zahl als Symbol einer Restklasse einführt und Rechnungsregeln für sie definiert. Dabei werden keine Größenrelationen ($>$, $<$) oder Realitätseigenschaften eingeführt. Trotzdem entsteht auf dem symbolischen und auf dem unsymbolisch-transzendenten Wege stets (algebraisch gesprochen) derselbe Körper $\Delta(\vartheta)$; denn nach dem zu Anfang Bewiesenen sind alle möglichen Erweiterungen $\Delta(\vartheta)$, deren ϑ derselben irreduziblen Gleichung genügen, äquivalent. Sowohl die symbolische wie die unsymbolische Adjunktion fallen nämlich unter den allgemeinen Adjunktionsbegriff des § 31; der einzige Unterschied ist, daß der umfassende Körper Ω oder Σ, der zur Adjunktion erforderlich ist, im einen Fall schon vorher bekannt ist, im anderen Fall erst konstruiert wird.

Genaueres über das Verhältnis von Größenbeziehungen zu algebraischen Relationen findet sich in Kap. 9 und 10.

Aufgaben. 5. Das Polynom x^4+1 ist im Körper Γ der rationalen Zahlen irreduzibel (§ 24, Aufg. 3). Man adjungiere eine Nullstelle ϑ und zerlege das Polynom im erweiterten Körper $\Gamma(\vartheta)$ in Primfaktoren.

6. Es sei Π der Primkörper der Charakteristik p, x eine Unbestimmte, $\Delta = \Pi(x)$. Man adjungiere an Δ eine Nullstelle $\zeta = x^{\frac{1}{p}}$ des irreduziblen Polynoms $z^p - x$ und zerlege das Polynom $z^p - x$ im erweiterten Körper $\Pi(\zeta)$.

7. Aus dem Primkörper der Charakteristik 2 konstruiere man durch Adjunktion einer Nullstelle einer irreduziblen quadratischen Gleichung einen Körper mit 4 Elementen.

§ 33. Lineare Abhängigkeit von Größen über einem Schiefkörper.

Es sei $\mathfrak{G}$ ein Modul, d. h. eine additive abelsche Gruppe mit Elementen $u, v, \ldots$, und es sei Δ ein Schiefkörper mit Elementen $\alpha, \beta, \ldots$

Es sei (wie in § 14) eine Multiplikation αv definiert mit folgenden Eigenschaften

1. αv gehört stets zu $\mathfrak{G}$,
2. $\alpha(u+v) = \alpha u + \alpha v$,
3. $(\alpha+\beta) u = \alpha u + \beta u$,
4. $(\alpha\beta) u = \alpha(\beta u)$,
5. $1 u = u$.

In den Anwendungen, die uns hier zunächst interessieren, ist $\mathfrak{G}$ ein Erweiterungskörper von Δ. Wir haben aber die Voraussetzungen absichtlich so weit gefaßt, daß auch andere additive Gruppen, z. B. die Vektorräume, die hyperkomplexen Systeme über Δ, sowie beliebige Δ umfassende Ringe sich ohne weiteres einordnen.

Ein Element v von $\mathfrak{G}$ heißt *linear abhängig von den Elementen* $u_1, \ldots, u_n$ (in bezug auf Δ), wenn

$$v = \alpha_1 u_1 + \cdots + \alpha_n u_n$$

ist, oder was auf dasselbe hinauskommt, wenn eine lineare Relation

$$\beta_0 v + \beta_1 u_1 + \cdots + \beta_n u_n = 0$$

mit $\beta_0 \neq 0$ besteht. Insbesondere heißt v linear abhängig von der leeren Menge, wenn $v = 0$ ist.

Für den Begriff der linearen Abhängigkeit gilt eine Reihe von Sätzen, die im folgenden in „Grundsätze" und „Folgesätze" geteilt erscheinen. Die Grundsätze werden unmittelbar aus der Definition des Begriffes hergeleitet. Die Folgesätze dagegen werden aus den Grundsätzen ohne nochmalige Benutzung der Definition, also ohne Rücksicht auf die Bedeutung des Begriffes „lineare Abhängigkeit" abgeleitet. Dieses Verfahren (man kann es eine Axiomatisierung des Begriffes der linearen Abhängigkeit nennen) ist nützlich in Hinblick auf ein späteres Kapitel (Kap. 8, § 64), in dem der Begriff der „algebraischen Abhängigkeit" eingeführt wird, für den die gleichen Grundsätze und daher auch dieselben Folgesätze gelten wie für den Begriff der linearen Abhängigkeit.

Drei Grundsätze genügen. Der erste ist ganz selbstverständlich.

Grundsatz 1. *Jedes u_i $(i = 1, \ldots, n)$ ist von $u_1, \ldots, u_n$ linear abhängig.*

Grundsatz 2. *Ist v linear abhängig von $u_1, \ldots, u_n$, aber nicht von $u_1, \ldots, u_{n-1}$, so ist u_n linear abhängig von $u_1, \ldots, u_{n-1}, v$.*

Beweis. In der Gleichung

$$\beta_0 v + \beta_1 u_1 + \cdots + \beta_n u_n = 0 \qquad (\beta_0 \neq 0)$$

muß $\beta_n \neq 0$ sein, da sonst v schon von $u_1, \ldots, u_{n-1}$ abhängig wäre.

Grundsatz 3. *Ist w linear abhängig von $v_1, \ldots, v_s$ und ist jedes v_j $(j = 1, \ldots, s)$ linear abhängig von $u_1, \ldots, u_n$, so ist w linear abhängig von $u_1, \ldots, u_n$.*

Beweis. Aus $w = \sum\limits_i \alpha_i v_i$ und $v_i = \sum\limits_k \beta_{ik} u_k$ folgt

$$w = \sum_i \alpha_i \Big(\sum_k \beta_{ik} u_k\Big) = \sum_{i,k} \alpha_i \beta_{ik} u_k = \sum_k \Big(\sum_i \alpha_i \beta_{ik}\Big) u_k .$$

Aus den Grundsätzen 1 und 3 folgt

Folgesatz 1. *Ist w linear abhängig von $v_1, \ldots, v_s$, so ist w auch von jedem System $\{u_1, \ldots, u_n\}$ linear abhängig, welches $\{v_1, \ldots, v_s\}$ umfaßt.*

Ein Spezialfall ergibt sich, wenn $v_1, \ldots, v_s$ bis auf die Reihenfolge mit $u_1, \ldots, u_n$ übereinstimmen. Der Begriff der linearen Abhängigkeit ist also von der Reihenfolge von $u_1, \ldots, u_n$ nicht abhängig.

Definition. *Die Elemente $u_1, \ldots, u_n$ heißen linear unabhängig, wenn keines von ihnen linear von den übrigen abhängt.*

Das bedeutet also (aber von dieser Bedeutung werden wir bei der Herleitung der Folgesätze keinen Gebrauch machen), daß in jeder Relation

$$\alpha_1 u_1 + \cdots + \alpha_n u_n = 0$$

notwendig $\alpha_1 = 0, \ldots, \alpha_n = 0$ ist. Der Begriff der linearen Unabhängigkeit ist unabhängig von der Reihenfolge von $u_1, \ldots, u_n$. Die leere Menge soll stets linear unabhängig heißen. Ein einzelnes Element u ist linear unabhängig, wenn es von der leeren Menge nicht abhängt, wenn also $u \neq 0$ ist.

Folgesatz 2. *Sind* $u_1, \ldots, u_{n-1}$ *linear unabhängig, aber* $u_1, \ldots, u_{n-1}$, u_n *nicht, so ist* u_n *linear abhängig von* $u_1, \ldots, u_{n-1}$.

Beweis. Von den Elementen $u_1, \ldots, u_{n-1}$, u_n muß eines von den übrigen linear abhängen. Ist es u_n, so sind wir fertig. Ist es nicht u_n, sondern etwa u_{n-1}, so ist u_{n-1} linear abhängig von $u_1, \ldots, u_{n-2}$, u_n, aber nicht von $u_1, \ldots, u_{n-2}$, also ist (Grundsatz 2) u_n linear abhängig von $u_1, \ldots u_{n-2}, u_{n-1}$.

Folgesatz 3. *Jedes endliche System von Elementen* $u_1, \ldots, u_n$ *enthält ein (möglicherweise leeres) linear unabhängiges Teilsystem, von dem alle* u_i $(i = 1, \ldots, n)$ *linear abhängen.*

Beweis. Man suche aus dem System ein Teilsystem von möglichst vielen linear unabhängigen Elementen aus. Jedes im Teilsystem enthaltene u_i ist nach Grundsatz 1, jedes nicht im Teilsystem enthaltene u_i nach Folgesatz 2 vom Teilsystem linear abhängig.

Definition. *Zwei endliche Systeme* $u_1, \ldots, u_n$ und $v_1, \ldots, v_s$ *heißen (linear) äquivalent, wenn jedes* v_k *von* $u_1, \ldots, u_n$ *und jedes* u_i *von* $v_1, \ldots, v_s$ *linear abhängig ist.*

Die Äquivalenzdefinition ist nach Definition symmetrisch, nach Grundsatz 1 reflexiv und nach Grundsatz 3 transitiv. Ist ein Element w von einem der beiden äquivalenten Systeme linear abhängig, so hängt es nach Grundsatz 3 auch von dem anderen linear ab. Nach Folgesatz 3 ist jedes endliche System äquivalent einem linear unabhängigen Teilsystem.

Folgesatz 4 (Austauschsatz). *Sind* $v_1, \ldots, v_s$ *linear unabhängig und ist jedes* v_j *linear abhängig von* $u_1, \ldots, u_n$, *so gibt es im System der* u_i *ein Teilsystem* $\{u_{i_1}, \ldots, u_{i_s}\}$ *von genau s Elementen, welches man gegen* $\{v_1, \ldots, v_s\}$ *austauschen kann, so daß das durch dieses Austausch aus* $\{u_1, \ldots, u_n\}$ *entstehende System dem ursprünglichen System* $\{u_1, \ldots, u_n\}$ *äquivalent ist. Insbesondere ist also* $s \leqq n$.

Beweis. Für $s = 0$ ist die Behauptung trivial: es gibt dann keine v_j und es wird nichts ausgetauscht. Die Behauptung sei also für $\{v_1, \ldots, v_{s-1}\}$ schon bewiesen, und es sei $\{v_1, \ldots, v_{s-1}\}$ gegen $\{u_{i_1}, \ldots, u_{i_{s-1}}\}$ austauschbar. Durch diesen Austausch entsteht ein zu $\{u_1, \ldots, u_n\}$ äquivalentes System $\{v_1, \ldots, v_{s-1}, u_k, u_l, \ldots\}$. Nun ist v_s von $\{u_1, \ldots, u_n\}$, also auch von dem äquivalenten System $\{v_1, \ldots, v_{s-1}, u_k, u_l, \ldots\}$ linear abhängig. Es gibt also auch eine kleinste Teilmenge von $\{v_1, \ldots, v_{s-1}, u_k, u_l, \ldots\}$, von welcher v_s noch linear abhängig ist. Diese kleinste Teilmenge kann nicht aus lauter v_j bestehen, da die v_j und v_s linear unabhängig sind. Also enthält die kleinste Teilmenge $\{v_j, \ldots, u_k\}$ mindestens ein u_k; dieses nennen wir u_{i_s}. Nach Grundsatz 2 ist $u_k = u_{i_s}$ linear abhängig von dem System, das aus $\{v_j, \ldots, u_k\}$ durch Ersetzung von u_k durch v_s entsteht, also auch von dem umfassenden System, das aus $\{v_1, \ldots, v_{s-1}, u_k, u_l, \ldots\}$ durch die Ersetzung $u_k \to v_s$ entsteht. Dieses

System sei $\{v_1, \ldots, v_{s-1}, v_s, u_l, \ldots\}$. Es ist mit $\{v_1, \ldots, v_{s-1}, u_k, u_l, \ldots\}$ äquivalent, da u_k von dem ersten System und v_s von dem letzteren linear abhängig ist. Damit haben wir den Austausch um einen Schritt weiter getrieben. Das neue System $\{v_1, \ldots, v_{s-1}, v_s, u_l, \ldots\}$ ist mit $\{v_1, \ldots, v_{s-1}, u_k, u_l, \ldots\}$, also auch mit dem ursprünglichen $\{u_1, \ldots, u_n\}$ äquivalent.

Folgesatz 5. *Zwei äquivalente, linear unabhängige Systeme* $\{u_1, \ldots, u_r\}$ *und* $\{v_1, \ldots, v_s\}$ *bestehen aus gleich viel Elementen.*

Beweis. Nach Folgesatz 4 ist $s \leqq r$ und $r \leqq s$.

Definition. *Eine Menge* $\mathfrak{M}$ *in* $\mathfrak{G}$ *heißt von endlichem Rang in bezug auf den Schiefkörper* Δ *oder kurz endlich über* Δ, *wenn alle Elemente der Menge von endlichvielen unter ihnen linear abhängen.* Zum Beispiel ist ein einfacher algebraischer Erweiterungskörper $\Delta(\vartheta)$ endlich über Δ, denn alle Elemente von $\Delta(\vartheta)$ sind nach § 32 durch $1, \vartheta, \vartheta^2, \ldots, \vartheta^{n-1}$ linear ausdrückbar. Allgemeiner hat jedes hyperkomplexe System über Δ einen endlichen Rang.

Nach Folgesatz 3 kann man aus den endlichvielen Elementen, von denen alle Elemente von $\mathfrak{M}$ linear abhängig sind, ein äquivalentes linear unabhängiges Teilsystem $\{u_1, \ldots, u_r\}$ auswählen. Ein solches linear unabhängiges Teilsystem, von dem alle Elemente von $\mathfrak{M}$ linear abhängen, heißt eine *Basis*, genauer *Δ-Basis*[1] (auch „Minimalbasis" oder „linear-unabhängige Basis") von $\mathfrak{M}$.

Drückt man die Elemente von $\mathfrak{M}$ linear durch die Basiselemente aus

$$u = \alpha_1 u_1 + \alpha_2 u_2 + \cdots + \alpha_r u_r, \tag{1}$$

so sind die Koeffizienten $\alpha_1, \ldots, \alpha_r$ eindeutig bestimmt; denn aus

$$\alpha_1 u_1 + \cdots + \alpha_r u_r = \beta_1 u_1 + \cdots + \beta_r u_r$$

folgt

$$\sum_i (\alpha_i - \beta_i) u_i = 0$$

also wegen der linearen Unabhängigkeit

$$\alpha_i - \beta_i = 0.$$

Umgekehrt folgt aus der Eindeutigkeit der Darstellung (1) die lineare Unabhängigkeit der Basiselemente.

Nach Folgesatz 5 ist die Anzahl der Basiselemente für jede Basis von $\mathfrak{M}$ die gleiche. Diese Anzahl heißt der *lineare Rang von* $\mathfrak{M}$ in bezug auf Δ und wird mit $(\mathfrak{M} : \Delta)$ bezeichnet. Im Falle eines endlichen Erweiterungskörpers $\mathfrak{M}$ über Δ heißt der lineare Rang $(\mathfrak{M} : \Delta)$ auch der *Körpergrad* von $\mathfrak{M}$ über Δ. Im Falle eines Vektorraumes $\mathfrak{M}$ heißt $(\mathfrak{M} : \Delta)$ auch die *Dimension von* $\mathfrak{M}$.

[1] Der Begriff der Δ-Basis ist zu unterscheiden von dem der Idealbasis (§ 16). Beide sind Spezialfälle des allgemeineren Begriffs der Modulbasis (Basis eines Moduls in bezug auf einen Operatorenbereich).

Ist r der lineare Rang von $\mathfrak{M}$, so gilt nach Folgesatz 4 für jedes linear unabhängige System $v_1, \ldots, v_s$ in $\mathfrak{M}$ die Ungleichung $s \leqq r$. Der lineare Rang r kann also auch als die Maximalzahl von linear unabhängigen Elementen der Menge bezeichnet werden. Daraus folgt

Folgesatz 6. *Eine Teilmengc $\mathfrak{N}$ einer in bezug auf Δ endlichen Menge $\mathfrak{M}$ ist wieder endlich und der lineare Rang von $\mathfrak{N}$ ist höchstens gleich dem von $\mathfrak{M}$.*

Aufgaben. 1. Ist r der Rang von $\mathfrak{M}$, so bilden je r linear unabhängige Elemente immer eine Basis.

2. Jede Basis einer Teilmenge $\mathfrak{N}$ von $\mathfrak{M}$ kann zu einer Basis von $\mathfrak{M}$ ergänzt werden, wenn $\mathfrak{M}$ endlichen Rang hat.

3. Aus $\mathfrak{G} \supseteqq \Delta$ und $(\mathfrak{G} : \Delta) = 1$ folgt $\mathfrak{G} = \Delta$.

Wir wenden jetzt den Begriff des linearen Ranges insbesondere auf solche Erweiterungskörper eines Körpers Δ an, die endlich über Δ sind. Bei kommutativen Körpern wird der lineare Rang $(\Sigma : \Delta)$ meistens der *Grad* von Σ über Δ genannt. Wenn der Grad die Werte 2, 3, 4 hat, so spricht man von quadratischen, kubischen, biquadratischen Erweiterungskörpern. Eine einfache algebraische Erweiterung $\Sigma = \Delta(\vartheta)$ erzeugt von einem algebraischen Element ϑ n-ten Grades, ist endlich und vom Grade n, denn die linear unabhängigen Potenzen $1, \vartheta, \vartheta^2, \ldots, \vartheta^{n-1}$ bilden eine Basis.

Σ sei ein Zwischenkörper zwischen Δ und Ω, d. h. es sei $\Delta \leqq \Sigma \leqq \Omega$. Dann gilt der folgende

Satz. *Ist Ω endlich über Δ, so ist auch Σ endlich über Δ und Ω endlich über Σ. Ist umgekehrt Σ endlich über Δ und Ω endlich über Σ, so ist Ω endlich über Δ und es gilt die Gradrelation*

$$(\Omega : \Delta) = (\Omega : \Sigma)(\Sigma : \Delta). \tag{2}$$

Beweis. Ist Ω über Δ endlich, so ist nach Folgesatz 6 auch Σ endlich über Δ. Daß Ω über Σ endlich ist, ist klar, denn Ω ist sogar über Δ endlich. Nun seien umgekehrt $(\Sigma : \Delta)$ und $(\Omega : \Sigma)$ endlich und es sei $\{u_1, \ldots, u_r\}$ eine Basis von Σ in bezug auf Δ und ebenso $\{v_1, \ldots, v_s\}$ eine Basis von Ω in bezug auf Σ. Dann ist jedes Element von Ω darstellbar in der Gestalt

$$\begin{aligned} w &= \sum_i \sigma_i v_i & (\sigma_i \in \Delta) \\ &= \sum_i \Big(\sum_k \delta_{ik} u_k\Big) v_i & (\delta_{ik} \in \Delta) \\ &= \sum_i \sum_k \delta_{ik} (u_k v_i). \end{aligned}$$

Jedes Element von Ω hängt also von den rs Größen $u_k v_i$ linear ab. Diese Größen sind untereinander in bezug auf Δ linear-unabhängig; denn aus

$$\sum_i \sum_k \delta_{ik} u_k v_i = 0 \qquad (\delta_{ik} \in \Delta)$$

folgt wegen der linearen Unabhängigkeit der v in bezug auf Σ:

$$\sum_k \delta_{ik} u_k = 0,$$

also wegen der Unabhängigkeit der u in bezug auf Δ:

$$\delta_{ik} = 0.$$

Also ist rs der Grad von Ω in bezug auf Δ, q. e. d.

Folgerungen aus (2).

a) Ist $\Delta \leqq \Sigma \leqq \Omega$ und $(\Omega:\Delta) = (\Sigma:\Delta)$, so ist $\Omega = \Sigma$. Aus (2) folgt dann nämlich $(\Omega:\Sigma) = 1$. — Ebenso:

b) Ist $\Delta \leqq \Sigma \leqq \Omega$ und $(\Omega:\Sigma) = (\Omega:\Delta)$, so ist $\Sigma = \Delta$.

c) Ist $\Delta \leqq \Sigma \leqq \Omega$, so ist der Grad $(\Sigma:\Delta)$ ein Teiler des Grades $(\Omega:\Delta)$.

Aufgaben. 4. Welchen Grad hat der Körper $\Gamma(i, \sqrt{2})$ in bezug auf den Körper Γ der rationalen Zahlen?

5. Alle Elemente eines endlichen kommutativen Erweiterungskörpers Ω eines Körpers Δ sind algebraisch in bezug auf Δ, und ihre Grade sind Teiler des Körpergrades $(\Omega:\Delta)$.

6. Aus wie vielen Elemenen besteht ein Körper von der Charakteristik p, der in bezug auf den darin enthaltenen Primkörper den Grad n hat?

§ 34. Lineare Gleichungen über einem Schiefkörper.

Ein wichtiges Anwendungsgebiet der Theorie der linearen Abhängigkeit ist die Auflösungstheorie der linearen Gleichungssysteme.

Es seien $l_1, \ldots, l_m$ Linearformen in den Unbestimmten $x_1, \ldots, x_n$ mit Koeffizienten aus einem Schiefkörper Δ:

$$l_i = \sum \alpha_{ik} x_k. \tag{1}$$

Weiter seien $\beta_1, \ldots, \beta_m$ gegebene Elemente aus Δ. Wir suchen (innerhalb von Δ) alle Lösungen $(\zeta_1, \ldots, \zeta_n)$ des Gleichungssystems

$$l_i(\zeta) = \sum \alpha_{ik} \zeta_k = \beta_i \qquad (i = 1, 2, \ldots, m). \tag{2}$$

Die Anzahl r der linear-unabhängigen unter den Linearformen $l_1, \ldots, l_m$ heißt der *Rang* des Gleichungssystems. Wir denken uns die Numerierung der Linearformen l_i so gewählt, daß $l_1, \ldots, l_r$ linear unabhängig sind, und die übrigen l_i linear von ihnen abhängen:

$$l_i = \sum_1^r \varepsilon_{ik} l_k \qquad (i = r+1, \ldots, m). \tag{3}$$

Die Relationen (3) bleiben richtig, wenn die in den l_i vorkommenden x_j durch ζ_j ersetzt werden. Damit nun das Gleichungssystem (2) lösbar sei, ist notwendig, daß die Relationen auch bei Ersetzung der l_i durch β_i richtig bleiben:

$$\beta_i = \sum_1^r \varepsilon_{ik} \beta_k \qquad (i = r+1, \ldots, m). \tag{4}$$

Sind diese Bedingungen erfüllt, so sind alle Gleichungen (2) Folgen der ersten r unter ihnen. Wir haben also nur noch diese r unabhängigen Gleichungen zu betrachten.

Die Linearformen $l_1, \ldots, l_r$ sind linear abhängig von den Unbestimmten $x_1, \ldots, x_n$. Nach dem Austauschsatz (§ 33, Folgesatz 4) kann man also r von diesen Unbestimmten, etwa (bei passender Numerierung) $x_1, \ldots, x_r$, gegen $l_1, \ldots, l_r$ austauschen, so daß das neue System $\{l_1, \ldots, l_r, x_{r+1}, \ldots, x_n\}$ dem System $\{x_1, \ldots, x_n\}$ äquivalent ist. Das heißt, alle x sind linear abhängig von $l_1, \ldots, l_r, x_{r+1}, \ldots, x_n$:

$$(5) \qquad x_i = \sum_1^r \gamma_{ij} l_j + \sum_{r+1}^n \delta_{ik} x_k \qquad (i = 1, \ldots, r).$$

Auch diese Beziehung muß bei Ersetzung der x_i durch ζ_i und der l_j durch β_j gelten bleiben:

$$(6) \qquad \zeta_i = \sum_1^r \gamma_{ij} \beta_j + \sum_{r+1}^n \delta_{ik} \zeta_k \qquad (i = 1, \ldots, r).$$

Es lassen sich also die r Unbekannten $\zeta_1, \ldots, \zeta_r$ durch die übrigen $\zeta_{r+1}, \ldots, \zeta_n$ linear ausdrücken.

Bisher haben wir nur die notwendigen Bedingungen aufgestellt, die alle Lösungen des vorgelegten linearen Gleichungssystems erfüllen müssen. Wir behaupten nun, daß die notwendigen Bedingungen auch hinreichen:

Wenn die Bedingungen (4) *erfüllt sind, so ist das Gleichungssystem* (2) *lösbar, und zwar findet man die Lösungen aus der Formel* (6), *in der* $\zeta_{r+1}, \ldots, \zeta_n$ *beliebig gewählt werden dürfen.*

Beweis. Da das System $\{l_1, \ldots, l_r, x_{r+1}, \ldots, x_n\}$ dem System $\{x_1, \ldots, x_n\}$ äquivalent ist, hat es den gleichen Rang n, und da es aus genau n Elementen besteht, so sind diese linear unabhängig. Setzt man also (3) und (5) in (1) ein, so kommt eine Identität in $l_1, \ldots, l_r, x_{r+1}, \ldots, x_n$ heraus, die erhalten bleibt, wenn man $l_1, \ldots, l_r$ durch $\beta_1, \ldots, \beta_r$ und $x_{r+1}, \ldots, x_n$ durch beliebige Elemente $\zeta_{r+1}, \ldots, \zeta_n$ ersetzt. Das heißt also, die gemäß (4) bestimmten β_i und die nach (6) bestimmten ζ_i erfüllen in der Tat die Gleichungen (2).

Zur effektiven Bestimmung des Ranges r, zur Auffindung der linear-unabhängigen l_i und zur Aufstellung der Lösungsformel (6) bedient man sich (auch in der Praxis) des Verfahrens der *sukzessiven Elimination*: Man löst zuerst eine der Beziehungen (2) nach einem x_j auf, setzt dieses x_j in die anderen Beziehungen (2) ein, wodurch also ein Basiselement x_j durch ein l_i ersetzt (ausgetauscht) ist, und fährt so fort, bis schließlich in den Ausdrücken für die eventuell übrigbleibenden l_i die x gar nicht mehr vorkommen, somit diese l_i nur von (sagen wir) $l_1, \ldots, l_r$ allein abhängen. Man kann dann feststellen, ob die gefundenen linearen Abhängigkeiten (3) auch für die β_i gelten, oder noch bequemer: Man ersetzt von vornherein bei der Rechnung die l_i durch die bekannten β_i. Die Formeln (5) oder (nach Ersetzung der l durch die die β und der x durch die ζ) die Auflösungsformeln (6) folgen durch die sukzessiven Einsetzungen ganz von selbst.

Aus der Möglichkeit dieser rationalen Berechnung folgt: *Wenn die Koeffizienten eines linearen Gleichungssystems einem Unterkörper von Δ angehören, so liegen in demselben Unterkörper die Koeffizienten der Lösungsformeln* (6). *Ist das System in Δ lösbar, so ist es schon im Unterkörper lösbar.*

In dem Spezialfall eines *homogenen* Gleichungssystems (alle $\beta_i = 0$) sind die notwendigen Bedingungen (3) von selbst erfüllt. Das homogene Gleichungssystem ist also immer lösbar und die Lösungen werden durch (6) mit $\beta_j = 0$ gegeben. Man kann (5) in diesem Fall auch so interpretieren: Alle Lösungsvektoren $(\zeta_1, \ldots, \zeta_n)$ sind Linearkombinationen von $n - r$ speziellen Lösungsvektoren

$$\begin{array}{l}
(\delta_{1\,r+1},\ \delta_{2\,r+1}, \ldots,\ \delta_{r\,r+1},\ 1,\ 0, \ldots,\ 0)\\
(\delta_{1\,r+2},\ \delta_{2\,r+2}, \ldots,\ \delta_{r\,r+2},\ 0,\ 1, \ldots,\ 0)\\
\ldots\ldots\ldots\ldots\ldots\ldots\ldots\ldots\ldots\ldots\\
(\delta_{1n},\ \delta_{2n}, \ldots,\ \delta_{rn},\ 0,\ 0, \ldots,\ 1)
\end{array}$$

und entstehen aus diesen, indem man sie der Reihe nach mit den ganz beliebigen Elementen $\zeta_{r+1}, \ldots, \zeta_n$ *von rechts* multipliziert und addiert. In dem Spezialfall $r = n$ gibt es nur die „triviale Lösung" $(0, \ldots, 0)$.

Im Fall eines kommutativen Körper Δ liefert die Determinantentheorie explizite Lösungsformeln und algebraische Kriterien für Lösbarkeit und lineare Abhängigkeit von linearen Gleichungen, für die wir auf die betreffenden Lehrbücher verweisen.

§ 35. Algebraische Körpererweiterungen.

Ein Erweiterungskörper Σ von Δ heißt *algebraisch über Δ*, wenn jedes Element von Σ algebraisch über Δ ist.

Satz. *Jede endliche Erweiterung Σ von Δ ist algebraisch und läßt sich aus Δ durch Adjunktion endlichvieler algebraischer Elemente gewinnen.*

Beweis: Ist n der Grad der endlichen Erweiterung Σ und $\alpha \in \Sigma$, so gibt es unter den Potenzen $1, \alpha, \alpha^2, \ldots, \alpha^n$ eines Elements α höchstens n linear-unabhängige. Es muß also eine Relation $\sum_0^n c_k \alpha^k = 0$ bestehen, d. h. α ist algebraisch; demnach ist der Körper Σ algebraisch. Als Erzeugende der Erweiterung Σ (d. h. als adjungierte Menge) kann man eine Körperbasis von Σ wählen.

Infolge dieses Satzes kann man statt „endliche Erweiterung" auch „endliche algebraische Erweiterung" sagen.

Umkehrung. *Jede Erweiterung eines Körpers Δ, die durch Adjunktion endlichvieler algebraischer Größen zu Δ entsteht, ist endlich (und folglich algebraisch).*

Beweis: Adjunktion einer algebraischen Größe ϑ vom Grade n ergibt eine endliche Erweiterung mit der Basis $1, \vartheta, \ldots, \vartheta^{n-1}$. Sukzessive Bildung endlicher Erweiterungen ergibt nach dem letzten Satz aus § 33 stets wieder eine endliche Erweiterung.

Folgerung. *Summe, Differenz, Produkt und Quotient algebraischer Größen sind wieder algebraische Größen.*

Satz. *Ist α algebraisch in bezug auf Σ und Σ algebraisch in bezug auf Δ, so ist α algebraisch in bezug auf Δ.*

Beweis: In der algebraischen Gleichung für α mit Koeffizienten aus Σ können nur endlichviele Elemente $\beta, \gamma, \ldots$ von Σ als Koeffizienten vorkommen. Der Körper $\Sigma' = \Delta(\beta, \gamma, \ldots)$ ist endlich in bezug auf Δ und der Körper $\Sigma'(\alpha)$ ist wieder endlich in bezug auf Σ'; also ist $\Sigma'(\alpha)$ auch endlich in bezug auf Δ, also α algebraisch in bezug auf Δ.

Zerfällungskörper. Unter den endlichen algebraischen Erweiterungen sind besonders wichtig die „*Zerfällungskörper*" eines Polynoms $f(x)$, die durch „*Adjunktion aller Wurzeln einer Gleichung* $f(x) = 0$" entstehen. Darunter versteht man solche Körper $\Delta(\alpha_1, \ldots, \alpha_n)$, in denen das Polynom $f(x)$ aus $\Delta[x]$ vollständig in Linearfaktoren zerfällt[1]:

$$f(x) = (x - \alpha_1) \cdots (x - \alpha_n),$$

und die durch Adjunktion der Wurzeln α_i dieser Linearfaktoren zu Δ entstehen. Über diese Körper gelten die folgenden Sätze:

Zu jedem Polynom $f(x)$ aus $\Delta[x]$ gibt es einen Zerfällungskörper.

Beweis: In $\Delta[x]$ möge $f(x)$ folgendermaßen in unzerlegbare Faktoren zerfallen:

$$f(x) = \varphi_1(x)\varphi_2(x) \cdots \varphi_r(x).$$

Wir adjungieren nun zunächst eine Nullstelle α_1 des irreduziblen Polynoms $\varphi_1(x)$ und erhalten dadurch einen Körper $\Delta(\alpha_1)$, in dem $\varphi_1(x)$, also auch $f(x)$, einen Linearfaktor $x - \alpha_1$ abspaltet.

Gesetzt nun, man habe schon einen Körper $\Delta_k = \Delta(\alpha_1, \ldots, \alpha_k)$ $(k < n)$ konstruiert, in dem das Polynom $f(x)$ die (gleichen oder verschiedenen) Faktoren $x - \alpha_1, \ldots, x - \alpha_k$ abspaltet. In dem Körper Δ_k möge $f(x)$ folgendermaßen zerfallen:

$$f(x) = (x - \alpha_1) \cdots (x - \alpha_k) \cdot \psi_{k+1}(x) \cdots \psi_l(x).$$

Wir adjungieren nun zu Δ_k eine Nullstelle α_{k+1} von $\psi_{k+1}(x)$. Im so erweiterten Körper $\Delta_k(\alpha_{k+1}) = \Delta(\alpha_1, \ldots, \alpha_{k+1})$ spaltet $f(x)$ die Faktoren $x - \alpha_1, \ldots, x - \alpha_{k+1}$ ab. Vielleicht spaltet sogar $f(x)$ nach der Adjunktion noch mehr als diese $k+1$ Linearfaktoren ab, aber das schadet nichts.

In dieser Art schrittweise weitergehend, findet man schließlich den gesuchten Körper $\Delta_n = \Delta(\alpha_1, \ldots, \alpha_n)$.

[1] Den höchsten Koeffizienten von $f(x)$ wollen wir hier und im folgenden gleich 1 annehmen, was offenbar nichts ausmacht.

Wir werden nun weiter zeigen, daß der Zerfällungskörper eines gegebenen Polynoms $f(x)$ bis auf äquivalente Erweiterungen eindeutig bestimmt ist. Dazu benötigen wir den Begriff der *Fortsetzung eines Isomorphismus.*

Es sei $\Delta \subseteqq \Sigma$ und $\bar{\Delta} \subseteqq \bar{\Sigma}$, und es sei ein 1-Isomorphismus $\Delta \cong \bar{\Delta}$ gegeben. Ein 1-Isomorphismus $\Sigma \cong \bar{\Sigma}$ heißt nun eine *Fortsetzung* des gegebenen 1-Isomorphismus $\Delta \cong \bar{\Delta}$, wenn jede Größe a von Δ, die beim alten Isomorphismus $\Delta \cong \bar{\Delta}$ das Bild $\bar{a}$ hat, beim neuen Isomorphismus $\Sigma \cong \bar{\Sigma}$ dasselbe Bild $\bar{a}$ aus $\bar{\Delta}$ hat.

Alle Sätze über Fortsetzungen von Isomorphismen bei algebraischen Erweiterungen beruhen auf dem folgenden:

Geht bei einem 1-*Isomorphismus* $\Delta \cong \bar{\Delta}$ *ein irreduzibles Polynom* $\varphi(x)$ *aus* $\Delta[x]$ *in das (natürlich ebenfalls irreduzible) Polynom* $\bar{\varphi}(x)$ *aus* $\bar{\Delta}[x]$ *über, ist weiter* α *eine Nullstelle von* $\varphi(x)$ *in einem Erweiterungskörper von* Δ *und* $\bar{\alpha}$ *eine Nullstelle von* $\bar{\varphi}(x)$ *in einem Erweiterungskörper von* $\bar{\Delta}$, *so läßt sich der gegebene* 1-*Isomorphismus* $\Delta \cong \bar{\Delta}$ *zu einem* 1-*Isomorphismus* $\Delta(\alpha) \cong \bar{\Delta}(\bar{\alpha})$, *der* α *in* $\bar{\alpha}$ *überführt, fortsetzen.*

Beweis: Die Elemente von $\Delta(\alpha)$ haben die Gestalt $\sum c_k \alpha^k$ $(c_k \in \Delta)$, und mit ihnen wird gerechnet wie mit Polynomen modulo $\varphi(x)$. Ebenso haben die Elemente von $\bar{\Delta}(\bar{\alpha})$ die Gestalt $\sum \bar{c}_k \bar{\alpha}^k$ $(\bar{c}_k \in \bar{\Delta})$, und mit ihnen wird gerechnet wie mit Polynomen modulo $\bar{\varphi}(x)$, also genau so, nur mit Querstrichen. Also ist die Zuordnung

$$\sum c_k \alpha^k \to \sum \bar{c}_k \bar{\alpha}^k$$

(wobei die $\bar{c}_k$ die entsprechenden Elemente zu den c_k im Isomorphismus $\Delta \cong \bar{\Delta}$ sind) ein Isomorphismus, der die verlangten Eigenschaften besitzt.

Ist speziell $\Delta = \bar{\Delta}$ und bildet der gegebene Isomorphismus jedes Element von Δ auf sich ab, so erhält man den früheren Satz zurück, daß alle Erweiterungen $\Delta(\alpha)$, $\Delta(\bar{\alpha}), \ldots$, die durch Adjunktion je einer Wurzel derselben irreduziblen Gleichung entstehen, äquivalent sind und daß jede Wurzel durch die betreffenden 1-Isomorphismen in jede andere übergeführt werden kann.

Ein entsprechender Satz gilt nun bei Adjunktion aller Wurzeln eines Polynoms statt einer einzigen:

Geht bei einem 1-*Isomorphismus* $\Delta \cong \bar{\Delta}$ *ein beliebiges Polynom* $f(x)$ *aus* $\Delta[x]$ *in ein Polynom* $\bar{f}(x)$ *aus* $\bar{\Delta}[x]$ *über, so läßt sich der* 1-*Isomorphismus zu einem* 1-*Isomorphismus eines beliebigen Zerfällungskörpers* $\Delta(\alpha_1, \ldots, \alpha_n)$ *von* $f(x)$ *mit einem beliebigen Zerfällungskörper* $\bar{\Delta}(\bar{\alpha}_1, \ldots, \bar{\alpha}_n)$ *von* $\bar{f}(x)$ *fortsetzen, wobei* $\alpha_1, \ldots, \alpha_n$ *in einer gewissen Reihenfolge in* $\bar{\alpha}_1, \ldots, \bar{\alpha}_n$ *übergehen.*

Beweis: Gesetzt, man habe (eventuell nach Abänderung der Reihenfolge der Wurzeln) den 1-Isomorphismus $\Delta \cong \bar{\Delta}$ schon fortgesetzt zu einem 1-Isomorphismus $\Delta(\alpha_1, \ldots, \alpha_k) \cong \bar{\Delta}(\bar{\alpha}_1, \ldots, \bar{\alpha}_k)$, wobei jedes α_i

in $\bar{\alpha}_i$ übergeht. (Für $k=0$ ist das tatsächlich der Fall.) In $\Delta(\alpha_1, \ldots, \alpha_k)$ möge $f(x)$ so zerfallen:

$$f(x) = (x-\alpha_1) \cdots (x-\alpha_k) \cdot \varphi_{k+1}(x) \cdots \varphi_h(x).$$

Entsprechend zerfällt dann, vermöge des 1-Isomorphismus, $\bar{f}(x)$ in $\bar{\Delta}(\bar{\alpha}_1, \ldots, \bar{\alpha}_k)$ folgendermaßen:

$$\bar{f}(x) = (x-\bar{\alpha}_1) \cdots (x-\bar{\alpha}_k) \cdot \bar{\varphi}_{k+1}(x) \cdots \bar{\varphi}_h(x).$$

In $\Delta(\alpha_1, \ldots, \alpha_n)$ bzw. $\bar{\Delta}(\bar{\alpha}_1, \ldots, \bar{\alpha}_n)$ zerlegen sich die Faktoren φ_ν und $\bar{\varphi}_\nu$ weiter in $(x-\alpha_{k+1}) \cdots (x-\alpha_n)$ bzw. $(x-\bar{\alpha}_{k+1}) \cdots (x-\bar{\alpha}_n)$. Die $\alpha_{k+1}, \ldots, \alpha_n$ und $\bar{\alpha}_{k+1}, \ldots, \bar{\alpha}_n$ mögen so umgeordnet werden, daß α_{k+1} Wurzel von $\varphi_{k+1}(x)$ und $\bar{\alpha}_{k+1}$ Wurzel von $\bar{\varphi}_{k+1}(x)$ wird. Nach dem vorigen Satz läßt sich dann der 1-Isomorphismus

$$\Delta(\alpha_1, \ldots, \alpha_k) \cong \bar{\Delta}(\bar{\alpha}_1, \ldots, \bar{\alpha}_k)$$

zu einem ebensolchen

$$\Delta(\alpha_1, \ldots, \alpha_{k+1}) \cong \bar{\Delta}(\bar{\alpha}_1, \ldots, \bar{\alpha}_{k+1})$$

fortsetzen, wobei α_{k+1} in $\bar{\alpha}_{k+1}$ übergeht.

In dieser Weise Schritt für Schritt von $k=0$ aus weitergehend, kommt man schließlich zum gesuchten 1-Isomorphismus

$$\Delta(\alpha_1, \ldots, \alpha_n) \cong \bar{\Delta}(\bar{\alpha}_1, \ldots, \bar{\alpha}_n),$$

wobei laut Konstruktion jedes α_i in $\bar{\alpha}_i$ übergeht. —

Ist jetzt insbesondere $\Delta = \bar{\Delta}$ und läßt der gegebene 1-Isomorphismus $\Delta \cong \bar{\Delta}$ jedes Element von Δ fest, so wird $\bar{f} = f$, und der erweiterte 1-Isomorphismus

$$\Delta(\alpha_1, \ldots, \alpha_n) \cong \Delta(\bar{\alpha}_1, \ldots, \bar{\alpha}_n)$$

läßt ebenfalls alle Elemente von Δ fest, d. h. die beiden Zerfällungskörper von $f(x)$ sind *äquivalent. Mithin ist der Zerfällungskörper eines Polynoms $f(x)$ bis auf äquivalente Erweiterungen eindeutig bestimmt.*

Daraus folgt, daß alle algebraischen Eigenschaften der Wurzeln unabhängig von der Art der Konstruktion des Zerfällungskörpers sind. Zum Beispiel: Ob man ein Polynom im Körper der komplexen Zahlen oder mittels symbolischer Adjunktion zerfällt, man wird „im wesentlichen", d. h. bis auf Äquivalenz, stets dasselbe finden.

Insbesondere hat jede Wurzel oder Nullstelle von $f(x)$ eine bestimmte *Vielfachheit*, in der sie bei der Zerlegung

$$f(x) = (x-\alpha_1) \cdots (x-\alpha_n)$$

vorkommt.

Vielfache Wurzeln sind dann und nur dann vorhanden, wenn $f(x)$ und $f'(x)$ über dem Zerfällungskörper einen gemeinsamen Teiler haben, der keine Konstante ist (§ 21). Der größte gemeinsame Teiler von $f(x)$ und $f'(x)$ über irgendeinem Erweiterungskörper ist aber derselbe wie der größte gemeinsame Teiler im Grundbereich $\Delta[x]$ (§ 18, Aufg. 1). Demnach kann man durch Bildung des größten gemeinsamen Teilers von $f(x)$ und $f'(x)$ in $\Delta[x]$ schon erkennen, ob $f(x)$ in seinem Zerfällungskörper vielfache Nullstellen besitzt.

Zwei Zerfällungskörper eines und desselben Polynoms, die in einem gemeinsamen Umfassungskörper Ω enthalten sind, sind nicht nur äquivalent, sondern sogar *gleich*. Denn wenn in Ω zwei Zerlegungen

$$f(x) = (x - \alpha_1) \cdots (x - \alpha_n),$$
$$f(x) = (x - \bar{\alpha}_1) \cdots (x - \bar{\alpha}_n)$$

stattfinden, so stimmen nach dem Satz von der eindeutigen Faktorzerlegung in $\Omega[x]$ die Faktoren bis auf die Reihenfolge überein.

Normale Erweiterungskörper. Ein Körper Σ heißt *normal* oder *galoissch* über Δ, wenn er erstens algebraisch in bezug auf Δ ist und zweitens jedes in $\Delta[x]$ irreduzible Polynom $g(x)$, das in Σ *eine* Nullstelle α hat, in $\Sigma[x]$ ganz in Linearfaktoren zerfällt[1].

Unsere früher konstruierten Zerfällungskörper sind normal nach folgendem Satz:

Ein Körper, der aus Δ durch Adjunktion aller Nullstellen eines oder mehrerer oder sogar unendlichvieler Polynome aus $\Delta[x]$ entsteht, ist normal.

Zunächst können wir den Fall unendlichvieler Polynome auf den endlichvieler zurückführen; denn jedes Element α des Körpers hängt doch nur von den Wurzeln endlichvieler unserer Polynome ab, und wir können uns für die Zerfällung des irreduziblen Polynoms, welches α zur Nullstelle hat, ganz auf den von diesen endlichvielen Wurzeln erzeugten Körper beschränken.

Sodann können wir den Fall endlichvieler Polynome auf den eines einzigen zurückführen, indem wir sie alle miteinander multiplizieren und die Nullstellen des Produkts adjungieren; das sind ja dieselben Größen wie die Nullstellen aller Faktoren zusammen genommen.

Es sei also $\Sigma = \Delta(\alpha_1, \ldots, \alpha_n)$, wo die α_ν die Wurzeln eines Polynoms $f(x)$ sind, und das irreduzible Polynom $g(x)$ aus $\Delta[x]$ habe eine Nullstelle β in Σ. Wenn $g(x)$ in Σ nicht ganz zerfällt, können wir Σ durch Adjunktion einer weiteren Nullstelle β' von $g(x)$ zu einem Körper $\Sigma(\beta')$ erweitern; dann ist, da β und β' konjugiert sind,

$$\Delta(\beta) \cong \Delta(\beta').$$

[1] Man kann die Definition auch so fassen: *Eine algebraische Erweiterung Σ ist normal, wenn Σ zugleich mit einer Größe α auch alle zu α konjugierten Größen (irgendeines umfassenden Körpers) enthält.* Die zu α konjugierten Größen eines beliebigen umfassenden Körpers sind nämlich nichts anderes als die Wurzeln desselben irreduziblen Polynoms $g(x)$, dessen Nullstelle α ist, und der Umfassungskörper kann immer so gewählt werden, daß in ihm $g(x)$ ganz zerfällt. Diese Definition ist aber hier vermieden worden, da sie auf die Gesamtheit aller umfassenden Körper Bezug nimmt, was (abgesehen von der mengentheoretischen Bedenklichkeit dieser Gesamtheit, die sich wohl beseitigen ließe) weniger schön erscheint, da es sich in Wirklichkeit um eine Eigenschaft von Σ und Δ allein handelt.

Bei dieser Isomorphie gehen die Größen von Δ und somit auch die Koeffizienten des Polynoms $f(x)$ in sich über. Adjungieren wir nun links und rechts alle Nullstellen von $f(x)$, so läßt sich die Isomorphie fortsetzen:

$$\Delta(\beta, \alpha_1, \ldots, \alpha_n) \cong \Delta(\beta', \alpha_1, \ldots, \alpha_n),$$

wobei die α_i wieder in die α_j, vielleicht in anderer Reihenfolge, übergehen. Nun ist β eine rationale Funktion von $\alpha_1, \ldots, \alpha_n$ mit Koeffizienten aus Δ:

$$\beta = r(\alpha_1, \ldots, \alpha_n)$$

und diese rationale Beziehung bleibt bei jedem Isomorphismus erhalten. Mithin ist auch β' eine rationale Funktion von $\alpha_1, \ldots, \alpha_n$, gehört also ebenfalls dem Körper Σ an, entgegen unserer Annahme.

Umkehrung. *Ein Normalkörper Σ über Δ entsteht durch Adjunktion aller Nullstellen einer Menge von Polynomen und, wenn er endlich ist, sogar durch Adjunktion aller Nullstellen eines einzigen Polynoms.*

Beweis: Der Körper Σ entstehe durch Adjunktion einer Menge $\mathfrak{M}$ von algebraischen Größen. (Im allgemeinen Fall kann man etwa $\mathfrak{M} = \Sigma$ wählen; im endlichen Fall ist $\mathfrak{M}$ endlich.) Jedes Element von $\mathfrak{M}$ genügt einer algebraischen Gleichung $f(x) = 0$ mit Koeffizienten aus Δ, die in Σ ganz zerfällt. Die Adjunktion aller Nullstellen aller dieser Polynome $f(x)$ (bzw., wenn es nur endlichviele sind, aller Nullstellen ihres Produktes) ergibt mindestens so viel wie die Adjunktion von $\mathfrak{M}$ allein, d. h. sie ergibt den ganzen Körper Σ, q. e. d.

Eine irreduzible Gleichung $f(x) = 0$ heißt *normal* (oder galoissch), wenn der durch Adjunktion *einer* Wurzel entstehende Körper schon normal ist, d. h. wenn in ihm $f(x)$ völlig zerfällt.

Eine GALOIS*sche Resolvente* einer Gleichung $f(x) = 0$ ist eine irreduzible Gleichung $g(x) = 0$ mit der Eigenschaft, daß die Adjunktion einer Wurzel dieser Gleichung schon den vollständigen Zerfällungskörper des Polynoms $f(x)$ ergibt. Die Existenz solcher Resolventen werden wir später (§ 40) beweisen.

Aufgaben. 1. Ist $\Delta \subseteqq \Sigma \subseteqq \Omega$ und Ω galoissch über Δ, so ist Ω galoissch über Σ.

2. Man konstruiere den Zerfällungskörper von $x^3 - 2$ in bezug auf den rationalen Grundkörper Γ. Man zeige: Ist α eine Wurzel, so ist $\Gamma(\alpha)$ nicht normal.

3. Ist $f(x)$ im Körper K irreduzibel, so zerfällt $f(x)$ in einem galoisschen Erweiterungskörper in lauter Faktoren gleichen Grades, die in bezug auf K konjugiert sind.

4. Jeder in bezug auf Δ quadratische Körper ist normal in bezug auf Δ.

§ 36. Einheitswurzeln.

Wir haben im vorangehenden die allgemeinen Grundlagen der Körpertheorie dargestellt. Bevor wir die allgemeine Theorie weiter entwickeln, wenden wir die erhaltenen Sätze auf einige ganz spezielle Gleichungen und spezielle Körper an.

Es sei Π ein Primkörper und h eine natürliche Zahl, die nicht kongruent Null ist nach der Charakteristik von Π. (Ist die Charakteristik Null, so darf h demnach eine beliebige natürliche Zahl sein.) Unter einer *h-ten Einheitswurzel* verstehen wir eine Nullstelle des Polynoms

$$f(x) = x^h - 1$$

in irgendeinem kommutativen Erweiterungskörper.

Die h-ten Einheitswurzeln in einem Körper bilden bei der Multiplikation eine abelsche Gruppe.

Denn wenn $\alpha^h = 1$ und $\beta^h = 1$, so ist auch $\left(\frac{\alpha}{\beta}\right)^h = 1$, woraus die Gruppeneigenschaft folgt. Daß die Gruppe abelsch ist, ist klar.

Die Ordnung eines Gruppenelements α ist Teiler von h, da $\alpha^h = 1$ sein muß.

Der Zerfällungskörper Σ von $f(x)$ heißt der *Körper der h-ten Einheitswurzeln über dem Primkörper Π.* Das Polynom $f(x)$ zerfällt in lauter *verschiedene* Linearfaktoren; denn die Ableitung

$$f'(x) = h x^{h-1}$$

verschwindet, da h nicht durch die Charakteristik teilbar ist, nur für $x = 0$, hat also keine Nullstelle mit $f(x)$ gemein. *Es gibt also in Σ genau h h-te Einheitswurzeln.*

Wir zerlegen nun h in Primfaktoren:

$$h = \prod_{i=1}^{m} q_i^{\nu_i}.$$

In der Gruppe der h-ten Einheitswurzeln gibt es höchstens $\frac{h}{q_i}$ Elemente a, für die $a^{\frac{h}{q_i}} = 1$ ist; denn das Polynom $x^{\frac{h}{q_i}} - 1$ hat höchstens $\frac{h}{q_i}$ Nullstellen. Also gibt es in der Gruppe ein a_i mit

$$a_i^{h:q_i} \neq 1.$$

Das Gruppenelement

$$b_i = a_i^{h:q_i^{\nu_i}}$$

hat die Ordnung $q_i^{\nu_i}$. Denn seine $q_i^{\nu_i}$-te Potenz ist 1, seine Ordnung also ein Teiler von $q_i^{\nu_i}$; aber seine $q_i^{\nu_i - 1}$-te Potenz ist von 1 verschieden, seine Ordnung also kein echter Teiler von $q_i^{\nu_i}$. Das Produkt

$$\zeta = \prod_1^m b_i$$

hat nun, als Produkt von Elementen der teilerfremden Ordnungen $q_1^{\nu_1}, \ldots, q_m^{\nu_m}$, genau die Ordnung

$$\prod_1^m q_i^{\nu_i} = h$$

(§ 7, Aufg. 1). Eine solche Einheitswurzel, deren Ordnung genau h ist, nennen wir eine *primitive h-te Einheitswurzel.*

Die Potenzen $1, \zeta, \zeta^2, \ldots, \zeta^{h-1}$ einer primitiven Einheitswurzel sind alle verschieden; da aber die Gruppe im ganzen nur h Elemente hat, so sind alle ihre Elemente Potenzen von ζ. Mithin:

Die Gruppe der h-ten Einheitswurzeln ist zyklisch und wird von jeder primitiven Einheitswurzel ζ erzeugt.

Die Anzahl der primitiven h-ten Einheitswurzeln ist nun leicht zu bestimmen. Wir geben sie zunächst mit $\varphi(h)$ an. *$\varphi(h)$ ist die Anzahl der Elemente der Ordnung h in einer zyklischen Gruppe der Ordnung h.*[1] Ist zunächst h eine Primzahlpotenz, $h = q^\nu$, so sind alle q^ν Potenzen von ζ, mit Ausnahme der $q^{\nu-1}$ Potenzen von ζ^q, Elemente h-ter Ordnung; mithin ist

$$(1) \qquad \varphi(q^\nu) = q^\nu - q^{\nu-1} = q^{\nu-1}(q-1) = q^\nu\left(1 - \frac{1}{q}\right).$$

Ist zweitens h in zwei teilerfremde Faktoren zerlegt: $h = rs$, so ist jedes Element h-ter Ordnung eindeutig als Produkt eines Elements r-ter Ordnung und eines Elements s-ter Ordnung darstellbar (§ 18, Aufg. 3) und umgekehrt jedes solche Produkt ein Element h-ter Ordnung. Die Elemente r-ter Ordnung gehören der von ζ^s erzeugten zyklischen Gruppe r-ter Ordnung an; ihre Anzahl ist demnach $\varphi(r)$. Ebenso ist die Anzahl der Elemente s-ter Ordnung $\varphi(s)$; für die Anzahl der Produkte hat man demnach

$$\varphi(h) = \varphi(r)\,\varphi(s).$$

Aus dieser Formel folgt durch wiederholte Anwendung, wenn wie bisher

$$h = \prod_1^m q_i^{\nu_i}$$

die Zerlegung von h in teilerfremde Primzahlpotenzen ist,

$$\varphi(h) = \varphi(q_1^{\nu_1} q_2^{\nu_2} \cdots q_m^{\nu_m}) = \varphi(q_1^{\nu_1})\,\varphi(q_2^{\nu_2}) \cdots \varphi(q_m^{\nu_m}),$$

also nach (1):

$$\begin{aligned}\varphi(h) &= q_1^{\nu_1-1}(q_1-1)\,q_2^{\nu_2-1}(q_2-1)\cdots q_m^{\nu_m-1}(q_m-1)\\ &= h\left(1-\frac{1}{q_1}\right)\left(1-\frac{1}{q_2}\right)\cdots\left(1-\frac{1}{q_m}\right).\end{aligned}$$

Mithin:

Die Anzahl der primitiven h-ten Einheitswurzeln ist

$$\varphi(h) = h\prod_1^m\left(1 - \frac{1}{q_i}\right).$$

Wir setzen $n = \varphi(h)$. Die primitiven h-ten Einheitswurzeln seien $\zeta_1, \ldots, \zeta_n$. Sie sind die Nullstellen des Polynoms

$$(x-\zeta_1)(x-\zeta_2)\cdots(x-\zeta_n) = \Phi_h(x).$$

---

[1] Nach § 18, Aufg. 4 ist $\varphi(h)$ zugleich die Anzahl der zu h teilerfremden natürlichen Zahlen $\leqq h$. Man nennt $\varphi(h)$ die Eulersche *φ-Funktion*

Es ist

$$x^h - 1 = \prod_{d|h} \Phi_d(x), \tag{2}$$

wo d die positiven Teiler von h durchläuft[1]; denn jede h-te Einheitswurzel ist primitive d-te Einheitswurzel für einen und nur einen positiven Teiler d von h, und daher kommt jeder Linearfaktor von $x^h - 1$ in einem und nur einem der Polynome $\Phi_d(x)$ vor.

Die Formel (2) bestimmt $\Phi_h(x)$ eindeutig. Denn aus ihr folgt zunächst

$$\Phi_1(x) = x - 1,$$

und wenn Φ_d für alle positiven $d < h$ bekannt ist, so bestimmt sich Φ_h durch Division aus (2).

Da diese Divisionen sich nach dem Algorithmus im ganzzahligen Polynombereich der Variablen x ausführen lassen, so folgt:

Jedes $\Phi_h(x)$ ist ein ganzzahliges Polynom und unabhängig von der Charakteristik des Körpers Π (solange nur h nicht durch sie teilbar ist).

Die Polynome $\Phi_h(x)$ heißen, aus einem später zu erwähnenden Grunde, *Kreisteilungspolynome.* Man kann für sie explizite rationale Formeln angeben mit Hilfe der „MÖBIUS*schen Funktion*" $\mu(n)$, die folgendermaßen definiert wird:

$$\mu(n) = \begin{cases} 0, \text{ wenn } p_i^2 | n \text{ für ein } p_i, \\ (-1)^\lambda, \text{ wenn } n = p_1 p_2 \cdots p_\lambda \text{ (also } n \text{ „quadratfrei"),} \\ 1, \text{ wenn } n = 1 \text{ ist} \end{cases}$$

($p_1, \ldots, p_\lambda$ sind die verschiedenen Primfaktoren der Zahl n). Die MÖBIUSsche Funktion hat die wichtige Eigenschaft:

$$\sum_{d|h} \mu(d) = \begin{cases} 1 \text{ für } h = 1, \\ 0 \text{ für } h > 1, \end{cases}$$

die man etwa beweist, indem man $h = q_1^{\nu_1} \ldots q_m^{\nu_m}$ setzt, das Produkt $\prod_1^m (1 - z_i)$ entwickelt und dann alle z_i gleich 1 setzt. Die Glieder

$$(-1)^\lambda z_{i_1} z_{i_2} \ldots z_{i_\lambda}$$

dieses Produktes entsprechen nämlich genau den quadratfreien Teilern $d = q_{i_1} q_{i_2} \ldots q_{i_\lambda}$ von h, und es ist

$$(-1)^\lambda = \mu(d).$$

Setzt man also alle $z_i = 1$, so kommt für $m > 0$ (d. h. $h > 1$):

$$0 = \prod_1^m (1 - 1) = \sum_{d|h} \mu(d),$$

während für $h = 1$ offenbar $\sum_{d|h} \mu(d) = 1$ ist.

Nunmehr behaupten wir:

[1] $a|b$ (sprich: a teilt b) bedeutet: a ist Teiler von b.

Die Kreisteilungspolynome werden gegeben durch

(3) $$\Phi_h(x) = \prod_{d|h} (x^d - 1)^{\mu\left(\frac{h}{d}\right)}.$$

Zum Beweis genügt es, zu zeigen, daß die Funktionen rechter Hand die Gleichung (2) befriedigen, also daß:

$$x^h - 1 = \prod_{d|h} \prod_{d'|d} (x^{d'} - 1)^{\mu\left(\frac{d}{d'}\right)}$$

ist. Die Exponenten eines festen $x^{d'} - 1$ sind die Zahlen $\mu\left(\frac{d}{d'}\right)$, wo d Teiler von h und Vielfaches von d' ist, d. h. es sind alle $\mu(\lambda)$, wo λ Teiler von $\frac{h}{d'}$ ist. Die Summe dieser Exponenten ist im allgemeinen gleich Null; nur im Falle $\frac{h}{d'} = 1$ hat sie den Wert 1. Demnach bleibt rechts aus dem ganzen Doppelprodukt nur der eine Faktor $x^h - 1$ stehen, und zwar mit dem Exponenten 1. Die Gleichung (2) wird also durch die Funktionen (3) befriedigt.

Beispiele:

$$\begin{aligned}\Phi_{12}(x) &= (x^{12} - 1)^{+1} (x^6 - 1)^{-1} (x^4 - 1)^{-1} (x^2 - 1)^{+1} \\ &= (x^6 + 1)^{+1} (x^2 + 1)^{-1} = x^4 - x^2 + 1; \\ \Phi_{q^\nu}(x) &= (x^{q^\nu} - 1)^{+1} (x^{q^{\nu-1}} - 1)^{-1} \\ &= 1 + x^{q^{\nu-1}} + x^{2q^{\nu-1}} + \cdots + x^{(q-1)q^{\nu-1}}\end{aligned}$$

für jede Primzahl q.

Das Polynom $\Phi_h(x)$ kann sehr wohl reduzibel sein; so ist z. B. für die Charakteristik 11

$$\Phi_{12}(x) = x^4 - x^2 + 1 = (x^2 - 5x + 1)(x^2 + 5x + 1).$$

Wir werden aber später (§ 53) sehen, daß im Primkörper der Charakteristik Null das Polynom $\Phi_h(x)$ irreduzibel, mithin alle primitiven h-ten Einheitswurzeln konjugiert sind. In § 24 haben wir auf Grund des EISENSTEINschen Satzes schon erkannt, daß dies für alle Primzahlen h der Fall ist; für $\Phi_8 = x^4 + 1$ und $\Phi_{12} = x^4 - x^2 + 1$ war es der Inhalt von Aufg. 3, § 24 und Aufg. 5, § 23.

Ein oft benutzter Satz ist der folgende:

Ist ζ eine h-te Einheitswurzel, so ist

$$1 + \zeta + \zeta^2 + \cdots + \zeta^{h-1} = \begin{cases} h & (\zeta = 1) \\ 0 & (\zeta \neq 1) \end{cases}.$$

Der Beweis ergibt sich unmittelbar aus der Summenformel der geometrischen Reihe: Für $\zeta \neq 1$ erhält man

$$\frac{1 - \zeta^h}{1 - \zeta} = 0.$$

Aufgaben. 1. Der Körper der h-ten Einheitswurzeln ist für ungerades h zugleich Körper der $2h$-ten Einheitswurzeln.

2. Die Körper der dritten und vierten Einheitswurzeln über dem Körper der rationalen Zahlen sind quadratisch. Man drücke diese Einheitswurzeln durch Quadratwurzeln aus.

3. Der Körper der achten Einheitswurzeln ist quadratisch in bezug auf den GAUSSschen Zahlkörper $\Gamma(i)$. Man drücke eine primitive achte Einheitswurzel mit Hilfe einer Quadratwurzel aus einem Element von $\Gamma(i)$ aus.

4. Im Falle der Charakteristik p sind die $(p^\lambda h)$-ten Einheitswurzeln zugleich h-te Einheitswurzeln. (Das rechtfertigt die zu Anfang gemachte Beschränkung $h \not\equiv 0\,(p)$.)

5. Die „*Kreisteilungsgleichung*“ $\Phi_h(x) = 0$ ist stets normal.

§ 37. GALOIS-Felder (endliche kommutative Körper).

Wir haben in den Primkörpern der Charakteristik p schon Körper mit endlichvielen Elementen kennengelernt. Die endlichen Körper heißen nach ihrem Entdecker GALOIS auch GALOIS-*Felder*. Wir untersuchen zunächst ihre allgemeinen Eigenschaften.

Es sei Δ ein GALOIS-Feld und q die Anzahl seiner Elemente.

Die Charakteristik von Δ kann nicht Null sein; denn sonst würde der in Δ liegende Primkörper Π schon unendlich viele Elemente haben. Es sei p die Charakteristik. Der Primkörper Π ist dann 1-isomorph dem ganzzahligen Restklassenring modulo p und hat p Elemente.

Da es in Δ überhaupt nur endlichviele Elemente gibt, so gibt es auch in Δ ein größtes System von linear-unabhängigen Elementen $\alpha_1, \ldots, \alpha_n$ in bezug auf Π. n ist der Körpergrad $(\Delta : \Pi)$, und jedes Element von Δ hat die Gestalt

$$c_1\alpha_1 + \cdots + c_n\alpha_n \tag{1}$$

mit eindeutig bestimmten Koeffizienten c_i aus Π.

Für jeden Koeffizienten c_i sind p Werte möglich; es gibt also genau p^n Ausdrücke von der Gestalt (1). Da diese die sämtlichen Körperelemente darstellen, so folgt

$$q = p^n.$$

Damit ist bewiesen: *Die Anzahl der Elemente eines* GALOIS-*Feldes ist eine Potenz der Charakteristik p; der Exponent gibt den Körpergrad $(\Delta : \Pi)$ an.*

Jeder Schiefkörper ist nach Weglassung des Nullelements eine multiplikative Gruppe. Im Fall des GALOIS-Feldes ist die Gruppe abelsch und ihre Ordnung $q-1$. Die Ordnung eines beliebigen Elements α muß ein Teiler von $q-1$ sein; daraus folgt:

$$\alpha^{q-1} = 1, \qquad \text{für jedes } \alpha \neq 0.$$

Die hieraus folgende Gleichung

$$\alpha^q - \alpha = 0$$

gilt auch für $\alpha = 0$. Alle Körperelemente sind also Nullstellen der Funktion $x^q - x$. Sind $\alpha_1, \ldots, \alpha_q$ die Körperelemente, so muß $x^q - x$ teilbar sein durch

$$\prod_1^q (x - \alpha_i).$$

Wegen der Gradzahlen ist also

$$x^q - x = \prod_1^q (x - \alpha_i).$$

Δ entsteht demnach aus Π durch Adjunktion aller Nullstellen einer einzigen Funktion $x^q - x$. Durch diese Angabe ist aber Δ bis auf 1-Isomorphie eindeutig bestimmt (§ 35); also:

Bei gegebenem p und n sind alle kommutativen Körper mit p^n Elementen 1-isomorph.

Wir wollen nun zeigen, daß es zu jedem $n > 0$ und jedem p auch wirklich einen Körper mit $q = p^n$ Elementen gibt.

Man gehe vom Primkörper Π der Charakteristik p aus und bilde über Π einen Körper, in dem $x^q - x$ vollständig in Linearfaktoren zerfällt. In diesem Körper betrachte man die Menge der Nullstellen von $x^q - x$. Diese Menge ist ein Körper; denn aus $x^{p^n} = x$ und $y^{p^n} = y$ folgt nach § 30, Aufg. 1:

$$(x - y)^{p^n} = x^{p^n} - y^{p^n},$$

und im Falle $y \neq 0$:

$$\left(\frac{x}{y}\right)^{p^n} = \frac{x^{p^n}}{y^{p^n}},$$

wonach Differenz und Quotient zweier Nullstellen wieder Nullstellen sind.

Das Polynom $x^q - x$ hat lauter einfache Nullstellen; denn seine Ableitung ist wegen $q \equiv 0\,(p)$

$$q\,x^{q-1} - 1 = -1,$$

und -1 wird nie Null. Die Menge seiner Nullstellen ist also ein Körper mit q Elementen.

Damit ist bewiesen:

Zu jeder Primzahlpotenz $q = p^n\,(n > 0)$ gibt es ein und bis auf Isomorphie nur ein GALOIS-*Feld mit genau q Elementen. Die Elemente sind die Nullstellen von $x^q - x$.*

Das GALOIS-Feld mit genau p^n Elementen sei im folgenden mit $GF(p^n)$ bezeichnet.

Wir setzen $q - 1 = h$ und bemerken, daß alle von Null verschiedenen Elemente des GALOIS-Feldes Nullstellen von $x^h - 1$, also h-te Einheitswurzeln sind. Da h zu p teilerfremd ist, so gilt für diese Einheitswurzeln alles im vorigen Paragraphen Gesagte:

Alle von Null verschiedenen Körperelemente sind Potenzen einer einzigen primitiven h-ten Einheitswurzel. Oder: *Die multiplikative Gruppe des* GALOIS-*Feldes ist zyklisch.*

Durch diese Theoreme ist die Struktur der endlichen kommutativen Körper vollständig aufgedeckt.

Es ist ein leichtes, sämtliche Unterkörper von $GF(p^n)$ zu bestimmen. Jeder Unterkörper hat einen Grad m, der Teiler von n ist, und besteht somit aus p^m Elementen, die dadurch gekennzeichnet sind, daß sie Nullstellen von $x^{p^m} - x$ sein müssen. Zu jedem positiven Teiler m von n gibt es aber auch wirklich einen solchen Unterkörper; denn wenn m Teiler von n ist, so ist $p^m - 1$ Teiler von $p^n - 1 = (p^m - 1)(p^{n-m} + p^{n-2m} + \cdots + p^m + 1)$, mithin $x^{p^m-1} - 1$ Teiler von $x^{p^n-1} - 1$, also $x^{p^m} - x$ Teiler von $x^{p^n} - x$. Da das letztere Polynom in $GF(p^n)$ vollständig zerfällt, muß das erstere es auch tun, und seine Nullstellen bilden einen $GF(p^m)$. Damit ist bewiesen: *Zu jedem Teiler $m > 0$ von n gibt es einen und nur einen Unterkörper m-ten Grades $GF(p^m)$ in $GF(p^n)$. Ein Element $\alpha \neq 0$ gehört dem Unterkörper an, wenn es der Gleichung $\alpha^{p^m-1} = 1$ genügt, also wenn seine Ordnung (in der multiplikativen Gruppe) Teiler von $p^m - 1$ ist.*

Im nächsten Paragraphen werden wir den folgenden Satz brauchen:

Ein GALOIS-*Feld der Charakteristik p enthält zu jedem Element a genau eine p-te Wurzel $a^{\frac{1}{p}}$.*

Beweis. Zu jedem Element x existiert im Körper eine p-te Potenz x^p. Verschiedene Elemente haben verschiedene p-te Potenzen wegen

$$x^p - y^p = (x - y)^p.$$

Also gibt es im Körper genau so viele p-te Potenzen wie Elemente. Alle Elemente sind also p-te Potenzen.

Wir wollen schließlich noch die 1-Automorphismen des Körpers $\Sigma = GF(p^m)$ bestimmen.

Zunächst ist $\alpha \to \alpha^p$ ein Automorphismus. Denn einerseits ist die Zuordnung nach dem vorigen Satz umkehrbar eindeutig, und andererseits ist

$$(\alpha + \beta)^p = \alpha^p + \beta^p,$$
$$(\alpha\beta)^p = \alpha^p \beta^p.$$

Die Potenzen dieses Automorphismus führen α über in $\alpha^p, \alpha^{p^2}, \ldots, \alpha^{p^m} = \alpha$. Damit haben wir m Automorphismen gefunden.

Daß es nicht mehr als m 1-Automorphismen geben kann, werden wir im § 38 sehen. Die oben bestimmten m 1-Automorphismen $\alpha \to \alpha^{p^\nu}$ sind also die *einzigen.*

Die für $GF(p^n)$ gültigen Sätze ergeben, für $n=1$ spezialisiert und auf den Restklassenring $C/(p)$ angewandt, bekannte Sätze der elementaren Zahlentheorie, nämlich:

1. Eine Kongruenz nach p hat höchstens so viel Wurzeln mod p, wie ihr Grad beträgt.

2. Der FERMATsche Satz

$$a^{p-1} \equiv 1\,(p) \quad \text{für} \quad a \not\equiv 0\,(p)$$

ist ein Spezialfall des für $GF(p^n)$ gültigen Satzes:

$$a^{p^n-1} = 1 \quad \text{für} \quad a \neq 0.$$

3. Es gibt eine „Primitivzahl ζ modulo p“, so daß jede zu p teilerfremde Zahl b einer Potenz von ζ mod p kongruent ist. (Oder: Die Gruppe der Restklassen mod p mit Ausschluß der Nullklasse ist zyklisch.)

4. Das Produkt aller von Null verschiedenen Elemente $a_1, a_2, \ldots, a_h$ eines $GF(p^n)$ ist -1 wegen

$$x^h - 1 = \prod_1^h (x - a_\nu).$$

Für $n=1$ ergibt das den „WILSONschen Satz“:

$$(p-1)! \equiv -1\,(p).$$

Aufgaben. 1. Ist α in $GF(p^n)$ eine Nullstelle des in $\Pi[x]$ irreduziblen Polynoms $f(x)$ vom Grad m, so sind die sämtlichen Nullstellen (die zu α konjugierten Größen) gegeben durch

$$\alpha^p, \alpha^{p^2}, \ldots, \alpha^{p^m} = \alpha.$$

2. Ist r teilerfremd zu $p^n - 1$, so ist jedes Element von $GF(p^n)$ eine r-te Potenz. Ist r Teiler von $p^n - 1$, so sind die und nur die Elemente α von $GF(p^n)$ r-te Potenzen, die der Gleichung

$$\alpha^{\frac{p^n-1}{r}} = 1$$

genügen. Zahlentheoretische Spezialisierung („r-te Potenzreste“)!

3. Wenn ein Primideal $\mathfrak{p}$ in einem kommutativen Ring $\mathfrak{o}$ nur endlichviele Restklassen besitzt, so ist $\mathfrak{o}/\mathfrak{p}$ ein GALOIS-Feld.

4. Man untersuche insbesondere die Restklassenringe nach den Primidealen $(1+i)$, (3), $(2+i)$, (7) im Ring der ganzen GAUSSschen Zahlen.

5. Man gebe die in $GF(3)$ irreduzible Gleichung für eine primitive achte Einheitswurzel in $GF(9)$ an, ebenso die in $GF(2)$ irreduzible Gleichung für eine primitive siebente Einheitswurzel in $GF(8)$.

6. Es gibt zu jedem p und m ganzzahlige Polynome $f(x)$ m-ten Grades, die mod p irreduzibel sind. Alle diese sind (mod p) Teiler von $x^{p^m} - x$.

Eine interessante Eigenschaft der GALOIS-Felder hat C. CHEVALLEY bewiesen: Abh. math. Sem. Hamburg Bd. 11 (1935) S. 73.

§ 38. Separable und inseparable Erweiterungen (Erweiterungen erster und zweiter Art).

Δ sei wieder ein kommutativer Körper.

Wir fragen: Kann ein in $\Delta[x]$ irreduzibles Polynom in einem Erweiterungskörper mehrfache Nullstellen haben?

Damit $f(x)$ mehrfache Nullstellen besitzt, müssen $f(x)$ und $f'(x)$ einen nichtkonstanten Faktor gemein haben, der sich nach § 18 schon in $\Delta[x]$ berechnen läßt. Ist $f(x)$ irreduzibel, so kann $f(x)$ mit einem Polynom niedrigeren Grades keinen nichtkonstanten Faktor gemein haben; es muß also $f'(x) = 0$ sein.

Wir setzen

$$f(x) = \sum_0^n a_\nu x^\nu,$$

$$f'(x) = \sum_1^n \nu a_\nu x^{\nu-1}.$$

Soll $f'(x) = 0$ sein, so muß jeder Koeffizient verschwinden:

$$\nu a_\nu = 0 \qquad (\nu = 1, 2, \ldots).$$

Im Fall der Charakteristik Null folgt daraus $a_\nu = 0$ für alle $\nu \neq 0$. Ein nichtkonstantes Polynom kann also keine mehrfache Nullstelle haben. — Im Fall der Charakteristik p ist $\nu a_\nu = 0$ auch für $a_\nu \neq 0$ möglich; dann muß aber

$$\nu \equiv 0\,(p)$$

sein. Damit $f(x)$ eine mehrfache Nullstelle hat, müssen also alle Glieder verschwinden mit Ausnahme der Glieder $a_\nu x^\nu$ mit $\nu \equiv 0\,(p)$; mithin hat $f(x)$ die Gestalt

$$f(x) = a_0 + a_p x^p + a_{2p} x^{2p} + \cdots.$$

Umgekehrt: wenn $f(x)$ diese Gestalt hat, so ist $f'(x) = 0$. Wir können in diesem Fall schreiben:

$$f(x) = \varphi(x^p).$$

Damit ist bewiesen: *Für Charakteristik Null hat ein in $\Delta[x]$ irreduzibles Polynom $f(x)$ nur einfache Nullstellen; für Charakteristik p hat $f(x)$ (wofern es nichtkonstant ist) dann und nur dann vielfache Nullstellen, wenn $f(x)$ sich als Funktion von x^p schreiben läßt.*

Im letzteren Fall kann es sein, daß $\varphi(x)$ seinerseits Funktion von x^p ist. Dann ist $f(x)$ Funktion von x^{p^2}. Es sei $f(x)$ Funktion von x^{p^e}:

$$f(x) = \psi\left(x^{p^e}\right),$$

aber nicht Funktion von $x^{p^{e+1}}$. Dann ist $\psi(y)$ natürlich irreduzibel. Weiterhin ist $\psi'(y) \neq 0$; sonst wäre nämlich $\psi(y) = \chi(y^p)$, also $f(x) = \chi\left(x^{p^{e+1}}\right)$, entgegen der Voraussetzung. — Also hat $\psi(y)$ lauter einfache Nullstellen.

Wir zerlegen $\psi(y)$ in einem Erweiterungskörper in Linearfaktoren[1]:

$$\psi(y) = \prod_1^{n_0} (y-\beta_i).$$

Daraus folgt:

$$f(x) = \prod_1^{n_0} \left(x^{p^e}-\beta_i\right).$$

Es sei α_i eine Nullstelle von $x^{p^e}-\beta_i$. Dann ist

$$\alpha_i^{p^e} = \beta_i,$$

$$x^{p^e}-\beta_i = x^{p^e}-\alpha_i^{p^e} = (x-\alpha_i)^{p^e}.$$

Also ist α_i eine p^e-fache Nullstelle von $x^{p^e}-\beta_i$, und es ist

$$f(x) = \prod_1^{n_0} (x-\alpha_i)^{p^e}.$$

Alle Nullstellen von $f(x)$ haben also die gleiche Vielfachheit p^e.

Der Grad n_0 des Polynoms ψ heißt der *reduzierte Grad* von $f(x)$ (oder von α_i); e heißt der *Exponent* von $f(x)$ (oder von α_i) in bezug auf Δ. Zwischen dem Grad, dem reduzierten Grad und dem Exponenten besteht die Beziehung

$$n = n_0 p^e.$$

n_0 ist zugleich die Anzahl der verschiedenen Nullstellen von $f(x)$.

Ist ϑ Nullstelle eines in $\Delta[x]$ irreduziblen Polynoms mit lauter getrennten (einfachen) Nullstellen, so heißt ϑ *separabel* oder *von erster Art*[2] in bezug auf Δ. Auch das irreduzible Polynom $f(x)$, dessen Nullstellen alle separabel sind, heißt *separabel*. Im entgegengesetzten Fall heißen das algebraische Element ϑ und das irreduzible Polynom $f(x)$ *inseparabel* oder *von zweiter Art*. Schließlich heißt ein algebraischer Oberkörper Σ, dessen Elemente sämtlich separabel in bezug auf Δ sind, *separabel* in bezug auf Δ und jeder andere algebraische Oberkörper *inseparabel*.

Im Fall der Charakteristik Null ist nach dem Vorigen jedes irreduzible Polynom (mithin auch jeder algebraische Erweiterungskörper) separabel; im Fall der Charakteristik p nur die Polynome mit dem Exponenten $e = 0$ (und mithin dem reduzierten Grad $n_0 = n$). Im Fall der Charakteristik p ist ein irreduzibles nichtkonstantes $\varphi(x)$ dann und nur dann inseparabel, wenn es sich als Polynom in x^p schreiben läßt.

Wir werden später noch sehen, daß die meisten wichtigen und interessanten Körpererweiterungen separabel sind, und daß es ausgedehnte Klassen von Körpern gibt, die keiner inseparablen Erweiterungen fähig

---

[1] Ohne Beschränkung der Allgemeinheit kann der höchste Koeffizient von $\psi(y)$ gleich 1 gesetzt werden, n_0 ist der Grad von $\psi(y)$.

[2] Der Ausdruck „von erster Art" stammt von STEINITZ. Ich schlage das Wort „separabel" vor, das in mehr suggestiver Weise zum Ausdruck bringen soll, daß alle Nullstellen von $f(x)$ getrennt liegen.

sind (sogenannte „vollkommene Körper"). Aus diesem Grunde sind im folgenden alle Untersuchungen, die sich insbesondere mit inseparablen Erweiterungen beschäftigen, mit kleinen Typen gedruckt.

Wir betrachten nun den algebraischen Körper $\Sigma = \Delta(\vartheta)$. Während der Grad n der definierenden Gleichung $f(x) = 0$ zugleich den Körpergrad $(\Sigma:\Delta)$ angibt, gibt der reduzierte Grad n_0 zugleich die *Anzahl der Isomorphismen* des Körpers Σ an, in folgendem präzisierten Sinne: Wir betrachten nur solche Isomorphismen $\Sigma \cong \Sigma'$, welche alle Elemente des Unterkörpers Σ fest lassen, mithin Σ in äquivalente Körper Σ' überführen (*„relative Isomorphismen von Σ in bezug auf Δ"*), und weiter nur solche, bei denen der Bildkörper Σ' mit Σ zusammen innerhalb eines passend gewählten Oberkörpers Ω liegt. Es gilt nämlich der Satz:

Bei passender Wahl des Oberkörpers Ω hat $\Sigma = \Delta(\vartheta)$ genau n_0 relative Isomorphismen, und bei keiner Wahl von Ω hat Σ mehr als n_0 solche Isomorphismen.

Beweis. Jeder relative Isomorphismus muß ϑ in eine konjugierte Größe ϑ' in Ω [Wurzel derselben irreduziblen Gleichung $f(x) = 0$] überführen. Wählt man nun Ω so, daß $f(x)$ in Ω ganz in Linearfaktoren zerfällt, so hat ϑ tatsächlich n_0 Konjugierte $\vartheta, \vartheta', \ldots$, und die Körper $\Delta(\vartheta), \Delta(\vartheta'), \ldots$ sind in der Tat konjugiert oder äquivalent. Wie man aber auch Ω wählt, niemals hat ϑ mehr als n_0 Konjugierte. Man beachte nun, daß ein relativer Isomorphismus $\Delta(\vartheta) \cong \Delta(\vartheta')$ vollständig durch die Angabe $\vartheta \to \vartheta'$ bestimmt ist. Soll nämlich ϑ in ϑ' übergehen und jede Größe aus Δ fest bleiben, so muß

$$\Sigma a_k \vartheta^k \qquad (a_k \in \Delta)$$

in

$$\Sigma a_k \vartheta'^k$$

übergehen, und das bestimmt den Isomorphismus. —

Ist speziell ϑ separabel, so ist $n_0 = n$, mithin die Anzahl der relativen Isomorphismen gleich dem Körpergrad.

Wenn wir im folgenden von den (relativen) Isomorphismen von $\Sigma = \Delta(\vartheta)$, von den Konjugierten zu ϑ oder von den konjugierten Körpern zu Σ (in bezug auf Δ) reden, meinen wir immer die Isomorphismen bzw. Konjugierten in einem passend gewählten Körper Ω, für den wir immer wie oben den Zerfällungskörper von $f(x)$, d. h. den kleinsten in bezug auf Δ GALOISschen Körper, der Σ umfaßt, wählen können.

Wenn man einen festen Oberkörper zur Verfügung hat, in dem *jede* Gleichung $f(x) = 0$ ganz in Linearfaktoren zerfällt (wie es z. B. im Körper der komplexen Zahlen der Fall ist), so kann man für Ω ein für allemal diesen festen Oberkörper wählen und den Zusatz „in Ω" bei Aussagen über Isomorphismen immer weglassen. So wird es z. B. in der Theorie der Zahlkörper immer getan. Daß man sich auch bei abstrakten Körpern immer ein solches Ω verschaffen kann, wird sich in § 62 zeigen.

Aufgaben. 1. Ist Π ein Körper von der Charakteristik p und x eine Unbestimmte, so ist die Gleichung $z^p - x = 0$ in $\Pi(x)[z]$ irreduzibel und der durch diese Gleichung definierte Körper $\Pi\left(x^{\frac{1}{p}}\right)$ inseparabel über $\Pi(x)$.

2. Man konstruiere die relativen Isomorphismen in bezug auf den rationalen Grundkörper Γ:

a) des Körpers der fünften Einheitswurzeln,

b) des Körpers $\Gamma(\sqrt[3]{2})$.

3. Wenn $\vartheta^{p^e} = \gamma$ in Δ liegt, aber $\vartheta^{p^{e-1}}$ nicht, so ist das Polynom $x^{p^e} - \gamma$ in $\Delta[x]$ irreduzibel.

Eine Verallgemeinerung des obigen Satzes ist der folgende:

Wenn ein Oberkörper Σ aus Δ entsteht durch sukzessive Adjunktion von m algebraischen Größen $\alpha_1, \ldots, \alpha_m$ und wenn jedes α_i Wurzel einer in $\Delta(\alpha_1, \ldots, \alpha_{i-1})$ irreduziblen Gleichung vom reduzierten Grad n'_i ist, so hat Σ in einem passenden Oberkörper Ω genau $\prod_1^m n'_i$ relative Isomorphismen in bezug auf Δ, und in keinem Oberkörper gibt es mehr als $\prod_1^m n'_i$ solche Isomorphismen von Σ.

Beweis. Der Satz wurde für $m = 1$ eben bewiesen. Er möge also für $\Sigma_1 = \Delta(\alpha_1, \ldots, \alpha_{m-1})$ schon als richtig erkannt sein: es gebe in einem passenden Ω_1 genau $\prod_1^{m-1} n'_i$ relative Isomorphismen von Σ_1 und niemals mehr. Einer dieser $\prod_1^{m-1} n'_i$ Isomorphismen sei $\Sigma_1 \to \overline{\Sigma}_1$. Wir behaupten nun, daß dieser Isomorphismus sich in einem passenden Ω auf genau n'_m Weisen zu einem Isomorphismus $\Sigma = \Sigma_1(\alpha_m) \cong \overline{\Sigma} = \overline{\Sigma}_1(\overline{\alpha}_m)$ fortsetzen läßt und niemals auf mehr als n'_m Arten.

α_m genügt in Σ_1 einer Gleichung $f_1(x) = 0$ mit genau n'_m verschiedenen Wurzeln. Durch die Isomorphie $\Sigma_1 \to \overline{\Sigma}_1$ möge $f_1(x)$ in $\overline{f}_1(x)$ übergehen. Dann hat $\overline{f}_1(x)$ in einem passenden Erweiterungskörper wieder n'_m verschiedene Wurzeln und niemals mehr. Eine dieser Wurzeln sei $\overline{\alpha}_m$. Nach Wahl von $\overline{\alpha}_m$ läßt sich der Isomorphismus $\Sigma_1 \cong \overline{\Sigma}_1$ in einer und nur einer Weise zu einem Isomorphismus $\Sigma_1(\alpha_m) \cong \overline{\Sigma}_1(\overline{\alpha}_m)$ mit $\alpha_m \to \overline{\alpha}_m$ fortsetzen; diese Fortsetzung ist nämlich gegeben durch die Formel

$$\sum c_k \alpha_m^k \to \sum \overline{c}_k \overline{\alpha}_m^k.$$

Da man die Wahl von $\overline{\alpha}_m$ auf n'_m Arten treffen kann, so gibt es n'_m solche Fortsetzungen zu jedem gewählten Isomorphismus $\Sigma_1 \to \overline{\Sigma}_1$. Da man diesen Isomorphismus seinerseits auf $\prod_1^{m-1} n'_i$ Arten wählen kann, so gibt es im ganzen (in einem solchen Oberkörper Ω, in dem alle in Betracht kommenden Gleichungen vollständig zerfallen)

$$\prod_1^{m-1} n'_i \cdot n'_m = \prod_1^m n'_i$$

relative Isomorphismen für Σ und niemals mehr, q. e. d.

Ist n_i der volle (nichtreduzierte) Grad von α_i in bezug auf $\Delta(\alpha_1, \ldots, \alpha_{i-1})$, so ist n_i zugleich der Körpergrad von $\Delta(\alpha_1, \ldots, \alpha_i)$ in bezug auf $\Delta(\alpha_1, \ldots, \alpha_{i-1})$; mithin ist der Körpergrad $(\Sigma : \Delta)$ gleich $\prod_1^m n_i$. Vergleichen wir diese Anzahl mit der Isomorphismenzahl $\prod_1^m n'_i$, so folgt:

Die Anzahl der relativen Isomorphismen eines endlichen Erweiterungskörpers $\Sigma = \Delta(\alpha_1, \ldots, \alpha_m)$ in bezug auf Δ (in einem passenden Erweiterungskörper Ω) ist dann und nur dann gleich dem Körpergrad $(\Sigma : \Delta)$, wenn jedes α_i separabel in bezug auf das zugehörige $\Delta(\alpha_1, \ldots, \alpha_{i-1})$ ist. Ist dagegen auch nur ein α_i inseparabel, so ist die Isomorphismenzahl kleiner als der Körpergrad.

Aus diesem Satz fließen sofort eine Anzahl wichtige Folgerungen. Der Satz besagt zunächst, daß die Eigenschaft, daß jedes α_i separabel in bezug auf den Körper der vorangehenden ist, eine Eigenschaft des Körpers Σ darstellt, unabhängig von der Wahl der Erzeugenden α_i. Da man jede beliebige Größe β des Körpers als erste Erzeugende wählen kann, so folgt sofort, daß jede Größe β des Körpers Σ separabel ist, sobald alle α_i es im angegebenen Sinne sind. Mithin:

Adjungiert man zu Δ sukzessiv die Größen $\alpha_1, \ldots, \alpha_n$ und ist jedes α_i separabel in bezug auf den Körper der vorangehenden, so ist der entstehende Körper

$$\Sigma = \Delta(\alpha_1, \ldots, \alpha_n)$$

separabel über Δ.

Insbesondere: *Summe, Differenz, Produkt und Quotient separabler Größen sind separabel.*

Weiter: *Ist β separabel in bezug auf Σ und Σ separabel in bezug auf Δ, so ist β separabel in bezug auf Δ.* Denn β genügt einer Gleichung mit endlichvielen Koeffizienten $\alpha_1, \ldots, \alpha_m$ aus Σ, ist also separabel in bezug auf $\Delta(\alpha_1, \ldots, \alpha_m)$. Daher ist auch

$$\Delta(\alpha_1, \ldots, \alpha_m, \beta)$$

separabel.

Schließlich haben wir: *Die Anzahl der relativen Isomorphismen eines separablen endlichen Erweiterungskörpers Σ von Δ ist gleich dem Körpergrad $(\Sigma : \Delta)$.*

Da nach dem Vorigen alle rationalen Operationen, ausgeübt auf separable Elemente, wieder separable Elemente ergeben, so bilden in einem beliebigen Oberkörper Ω von Δ die separablen Größen für sich einen Körper Ω_0. Man kann Ω_0 auch beschreiben als die größte separable Erweiterung von Δ, die in Ω liegt.

Ist Ω algebraisch in bezug auf Δ, aber nicht notwendig separabel, so liegt von jedem Element α von Ω die p^e-te Potenz in Ω_0, wenn e der Exponent des betreffenden Elements ist. Aus den Betrachtungen zu Anfang dieses Paragraphen folgt nämlich unmittelbar, daß α^{p^e} einer Gleichung mit lauter verschiedenen Wurzeln genügt. Also:

Ω entsteht aus Ω_0 durch Ausziehung von lauter p^e-ten Wurzeln.

Ist Ω insbesondere endlich in bezug auf Δ, so sind die Exponenten e natürlich beschränkt. Der größte unter ihnen, der wieder mit e bezeichnet werden soll, heißt der *Exponent* von Ω. Der Grad von Ω_0 heißt der *reduzierte Grad* von Ω.

Man kann natürlich die Ausziehung der p^e-ten Wurzeln auch durch sukzessive Ausziehung von p-ten Wurzeln erreichen. Bei Ausziehung einer p-ten Wurzel, die nicht schon im Körper vorhanden war (also bei Adjunktion einer Wurzel einer irreduziblen Gleichung $z^p - \beta = 0$), multipliziert sich der Körpergrad mit p. Also wird schließlich, wenn man insgesamt f-mal eine p-te Wurzel ausgezogen hat,

$$(\Omega : \Delta) = (\Omega_0 : \Delta) \cdot p^f$$

oder

$$\text{Grad} = \text{reduzierter Grad} \cdot p^f,$$

wie bei einfachen inseparablen Erweiterungen.

Mit p^e-ten Wurzeln rechnet es sich besonders einfach. Ist α eine p^e-te Wurzel aus β, so ist, wie wir schon sahen,

$$x^{p^e} - \beta = x^{p^e} - \alpha^{p^e} = (x - \alpha)^{p^e};$$

also ist eine p^e-te Wurzel aus β in jedem Körper, in dem sie überhaupt existiert, *eindeutig bestimmt*. Weiter ist

$$\sqrt[p^e]{\alpha+\beta} = \sqrt[p^e]{\alpha} + \sqrt[p^e]{\beta},$$

$$\sqrt[p^e]{\alpha\beta} = \sqrt[p^e]{\alpha} \cdot \sqrt[p^e]{\beta},$$

wie man durch Erhebung in die p^e-te Potenz sieht.

Aufgabe. 4. Sind für eine endliche inseparable Erweiterung e und f wie oben definiert, so ist $e \leqq f$. Bei einer einfachen Erweiterung ist $e = f$. Man gebe ein Beispiel für $e < f$. [Adjunktion der p-ten Wurzeln aus zwei oder mehr Unbestimmten.]

§ 39. Vollkommene und unvollkommene Körper. Wurzelkörper.

Ein Körper Δ heißt *vollkommen*, wenn jedes in $\Delta[x]$ irreduzible Polynom $f(x)$ separabel ist. Jeder andere Körper heißt *unvollkommen*.

Wann ein Körper vollkommen ist, kommt in den folgenden beiden Sätzen zum Ausdruck:

I. *Körper von der Charakteristik Null sind immer vollkommen.*

Beweis. Siehe § 38.

II. *Ein Körper von der Charakteristik p ist dann und nur dann vollkommen, wenn es zu jedem Element im Körper eine p-te Wurzel gibt.*

Beweis. Wenn es zu jedem Element eine p-te Wurzel im Körper gibt, so ist jedes Polynom $f(x)$, das nur Potenzen von x^p enthält, eine p-te Potenz, wegen:

$$f(x) = \sum_k a_k (x^p)^k = \{\sum_k \sqrt[p]{a_k}\, x^k\}^p;$$

d. h. jedes irreduzible Polynom ist in diesem Fall separabel, mithin der Körper vollkommen.

Andererseits: Gibt es ein Element α im Körper, das keine p-te Potenz ist, so betrachten wir das Polynom

$$f(x) = x^p - \alpha.$$

Ein unzerlegbarer Faktor von $f(x)$ sei $\varphi(x)$. Nach Adjunktion von $\sqrt[p]{\alpha} = \beta$ zerfällt $f(x)$ in lauter gleiche Linearfaktoren $(x-\beta)$, also ist $\varphi(x)$, als Teiler von $f(x)$, ebenfalls eine Potenz von $(x-\beta)$. Wäre $\varphi(x)$ linear, also $\varphi(x) = x - \beta$, so würde β zum Körper Δ gehören, entgegen der Voraussetzung. Somit ist $\varphi(x) = (x-\beta)^k$ mit $k > 1$ ein inseparables irreduzibles Polynom über Δ, folglich Δ ein unvollkommener Körper. Übrigens ist der Grad von $\varphi(x)$ nach § 38 notwendig durch p teilbar, also in diesem Fall gleich p, d. h. es ist $\varphi(x) = f(x)$.

Aus II und einem Satz von § 37 folgt unmittelbar:

Alle GALOIS-*Felder sind vollkommen.*

In einem algebraisch-abgeschlossenen Körper (Definition siehe § 62) ist jedes irreduzible Polynom linear; mithin:

Alle algebraisch-abgeschlossenen Körper sind vollkommen.

Aus der Definition des vollkommenen Körpers folgen unmittelbar die beiden Sätze:

Jede algebraische Erweiterung eines vollkommenen Körpers ist in bezug auf diesen separabel.

Zu einem unvollkommenen Körper gibt es inseparable Erweiterungen. Diese inseparablen Erweiterungen erhält man nämlich, indem man irgendeine Nullstelle einer Primfunktion zweiter Art adjungiert.

Die beim Beweis von II gemachte Bemerkung, daß in einem vollkommenen Körper von der Charakteristik p jedes Polynom $f(x)$, das nur von x^p abhängt, eine p-te Potenz ist, gilt kraft ihres Beweises auch für Polynome in mehreren Veränderlichen $f(x, y, z, \ldots)$, die zugleich Polynome in $x^p, y^p, z^p, \ldots$ sind. Auch dies ist eine oft verwendete Eigenschaft der vollkommenen Körper von der Charakteristik p.

Wurzelkörper. Es sei Δ irgendein Körper von der Charakteristik p. Ordnet man jedem Element x von Δ seine p-te Potenz x^p zu, so entsteht eine Zuordnung von Δ zu einer Untermenge, die wir Δ^p nennen. Im Falle eines vollkommenen Δ ist, wie wir sahen, $\Delta^p = \Delta$. Auf jeden Fall ist aber die Zuordnung eineindeutig; denn wegen

$$a^p - b^p = (a - b)^p$$

zieht $a^p = b^p$ notwendig $a = b$ nach sich. Weiter ist die Zuordnung ein *Isomorphismus* wegen

$$a^p + b^p = (a + b)^p,$$

$$a^p \cdot b^p = (a \cdot b)^p.$$

Also ist Δ^p ein mit Δ isomorpher Körper.

In genau derselben Weise kann man nun umgekehrt aus einem Körper Δ einen isomorphen Erweiterungskörper $\Delta^{\frac{1}{p}}$ konstruieren, von dem Δ eine p-te Potenz ist. Man hat nur alle p-ten Wurzeln $a^{\frac{1}{p}}$ der Elemente von Δ zu adjungieren, soweit sie nicht in Δ liegen, und diese den Rechnungsregeln

$$a^{\frac{1}{p}} + b^{\frac{1}{p}} = (a + b)^{\frac{1}{p}},$$

$$a^{\frac{1}{p}} \cdot b^{\frac{1}{p}} = (a \cdot b)^{\frac{1}{p}}$$

zu unterwerfen. Die Körpereigenschaften für $\Delta^{\frac{1}{p}}$ sind mit Hilfe der Isomorphie $a \to a^{\frac{1}{p}}$ mühelos zu beweisen, was dem Leser überlassen bleiben möge. Auch ist $\Delta^{\frac{1}{p}}$ bis auf äquivalente Erweiterungen eindeutig durch Δ bestimmt.

Ist Δ vollkommen, so ist natürlich $\Delta^{\frac{1}{p}} = \Delta$ und umgekehrt.

Man nennt $\Delta^{\frac{1}{p}}$ den *Wurzelkörper* von Δ. Konstruiert man zu $\Delta^{\frac{1}{p}}$ wieder den Wurzelkörper usw., so entsteht eine Reihe von Körpern

$$\Delta, \Delta^{\frac{1}{p}}, \Delta^{\frac{1}{p^2}}, \ldots,$$

deren Vereinigung offenbar ein vollkommener Körper ist, und zwar der kleinste vollkommene Körper, der Δ umfaßt.

Aufgaben. 1. Man führe die Beweise durch.

2. Jede algebraische Erweiterung eines vollkommenen Körpers ist vollkommen.

3. Jede endliche algebraische Erweiterung eines unvollkommenen Körpers ist unvollkommen.

4. Man konstruiere den Wurzelkörper zu $\Pi(x)$, wo Π ein vollkommener Körper der Charakteristik p und x eine Unbestimmte ist; ebenso den kleinsten umfassenden vollkommenen Körper.

§ 40. Einfachheit von algebraischen Erweiterungen. Der Satz vom primitiven Element.

Wir wollen untersuchen, in welchen Fällen eine kommutative endliche Erweiterung Σ eines Körpers Δ einfach ist, d. h. durch Adjunktion eines einzigen erzeugenden oder „*primitiven*" Elements entsteht. Auf diese Frage gibt der folgende *Satz vom primitiven Element* in einer weiten Klasse von Fällen Antwort. Er lautet:

Es sei $\Delta(\alpha_1, \ldots, \alpha_h)$ ein endlicher algebraischer Erweiterungskörper von Δ und $\alpha_2, \ldots, \alpha_h$ separable Elemente[1]. *Dann ist $\Delta(\alpha_1, \ldots, \alpha_h)$ eine einfache Erweiterung:*

$$\Delta(\alpha_1, \ldots, \alpha_h) = \Delta(\vartheta).$$

Beweis. Wir beweisen den Satz zunächst für zwei Elemente α, β, von denen zumindest β separabel sein soll. Es sei $f(x) = 0$ die irreduzible Gleichung für α, $g(x) = 0$ die für β. Wir gehen in einen Körper, in dem $f(x)$ und $g(x)$ vollständig zerfallen. Die verschiedenen Nullstellen von $f(x)$ seien $\alpha_1, \ldots, \alpha_r$; die von $g(x)$ seien $\beta_1, \ldots, \beta_s$; es sei etwa $\alpha_1 = \alpha$, $\beta_1 = \beta$.

Wir können voraussetzen, daß Δ unendlichviele Elemente hat; denn andernfalls hat auch $\Delta(\alpha, \beta)$ nur endlichviele, und für endliche Körper ist die Existenz eines primitiven Elements (sogar einer primitiven Einheitswurzel, von der alle Körperelemente außer der Null Potenzen sind) bereits in § 37 bewiesen worden.

Für $k \neq 1$ ist $\beta_k \neq \beta_1$, also hat die Gleichung

$$\alpha_i + x\beta_k = \alpha_1 + x\beta_1$$

für jedes i und jedes $k \neq 1$ höchstens eine Wurzel x in Δ. Wählt man nun c verschieden von den Wurzeln aller dieser linearen Gleichungen, so ist für jedes i und $k \neq 1$:

$$\alpha_i + c\beta_k \neq \alpha_1 + c\beta_1.$$

Wir setzen

$$\vartheta = \alpha_1 + c\beta_1 = \alpha + c\beta.$$

Dann ist ϑ Element von $\Delta(\alpha, \beta)$. Ich behaupte, daß ϑ schon die Eigenschaft des gesuchten primitiven Elements hat: $\Delta(\alpha, \beta) = \Delta(\vartheta)$.

Das Element β genügt den Gleichungen

$$g(\beta) = 0,$$

$$f(\vartheta - c\beta) = f(\alpha) = 0,$$

[1] Ob auch α_1 und damit der ganze Körper separabel ist, ist gleichgültig.

deren Koeffizienten in $\Delta(\vartheta)$ liegen. Die Polynome $g(x)$, $f(\vartheta - cx)$ haben auch nur die Wurzel β gemein; denn für die weiteren Wurzeln $\beta_k (k \neq 1)$ der ersten Gleichung ist

$$\vartheta - c\beta_k \neq \alpha_i \qquad (i = 1, \ldots, r),$$

also

$$f(\vartheta - c\beta_k) \neq 0.$$

β ist eine einfache Wurzel von $g(x)$; demnach haben $g(x)$ und $f(\vartheta - cx)$ nur einen Linearfaktor $x - \beta$ gemein. Die Koeffizienten dieses größten gemeinsamen Teilers müssen schon in $\Delta(\vartheta)$ liegen; β liegt also in $\Delta(\vartheta)$. Aus $\alpha = \vartheta - c\beta$ folgt dasselbe für α, mithin ist in der Tat $\Delta(\alpha, \beta) = \Delta(\vartheta)$.

Damit ist unser Satz für $h = 2$ bewiesen. Ist er für $h - 1 (\geqq 2)$ schon bewiesen, so hat man

$$\Delta(\alpha_1, \ldots, \alpha_{h-1}) = \Delta(\eta),$$

also

$$\Delta(\alpha_1, \ldots, \alpha_h) = \Delta(\eta, \alpha_h) = \Delta(\vartheta),$$

nach dem schon bewiesenen Teil des Satzes; mithin folgt der Satz für h.

Folgerung. *Jede separable endliche Erweiterung ist einfach.*

Dieser Satz vereinfacht die Untersuchung der endlichen separablen Erweiterungen oft sehr, da wir Struktur und Isomorphismen dieser Erweiterungen vermöge der übersichtlichen Basisdarstellung

$$\sum_{0}^{n-1} a_k \vartheta^k$$

leicht beherrschen. Zum Beispiel ergibt sich jetzt ein neuer Beweis für die in § 38 (kleine Typen) mittels sukzessiver Fortsetzung von Isomorphismen bewiesene Tatsache, daß *eine endliche separable Erweiterung Σ von Δ so viele Isomorphismen relativ zu Δ besitzt, wie der Grad $(\Sigma : \Delta)$ angibt.* Denn für einfache separable Erweiterungen wurde diese Behauptung schon vorher in § 38 bewiesen, und jede endliche separable Erweiterung ist, wie wir jetzt wissen, eine einfache[1].

Im Falle der Charakteristik Null ist jede endliche Erweiterung separabel, also einfach. Wir können aber auch im Falle der Charakteristik p genau angeben, wann eine endliche Erweiterung einfach ist:

Eine endliche Erweiterung Σ eines Körpers Δ von der Charakteristik p ist dann und nur dann einfach, wenn

(1) $$n = n_0 p^e$$

ist, wo n der Grad, n_0 der reduzierte Grad und e der Exponent der Erweiterung ist.

Beweis. Zunächst eine Vorbemerkung. Ist $\Sigma = \Delta(\alpha_1, \ldots, \alpha_r)$, so ist der Exponent von Σ gleich dem Maximum e der Exponenten von $\alpha_1, \ldots, \alpha_r$. Denn zunächst ist der Exponent von Σ sicher $\geqq e$. Da aber alle Elemente von Σ sich

---

[1] Der frühere (längere) Beweis mittels sukzessiver Fortsetzung war lehrreicher; denn aus ihm ließ sich die ganze Theorie der inseparablen Erweiterungen entwickeln. Demjenigen Leser aber, der sich hauptsächlich für separable Erweiterungen interessiert, die ja auch die wichtigsten und häufigsten sind, sei der obige Beweisgang mittels des Satzes vom primitiven Element empfohlen.

rational durch $\alpha_1, \ldots, \alpha_r$ (mit Koeffizienten aus Δ) ausdrücken, so lassen sich wegen der Potenzierungsregel die p^e-ten Potenzen der Elemente von Σ rational durch $\alpha_1^{p^e}, \ldots, \alpha_r^{p^e}$ ausdrücken; diese p^e-ten Potenzen sind mithin separable Elemente, und der Exponent von Σ ist genau e. Die separablen Elemente von Σ bilden nach § 32 wieder einen separablen Erweiterungskörper Σ_0 in Σ.

Nun sei Σ einfach: $\Sigma = \Delta(\vartheta)$. Dann ist $\vartheta^{p^e} \in \Sigma_0$. Setzt man also wieder $(\Sigma : \Sigma_0) = p^f$, so ist $f \leqq e$ und (wie immer) $e \leqq f$, mithin $e = f$; daraus und aus $n = n_0 p^f$ folgt die Relation (1).

Umgekehrt sei (1) erfüllt. Σ_0 ist eine endliche separable Erweiterung, also einfach:

$$\Sigma_0 = \Delta(\alpha).$$

Ich suche mir ein Element β von Σ, das genau den Exponenten e hat. Dann ist

$$\beta^{p^e} = \mu_0 \in \Sigma_0$$

und $x^{p^e} - \mu_0$ ist irreduzibel in Σ_0, da sonst schon $\beta^{p^{e-1}}$ in Σ_0 liegen müßte (§ 38, Aufg. 3). $\Sigma_0(\beta)$ hat also den Grad p^e in bezug auf Σ_0, also den Grad $n = n_0 p^e$ in bezug auf Δ. Da auch Σ den Grad n in bezug auf Δ hat, so folgt $\Sigma_0(\beta) = \Sigma$ oder $\Sigma = \Delta(\alpha, \beta)$. Da α separabel ist, so ergibt sich aus dem Satz vom primitiven Element, daß Σ einfach ist, q. e. d.

Aufgaben. 1. Sind x und y Unbestimmte, so ist die Erweiterung $\Delta\left(x^{\frac{1}{p}}, y^{\frac{1}{p}}\right)$ von $\Delta(x, y)$ nicht mehr einfach.

2. Für Charakteristik $\neq 2$ gilt immer

$$\Delta\left(\sqrt{x}, \sqrt{y}\right) = \Delta\left(x, y, \sqrt{x} + \sqrt{y}\right),$$

dagegen nicht für Charakteristik 2.

§ 41. Normen und Spuren.

Es sei zunächst Σ ein endlicher kommutativer Erweiterungskörper von Δ. Die relativen Isomorphismen von Σ, die Σ in seine konjugierten Körper überführen, führen jedes Element η von Σ auch in zu η konjugierten Elemente über. Nehmen wir der Einfachheit halber Σ als eine einfache Erweiterung an: $\Sigma = \Delta(\vartheta)$, so ist

$$\eta = \psi(\vartheta) = a_0 + a_1 \vartheta + \cdots + a_{n-1} \vartheta^{n-1}$$

und wir erhalten bei Ausführung der Isomorphismen, indem wir ϑ durch seine konjugierten Größen ersetzen:

$$\eta_\nu = \psi(\vartheta_\nu) = a_0 + a_1 \vartheta_\nu + \cdots + a_{n-1} \vartheta_\nu^{n-1}.$$

Dabei sind die konjugierten Größen ϑ_ν numeriert von 1 bis n und jede so oft gezählt, wie sie vorkommt bei der Linearfaktorzerlegung des in $\Delta[t]$ irreduziblen Polynoms $\varphi(t)$, dessen Wurzel ϑ ist. Bei separablem ϑ wird demnach jeder Isomorphismus einmal, bei inseparablem ϑ mehrmals gezählt.

Wir betrachten nun die elementarsymmetrischen Funktionen von $\eta_1, \ldots, \eta_n$, insbesondere die Summe, welche die *Spur von* η heißt:

$$\sum_{\nu=1}^{n} \eta_\nu = S(\eta)$$

und das Produkt, die *Norm von* η

$$\prod_{\nu=1}^{n} \eta_\nu = N(\eta).$$

Wir erstrecken die Bildung von Spur und Norm auch auf Polynome mit Koeffizienten aus Σ, wobei wir verabreden, daß die Isomorphismen $\vartheta \to \vartheta_\nu$ nur auf die Koeffizienten dieser Polynome wirken sollen, während die Unbestimmten davon unberührt bleiben. Zum Beispiel ist

$$N(z-\eta) = \prod_{\nu=1}^{n} (z-\eta_\nu). \tag{1}$$

Die Koeffizienten dieses Polynoms $G(z) = N(z-\eta)$ sind gerade die elementarsymmetrischen Funktionen von $\eta_1, \ldots, \eta_n$. Man kommt also mit dem Normbegriff allein vollständig aus: die Spur und die übrigen elementarsymmetrischen Funktionen lassen sich mit Hilfe der Norm $N(z-\eta)$ definieren.

Die oben gegebene, in der Theorie der algebraischen Zahlen übliche Definition der Norm hat den Vorteil, daß die beiden Grundeigenschaften von Norm und Spur, nämlich

$$\begin{cases} N(\alpha\beta) = N(\alpha)\,N(\beta) \\ S(\alpha+\beta) = S(\alpha) + S(\beta) \end{cases} \tag{2}$$

evident sind. Sie hat aber den Nachteil, daß sie sich nicht ohne weiteres auf nichteinfache Körpererweiterungen und überhaupt nicht auf Schiefkörper und andere hyperkomplexe Systeme ausdehnen läßt. Wir geben daher im folgenden einige andere Definitionen der Norm, welche besser verallgemeinerungsfähig sind.

Das Polynom (1) ist, wenn man darin $\eta_\nu = \psi(\vartheta_\nu)$ einsetzt, eine symmetrische Funktion der Wurzeln ϑ_ν, also ganzrational durch die elementarsymmetrischen Funktionen der ϑ_ν, d. h. durch die Koeffizienten von $\varphi(t)$ ausdrückbar. Die Nullstellen von $G(z) = N(z-\eta)$ sind die zu η konjugierten Größen η_ν. Ist $g(z)$ das irreduzible Polynom mit der Nullstelle η_1, so hat $G(z)$ mit $g(z)$ die Nullstelle η_1 gemeinsam, ist also durch $g(z)$ teilbar. Es sei $g(z)^r$ die höchste in $G(z)$ aufgehende Potenz von $g(z)$. Dann ist also

$$G(z) = g(z)^r\,h(z).$$

Der zweite Faktor $h(z)$ hat keine anderen Linearfaktoren als solche von der Gestalt $z-\eta_\nu$, die auch in $g(z)$ aufgehen. Wäre $h(z)$ keine Konstante, so hätte $h(z)$ mit $g(z)$ eine Nullstelle η_ν gemeinsam und wäre somit durch $g(z)$ teilbar. Also ist $h(z)$ eine Konstante. Wird $g(z)$ wie $h(z)$ so normiert, daß der Anfangskoeffizient $= 1$ ist, so folgt

$$G(z) = g(z)^r.$$

Setzt man

$$g(z) = z^m + b_1 z^{m-1} + \cdots + b_m$$

so wird

$$G(z) = g(z)^r = z^{mr} + r b_1 z^{mr-1} + \cdots + b_m^r,$$

mithin

$$(3) \qquad \begin{cases} S(\eta) = -r b_1 \\ N(\eta) = (-1)^{mr} b_m^r. \end{cases}$$

Der Grad von $G(z)$ ist $n = mr$, also gilt

$$(4) \qquad r = \frac{n}{m} = \frac{(\Sigma:\Delta)}{(\Delta(\eta):\Delta)} = (\Sigma:\Delta(\eta)).$$

Die Formeln (3), (4) enthalten eine Spuren- und Normendefinition, welche für beliebige Schiefkörper endlichen Ranges über Δ sinnvoll bleibt, vorausgesetzt, daß Δ im Zentrum des Schiefkörpers liegt. Bei dieser Definition sind aber wiederum die Eigenschaften (2) nicht evident. Wir geben daher noch eine dritte gleichwertige Normendefinition, welche außerdem den Vorzug hat, in beliebigen hyperkomplexen Systemen sinnvoll zu bleiben.

Es sei $(\omega_1, \ldots, \omega_n)$ eine Basis des Körpers Σ über Δ. Wir drücken alle Produkte $\eta\omega_j$ linear durch diese Basis aus

$$(5) \qquad \eta\omega_j = \sum_k c_{jk}\omega_k$$

und bilden die Determinante D der Koeffizienten c_{jk}. Nun wird behauptet, daß $D = N(\eta)$ ist.

Zunächst zeigen wir, daß D von der Wahl der Basis unabhängig ist. Ist $(\omega_1', \ldots, \omega_n')$ eine andere Basis und

$$(6) \qquad \omega_i' = \sum_j a_{ij}\omega_j$$

$$(7) \qquad \omega_k = \sum_l b_{kl}\omega_l'$$

so findet man aus (5), (6) und (7)

$$\eta\,\omega_i' = \sum_j \sum_k \sum_l a_{ij} c_{jk} b_{kl} \omega_l',$$

also werden die neuen Koeffizienten durch

$$c_{il}' = \sum_j \sum_k a_{ij} c_{jk} b_{kl}$$

gegeben. Nach dem Multiplikationssatz der Determinanten folgt daraus für die Determinanten D', A, B, der Größen c_{ij}', a_{ij}, b_{kl} die Gleichung

$$(8) \qquad D' = ABD.$$

Wählt man insbesondere $\eta = 1$, so werden die c_{jk} und die c_{jk}' gleich 1 für $j = k$ und gleich 0 für $j \neq k$, also $D = D' = 1$, und es folgt als Spezialfall von (8)

$$(9) \qquad 1 = AB.$$

Aus (8) und (9) folgt $D' = D$: die Determinante D ist in der Tat von der Wahl der Basis unabhängig.

Nunmehr untersuchen wir, wie sich die Determinante D bei einer Erweiterung des Körpers Σ verhält. Es sei Ω ein Erweiterungskörper von Σ und es sei $(\sigma_1, \ldots, \sigma_n)$ eine Basis für Σ über Δ und $(\omega_1, \ldots, \omega_s)$ eine Basis für Ω über Σ, also $(\sigma_1 \omega_1, \sigma_2 \omega_1, \ldots, \sigma_n \omega_1, \ldots, \sigma_1 \omega_s, \ldots, \sigma_n \omega_s)$ eine Basis für Ω über Δ. Die Determinante D_Σ eines Elementes η von Σ wird aus

$$\eta\, \sigma_j = \sum_k c_{jk}\, \sigma_k$$

gefunden. Multipliziert man diese Formeln mit ω_l, so folgt

$$\eta\, \sigma_j\, \omega_l = \sum_k c_{jk}\, \sigma_k\, \omega_l. \tag{10}$$

Die Koeffizientendeterminante D_Ω der rechten Seite von (10) besteht demnach aus r gleichen Kästchen (c_{jk})

$$D = \left|\begin{array}{ccc} \begin{array}{|ccc|}\hline c_{11} & \cdots & c_{1n} \\ \vdots & & \vdots \\ c_{n1} & \cdots & c_{nn} \\ \hline\end{array} & 0 & \\ 0 & \begin{array}{|ccc|}\hline c_{11} & \cdots & c_{1n} \\ \vdots & & \vdots \\ c_{n1} & \cdots & c_{nn} \\ \hline\end{array} & \\ & & \ddots \end{array}\right|$$

Die im Körper Ω gebildete Determinante von η ist also gleich

$$D_\Omega = D_\Sigma^s; \qquad s = (\Omega : \Sigma). \tag{11}$$

Zufolge der Formel (11) kann man sich zur Berechnung der Determinante D_Σ eines Elementes η auf den kleinsten Körper beschränken, der dieses Element enthält, also auf den Körper $\Delta(\eta)$ mit der Basis $(1, \eta, \eta^2, \ldots, \eta^{m-1})$. In bezug auf diese Basis hat man, wenn man die definierende Gleichung $g(\eta) = 0$ beachtet

$$\begin{aligned} \eta \cdot 1 &= \eta \\ \eta \cdot \eta &= \eta^2 \\ \eta \cdot \eta^2 &= \eta^3 \\ &\cdots\cdots \\ \eta \cdot \eta^{m-1} &= \eta^m = -b_m - b_{m-1}\eta - \cdots - b_1 \eta^{m-1}. \end{aligned}$$

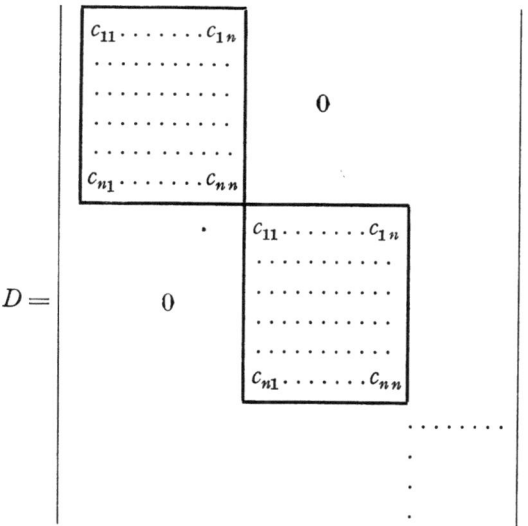

Die Determinante von η in Körper $\Delta(\eta)$ wird also

$$D_{\Delta(\eta)} = \begin{vmatrix} 0 & 1 & 0 \ldots\ldots\ldots 0 \\ 0 & 0 & 1 \ldots\ldots\ldots 0 \\ \ldots & \ldots & \ldots \\ \ldots & \ldots & \ldots \\ 0 & 0 & 0 \ldots\ldots\ldots 1 \\ -b_m & -b_{m-1} & -b_{m-2} \ldots - b_1 \end{vmatrix} = (-1)^m b_m$$

Nach Formel (11) folgt daraus

(12) $$D_\Sigma = D^r_{\Delta(\eta)} = (-1)^{mr} b^r_m, \qquad r = (\Sigma : \Delta(\eta)).$$

Der Vergleich von (3) und (4) mit (12) lehrt, daß D_Σ tatsächlich die Norm von η im Körper Σ ist:

(13) $$N(\eta) = D_\Sigma.$$

Ist η nicht ein Körperelement, sondern ein Polynom aus $\Sigma[x_1, x_2, \ldots]$, so gelten genau die gleichen Betrachtungen, nur muß man die Unbestimmten $x_1, x_2, \ldots$ zum Grundkörper adjungiert denken. Die Norm D_Σ wird ein Polynom vom Grade nh, wenn η selbst ein Polynom vom Grade h war. Betrachtet man z. B. statt des Elements η das Polynom $z - \eta$, so folgt aus (5)

$$(z - \eta)\,\omega_j = z\omega_j - \sum_k c_{jk}\,\omega_k,$$

(14) $$N(z - \eta) = \begin{vmatrix} z - c_{11} & -c_{12} \ldots\ldots & -c_{1n} \\ -c_{21} & z - c_{22} \ldots\ldots & -c_{2n} \\ \ldots & \ldots & \ldots \\ \ldots & \ldots & \ldots \\ -c_{n1} & -c_{n2} \ldots & z - c_{nn} \end{vmatrix}$$

Der negativ genommene Koeffizient von z^{n-1} in $N(z - \eta)$ ist wieder die Spur von η:

(15) $$S(\eta) = c_{11} + c_{22} + \cdots + c_{nn}.$$

Wir beweisen nun, daß auf Grund der Definitionen (13) und (15) für Norm und Spur allgemein die Formeln (2) gelten.

Es sei $(\omega_1, \ldots, \omega_n)$ eine Körperbasis und

(16) $$\alpha\,\omega_j = \sum_k a_{jk}\,\omega_k$$

(17) $$\beta\,\omega_j = \sum_k b_{jk}\,\omega_k.$$

Multipliziert man (17) links und rechts mit α und verwendet (16), so folgt

$$\alpha\beta\,\omega_j = \sum_k \sum_l b_{jk}\,a_{kl}\,\omega_l.$$

Somit sind die zu $\alpha\beta$ gehörigen Koeffizienten c_{jl} gleich

$$c_{jl} = \sum_k b_{jk}\,a_{kl}.$$

Daraus folgt nach dem Multiplikationssatz der Determinanten

$$N(\alpha\beta) = N(\alpha)\,N(\beta).$$

Noch leichter ist die Spurenrelation zu beweisen. Addition von (16) und (17) ergibt

$$(\alpha + \beta)\,\omega_j = \sum_k (a_{jk} + b_{jk})\,\omega_k$$

$$S(\alpha + \beta) = \sum_j (a_{jj} + b_{jj}) = \sum_j a_{jj} + \sum_j b_{jj} = S(\alpha) + S(\beta).$$

Die Norm und Spur hängen nicht nur von η und vom Grundkörper Δ ab, sondern auch vom Oberkörper Σ. Wenn man das zum Ausdruck bringen will, so schreibt man N_Σ oder $N_{\Sigma/\Delta}$ statt N. Nach Formel (11) ist

(18) $$N_\Omega(\eta) = N_\Sigma(\eta)^s; \qquad s = (\Omega : \Sigma).$$

Ersetzt man hier η durch $z - \eta$ und vergleicht die Koeffizienten der zweithöchsten Potenz von z links und rechts, so folgt

(19) $$S_\Omega(\eta) = s \cdot S_\Sigma(\eta).$$

Wir beweisen nun noch zwei Sätze, die wir im nächsten Paragraphen brauchen werden:

1. Eine Relation der Gestalt

$$N f(x_1, x_2, \ldots) = F(x_1, x_2, \ldots)$$

bleibt richtig, wenn die Unbestimmten $x_1, x_2, \ldots$ durch Elemente des Grundkörpers Δ (oder durch irgendwelche Polynome über Δ) ersetzt werden.

2. Ist η ein Polynom mit Koeffizienten aus Σ, so ist $N\eta$ durch η teilbar.

1. folgt sofort aus der Normendefinition (13).

2. beweist man so: Wegen $N(z - \eta) = g(z)^r$ und $g(\eta) = 0$ ist $N(z - \eta)$ durch $z - \eta$ teilbar:

$$N(z - \eta) = (z - \eta)\,h(z).$$

Setzt man hier $z = 0$, so folgt die Behauptung.

Aufgaben. 1. Die Norm von $a + b\sqrt{d}$ im quadratischen Körper $\Delta\left(\sqrt{d}\right)$ ist zu berechnen.

2. Die Norm von $1 + \vartheta^2$ im Körper $\Delta(\vartheta)$ ist zu berechnen, wenn Δ der rationale Zahlkörper ist und ϑ der irreduziblen Gleichung $\vartheta^3 + \vartheta + 1 = 0$ genügt.

So schöne Eigenschaften die hier definierte Norm hat, und so brauchbar sie für kommutative Körper ist, so stimmt sie doch nicht mit der Norm überein, die man bei Schiefkörpern und Matrixringen am meisten verwendet. Im Fall des Quaternionenkörpers z. B. ergibt sich die Norm von $a + bj + ck + dl$ nach unserer Definition gleich $(a^2 + b^2 + c^2 + d^2)^2$, während man unter der Norm einer Quaternion meistens einfach $a^2 + b^2 + c^2 + d^2$ versteht. Wir führen daher den Begriff der *reduzierten Norm* ein, der folgendermaßen definiert wird:

Es sei $(\omega_1, \ldots, \omega_n)$ eine Basis des betrachteten Schiefkörpers (oder allgemeiner des hyperkomplexen Systems) Σ. Wir adjungieren zum Grundkörper Δ n Unbestimmte $u_1, \ldots, u_n$ und bilden das „allgemeine Element" von Σ

$$\eta_u = u_1\omega_1 + \cdots + u_n\,\omega_n.$$

Das allgemeine Element η_u ist algebraisch über $\Delta(u_1, \ldots, u_n)$ und genügt daher einer Gleichung kleinsten Grades $g_u(\eta_u) = 0$. Wie oben gilt

(20) $$N(z - \eta_u) = g_u(z)^r.$$

Da $N(z - \eta_u)$ nach (14) eine homogene Form in $z, u_1, \ldots, u_n$ ist, so ist auch $g_u(z)$ eine solche Form (mit Koeffizienten aus Δ). Wir ordnen $g_u(z)$ nach Potenzen von z:

$$g_u(z) = z^m + b_1(u) z^{m-1} + \ldots + b_m(u)$$

und nennen $-b_1(u)$ die *reduzierte Spur*, $(-1)^m b_m(u)$ die *reduzierte Norm* des allgemeinen Elements η_u. Ist nun

$$\eta = a_1 \omega_1 + \ldots + a_n \omega_n$$

irgendein Element von Σ, so spezialisieren wir $u_k \to a_k$ und nennen $-b_1(a)$ die *reduzierte Spur* und $(-1)^m b_m(a)$ die *reduzierte Norm von* η. Bezeichnungen: $s(\eta)$ und $n(\eta)$. Aus (20) folgt für $u_k = a_k$ und $z = 0$

(21) $$N(\eta) = n(\eta)^r.$$

Die „reguläre Norm" $N(\eta)$ ist also eine Potenz der reduzierten Norm $n(\eta)$. Im Fall eines einfachen (kommutativen) Erweiterungskörpers stimmen $N(\eta)$ und $n(\eta)$ überein. Analog gilt für die Spuren

(22) $$S(\eta) = r \cdot s(\eta).$$

Auf Grund der Homogenitätseigenschaften der Form $g_u(z)$ ist die reduzierte Spur $s(\eta_u)$ eine Linearform in $u_1, \ldots, u_n$. Daraus folgt sofort die Additivität dieser Spur

$$s(\alpha + \beta) = s(\alpha) + s(\beta).$$

Um die entsprechende Eigenschaft der Norm zu beweisen, bilden wir mit neuen Unbestimmten $v_1, \ldots, v_n$ ein zweites allgemeines Element

$$\eta_v = v_1 \omega_1 + \ldots v_n \omega_n.$$

Dann ist $n(\eta_u \eta_v)$ eine Form in den u und v und es gilt

$$N(\eta_u \eta_v) = N(\eta_u) N(\eta_v)$$

oder nach (21)

$$n(\eta_u \eta_v)^r = n(\eta_u)^r n(\eta_v)^r,$$

daher

$$n(\eta_u \eta_v) = \gamma n(\eta_u) n(\eta_v),$$

wobei γ eine r-te Einheitswurzel, also von u und v unabhängig ist. Spezialisiert man nun u und v so, daß $\eta_u = \eta_v = 1$ werden, so folgt

$$1 = \gamma \cdot 1 \cdot 1$$

also $\gamma = 1$. Mithin gilt

$$n(\eta_u) n(\eta_v) = n(\eta_u \eta_v)$$

und diese Eigenschaft bleibt bei jeder Spezialisierung der u und v erhalten.

Demnach gelten die Formeln (2) auch für die reduzierten Spuren und Normen.

Aufgaben. 3. Zu beweisen, daß die reduzierte Norm der Quaternion $a + bj + ck + dl$ wirklich gleich $a^2 + b^2 + c^2 + d^2$ ist.

4. Die reduzierte Norm ist (in kommutativen Körpern) dann und nur dann gleich der regulären Norm, wenn die Erweiterung einfach ist.

§ 42. Die Ausführung der körpertheoretischen Operationen in endlichvielen Schritten.

Wir haben in diesem Kapitel verschiedene Existenzbeweise von Körpern geführt: Existenz des rationalen Funktionenkörpers $\Delta(x_1 y_1 \ldots)$, der einfachen algebraischen Erweiterungen $\Delta(\vartheta)$ (wo ϑ einer vorgegebenen irreduziblen Gleichung genügt), Existenz des Zerfällungskörpers $\Delta(\alpha_1, \ldots, \alpha_n)$ eines Polynoms $f(x)$. Es fragt sich nun, ob sich alle diese Körper auch *effektiv* konstruieren lassen und ob die gegebenen Existenzbeweise sich durch konstruktive (finite, intuitionistische) Existenzbeweise ersetzen lassen.

Wir nennen einen Körper Δ „explizit gegeben", wenn die Elemente von Δ eindeutig durch wohlunterscheidbare Symbole dargestellt sind, mit denen man die Addition, die Subtraktion, die Multiplikation und die Division in endlichvielen Rechenoperationen ausführen kann.

Wir zeigen zunächst:

Wenn der Körper Δ explizit gegeben ist, so ist auch jede einfache transzendente Erweiterung $\Delta(t)$, sowie jede einfache algebraische Erweiterung $\Delta(\vartheta)$, deren definierende Gleichung $\varphi = 0$, die natürlich irreduzibel sein muß, bekannt ist, explizit gegeben.

Beweis. Die Elemente von $\Delta(t)$ sind Quotienten $\frac{f(t)}{g(t)}$, $g(t) \neq 0$, deren Rechnungsregeln im § 13 schon aufgestellt wurden. Um Eindeutigkeit der Darstellung zu erzwingen, kann man noch verlangen, daß f und g teilerfremd sind und der Anfangskoeffizient von $g(t)$ gleich Eins ist. Bei gegebenem f und g läßt sich die Auffindung des größten gemeinsamen Teilers und damit auch die Reduktion auf die teilerfremde Form mittels des euklidischen Algorithmus (§ 18) tatsächlich explizit ausführen.

Im Fall $\Delta(\vartheta)$ lassen sich die Körperelemente eindeutig durch Ausdrücke $a_0 + a_1\vartheta + \cdots + a_{n-1}\vartheta^{n-1}$ darstellen, und mit diesen Ausdrücken wird gerechnet wie mit Polynomen, nur daß zum Schluß immer das Ergebnis auf den kleinsten Rest modulo φ reduziert wird (§ 32). Wie man die Division zweier solcher Ausdrücke auszuführen hat, wurde im § 19 schon angegeben (Lösung der Gleichung $\overline{a}\,\overline{x} = \overline{b}$ im Restklassenring nach einem Primelement).

Wenn man versucht, in ähnlicher Weise mit den Methoden des § 35 den Zerfällungskörper eines Polynoms $f(x)$ zu konstruieren, so stößt man auf das Problem der Faktorzerlegung eines Polynoms in einem gegebenen oder schon konstruierten Körper. Man hat kein allgemeines Mittel, für jeden explizit-bekannten Körper K die Primfaktorzerlegung der Polynome aus $\mathsf{K}[z]$ in endlichvielen Schritten auszuführen, und es gibt Gründe für die Annahme, daß eine solche allgemeine Methode überhaupt unmöglich ist[1]. Wohl aber haben wir gesehen, daß es für besondere Körper (Körper der rationalen Zahlen, der Gaussschen Zahlen, der rationalzahligen rationalen Funktionen von n Unbestimmten, der Restklassen modulo p, usw.) solche Methoden der Primfaktorzerlegung gibt. Wir werden nun zeigen:

1. *Wenn im Körper Δ die Zerlegung der Polynome einer Unbestimmten in endlichvielen Schritten ausführbar ist, so auch die der Polynome in n Unbestimmten.*

[1] Siehe B. L. van der Waerden: Eine Bemerkung über die Unzerlegbarkeit von Polynomen. Math. Ann. Bd. 102 (1930) S. 738.

2. *Wenn im Körper Δ die Zerlegung der Polynome (in einer oder mehreren Unbestimmten) in endlichvielen Schritten ausführbar ist, so gilt dasselbe für jede einfache transzendente Erweiterung $\Delta(t)$ und für jede separable einfache algebraische Erweiterung $\Delta(\vartheta)$, deren definierende Gleichung $\varphi(\vartheta) = 0$ bekannt ist.*

Der Beweis von 1. beruht auf einem Kunstgriff von KRONECKER. Ist das Polynom $f(x_1, \ldots, x_n)$ gegeben, so wähle man eine Zahl m größer als der Grad des Polynoms und mache die Substitution

$$x_\nu = t^{m^{\nu-1}}.$$

Dabei geht ein Glied $a_\varrho x_1^{\varrho_1} x_2^{\varrho_2} \cdots x_n^{\varrho_n}$ über in $a_\varrho t^{\varrho_1 + \varrho_2 m + \cdots + \varrho_n m^{n-1}}$, also verschiedene Potenzprodukte der x in verschiedene Potenzen von t (denn jede ganze Zahl läßt sich nur in höchstens einer Weise in der Gestalt $\varrho_1 + \varrho_2 m + \cdots + \varrho_n m^{n-1}$ mit $0 \leqq \varrho_\nu < m$ schreiben). Wenn nun das vorgelegte Polynom $f(x_1, \ldots)$ sich zerlegen läßt:

$$f = g_1 g_2,$$

so gilt die Zerlegung auch nach der obigen Substitution; sie möge dann in

$$f^*(t) = g_1^*(t)\, g_2^*(t)$$

übergehen. Man kann dann aus den Polynomen g_1^*, g_2^* die ursprünglichen g_1, g_2 zurückgewinnen, da ja jedem Glied in g_ν^* nur ein Glied in g_ν entsprechen kann. Also zerlege man $f^*(t)$ in *allen möglichen* Weisen in zwei Faktoren (das geht, wenn man die Zerlegung in Primfaktoren kennt) und untersuche jedesmal, welche Polynome g_1, g_2 zu den gefundenen Faktoren g_1^*, g_2^* gehören können. Jedesmal kann man dann nachprüfen, ob mit diesen g_1, g_2 die Gleichung

$$f = g_1 g_2$$

stimmt. Tut sie das nie, so ist f unzerlegbar; tut sie es, so untersuche man g_1 und g_2 in derselben Weise wie vorhin f, bis man nach höchstens m Schritten die vollständige Zerlegung von f in Primfaktoren gefunden hat.

Der *Beweis von* 2. ist ganz einfach in dem Fall einer transzendenten Erweiterung $\Delta(t)$. Ein jedes Polynom $f(t, z)$ in $\Delta(t)[z]$ ist durch Multiplikation mit einem Polynom in t allein ganzrational in t zu machen, und nach § **23** entspricht dann jeder in t rationalen Zerlegung von $f(t, z)$ eine ganzrationale Zerlegung und umgekehrt. Damit ist alles auf die Polynomzerlegung in $\Delta[t, z]$ zurückgeführt.

Im Fall einer algebraischen Erweiterung $\Delta(\vartheta)$, wo ϑ einer separablen irreduziblen Gleichung $\varphi(\vartheta) = 0$ genügt, ist die Sache nicht so einfach. Es sei ein Polynom $f(\vartheta, z)$ in $\Delta(\vartheta)[z]$ vorgelegt. Um Vieldeutigkeiten in der Faktorzerlegung zu vermeiden, denken wir das Polynom sowie alle seine Teiler (falls solche vorhanden sind) so normiert, daß der höchste Koeffizient 1 ist. Wir bilden nun mit einer Unbestimmten u das Polynom

$f(\vartheta, z - u\vartheta)$ und betrachten dessen Norm nach § 41. Diese ist wieder ein normiertes Polynom

$$N f(\vartheta, z - u\vartheta) = F(z, u).$$

In $\Delta[z, u]$ kann die Norm in normierte irreduzible Faktoren zerlegt werden

$$(1) \qquad F(z, u) = F_1(z, u) F_2(z, u) \cdots F_r(z, u).$$

Wir bestimmen nun den größten gemeinsamen Teiler eines jeden Faktors $F_k(z, u)$ mit $f(\vartheta, z - u\vartheta)$ in $\Delta(\vartheta)[z]$. Ist dieser größte gemeinsame Teiler weder gleich $f(\vartheta, z - u\vartheta)$ noch gleich 1, so ist er ein echter Teiler von $f(\vartheta, z - u\vartheta)$; in diesem Fall ist $f(\vartheta, z - u\vartheta)$ und daher auch $f(\vartheta, z)$ in zwei Faktoren zerlegbar. Wir nehmen dann einen dieser Faktoren, etwa f_1, und untersuchen ihn in derselben Weise durch Zerlegung der Norm $N f_1(\vartheta, z - u\vartheta)$. Das Verfahren kommt erst dann zu einem Ende, wenn jeder der Faktoren $F_k(z, u)$ entweder durch $f(\vartheta, z - u\vartheta)$ teilbar oder zu $f(\vartheta, z - u\vartheta)$ teilerfremd ist. Dabei können nicht alle Faktoren in (1) zu $f(\vartheta, z - u\vartheta)$ teilerfremd sein, denn dann wäre auch ihr Produkt $F(z, u)$ zu $f(\vartheta, z - u\vartheta)$ teilerfremd, was nicht geht, da die Norm eines Polynoms durch dieses Polynom selber teilbar ist. Ein Faktor von $F(z, u)$, etwa F_1, ist somit durch $f(\vartheta, z - u\vartheta)$ teilbar.

Unter dieser Voraussetzung wird nun behauptet, daß $f(\vartheta, z)$ selbst irreduzibel, die Zerlegung somit schon beendet ist. Gesetzt, $f(\vartheta, z)$ wäre zerlegbar

$$f(\vartheta, z) = f_1(\vartheta, z) f_2(\vartheta, z).$$

Ersetzung von z durch $z - u\vartheta$ und Normbildung ergäbe

$$(2) \qquad F(z, u) = N f(\vartheta, z - u\vartheta) = N f_1(\vartheta, z - u\vartheta) N f_2(\vartheta, z - u\vartheta).$$

Vergleichen wir nun diese Zerlegung mit (1), so sehen wir, daß eine der beiden Normen rechts in (2), etwa $N f_1(\vartheta, z - u\vartheta)$, durch $F_1(z, u)$ und somit durch $f(\vartheta, z - u\vartheta)$ teilbar wäre:

$$N f_1(\vartheta, z - u\vartheta) = f(\vartheta, z - u\vartheta)\, g(\vartheta, z, u).$$

Vergleicht man links und rechts diejenigen Glieder, die den höchsten Grad in z und u haben, so erhält man, da f_1 und f normiert sind, also mit den Gliedern $(z - u\vartheta)^{m_1}$ bzw. $(z - u\vartheta)^m$ anfangen:

$$[N(z - u\vartheta)]^m = N[(z - u\vartheta)^m] = (z - u\vartheta)^{m_1} g_1(\vartheta, z, u).$$

Da $m > m_1$ ist ($f = f_1 f_2$ hat einen höheren Grad als f_1), so muß die links vorkommende Norm $N(z - u\vartheta)$ durch eine höhere als die erste Potenz von $(z - u\vartheta)$ teilbar sein

$$N(z - u\vartheta) = (z - u\vartheta)^2 h(\vartheta, z, u).$$

Setzt man $u = 1$, so folgt

$$N(z - \vartheta) = (z - \vartheta)^2 h(\vartheta, z, 1).$$

Nun ist aber $N(z - \vartheta) = \varphi(z)$ das definierende Polynom des separablen Körpers $\Delta(\vartheta)$, also frei von vielfachen Faktoren. Wir sind damit auf einen Widerspruch gestoßen. Das heißt, $f(\vartheta, z)$ ist unter den gegebenen Voraussetzungen irreduzibel.

Es ist also in der Tat möglich, durch die angegebene Methode, die irreduziblen Faktoren von $f(\vartheta, z)$ in endlichvielen Schritten zu finden [wenigstens theoretisch, denn praktisch stößt die Berechnung und Faktorzerlegung von $Nf(\vartheta, z - u\vartheta)$ schon in den einfachsten Fällen auf fast unüberwindliche rechnerische Schwierigkeiten].

Der obige Beweis ist so gefaßt worden, daß in ihm die Existenz eines Zerfällungskörpers nicht vorausgesetzt wird.

Wenn nun ein Körper Δ sukzessiv erweitert wird durch Adjunktion von (transzendenten oder separablen algebraischen) Größen $\vartheta_1, \vartheta_2, \ldots, \vartheta_h$, so kann man zufolge der obigen Sätze die Faktorzerlegung von Polynomen im Körper $\Delta(\vartheta_1, \vartheta_2, \ldots, \vartheta_h)$ schrittweise auf die von Polynomen in Δ zurückführen.

Damit sind nun die Hilfsmittel gegeben, die nötig sind, um in den wichtigsten Fällen die Existenzbeweise dieses Kapitels konstruktiv zu verfolgen, z. B.: die Konstruktion des Zerfällungskörpers eines Polynoms $f(x)$, die des zugehörigen GALOISschen Körpers zu einem Körper $\Delta(\vartheta_1, \ldots, \vartheta_h)$, die des primitiven Elementes ϑ, sowie die der Isomorphismen des Körpers $\Delta(\vartheta_1, \ldots, \vartheta_h) = \Delta(\vartheta)$ im zugehörigen Normalkörper.

Sechstes Kapitel.

Fortsetzung der Gruppentheorie.

Inhalt. In den §§ 43 und 44 wird eine Erweiterung des Gruppenbegriffs besprochen. §§ 45 bis 47 enthalten wichtige allgemeine Sätze über Normalteiler und „Kompositionsreihen", während §§ 48 bis 49 speziellere Sätze über Permutationsgruppen enthalten, die nur in der Theorie von GALOIS nachher gebraucht werden.

§ 43. Gruppen mit Operatoren.

In diesem Paragraphen soll der Gruppenbegriff erweitert werden, wodurch alle folgenden Untersuchungen eine größere Allgemeinheit erhalten, die für spätere Anwendungen (Kap. 15 bis 17) nötig ist. Derjenige Leser, der sich im Augenblick nur für die GALOISsche Theorie interessiert, kann diesen und den nächsten Paragraphen ruhig übergehen; er möge bei den folgenden Paragraphen an (etwa endliche) Gruppen im bisher betrachteten Sinn denken.

Es sei gegeben: *erstens* eine Gruppe (im gewöhnlichen Sinn) $\mathfrak{G}$, mit Elementen $a, b, \ldots$; *zweitens* eine Menge Ω von neuen Dingen $\eta, \Theta, \ldots$, die wir *Operatoren* nennen. Zu jedem Θ und jedem a sei ein Produkt Θa („der Operator Θ angewandt auf das Gruppenelement a") definiert;

dieses Produkt gehöre wieder der Gruppe $\mathfrak{G}$ an. Weiter wird angenommen, daß jeder einzelne Operator Θ „distributiv" ist, d. h. daß

$$\Theta(ab) = \Theta a \cdot \Theta b \tag{1}$$

ist. Anders ausgedrückt: Die „Multiplikation" mit dem Operator Θ soll ein Endomorphismus der Gruppe $\mathfrak{G}$ sein[1]. Sind alle diese Bedingungen erfüllt, so nennt man $\mathfrak{G}$ eine *Gruppe mit Operatoren*, Ω den *Operatorenbereich*.

Eine *zulässige Untergruppe* von $\mathfrak{G}$ (in bezug auf den Operatorenbereich Ω) soll eine solche Untergruppe $\mathfrak{H}$ sein, die wieder die Operatoren von Ω gestattet; d. h.: wenn a zu $\mathfrak{H}$ gehört, so soll auch jedes Θa zu $\mathfrak{H}$ gehören. Ist die zulässige Untergruppe zugleich Normalteiler, so spricht man von einem zulässigen Normalteiler.

Beispiele. 1. Die Operatoren seien die inneren Automorphismen von $\mathfrak{G}$:

$$\Theta a = c a c^{-1}.$$

Zulässig sind diejenigen Untergruppen, die mit jedem a auch jedes $c a c^{-1}$ enthalten, d. h. die Normalteiler.

2. Die Operatoren seien die sämtlichen 1-Automorphismen von $\mathfrak{G}$. Zulässig sind diejenigen Untergruppen, die bei jedem 1-Automorphismus in sich übergehen; man nennt sie *charakteristische Untergruppen.*

3. $\mathfrak{G}$ sei ein Ring, aufgefaßt als Gruppe gegenüber der Addition. Der Operatorenbereich Ω sei derselbe Ring; das Produkt Θa sei einfach das Ringprodukt. Alsdann ist (1) das gewöhnliche Distributivgesetz:

$$r(a+b) = ra + rb.$$

Zulässige Untergruppen sind die *Linksideale,* d. h. diejenigen Untergruppen, die mit jedem a auch alle ra enthalten.

4. Es kann unter Umständen von Vorteil sein, die Operatoren Θ rechts von den Gruppenelementen zu schreiben, also $a\Theta$ statt Θa zu schreiben. Dann lautet (1):

$$(ab)\Theta = a\Theta \cdot b\Theta.$$

Faßt man z. B. die Elemente eines (als Gruppe mit dem Verknüpfungsgesetz der Addition gedachten) Ringes als derartige Rechtsoperatoren auf, wobei $a\Theta$ wiederum das Ringprodukt sein soll, so erhält man als zulässige Untergruppen die *Rechtsideale.*

5. Schließlich kann man einen Teil der Operatoren links, einen anderen Teil rechts schreiben. Nimmt man z. B. zu einem Ring als Operatoren sowohl die als Linksmultiplikatoren betrachteten Elemente des Ringes als auch dieselben Elemente als Rechtsmultiplikatoren, so erhält man als zulässige Untergruppen die *zweiseitigen Ideale.*

---

[1] Daraus folgt, daß bei der „Multiplikation" mit Θ das Einselement in das Einselement, Inverses in Inverses übergeht.

6. Als *Modul* bezeichnet man, wie gesagt, jede additiv geschriebene abelsche Gruppe. Auch ein Modul kann einen Operatorenbereich haben; dieser heißt hier auch *Multiplikatorenbereich.* Es gilt dann

$$\Theta(a+b)=\Theta a+\Theta b.$$

Meist nimmt man an, der Multiplikatorenbereich sei ein *Ring* und es sei

$$(2)\qquad \begin{cases} (\eta+\Theta)a=\eta a+\Theta a, \\ (\eta\Theta)a=\eta(\Theta a) \end{cases}$$

[bzw., wenn die Multiplikatoren rechts geschrieben werden, $a(\eta\Theta) = (a\eta)\Theta$]. Es folgt dann $(\eta-\Theta)a=\eta a-\Theta a$ und $0\cdot a=0$ (die erste Null ist das Nullelement des Ringes, die zweite das Nullelement des Moduls). Ist $\mathfrak{o}$ der Ring, so spricht man von $\mathfrak{o}$-*Moduln* oder *Moduln in bezug auf den Ring* $\mathfrak{o}$. Wenn der Ring ein Einselement ε hat, so nimmt man sehr oft an, das Einselement sei zugleich „Einheitsoperator"; d. h. es sei $\varepsilon\cdot a=a$ für alle a aus $\mathfrak{G}$.

7. Jeder Modul gestattet als Operatoren die gewöhnlichen ganzen Zahlen n im Sinne einer gewöhnlichen Multiplikation; denn es ist

$$n(a+b)=na+nb.$$

Alle Untermoduln sind dabei zulässig.

8. Die Gesamtheit aller Endomorphismen einer abelschen Gruppe (d. h. aller homomorphen Abbildungen auf sich selbst oder auf echte Teilmengen) ist ein Operatorenbereich, der zu einem Ring wird, wenn man die Summe und das Produkt zweier Homomorphismen durch die Formeln (2) (in denen das Pluszeichen rechts die Verknüpfung der Gruppenelemente andeutet) definiert. Dieser Ring heißt der *Automorphismenring* oder besser *Endomorphismenring* der abelschen Gruppe.

Aus diesen Beispielen ist ersichtlich, wie weit das Anwendungsgebiet der Gruppen mit Operatoren reicht. Hinsichtlich weiterer Beispiele siehe das Kapitel „Lineare Algebra" (Band II).

Aufgaben. 1. Der Durchschnitt zweier zulässiger Untergruppen ist wieder eine zulässige Untergruppe. Das Entsprechende gilt für zulässige Normalteiler.

2. Das Produkt $\mathfrak{A}\mathfrak{B}$ von zwei miteinander vertauschbaren zulässigen Untergruppen ist wieder eine zulässige Untergruppe. Speziell für Moduln: Die Summe $(\mathfrak{A}, \mathfrak{B})$ von zwei zulässigen Untermoduln ist wieder ein zulässiger Untermodul.

§ 44. Operatorisomorphismus und -homomorphismus.

Sind $\mathfrak{G}$ und $\overline{\mathfrak{G}}$ Gruppen mit demselben Operatorenbereich Ω und ist eine Abbildung von $\mathfrak{G}$ auf eine Untermenge von $\overline{\mathfrak{G}}$ gegeben, wobei jedem a ein $\bar{a}$ entspricht und wobei einem Produkt ab das Produkt $\bar{a}\bar{b}$ und einem Θa das zugehörige $\Theta\bar{a}$ entspricht, so heißt die Abbildung ein *Operatorhomomorphismus.* Ist die Bildmenge die ganze Gruppe $\overline{\mathfrak{G}}$,

d. h. gehört jedes Element von $\overline{\mathfrak{G}}$ zu mindestens einem Element von $\mathfrak{G}$, so hat man eine homomorphe Abbildung von $\mathfrak{G}$ *auf* $\overline{\mathfrak{G}}$, im allgemeinen Falle dagegen eine homomorphe Abbildung von $\mathfrak{G}$ *in* $\overline{\mathfrak{G}}$. Entspricht jedem $\bar{a}$ genau ein a, so hat man einen 1-*Operatorisomorphismus.*

Zeichen: $\mathfrak{G} \sim \overline{\mathfrak{G}}$ für Operatorhomomorphismus, $\mathfrak{G} \cong \overline{\mathfrak{G}}$ für 1-Operatorisomorphismus.

Ist $\mathfrak{N}$ ein zulässiger Normalteiler von $\mathfrak{G}$, so gehen die Elemente ab einer Nebenklasse $\bar{a} = a\mathfrak{N}$ bei Anwendung des Operators Θ in $\Theta a \cdot \Theta b$, also in Elemente der Nebenklasse $\Theta a \cdot \mathfrak{N}$ über. Diese Nebenklasse $\overline{\Theta a}$ nennen wir das Produkt des Operators Θ mit der Nebenklasse $\bar{a}$. *Dadurch wird die Faktorgruppe* $\mathfrak{G}/\mathfrak{N}$ *zu einer Gruppe mit demselben Operatorenbereich* Ω, *und zwar ist die Zuordnung* $a \to \bar{a}$ *ein Operatorhomomorphismus.*

Gehen wir umgekehrt von einem Operatorhomomorphismus aus, so erhalten wir wie in § 10 den *Homomorphiesatz*:

Ist $\mathfrak{G} \sim \overline{\mathfrak{G}}$, *so ist die Menge* $\mathfrak{N}$ *der Elemente von* $\mathfrak{G}$, *denen das Einheitselement von* $\overline{\mathfrak{G}}$ *entspricht, ein zulässiger Normalteiler in* $\mathfrak{G}$, *und den Nebenklassen von* $\mathfrak{N}$ *entsprechen eineindeutig und operatorisomorph die Elemente von* $\overline{\mathfrak{G}}$:

$$\mathfrak{G}/\mathfrak{N} \cong \overline{\mathfrak{G}}.$$

Daß $\mathfrak{N}$ ein Normalteiler ist, wissen wir schon aus § 10. Daß $\mathfrak{N}$ zulässig ist, ist klar; denn wenn a auf das Einselement $\bar{e}$ abgebildet wird, wird Θa auf $\Theta \bar{e} = \bar{e}$ abgebildet, d. h. mit a gehört auch Θa zu $\mathfrak{N}$. Daß die Zuordnung der Nebenklassen zu den Elementen von $\overline{\mathfrak{G}}$ eineindeutig ist, wissen wir schon; daß sie ein Operatorisomorphismus ist, folgt daraus, daß die gegebene Zuordnung $\mathfrak{G} \to \overline{\mathfrak{G}}$ ein Operatorhomomorphismus war.

Bei additiv geschriebenen Gruppen mit Operatorenbereich $\mathfrak{o}$ ($\mathfrak{o}$-Moduln, speziell Ideale in $\mathfrak{o}$) heißt der Operatorhomomorphismus auch *Modulhomomorphismus.* Man beachte, daß bei einem solchen wieder Θa in $\Theta \bar{a}$ übergeht, also daß Θ untransformiert bleibt; das ist der Unterschied zwischen dem Modulhomomorphismus und dem Ringhomomorphismus, bei dem ab in $\bar{a}\bar{b}$ übergeht. Nehmen wir ein Beispiel: Zwei Linksideale aus einem Ring $\mathfrak{o}$ können als $\mathfrak{o}$-Moduln aufgefaßt werden; ein Operatorhomomorphismus ordnet dann jedem a ein $\bar{a}$ und dem Produkt ra das Produkt $r\bar{a}$ zu (für r aus $\mathfrak{o}$). Sie können aber auch als Ringe aufgefaßt werden; ein Ringhomomorphismus ordnet dem Produkt ra (r im Ideal) nicht $r\bar{a}$, sondern $\bar{r}\bar{a}$ zu.

Wo immer im folgenden von „Gruppen“ schlechthin die Rede ist, sind auch Gruppen mit Operatoren einbegriffen. Mit „Untergruppen“ und „Normalteiler“ sind dann stillschweigend immer zulässige Untergruppen und Normalteiler, mit „Iso-“ und „Homomorphismen“ immer Operatoriso- und -homomorphismen gemeint. Benutzt werden in den beiden nächsten Paragraphen ausschließlich der Homomorphiesatz und die Tatsachen, daß der Durchschnitt von zwei (zulässigen) Untergruppen wieder eine solche, das Produkt von zwei miteinander vertauschbaren Untergruppen (insbesondere das Produkt aus einem Normalteiler und einer Untergruppe) wieder eine zulässige Untergruppe ist.

Aufgaben. 1. Die Ideale (1) und (2) im Ring der ganzen Zahlen sind modulisomorph, aber nicht ringisomorph.

2. Im Ring der Zahlenpaare (a_1, a_2) (§ 11, Aufg. 1) sind die durch (1, 0) und (0, 1) erzeugten Ideale ringisomorph, aber nicht operatorisomorph.

§ 45. Die beiden Isomorphiesätze.

Beim Homomorphismus $\mathfrak{G} \sim \bar{\mathfrak{G}} = \mathfrak{G}/\mathfrak{N}$ wird jede Untergruppe $\mathfrak{H}$ von $\mathfrak{G}$ auf eine Untergruppe $\bar{\mathfrak{H}}$ von $\bar{\mathfrak{G}}$ homomorph abgebildet. Geht man nun von $\bar{\mathfrak{H}}$ wieder zurück und sucht in $\mathfrak{G}$ die Gesamtheit $\mathfrak{K}$ derjenigen Elemente, deren Bildelemente (oder Nebenklassen) zu $\bar{\mathfrak{H}}$ gehören, so kann $\mathfrak{K}$ unter Umständen mehr Elemente als die von $\mathfrak{H}$ umfassen. Denn $\mathfrak{K}$ enthält neben jedem a aus $\mathfrak{H}$ auch alle Elemente der Nebenklasse $a\mathfrak{N}$. Bezeichnet man mit $\mathfrak{H}\mathfrak{N}$ die Gruppe, die besteht aus allen Produkten ab von einem a aus $\mathfrak{H}$ mit einem b aus $\mathfrak{N}$ (vgl. Aufg. 2, § 43), so folgt $\mathfrak{K} = \mathfrak{H}\mathfrak{N}$ und weiter $\bar{\mathfrak{H}} = \mathfrak{H}\mathfrak{N}/\mathfrak{N}$. Andererseits ist $\mathfrak{H}$ auf $\bar{\mathfrak{H}}$ homomorph abgebildet, also $\bar{\mathfrak{H}}$ isomorph der Faktorgruppe von $\mathfrak{H}$ nach einem Normalteiler von $\mathfrak{H}$, der aus denjenigen Elementen von $\mathfrak{H}$ besteht, denen das Einheitselement entspricht, d. h. aus denjenigen Elementen von $\mathfrak{H}$, die zugleich zu $\mathfrak{N}$ gehören. Daraus ergibt sich der *erste Isomorphiesatz*:

Ist $\mathfrak{N}$ Normalteiler in $\mathfrak{G}$ und ist $\mathfrak{H}$ Untergruppe von $\mathfrak{G}$, so ist der Durchschnitt $\mathfrak{H} \cap \mathfrak{N}$ Normalteiler in $\mathfrak{H}$, und es ist[1]

$$\mathfrak{H}\mathfrak{N}/\mathfrak{N} \cong \mathfrak{H}/(\mathfrak{H} \cap \mathfrak{N}).$$

Dann und nur dann wird die Gesamtheit der Elemente, die auf $\bar{\mathfrak{H}}$ abgebildet werden, wieder genau $\mathfrak{H}$ sein, wenn $\mathfrak{H}$ zu jedem a auch die ganze Nebenklasse $a\mathfrak{N}$ enthält, d. h. wenn

$$\mathfrak{H} \supseteq \mathfrak{N}.$$

Diesen Gruppen $\mathfrak{H} \supseteq \mathfrak{N}$ entsprechen mithin eineindeutig gewisse Gruppen $\bar{\mathfrak{H}} = \mathfrak{H}/\mathfrak{N}$ in $\bar{\mathfrak{G}}$. Auch ergibt *jede* Untergruppe $\bar{\mathfrak{H}}$ von $\bar{\mathfrak{G}}$ eine Untergruppe $\mathfrak{H} \supseteq \mathfrak{N}$, bestehend aus allen Elementen aller in $\bar{\mathfrak{H}}$ vorkommenden Nebenklassen von $\mathfrak{N}$. Schließlich entsprechen den Rechts- und Linksnebenklassen von $\bar{\mathfrak{H}}$ in $\bar{\mathfrak{G}}$ die Rechts- bzw. Linksnebenklassen von $\mathfrak{H}$ in $\mathfrak{G}$. Ist also $\bar{\mathfrak{H}}$ Normalteiler in $\bar{\mathfrak{G}}$, so ist auch $\mathfrak{H}$ Normalteiler in $\mathfrak{G}$ und umgekehrt. Dieses ergibt sich auf anderem Wege auch beim Beweis des *zweiten Isomorphiesatzes*:

[1] Bei Moduln hat man natürlich $(\mathfrak{H}, \mathfrak{N})$ statt $\mathfrak{H}\mathfrak{N}$ zu schreiben.

Ist $\overline{\mathfrak{G}} = \mathfrak{G}/\mathfrak{N}$, $\overline{\mathfrak{H}}$ *Normalteiler in* $\mathfrak{G}$, *so ist die zugehörige Untergruppe* $\mathfrak{H}$ *Normalteiler in* $\mathfrak{G}$, *und es ist*

$$\mathfrak{G}/\mathfrak{H} \cong \overline{\mathfrak{G}}/\overline{\mathfrak{H}}. \tag{1}$$

Beweis: Es ist $\mathfrak{G} \sim \overline{\mathfrak{G}}$ und $\overline{\mathfrak{G}} \sim \overline{\mathfrak{G}}/\overline{\mathfrak{H}}$, also $\mathfrak{G} \sim \overline{\mathfrak{G}}/\overline{\mathfrak{H}}$, also $\overline{\mathfrak{G}}/\overline{\mathfrak{H}}$ isomorph der Faktorgruppe von $\mathfrak{G}$ nach dem Normalteiler, der aus denjenigen Elementen von $\mathfrak{G}$ besteht, denen beim Homomorphismus $\mathfrak{G} \sim \overline{\mathfrak{G}}/\overline{\mathfrak{H}}$ das Einheitselement, d. h. beim ersten Homomorphismus $\mathfrak{G} \sim \overline{\mathfrak{G}}$ ein Element von $\overline{\mathfrak{H}}$ zugeordnet wird. Dieser Normalteiler ist $\mathfrak{H}$. q. e. d.

Die 1-Isomorphie (1) läßt sich auch so schreiben:

$$\mathfrak{G}/\mathfrak{H} \cong (\mathfrak{G}/\mathfrak{N})/(\mathfrak{H}/\mathfrak{N}).$$

Aufgaben. 1. Man zeige mit Hilfe des ersten Isomorphiesatzes, daß die Faktorgruppe der symmetrischen Gruppe $\mathfrak{S}_4$ nach der Vierergruppe $\mathfrak{V}_4$ (§ 9, Aufg. 4) isomorph der symmetrischen Gruppe $\mathfrak{S}_3$ ist.

2. Ebenso, daß in jeder Permutationsgruppe, die nicht aus lauter geraden Permutationen besteht, die geraden Permutationen einen Normalteiler vom Index 2 bilden.

3. Ebenso, daß die Faktorgruppe der euklidischen Bewegungsgruppe nach dem Normalteiler der Translationen isomorph der Gruppe der Drehungen um einen Punkt ist.

§ 46. Normalreihen und Kompositionsreihen.

Eine Gruppe $\mathfrak{G}$ heißt *einfach*, wenn sie außer sich selbst und der Einheitsgruppe keinen Normalteiler besitzt.

Beispiele: Die Gruppen von Primzahlordnung sind einfach, weil die Ordnung einer Untergruppe ein Teiler der Ordnung der Gesamtgruppe sein müßte, so daß außer dieser und der Einheitsgruppe überhaupt keine Untergruppe, also auch kein Normalteiler existiert. Es wird später gezeigt werden, daß auch die alternierende Gruppe $\mathfrak{A}_n$ für $n > 4$ einfach ist (§ 48), weiter jeder eingliedrige Modul in bezug auf einen Körper als Multiplikatorenbereich, usw.

Eine endliche Reihe von Untergruppen einer Gruppe $\mathfrak{G}$:

$$\{\mathfrak{G} = \mathfrak{G}_0 \geqq \mathfrak{G}_1 \geqq \cdots \geqq \mathfrak{G}_l = \mathfrak{E}\}, \tag{1}$$

heißt *Normalreihe*, wenn für $\nu = 1, \ldots, l$ jedes $\mathfrak{G}_\nu$ Normalteiler in $\mathfrak{G}_{\nu-1}$ ist. Die Zahl l heißt die *Länge* der Normalreihe; die Faktorgruppen $\mathfrak{G}_{\nu-1}/\mathfrak{G}_\nu$ heißen die *Faktoren* der Normalreihe. Zu beachten: Die Länge ist nicht die Anzahl der Glieder der Reihe (1), sondern die Anzahl der Faktoren $\mathfrak{G}_{\nu-1}/\mathfrak{G}_\nu$.

Eine zweite Normalreihe

$$\{\mathfrak{G} \geqq \mathfrak{H}_1 \geqq \cdots \geqq \mathfrak{H}_m = \mathfrak{E}\} \tag{2}$$

heißt eine *Verfeinerung* der ersten, wenn alle $\mathfrak{G}_i$ aus (1) auch in (2) auftreten. Zum Beispiel ist für die Gruppe $\mathfrak{S}_4$ (§ 6) die Reihe

$$\{\mathfrak{S}_4 \supset \mathfrak{A}_4 \supset \mathfrak{B}_4 \supset \mathfrak{E}\}$$

(vgl. § 9, Aufg. 4) eine Verfeinerung von

$$\{\mathfrak{S}_4 \supset \mathfrak{B}_4 \supset \mathfrak{E}\}.$$

In einer Normalreihe kann ein Glied beliebig oft wiederholt werden: $\mathfrak{G}_i = \mathfrak{G}_{i+1} = \cdots = \mathfrak{G}_k$. Kommt das *nicht* vor, so spricht man von einer Reihe *ohne Wiederholungen*. Eine Reihe ohne Wiederholungen, die sich ohne Wiederholungen nicht mehr verfeinern läßt, heißt eine *Kompositionsreihe*. Zum Beispiel ist in der symmetrischen Gruppe $\mathfrak{S}_3$ die Reihe

$$\{\mathfrak{S}_3 \supset \mathfrak{A}_3 \supset \mathfrak{E}\}$$

eine Kompositionsreihe, ebenso in $\mathfrak{S}_4$ die Reihe

$$\{\mathfrak{S}_4 \supset \mathfrak{A}_4 \supset \mathfrak{B}_4 \supset \{1, (1\,2)\,(3\,4)\} \supset \mathfrak{E}\}.$$

In beiden Fällen schließt man die Unmöglichkeit einer weiteren Verfeinerung daraus, daß die Indizes der aufeinanderfolgenden Normalteiler in den jeweils vorangehenden sämtlich Primzahlen sind. Es gibt aber andere Gruppen, in denen jede Normalreihe sich weiter verfeinern läßt; solche Gruppen besitzen also keine Kompositionsreihe. Ein Beispiel bildet jede unendliche zyklische Gruppe; denn wenn in einer solchen eine Normalreihe ohne Wiederholungen

$$\{\mathfrak{G} \supset \mathfrak{G}_1 \supset \cdots \supset \mathfrak{G}_{l-1} \supset \mathfrak{E}\}$$

gegeben ist und $\mathfrak{G}_{l-1}$ etwa den Index m hat, also $\mathfrak{G}_{l-1} = \{a^m\}$ ist, so gibt es zwischen $\mathfrak{G}_{l-1}$ und $\mathfrak{E}$ immer noch eine Untergruppe $\{a^{2m}\}$ vom Index $2m$.

Eine Normalreihe ist dann und nur dann Kompositionsreihe, wenn sich zwischen je zwei aufeinanderfolgende Glieder $\mathfrak{G}_{\nu-1}$ und $\mathfrak{G}_\nu$ kein von diesen verschiedener Normalteiler von $\mathfrak{G}_{\nu-1}$ mehr einschieben läßt oder, was nach § 45 auf dasselbe hinauskommt, wenn $\mathfrak{G}_{\nu-1}/\mathfrak{G}_\nu$ einfach ist. Die einfachen Faktoren $\mathfrak{G}_{\nu-1}/\mathfrak{G}_\nu$ einer Kompositionsreihe heißen *Kompositionsfaktoren*. In den beiden oben angeführten Kompositionsreihen sind alle Kompositionsfaktoren zyklische Gruppen der Ordnungen 2, 3; bzw. 2, 3, 2, 2.

Zwei Normalreihen heißen *isomorph*, wenn alle Faktoren $\mathfrak{G}_{\nu-1}/\mathfrak{G}_\nu$ der einen Reihe in irgendeiner Reihenfolge den Faktoren der zweiten Reihe 1-isomorph sind. Zum Beispiel sind in einer zyklischen Gruppe $\{a\}$ von der Ordnung 6 die beiden Reihen

$$\{\{a\},\ \{a^2\},\ \mathfrak{E}\},$$
$$\{\{a\},\ \{a^3\},\ \mathfrak{E}\}$$

isomorph; denn die Faktoren der ersten Reihe sind zyklisch von den Ordnungen 2, 3, die der zweiten Reihe zyklisch von den Ordnungen 3, 2. — Für die Isomorphie von Normalreihen werden wir im folgenden der Bequemlichkeit halber ebenfalls das Zeichen $\cong$ verwenden.

Endigt eine Kette von Normalteilern

$$\{\mathfrak{G} \geqq \mathfrak{G}_1 \geqq \cdots\}$$

mit irgendeinem Normalteiler $\mathfrak{A}$ von $\mathfrak{G}$, der nicht gleich $\mathfrak{E}$ zu sein braucht, so spricht man von einer *Normalreihe von* $\mathfrak{G}$ *nach* $\mathfrak{A}$; einer solchen entspricht eine Normalreihe

$$\{\mathfrak{G}/\mathfrak{A} \geqq \mathfrak{G}_1/\mathfrak{A} \geqq \cdots \geqq \mathfrak{A}/\mathfrak{A} = \mathfrak{E}\}$$

der Faktorgruppe $\mathfrak{G}/\mathfrak{A}$ und umgekehrt. Die Faktoren der zweiten Reihe sind nach dem zweiten Isomorphiesatz isomorph denen der ersten.

Sind zwei Normalreihen

$$\{\mathfrak{G} \geqq \mathfrak{G}_1 \geqq \cdots \geqq \mathfrak{G}_r = \mathfrak{E}\}$$

und

$$\{\mathfrak{G} \geqq \mathfrak{H}_1 \geqq \cdots \geqq \mathfrak{H}_r = \mathfrak{E}\}$$

isomorph, so kann man zu jeder Verfeinerung der ersten eine dazu isomorphe Verfeinerung der zweiten finden. Denn jeder Faktor $\mathfrak{G}_{\nu-1}/\mathfrak{G}_\nu$ ist isomorph einem ganz bestimmten Faktor $\mathfrak{H}_{\mu-1}/\mathfrak{H}_\mu$; somit entspricht jeder Normalreihe für $\mathfrak{G}_{\nu-1}/\mathfrak{G}_\nu$ eine isomorphe Normalreihe für $\mathfrak{H}_{\mu-1}/\mathfrak{H}_\mu$ und daher auch jeder Normalreihe von $\mathfrak{G}_{\nu-1}$ nach $\mathfrak{G}_\nu$ eine isomorphe Reihe von $\mathfrak{H}_{\mu-1}$ nach $\mathfrak{H}_\mu$.

Wir können nun den folgenden, von O. SCHREIER herrührenden *Hauptsatz über Normalreihen* beweisen: *Zwei beliebige Normalreihen einer beliebigen Gruppe* $\mathfrak{G}$:

$$\{\mathfrak{G} \geqq \mathfrak{G}_1 \geqq \mathfrak{G}_2 \geqq \cdots \geqq \mathfrak{G}_r = \mathfrak{E}\},$$
$$\{\mathfrak{G} \geqq \mathfrak{H}_1 \geqq \mathfrak{H}_2 \geqq \cdots \geqq \mathfrak{H}_s = \mathfrak{E}\}$$

besitzen isomorphe Verfeinerungen:

$$\{\mathfrak{G} \geqq \cdots \geqq \mathfrak{G}_1 \geqq \cdots \geqq \mathfrak{G}_2 \geqq \cdots \geqq \mathfrak{E}\}$$
$$\cong \{\mathfrak{G} \geqq \cdots \geqq \mathfrak{H}_1 \geqq \cdots \mathfrak{H}_2 \geqq \cdots \geqq \mathfrak{E}\}.$$

Beweis. Für $r = 1$ oder $s = 1$ ist der Satz klar; denn dann lautet eine der Reihen $\{\mathfrak{G} \geqq \mathfrak{E}\}$, und die andere ist ganz von selbst eine Verfeinerung davon.

Wir beweisen den Satz zunächst für $s = 2$ durch vollständige Induktion nach r, sodann für beliebige s durch vollständige Induktion nach s.

Für $s = 2$ lautet die zweite Reihe

$$\{\mathfrak{G} \geqq \mathfrak{H} \geqq \mathfrak{E}\}.$$

Wir setzen $\mathfrak{D} = \mathfrak{G}_1 \frown \mathfrak{H}$ und $\mathfrak{P} = \mathfrak{G}_1 \mathfrak{H}$; dann sind $\mathfrak{P}$ und $\mathfrak{D}$ Normalteiler in $\mathfrak{G}$. Es kann natürlich $\mathfrak{P} = \mathfrak{G}$ oder $\mathfrak{D} = \mathfrak{E}$ sein. Nach der Induktionsvoraussetzung besitzen nun die Reihen von den Längen $r - 1$ und 2

$$\{\mathfrak{G}_1 \geqq \mathfrak{G}_2 \geqq \cdots \geqq \mathfrak{G}_r = \mathfrak{E}\} \quad \text{und} \quad \{\mathfrak{G}_1 \geqq \mathfrak{D} \geqq \mathfrak{E}\}$$

isomorphe Verfeinerungen

$$\text{(3)} \quad \begin{cases} \{\mathfrak{G}_1 \geqq \cdots \geqq \mathfrak{G}_2 \geqq \cdots \geqq \mathfrak{E}\} \\ \qquad \cong \{\mathfrak{G}_1 \geqq \cdots \geqq \mathfrak{D} \geqq \cdots \geqq \mathfrak{E}\}. \end{cases}$$

Auf Grund des ersten Isomorphiesatzes ist weiter

$$\mathfrak{P}/\mathfrak{H} \cong \mathfrak{G}_1/\mathfrak{D} \quad \text{und} \quad \mathfrak{P}/\mathfrak{G}_1 \cong \mathfrak{H}/\mathfrak{D},$$

mithin

$$\{\mathfrak{P} \geqq \mathfrak{G}_1 \geqq \mathfrak{D} \geqq \mathfrak{E}\} \cong \{\mathfrak{P} \geqq \mathfrak{H} \geqq \mathfrak{D} \geqq \mathfrak{E}\}. \tag{4}$$

Die rechte Seite von (3) ergibt eine Verfeinerung der linken Seite von (4), zu der man eine isomorphe Verfeinerung der rechten Seite finden kann:

$$\left\{\begin{array}{l} \{\mathfrak{P} \geqq \mathfrak{G}_1 \geqq \cdots \geqq \mathfrak{D} \geqq \cdots \geqq \mathfrak{E}\} \\ \qquad \cong \{\mathfrak{P} \geqq \cdots \geqq \mathfrak{H} \geqq \mathfrak{D} \geqq \cdots \geqq \mathfrak{E}\}. \end{array}\right. \tag{5}$$

Aus (3) und (5) folgt:

$$\left\{\begin{array}{l} \{\mathfrak{G} \geqq \mathfrak{P} \geqq \mathfrak{G}_1 \geqq \cdots \geqq \mathfrak{G}_2 \geqq \cdots \geqq \mathfrak{E}\} \\ \qquad \cong \{\mathfrak{G} \geqq \mathfrak{P} \geqq \cdots \geqq \mathfrak{H} \geqq \mathfrak{D} \geqq \cdots \geqq \mathfrak{E}\}, \end{array}\right.$$

womit der Satz im Falle $s = 2$ bewiesen ist.

Für beliebige s können wir nach dem eben Bewiesenen die erste Reihe $\{\mathfrak{G} \geqq \mathfrak{G}_1 \geqq \cdots\}$ so verfeinern, daß sie einer Verfeinerung von $\{\mathfrak{G} \geqq \mathfrak{H}_1 \geqq \mathfrak{E}\}$ isomorph wird:

$$\left\{\begin{array}{l} \{\mathfrak{G} \geqq \cdots \geqq \mathfrak{G}_1 \geqq \cdots \geqq \mathfrak{G}_2 \geqq \cdots \geqq \mathfrak{E}\} \\ \qquad \cong \{\mathfrak{G} \geqq \cdots \geqq \mathfrak{H}_1 \geqq \cdots \geqq \mathfrak{E}\}. \end{array}\right. \tag{6}$$

Die rechts als Teilstück vorkommende Reihe $\{\mathfrak{H}_1 \geqq \cdots \geqq \mathfrak{E}\}$ und die Reihe $\{\mathfrak{H}_1 \geqq \mathfrak{H}_2 \geqq \cdots \geqq \mathfrak{H}_s = \mathfrak{E}\}$ besitzen nach der Induktionsvoraussetzung isomorphe Verfeinerungen:

$$\{\mathfrak{H}_1 \geqq \cdots \geqq \mathfrak{E}\} \cong \{\mathfrak{H}_1 \geqq \cdots \geqq \mathfrak{H}_2 \geqq \cdots \geqq \mathfrak{E}\}. \tag{7}$$

Die linke Seite von (7) ergibt eine Verfeinerung der rechten Seite von (6), zu der man eine isomorphe Verfeinerung der linken Seite von (6) finden kann. Also:

$$\begin{array}{ll} & \{\mathfrak{G} \geqq \cdots \geqq \mathfrak{G}_1 \geqq \cdots \geqq \mathfrak{G}_2 \geqq \cdots \geqq \mathfrak{E}\} \\ & \qquad \cong \{\mathfrak{G} \geqq \cdots \geqq \mathfrak{H}_1 \geqq \cdots \geqq \mathfrak{E}\} \\ [\text{nach } (7)] & \qquad \cong \{\mathfrak{G} \geqq \cdots \geqq \mathfrak{H}_1 \geqq \cdots \geqq \mathfrak{H}_2 \geqq \cdots \geqq \mathfrak{E}\}. \end{array}$$

Damit ist der Satz allgemein bewiesen.

Streicht man aus zwei isomorphen Reihen alle Wiederholungen weg, so bleiben sie isomorph. Man kann also die im Hauptsatz gemeinten Verfeinerungen immer als solche ohne Wiederholungen annehmen.

Aus dem Hauptsatz über Normalreihen ergeben sich für Gruppen, die eine Kompositionsreihe besitzen, unmittelbar die folgenden beiden Sätze.

1. Satz von JORDAN und HÖLDER: *Je zwei Kompositionsreihen einer und derselben Gruppe $\mathfrak{G}$ sind isomorph.*

Denn diese Reihen sind mit ihren wiederholungsfreien Verfeinerungen identisch.

2. *Besitzt* $\mathfrak{G}$ *eine Kompositionsreihe, so läßt sich jede Normalreihe von* $\mathfrak{G}$ *zu einer Kompositionsreihe verfeinern; insbesondere gibt es also durch jeden Normalteiler eine Kompositionsreihe*[1].

Eine Gruppe heißt *auflösbar*, wenn sie eine Normalreihe besitzt, in der alle Faktoren abelsch sind. (Beispiele: die Gruppen $\mathfrak{S}_3$ und $\mathfrak{S}_4$, siehe oben.)

Aus dem Hauptsatz folgt, daß bei einer auflösbaren Gruppe jede Normalreihe sich zu einer solchen mit abelschen Faktoren verfeinern läßt. Hat die Gruppe insbesondere eine Kompositionsreihe, so sind alle Kompositionsfaktoren einfache abelsche Gruppen, d. h. im Fall der gewöhnlichen endlichen Gruppen: zyklische Gruppen von Primzahlordnung. (Vgl. die nachstehende Aufg. **3**.)

Aufgaben. 1. Jede endliche Gruppe besitzt eine Kompositionsreihe.

2. Man bilde alle Kompositionsreihen einer zyklischen Gruppe der Ordnung 20.

3. Eine abelsche Gruppe (ohne Operatoren) ist nur dann einfach, wenn sie zyklisch von Primzahlordnung ist.

4. Eine Gruppe der Ordnung p^n ist nur dann einfach, wenn $n = 1$ ist [vgl. § 9, Aufg. 9].

5. Jede Gruppe der Ordnung p^n ist auflösbar. [Man bilde eine Kompositionsreihe und wende Aufg. 4 an.]

§ 47. Direkte Produkte.

Die Gruppe $\mathfrak{G}$ heißt *direktes Produkt* der Untergruppen $\mathfrak{A}$ und $\mathfrak{B}$, wenn folgende Bedingungen erfüllt sind:

I. 1. $\mathfrak{A}$ und $\mathfrak{B}$ sind Normalteiler in $\mathfrak{G}$;

2. $\mathfrak{G} = \mathfrak{A}\mathfrak{B}$;

3. $\mathfrak{A} \cap \mathfrak{B} = \mathfrak{E}$.

Äquivalent damit ist:

II. 1. Jedes Element von $\mathfrak{G}$ ist als Produkt

(1) $$g = ab, \quad a \in \mathfrak{A}, \quad b \in \mathfrak{B}$$

darstellbar;

2. die Faktoren a und b sind durch g eindeutig bestimmt;

3. jedes Element von $\mathfrak{A}$ ist mit jedem von $\mathfrak{B}$ vertauschbar.

Aus I *folgt* II. Nämlich II 1 folgt aus I 2. II 2 folgt so: Ist $g = a_1 b_1 = a_2 b_2$, so wird $a_2^{-1} a_1 = b_2 b_1^{-1}$; dieses Element $a_2^{-1} a_1$ muß sowohl zu $\mathfrak{A}$ als auch zu $\mathfrak{B}$ gehören, mithin nach I 3 gleich dem Einheitselement sein; daraus folgt

$$a_1 = a_2, \quad b_1 = b_2,$$

[1] Einen anderen Beweis dieser beiden Sätze findet man z. B. bei E. Noether: Abstrakter Aufbau der Idealtheorie in algebraischen Zahl- und Funktionenkörpern. Math. Ann. Bd. 96 (1926) S. 57, § 10.

also die Eindeutigkeit. II 3 folgt daraus, daß $aba^{-1}b^{-1}$ wegen I 1 sowohl zu $\mathfrak{A}$ als auch zu $\mathfrak{B}$ gehört, mithin wegen I 3 das Einheitselement ist.

Aus II *folgt* I. Die Normalteilereigenschaft von $\mathfrak{A}$ folgt so:

$$g\,\mathfrak{A}\,g^{-1} = ab\,\mathfrak{A}\,b^{-1}a^{-1} = a\,\mathfrak{A}\,a^{-1} = \mathfrak{A} \qquad \text{[wegen II 3]}.$$

I 2 folgt aus II 1. Schließlich ergibt sich I 3 folgendermaßen: Ist c ein Element von $\mathfrak{A} \frown \mathfrak{B}$, so ist c auf zwei Arten als Produkt eines Elements von $\mathfrak{A}$ und eines Elements von $\mathfrak{B}$ darzustellen:

$$c = c \cdot 1 = 1 \cdot c.$$

Wegen der Eindeutigkeit [II 3] muß $c = 1$ sein. Damit ist I 3 bewiesen.

Das Produkt $\mathfrak{A}\mathfrak{B}$ wird, wenn es direkt ist, auch mit $\mathfrak{A} \times \mathfrak{B}$ bezeichnet. Bei additiven Gruppen (Moduln) schreibt man $(\mathfrak{A}, \mathfrak{B})$ für die Summe, $\mathfrak{A} + \mathfrak{B}$ für die direkte Summe.

Kennt man die Struktur von $\mathfrak{A}$ und von $\mathfrak{B}$, so ist auch die Struktur von $\mathfrak{G}$ bekannt; denn je zwei Elemente $g_1 = a_1 b_1$ und $g_2 = a_2 b_2$ werden multipliziert, indem man ihre Faktoren multipliziert:

$$g_1 g_2 = a_1 a_2 \cdot b_1 b_2.$$

Die Gruppe $\mathfrak{G}$ heißt *direktes Produkt von mehreren Untergruppen*, $\mathfrak{G} = \mathfrak{A}_1 \times \mathfrak{A}_2 \times \cdots \times \mathfrak{A}_n$, wenn folgende Bedingungen erfüllt sind:

I'. 1. Alle $\mathfrak{A}_\nu$ sind Normalteiler in $\mathfrak{G}$;

2. $\mathfrak{A}_1 \mathfrak{A}_2 \ldots \mathfrak{A}_n = \mathfrak{G}$;

3. $(\mathfrak{A}_1 \mathfrak{A}_2 \ldots \mathfrak{A}_{\nu-1}) \frown \mathfrak{A}_\nu = \mathfrak{E} \qquad (\nu = 2, 3, \ldots, n)$.

Sind diese erfüllt, so sind die Gruppen $\mathfrak{A}_1, \ldots, \mathfrak{A}_{n-1}$ auch Normalteiler in ihrem Produkt $\mathfrak{A}_1 \mathfrak{A}_2 \ldots \mathfrak{A}_{n-1}$, also ist dieses Produkt nach derselben Definition direkt; weiter ist $\mathfrak{A}_1 \mathfrak{A}_2 \ldots \mathfrak{A}_{n-1}$ als Produkt von Normalteilern wieder Normalteiler in $\mathfrak{G}$ und es ist $(\mathfrak{A}_1 \mathfrak{A}_2 \ldots \mathfrak{A}_{n-1}) \frown \mathfrak{A}_n = \mathfrak{E}$, also

(2) $$\mathfrak{G} = (\mathfrak{A}_1 \mathfrak{A}_2 \ldots \mathfrak{A}_{n-1}) \times \mathfrak{A}_n = \mathfrak{B}_n \times \mathfrak{A}_n$$

mit

$$\mathfrak{B}_n = \mathfrak{A}_1 \mathfrak{A}_2 \ldots \mathfrak{A}_{n-1} = \mathfrak{A}_1 \times \mathfrak{A}_2 \ldots \times \mathfrak{A}_{n-1}.$$

Durch (2) kann man das direkte Produkt von n Faktoren auch rekursiv definieren. Wendet man auf $\mathfrak{G} = \mathfrak{B}_n \times \mathfrak{A}_n$ die mit I äquivalente Definition II an, so folgt durch vollständige Induktion nach n ohne weiteres:

II'. *Jedes Element* g *von* $\mathfrak{G}$ *ist eindeutig als Produkt*

$$g = a_1 a_2 \ldots a_n \qquad (a_\nu \in \mathfrak{A}_\nu)$$

darstellbar und jedes Element von $\mathfrak{A}_\mu$ *ist mit jedem von* $\mathfrak{A}_\nu\,(\mu \neq \nu)$ *vertauschbar.*

Aus II' folgt rückwärts I'. Setzt man nämlich

$$\mathfrak{A}_1 \mathfrak{A}_2 \ldots \mathfrak{A}_{\nu-1} \mathfrak{A}_{\nu+1} \ldots \mathfrak{A}_n = \mathfrak{B}_\nu,$$

so folgt aus II' für jedes ν

(3) $$\mathfrak{G} = \mathfrak{A}_\nu \times \mathfrak{B}_\nu,$$

mithin ist jedes $\mathfrak{A}_\nu$ Normalteiler in $\mathfrak{G}$ und

$$\mathfrak{A}_\nu \frown \mathfrak{B}_\nu = \mathfrak{E}.$$

Die letztere Aussage besagt noch etwas mehr als die Bedingung I′ 3.

Aus (3) folgt nach dem ersten Isomorphiesatz

$$\mathfrak{G}/\mathfrak{A}_\nu \cong \mathfrak{B}_\nu; \qquad \mathfrak{G}/\mathfrak{B}_\nu \cong \mathfrak{A}_\nu.$$

Die Gruppen

$$(4) \qquad \left\{ \begin{array}{ll} \mathfrak{G} & = \mathfrak{A}_1 \times \mathfrak{A}_2 \times \cdots \times \mathfrak{A}_n, \\ \mathfrak{G}_1 & = \mathfrak{A}_1 \times \mathfrak{A}_2 \times \cdots \times \mathfrak{A}_{n-1}, \\ \multicolumn{2}{l}{\dots\dots\dots\dots\dots\dots\dots\dots} \\ \mathfrak{G}_{n-1} & = \mathfrak{A}_1, \\ \mathfrak{G}_n & = \mathfrak{E} \end{array} \right.$$

bilden eine Normalreihe von $\mathfrak{G}$ mit den Faktoren $\mathfrak{G}_{\nu-1}/\mathfrak{G}_\nu \cong \mathfrak{A}_{n-\nu+1}$. Besitzen die Gruppen $\mathfrak{A}_\nu$ Kompositionsreihen, so besitzt auch $\mathfrak{G}$ eine Kompositionsreihe [Verfeinerung der obigen Normalreihe (2)], deren Länge die Summe der Längen der einzelnen Faktoren ist.

Sehr leicht ist der folgende Satz zu beweisen:

Ist $\mathfrak{G} = \mathfrak{A} \times \mathfrak{B}$, $\mathfrak{G}'$ *eine Untergruppe von* $\mathfrak{G}$ *und* $\mathfrak{G}' \geqq \mathfrak{A}$, *so ist* $\mathfrak{G}' = \mathfrak{A} \times \mathfrak{B}'$, *wo* $\mathfrak{B}'$ *den Durchschnitt von* $\mathfrak{G}'$ *und* $\mathfrak{B}$ *darstellt.*

Beweis: Für jedes Element von $\mathfrak{G}$ gilt eine Darstellung $g = a \cdot b$. Diese Darstellung besteht insbesondere für die Elemente von $\mathfrak{G}'$. Die dabei auftretenden Faktoren b sind in $\mathfrak{B}$ und auch in $\mathfrak{G}'$ enthalten (da sowohl g wie a in $\mathfrak{G}'$ liegt); mithin gehören die b zum Durchschnitt $\mathfrak{G}' \frown \mathfrak{B}$. Andererseits kann man für a und b beliebige Elemente von $\mathfrak{A}$ bzw. $\mathfrak{G}' \frown \mathfrak{B}$ wählen und erhält immer ein Produkt $g = a \cdot b$ aus $\mathfrak{G}'$. Daher ist $\mathfrak{G}' = \mathfrak{A} \times (\mathfrak{G}' \frown \mathfrak{B})$, q. e. d.

Aufgaben. 1. Eine zyklische Gruppe $\{a\}$ der Ordnung $n = r \cdot s$ mit $(r, s) = 1$ ist das direkte Produkt ihrer Untergruppen $\{a^r\} \cdot \{a^s\}$ der Ordnungen s und r.

2. Eine endliche zyklische Gruppe ist das direkte Produkt ihrer Untergruppen von den höchstmöglichen Primzahlpotenzordnungen.

Eine Gruppe $\mathfrak{G}$ heißt *vollständig reduzibel*, wenn sie ein direktes Produkt von einfachen Gruppen ist. In diesem Fall ist die zugehörige Normalreihe (4) schon eine Kompositionsreihe. Nach dem Jordan-Hölderschen Satz sind die Kompositionsfaktoren $\mathfrak{G}_{\nu-1}/\mathfrak{G}_\nu \cong \mathfrak{A}_{n-\nu+1}$ bis auf Isomorphie und bis auf die Reihenfolge eindeutig bestimmt.

Satz. *In einer vollständig reduziblen Gruppe* $\mathfrak{G}$ *ist jeder Normalteiler direkter Faktor; d. h. zu jedem Normalteiler* $\mathfrak{H}$ *gibt es eine Zerlegung* $\mathfrak{G} = \mathfrak{H} \times \mathfrak{B}$.

Beweis: Aus $\mathfrak{G} = \mathfrak{A}_1 \times \mathfrak{A}_2 \times \cdots \times \mathfrak{A}_n$ folgt

$$(5) \qquad \mathfrak{G} = \mathfrak{H} \cdot \mathfrak{G} = \mathfrak{H} \cdot \mathfrak{A}_1 \cdot \mathfrak{A}_2 \cdots \mathfrak{A}_n.$$

Mit jedem der Faktoren $\mathfrak{A}_1, \ldots, \mathfrak{A}_n$ kann man nun hierin eine Operation vornehmen, die darin besteht, daß man den betreffenden Faktor entweder wegstreicht oder das vor ihm stehende Zeichen · in das Zeichen $\times$ für direktes Produkt verwandelt. Nämlich der Durchschnitt des jeweils betrachteten $\mathfrak{A}_k$ mit dem vorangehenden Produkt $\Pi = \mathfrak{H} \cdot \mathfrak{A}_1 \cdots \mathfrak{A}_{k-1}$ ist Normalteiler in $\mathfrak{A}_k$, also entweder $= \mathfrak{A}_k$ oder $= \mathfrak{E}$. Im ersten Fall: $\Pi \cap \mathfrak{A}_k = \mathfrak{A}_k$, ist $\mathfrak{A}_k \subset \Pi$, also der Faktor $\mathfrak{A}_k$ im Produkt $\Pi \mathfrak{A}_k$ überflüssig. Im anderen Fall ist das Produkt $\Pi \cdot \mathfrak{A}_k$ direkt: $\Pi \cdot \mathfrak{A}_k = \Pi \times \mathfrak{A}_k$.

Nach dem eben Bewiesenen erhält das Produkt (5) nach Streichung aller überflüssigen $\mathfrak{A}$ die Form eines direkten Produktes:

$$\mathfrak{G} = \mathfrak{H} \times \mathfrak{A}_{i_1} \times \mathfrak{A}_{i_2} \times \cdots \times \mathfrak{A}_{i_r}.$$

Daraus folgt die Behauptung.

§ 48. Die Einfachheit der alternierenden Gruppe.

In § 46 haben wir gesehen, daß die symmetrischen Gruppen $\mathfrak{S}_3$, $\mathfrak{S}_4$ auflösbar sind. Im Gegensatz dazu sind alle weiteren symmetrischen Gruppen $\mathfrak{S}_n (n > 4)$ nicht auflösbar. Sie haben zwar immer einen Normalteiler vom Index 2, nämlich die alternierende Gruppe $\mathfrak{A}_n$; aber die Kompositionsreihe geht von $\mathfrak{A}_n$ gleich auf $\mathfrak{E}$, nach dem folgenden

Satz. *Die alternierende Gruppe* $\mathfrak{A}_n (n > 4)$ *ist einfach.*

Wir brauchen einen

Hilfssatz. *Wenn ein Normalteiler* $\mathfrak{N}$ *der Gruppe* $\mathfrak{A}_n (n > 2)$ *einen Dreierzyklus enthält, so ist* $\mathfrak{N} = \mathfrak{A}_n$.

Beweis des Hilfssatzes: $\mathfrak{N}$ enthalte etwa den Zyklus (1 2 3). Dann muß $\mathfrak{N}$ auch das Quadrat (2 1 3), sowie alle Transformierten

$$\sigma \cdot (2\ 1\ 3) \cdot \sigma^{-1} \qquad (\sigma \in \mathfrak{A}_n)$$

enthalten. Wählt man $\sigma = (1\ 2)\ (3\ k)$, wo $k > 3$ ist, so wird

$$\sigma \cdot (2\ 1\ 3) \cdot \sigma^{-1} = (1\ 2\ k);$$

also enthält $\mathfrak{N}$ alle Zyklen von der Gestalt $(1\ 2\ k)$. Diese erzeugen aber die Gruppe $\mathfrak{A}_n$ (§ 7, Aufg. 4); also muß $\mathfrak{N} = \mathfrak{A}_n$ sein.

Beweis des Satzes: Es sei $\mathfrak{N}$ ein von $\mathfrak{E}$ verschiedener Normalteiler in $\mathfrak{A}_n$. Wir wollen zeigen, daß $\mathfrak{N} = \mathfrak{A}_n$ ist.

Wir wählen eine Permutation τ in $\mathfrak{N}$, die, ohne $= 1$ zu sein, möglichst viele Ziffern fest läßt. Wir wollen zeigen, daß τ genau 3 Nummern verrückt und die übrigen fest läßt.

Gesetzt, τ verrücke mehr als 3 Nummern; dann kommen in der Zyklendarstellung von τ mindestens 4 Nummern wirklich vor. Entweder enthält τ einen Zyklus von mindestens 3 Nummern, oder τ besteht aus lauter Zweierzyklen. Im ersten Fall können wir setzen

$$\tau = (1\ 2\ 3 \ldots) \ldots.$$

In diesem Fall verrückt τ mindestens die Nummern 1, 2, 3, 4, 5; denn die ungerade Permutation (1 2 3 4) kommt in der alternierenden Gruppe nicht vor. Im zweiten Fall setzen wir

$$\tau = (1\ 2)\ (3\ 4) \ldots$$

Wir transformieren nun τ mit $\sigma = (3\ 4\ 5)$ und finden im ersten Fall

$$\tau_1 = \sigma\tau\sigma^{-1} = (1\ 2\ 4\ldots)\ldots,$$

im zweiten Fall

$$\tau_1 = \sigma\tau\sigma^{-1} = (1\ 2)\ (4\ 5)\ldots,$$

also in beiden Fällen $\tau_1 \neq \tau$, mithin $\tau^{-1}\tau_1 \neq 1$. Die Permutation $\tau^{-1}\tau_1$, läßt alle Nummern $k > 5$ invariant, denn für diese ist $\tau_1 k = \tau k$. Die Permutation $\tau^{-1}\tau_1$ läßt aber auch die Nummer 1 invariant und im zweiten Fall außerdem die Nummer 2. Sie läßt also in jedem Fall mehr Nummern invariant als τ selbst, entgegen der Definition von τ. Also kann τ nur 3 Nummern verrücken. Dann ist aber τ ein Dreierzyklus und nach dem Hilfssatz wird $\mathfrak{N} = \mathfrak{A}_n$. Damit ist alles bewiesen.

Aufgabe. Man beweise, daß für $n \neq 4$ die alternierende Gruppe $\mathfrak{A}_n$ der einzige Normalteiler der symmetrischen Gruppe $\mathfrak{S}_n$ außer ihr selbst und $\mathfrak{E}$ ist.

§ 49. Transitivität und Primitivität.

Eine Gruppe von Permutationen einer Menge $\mathfrak{M}$ heißt *transitiv über* $\mathfrak{M}$, wenn es in $\mathfrak{M}$ ein Element a gibt, das durch die Permutationen der Gruppe in alle Elemente x von $\mathfrak{M}$ übergeführt wird, so daß es also zu jedem x eine Operation σ der Gruppe mit $\sigma a = x$ gibt.

Ist diese Bedingung erfüllt, so gibt es auch zu je zwei Elementen x, y eine Operation τ der Gruppe, die x in y überführt. Denn aus

$$\varrho a = x, \qquad \sigma a = y$$

folgt

$$(\sigma\varrho^{-1})\, x = \sigma a = y.$$

Es ist also für die Frage nach der Transitivität gleichgültig, von welchem Element a man ausgeht.

Ist die Gruppe $\mathfrak{G}$ nicht transitiv über $\mathfrak{M}$ *(intransitive Gruppe)*, so zerfällt die Menge $\mathfrak{M}$ in „*Transitivitätsgebiete*", d. h. Teilmengen, die durch die Gruppe in sich transformiert werden und über welchen die Gruppe transitiv ist. Zu dieser Einteilung in Teilmengen gelangt man nach folgendem Prinzip: Zwei Elemente a, b von $\mathfrak{M}$ sollen dann und nur dann in dieselbe Teilmenge aufgenommen werden, wenn es in $\mathfrak{G}$ eine Operation σ gibt, die a in b überführt.

Diese Eigenschaft ist 1. reflexiv 2. symmetrisch und 3. transitiv; denn es gilt:

1. $\sigma a = a$ für $\sigma = 1$.
2. Aus $\sigma a = b$ folgt $\sigma^{-1} b = a$.
3. Aus $\sigma a = b$, $\tau b = c$ folgt $(\tau\sigma)\, a = c$.

Also ist dadurch tatsächlich eine Klasseneinteilung der Menge $\mathfrak{M}$ definiert.

Ist eine Gruppe $\mathfrak{G}$ transitiv über $\mathfrak{M}$ und ist $\mathfrak{G}_a$ die Untergruppe derjenigen Elemente von $\mathfrak{G}$, welche das Element a von $\mathfrak{M}$ fest lassen, so führt jede linksseitige Nebenklasse $\tau\mathfrak{G}_a$ von $\mathfrak{G}_a$ das Element a in das einzige Element τa über. Den linksseitigen Nebenklassen entsprechen in dieser Weise eineindeutig die Elemente von $\mathfrak{M}$, wie auf Grund der Transitivität von $\mathfrak{G}$ unmittelbar einzusehen ist. Die Anzahl der Nebenklassen (der Index von $\mathfrak{G}_a$) ist also gleich der Anzahl der Elemente von $\mathfrak{M}$. Die Gruppe derjenigen Elemente von $\mathfrak{G}$, die τa invariant lassen, ist durch

$$\mathfrak{G}_{\tau a} = \tau \mathfrak{G}_a \tau^{-1}$$

gegeben.

Eine transitive Gruppe von Permutationen einer Menge $\mathfrak{M}$ heißt *imprimitiv*, wenn es möglich ist, $\mathfrak{M}$ in mindestens zwei fremde Teilmengen $\mathfrak{M}_1, \mathfrak{M}_2, \ldots$ zu zerlegen, die nicht alle aus nur einem Element bestehen, derart, daß die Transformationen der Gruppe jede Menge $\mathfrak{M}_\mu$ in eine Menge $\mathfrak{M}_\nu$ überführen. Die Mengen $\mathfrak{M}_1, \mathfrak{M}_2, \ldots$ heißen dann *Imprimitivitätsgebiete*. Ist eine solche Zerlegung

$$\mathfrak{M} = \{\mathfrak{M}_1, \mathfrak{M}_2, \ldots\}$$

unmöglich, so heißt die Gruppe *primitiv*.

Beispiele. Die KLEINsche Vierergruppe ist imprimitiv, mit den Teilmengen

$$\{1, 2\}, \quad \{3, 4\}$$

als Imprimitivitätsgebieten. (Es sind übrigens noch zwei andere Zerlegungen in Imprimitivitätsgebiete möglich.) Dagegen ist die volle Permutationsgruppe (und ebenso die alternierende Gruppe) von n Dingen stets primitiv; denn bei jeder Zerlegung der Menge $\mathfrak{M}$ in Teilmengen, etwa:

$$\mathfrak{M} = \big\{\{1, 2, \ldots, k\}, \{\ldots\}, \ldots\big\} \qquad (1 < k < n),$$

gibt es eine Permutation, die $\{1, 2, \ldots, k\}$ in $\{1, 2 \ldots, k-1, k+1\}$ überführt, also in eine Menge, die weder zu $\{1, 2, \ldots, k\}$ fremd noch damit identisch ist.

Bei einer Zerlegung $\mathfrak{M} = \{\mathfrak{M}_1, \ldots, \mathfrak{M}_r\}$ von der obigen Eigenschaft, wobei also die Gruppe $\mathfrak{G}$ die Mengen $\mathfrak{M}_\nu$ untereinander permutiert, gibt es für jedes ν eine zur Gruppe gehörige Permutation, welche $\mathfrak{M}_1$ in $\mathfrak{M}_\nu$ überführt. Man braucht nämlich nur auf Grund der Transitivität eine Permutation zu suchen, welche ein beliebig gewähltes Element von $\mathfrak{M}_1$ in ein Element von $\mathfrak{M}_\nu$ überführt; diese Permutation kann dann $\mathfrak{M}_1$ nur in $\mathfrak{M}_\nu$ überführen. Daraus folgt insbesondere, daß die Mengen $\mathfrak{M}_1, \mathfrak{M}_2, \ldots$ alle aus gleich vielen Elementen bestehen.

Für beliebige transitive Permutationsgruppen $\mathfrak{G}$ einer Menge $\mathfrak{M}$ gilt der folgende Satz:

Es sei $\mathfrak{g}$ die Untergruppe aus denjenigen Elementen von $\mathfrak{G}$, welche ein Element a von $\mathfrak{M}$ invariant lassen. Wenn die Gruppe $\mathfrak{G}$ imprimitiv ist, so existiert eine von $\mathfrak{g}$ und $\mathfrak{G}$ verschiedene Gruppe $\mathfrak{h}$ mit

$$\mathfrak{g} \subset \mathfrak{h} \subset \mathfrak{G},$$

nnd umgekehrt, wenn eine solche Zwischengruppe $\mathfrak{h}$ *existiert, so ist* $\mathfrak{G}$ *imprimitiv. Die Gruppe* $\mathfrak{h}$ *läßt ein Imprimitivitätsgebiet* $\mathfrak{M}_1$ *invariant, und die linksseitigen Nebenklassen von* $\mathfrak{h}$ *führen* $\mathfrak{M}_1$ *in die einzelnen Gebiete* $\mathfrak{M}_\nu$ *über.*

Beweis. Es sei zunächst $\mathfrak{G}$ imprimitiv und $\mathfrak{M} = \{\mathfrak{M}_1, \mathfrak{M}_2, \ldots\}$ eine Zerlegung in Imprimitivitätsgebiete. $\mathfrak{M}_1$ enthalte das Element a. Es sei $\mathfrak{h}$ die Untergruppe derjenigen Elemente von $\mathfrak{G}$, die $\mathfrak{M}_1$ invariant lassen. Nach der obigen Bemerkung enthält $\mathfrak{h}$ alle die Permutationen von $\mathfrak{G}$, welche a in sich selbst oder in ein anderes Element von $\mathfrak{M}_1$ überführen; daraus folgt $\mathfrak{g} \subset \mathfrak{h}$ und $\mathfrak{h} \neq \mathfrak{g}$. Es gibt aber in $\mathfrak{G}$ auch Permutationen, welche $\mathfrak{M}_1$ etwa in $\mathfrak{M}_2$ überführen; daher ist $\mathfrak{h} \neq \mathfrak{G}$. Ferner: Wenn τ das System $\mathfrak{M}_1$ in $\mathfrak{M}_\nu$ überführt, so führt die ganze Nebenklasse $\tau\mathfrak{h}$ ebenfalls $\mathfrak{M}_1$ in $\mathfrak{M}_\nu$ über.

Es sei nun umgekehrt eine von $\mathfrak{g}$ und $\mathfrak{G}$ verschiedene Gruppe $\mathfrak{h}$ mit

$$\mathfrak{g} \subset \mathfrak{h} \subset \mathfrak{G}$$

gegeben. $\mathfrak{G}$ zerfällt ganz in Nebenklassen $\tau\mathfrak{h}$, und jede von diesen zerfällt wieder in Nebenklassen $\sigma\mathfrak{g}$. Die letzteren Nebenklassen führen a je in ein weiteres Element σa über; faßt man sie also zu Nebenklassen $\tau\mathfrak{h}$ zusammen, so werden auch die Elemente σa zu mindestens zwei paarweise fremden Mengen $\mathfrak{M}_1, \mathfrak{M}_2, \ldots$ zusammengefaßt, von denen jede aus mindestens zwei Elementen besteht. Die $\mathfrak{M}_\nu$ sind also definiert durch

$$\mathfrak{M}_\nu = \tau\mathfrak{h}a. \tag{1}$$

Jede weitere Substitution σ führt $\mathfrak{M}_\nu = \tau\mathfrak{h}a$ in $\sigma\tau\mathfrak{h}a$, also wieder in eine Menge von derselben Art über, womit die Imprimitivität der Gruppe bewiesen ist. Bezeichnet man etwa mit $\mathfrak{M}_1$ die aus (1) für $\tau = 1$ entstehende Menge, so läßt $\mathfrak{h}$ (wegen $\mathfrak{h}\mathfrak{M}_1 = \mathfrak{h}\mathfrak{h}a = \mathfrak{h}a = \mathfrak{M}_1$) das Imprimitivitätsgebiet $\mathfrak{M}_1$ fest, und die Nebenklassen $\tau\mathfrak{h}$ führen $\mathfrak{M}_1$ (wegen $\tau\mathfrak{h}\mathfrak{M}_1 = \tau\mathfrak{h}\mathfrak{h}a = \tau\mathfrak{h}a$) in die übrigen Imprimitivitätsgebiete $\mathfrak{M}_\nu$ über.

Aufgaben. 1. Ist die Anzahl der Elemente der Menge $\mathfrak{M}$ eine Primzahl, so ist jede transitive Gruppe primitiv.

2. Die oben definierte Gruppe $\mathfrak{h}$ ist über $\mathfrak{M}_1$ transitiv.

3. Die Menge $\mathfrak{M}$ sei in 3 Imprimitivitätsgebiete zu je 2 Elementen zerlegt; die Ordnung der Gruppe $\mathfrak{G}$ sei 12. Was ist

a) der Index von $\mathfrak{h}$ in $\mathfrak{G}$,

b) der Index von $\mathfrak{g}$ in $\mathfrak{h}$,

c) die Ordnung von $\mathfrak{g}$?

4. Die Ordnung einer transitiven Gruppe aus Permutationen endlichvieler Objekte ist durch die Anzahl dieser Objekte teilbar.

Bemerkung. Die Anzahl der permutierten Objekte nennt man auch den *Grad* der Permutationsgruppe.

Siebentes Kapitel.

Die Theorie von GALOIS.

Die Theorie von GALOIS beschäftigt sich mit den endlichen separablen Erweiterungen eines Körpers K und insbesondere mit deren 1-Isomorphismen und 1-Automorphismen. Sie stellt eine Beziehung her zwischen den Erweiterungskörpern von K, welche in einem gegebenen GALOISschen Körper enthalten sind, und den Untergruppen einer gewissen endlichen Gruppe. Durch diese Theorie finden verschiedene Fragen über die Auflösung algebraischer Gleichungen eine Lösung.

Alle in diesem Kapitel vorkommenden Körper sind kommutativ. Der Körper K wird der *Grundkörper* genannt.

§ 50. Die GALOISsche Gruppe.

Ist der Grundkörper K gegeben, so wird nach § 40 jeder endliche separable Erweiterungskörper Σ von einem „primitiven Element" ϑ erzeugt: $\Sigma = \mathsf{K}(\vartheta)$. Nach § 38 besitzt Σ in einem passenden Erweiterungskörper Ω so viele „relative", d. h. K elementweise festlassende Isomorphismen, wie der Grad n von Σ in bezug auf K beträgt. Für diesen Erweiterungskörper Ω kann man den Zerfällungskörper des irreduziblen Polynoms $f(x)$ wählen, dessen Nullstelle ϑ ist. Dieser Zerfällungskörper ist der kleinste in bezug auf K normale Körper, der Σ umfaßt, oder, wie wir auch sagen werden, *der zu Σ gehörige Normalkörper*. Die relativen Isomorphismen von $\mathsf{K}(\vartheta)$ können dadurch gekennzeichnet werden, daß sie die Größe ϑ in ihre konjugierten Größen $\vartheta_1, \ldots, \vartheta_n$ in Ω überführen[1]. Jedes Körperelement $\varphi(\vartheta) = \sum a_\lambda \vartheta^\lambda \; (a_\lambda \in \mathsf{K})$ geht dann in $\varphi(\vartheta_\nu) = \sum a_\lambda \vartheta_\nu^\lambda$ über, und man kann daher, statt vom Isomorphismus zu reden, auch reden von der *Substitution* $\vartheta \to \vartheta_\nu$.

Zu beachten ist aber, daß die Größen ϑ und ϑ_ν nur *Hilfsmittel* sind, die Isomorphismen bequem darzustellen, und daß der *Begriff* eines Isomorphismus gänzlich unabhängig von der speziellen Wahl eines ϑ ist. Man kann durchaus auch von mehr als einer Körpererzeugenden ausgehend die Isomorphismen konstruieren, wie wir nachher noch sehen werden.

Ist Σ selbst ein Normalkörper, so fallen alle konjugierten Körper $\mathsf{K}(\vartheta_\nu)$ *mit Σ zusammen.*

Denn erstens sind alle ϑ_ν in diesem Fall in $\mathsf{K}(\vartheta)$ enthalten. Aber die $\mathsf{K}(\vartheta_\nu)$ sind zu $\mathsf{K}(\vartheta)$ äquivalent, also selbst normal; also ist auch umgekehrt ϑ in jedem $\mathsf{K}(\vartheta_\nu)$ enthalten.

Umgekehrt: *Ist Σ mit allen konjugierten Körpern* $\mathsf{K}(\vartheta_\nu)$ *identisch, so ist Σ normal.*

[1] Unter den $\vartheta_1, \ldots, \vartheta_n$ kommt natürlich ϑ selbst vor.

Denn unter dieser Voraussetzung ist Σ gleich dem Zerfällungskörper $\mathsf{K}(\vartheta_1 \ldots, \vartheta_n)$ von $f(x)$, also galoissch.

Wir nehmen hinfort an, $\Sigma = \mathsf{K}(\vartheta)$ sei ein Normalkörper. Unter dieser Voraussetzung werden die Isomorphismen, die Σ in seine konjugierten Körper $\mathsf{K}(\vartheta_\nu)$ überführen, *Automorphismen* von Σ. Diese Automorphismen von Σ (die K elementweise festlassen) bilden offensichtlich eine Gruppe von n Elementen, die man *die* GALOIS*sche Gruppe von* Σ *nach* K *oder in bezug auf* K nennt. Diese Gruppe spielt in unseren weiteren Betrachtungen die Hauptrolle. Wir bezeichnen sie mit $\mathfrak{G}$. Wir konstatieren noch einmal ausdrücklich: *Die Ordnung der* GALOIS*schen Gruppe ist gleich dem Körpergrad* $n = (\Sigma : \mathsf{K})$.

Wenn man, wie es bisweilen geschieht, auch bei nichtnormalen endlichen separablen Erweiterungskörpern Σ' von der GALOISschen Gruppe redet, so ist damit die Gruppe des zugehörigen Normalkörpers $\Sigma \geqq \Sigma'$ gemeint.

Um die Automorphismen zu finden, braucht man keineswegs zuerst ein primitives Element ϑ für den Körper Σ zu suchen. Man kann auch Σ durch mehrere sukzessive Adjunktionen erzeugen, etwa in der Gestalt $\Sigma = \mathsf{K}(\alpha_1, \ldots, \alpha_m)$, und dann zuerst die 1-Isomorphismen von $\mathsf{K}(\alpha_1)$ aufsuchen, die α_1 in seine konjugierten Größen überführen; sodann diese 1-Isomorphismen fortsetzen zu den 1-Isomorphismen von $\mathsf{K}(\alpha_1, \alpha_2)$, usw.

Ein wichtiger Spezialfall ist der, daß die $\alpha_1, \ldots, \alpha_m$ die Wurzeln einer Gleichung $f(x) = 0$ sind[1]. Unter der GALOIS*schen Gruppe der Gleichung* $f(x) = 0$ *oder auch des Polynoms* $f(x)$ versteht man die GALOISsche Gruppe des Zerfällungskörpers $\mathsf{K}(\alpha_1, \ldots, \alpha_m)$ dieser Gleichung. Jeder relative Automorphismus führt das System der Wurzeln in sich selbst über; d. h. jeder Automorphismus permutiert die Wurzeln. Ist diese Permutation bekannt, so ist auch der Automorphismus bekannt; denn wenn etwa $\alpha_1, \ldots, \alpha_m$ der Reihe nach in $\alpha'_1, \ldots, \alpha'_m$ übergeführt werden, so muß jedes Element von $\mathsf{K}(\alpha_1, \ldots, \alpha_m)$, als rationale Funktion $\varphi(\alpha_1, \ldots, \alpha_m)$, in die entsprechende Funktion $\varphi(\alpha'_1, \ldots, \alpha'_m)$ übergehen. *Also läßt sich die* GALOIS*sche Gruppe einer Gleichung auch als eine Gruppe von Permutationen der Wurzeln auffassen.* Diese Permutationsgruppe ist immer gemeint, wenn von der Gruppe der Gleichung die Rede ist.

Es sei Δ ein „Zwischenkörper“: $\mathsf{K} \subseteqq \Delta \subseteqq \Sigma$. Nach einem Satz von § 35 läßt sich jeder (relative) Isomorphismus von Δ, welcher Δ in einen konjugierten Körper Δ' innerhalb Σ überführt, fortsetzen zu einem Isomorphismus von Σ, also zu einem Element der GALOISschen Gruppe. Daraus folgt:

Zwei Zwischenkörper Δ, Δ' *sind dann und nur dann konjugiert in bezug auf* K, *wenn sie durch eine Substitution der* GALOIS*schen Gruppe ineinander übergeführt werden können.*

[1] $f(x)$ soll ein Polynom ohne mehrfache Linearfaktoren sein.

Setzt man $\Delta = \mathsf{K}(\alpha)$, so folgt ebenso:

Zwei Elemente α, α' von Σ sind dann und nur dann konjugiert in bezug auf K, wenn sie durch eine Substitution der GALOISschen Gruppe von Σ ineinander übergeführt werden können.

Die Anzahl der verschiedenen Konjugierten einer Größe α in Σ ist gleich dem Grad der irreduziblen Gleichung für α. Ist diese Anzahl gleich 1, so ist α Wurzel einer linearen Gleichung, also in K enthalten. Daraus folgt:

Wenn ein Element α von Σ alle Substitutionen der GALOISschen Gruppe von Σ „gestattet", d. h. bei allen diesen Substitutionen in sich übergeht, so gehört α dem Grundkörper K an.

Aus allen diesen Sätzen ersieht man schon die große Bedeutung, die die Automorphismengruppe für das Studium der Eigenschaften des Körpers hat. Diese Sätze wurden der Bequemlichkeit halber für endliche Erweiterungskörper ausgesprochen, sind aber durch „transfinite Induktion" unschwer auf unendliche Erweiterungen zu übertragen. Sie gelten sogar noch für inseparable Erweiterungen, wenn man nur den Körpergrad durch den reduzierten Körpergrad ersetzt und die Behauptung des letzten Satzes abändert in: „so gehört eine Potenz α^{p^f}, wo p die Charakteristik ist, dem Grundkörper K an". Dagegen gilt der im nächsten Paragraphen aufzustellende „Hauptsatz der GALOISschen Theorie" nur für endliche, separable Erweiterungen.

Man nennt den Erweiterungskörper Σ über K *abelsch*, wenn die GALOISsche Gruppe abelsch; *zyklisch*, wenn die Gruppe zyklisch ist, usw. Ebenso heißt eine Gleichung *abelsch*, *zyklisch*, *primitiv*, wenn ihre GALOISsche Gruppe abelsch, zyklisch oder (als Permutationsgruppe der Wurzeln) primitiv ist.

Ein besonders einfaches *Beispiel* für die GALOISsche Gruppe liefern die GALOIS-Felder $GF(p^m)$ (§ 37), wenn man den darin enthaltenen Primkörper Π als Grundkörper betrachtet. Der in § 37 betrachtete 1-Automorphismus $s(\alpha \to \alpha^p)$ und dessen Potenzen $s^2, s^3, \ldots, s^m = 1$ lassen alle Elemente von Π fest und gehören daher zur GALOISschen Gruppe; da aber der Körpergrad auch m ist, bilden sie die ganze Gruppe. Diese ist also zyklisch von der Ordnung m.

Aufgaben. 1. Jede rationale Funktion der Wurzeln einer Gleichung, die bei den Permutationen der GALOISschen Gruppe in sich übergeht, gehört dem Grundkörper an, und umgekehrt.

2. Die GALOISsche Gruppe einer doppelwurzelfreien Gleichung $f(x) = 0$ ist transitiv (§ 49) dann und nur dann, wenn die Gleichung im Grundkörper irreduzibel ist.

3. Welche Möglichkeiten für die Gruppe einer irreduziblen Gleichung dritten Grades gibt es?

4. Die Gruppe einer Gleichung besteht dann und nur dann aus lauter geraden Permutationen, wenn die Quadratwurzel aus der Diskriminante im Grundkörper enthalten ist.

5. Man stelle die GALOISschen Gruppen der Gleichungen

$$x^3-2=0,$$
$$x^3+2x+1=0,$$
$$x^4-5x^2+6=0$$

auf; ebenso die der „Kreisteilungsgleichungen“

$$x^4+x^2+1=0,$$
$$x^4+1=0$$

(alles in bezug auf den rationalen Grundkörper).

§ 51. Der Hauptsatz der GALOISschen Theorie.

Der „Hauptsatz“ lautet:

1. *Zu jedem Zwischenkörper Δ, $\mathsf{K} \subseteqq \Delta \subseteqq \Sigma$, gehört eine Untergruppe* $\mathfrak{g}$ *der GALOISschen Gruppe* $\mathfrak{G}$, *nämlich die Gesamtheit derjenigen Automorphismen von Σ, die alle Elemente von Δ festlassen.* 2. *Δ ist durch* $\mathfrak{g}$ *eindeutig bestimmt; Δ ist nämlich die Gesamtheit derjenigen Elemente von Σ, welche die Substitution von* $\mathfrak{g}$ *„gestatten“, d. h. bei ihnen invariant bleiben.* 3. *Zu jeder Untergruppe* $\mathfrak{g}$ *von* $\mathfrak{G}$ *kann man einen Körper Δ finden, der zu* $\mathfrak{g}$ *in der erwähnten Beziehung steht.* 4. *Die Ordnung von* $\mathfrak{g}$ *ist gleich dem Grad von Σ in bezug auf Δ; der Index von* $\mathfrak{g}$ *in* $\mathfrak{G}$ *ist gleich dem Grad von Δ in bezug auf* K.

Beweis: Die Gesamtheit der Automorphismen von Σ, welche alle Elemente von Δ festlassen, ist die GALOISsche Gruppe von Σ nach Δ, hat also jedenfalls die Gruppeneigenschaft. Damit ist die Behauptung 1. bewiesen, während 2. folgt aus dem letzten Satz von § 50, angewandt auf Σ als Oberkörper und Δ als Grundkörper. Etwas schwieriger ist die Behauptung 3.

Es sei wieder $\Sigma = \mathsf{K}(\vartheta)$ und es sei $\mathfrak{g}$ eine gegebene Untergruppe von $\mathfrak{G}$. Wir bezeichnen mit Δ die Gesamtheit der Elemente von Σ, die bei den Substitutionen σ von $\mathfrak{g}$ in sich übergehen. Dieses Δ ist offenbar ein Körper; denn wenn α und β bei den Substitutionen σ festbleiben, so gilt dasselbe für $\alpha+\beta$, $\alpha-\beta$, $\alpha\cdot\beta$ und im Falle $\beta\neq 0$ für $\alpha:\beta$. Weiter gilt $\mathsf{K} \subseteqq \Delta \subseteqq \Sigma$. Die GALOISsche Gruppe von Σ in bezug auf Δ umfaßt die Gruppe $\mathfrak{g}$, da die Substitutionen von $\mathfrak{g}$ sicher die Eigenschaft haben, die Elemente von Δ fest zu lassen. Würde die GALOISsche Gruppe von Σ nach Δ mehr Elemente als die von $\mathfrak{g}$ allein enthalten, so wäre auch der Grad $(\Sigma:\Delta)$ größer als die Ordnung von $\mathfrak{g}$. Dieser Grad $(\Sigma:\Delta)$ ist gleich dem Grad von ϑ in bezug auf Δ, da ja

$\Sigma = \Delta(\vartheta)$ ist. Sind $\sigma_1, \ldots, \sigma_h$ die Substitutionen von $\mathfrak{g}$, so ist ϑ nun eine Wurzel der Gleichung h-ten Grades

$$(1) \qquad (x - \sigma_1\vartheta)(x - \sigma_2\vartheta) \cdots (x - \sigma_h\vartheta) = 0,$$

deren Koeffizienten bei der Gruppe $\mathfrak{g}$ invariant bleiben, also zu Δ gehören. Daher ist der Grad von ϑ in bezug auf Δ nicht größer als die Ordnung von $\mathfrak{g}$.

Es bleibt also nur die Möglichkeit übrig, daß $\mathfrak{g}$ genau die GALOISsche Gruppe von Σ nach Δ ist. Damit ist 3. bewiesen. (Nebenbei folgt noch die Irreduzibilität von (1) in $\Delta[x]$.)

Ist schließlich n die Ordnung von $\mathfrak{G}$, h wiederum die von $\mathfrak{g}$, j der Index, so ist

$$n = (\Sigma : \mathsf{K}), \qquad h = (\Sigma : \Delta), \qquad n = h \cdot j,$$
$$(\Sigma : \mathsf{K}) = (\Sigma : \Delta) \cdot (\Delta : \mathsf{K}),$$

mithin

$$(\Delta : \mathsf{K}) = j.$$

Damit ist auch 4. bewiesen.

Nach dem nunmehr bewiesenen Hauptsatz ist die Beziehung zwischen den Untergruppen $\mathfrak{g}$ und den Zwischenkörpern Δ eine umkehrbare eindeutige. Es entsteht die Frage: Wie findet man $\mathfrak{g}$, wenn man Δ hat, oder Δ, wenn man $\mathfrak{g}$ hat?

Das erstere ist leicht. Wir nehmen an, wir hätten die zu ϑ konjugierten Größen $\vartheta_1, \ldots, \vartheta_n$, ausgedrückt durch ϑ, schon gefunden; dann haben wir auch die Automorphismen $\vartheta \to \vartheta_\nu$, welche die Gruppe $\mathfrak{G}$ ausmachen. Ist nun ein Unterkörper $\Delta = \mathsf{K}(\beta_1, \ldots, \beta_k)$ gegeben, wo $\beta_1, \ldots, \beta_k$ bekannte Ausdrücke von ϑ sind, so besteht $\mathfrak{g}$ einfach aus denjenigen Substitutionen von $\mathfrak{G}$, welche $\beta_1, \ldots, \beta_k$ invariant lassen; denn diese lassen auch alle rationalen Funktionen von $\beta_1, \ldots, \beta_k$ invariant.

Ist umgekehrt $\mathfrak{g}$ gegeben, so bilde man das zugehörige Produkt

$$(x - \sigma_1\vartheta)(x - \sigma_2\vartheta) \cdots (x - \sigma_h\vartheta).$$

Die Koeffizienten dieses Polynoms müssen, dem Beweis des Hauptsatzes zufolge, in Δ liegen und sogar Δ erzeugen; denn sie erzeugen einen Körper, in bezug auf den das Element ϑ, als Wurzel der Gleichung (1), schon den Grad h hat und der daher kein echter Unterkörper von Δ sein kann. Die Erzeugenden von Δ sind also einfach die elementarsymmetrischen Funktionen von $\sigma_1\vartheta, \ldots, \sigma_h\vartheta$.

Eine andere Methode besteht darin, daß man sich eine Größe $\chi(\vartheta)$ zu verschaffen sucht, die bei den Substitutionen von $\mathfrak{g}$ invariant bleibt, aber keine weiteren Substitutionen von $\mathfrak{G}$ gestattet. Die Größe $\chi(\vartheta)$ wird dann dem Körper Δ, aber keinem echten Unterkörper von Δ angehören, mithin Δ erzeugen. Daß es eine solche Größe stets gibt, folgt z. B. aus dem Satz vom primitiven Element (§ 40).

Durch den Hauptsatz der GALOISschen Theorie erhält man, wenn man einmal die GALOISsche Gruppe kennt, eine vollständige Übersicht über alle Zwischenkörper von K und Σ. Ihre Anzahl ist offenbar endlich; denn eine endliche Gruppe hat nur endlichviele Untergruppen. Auch wie die verschiedenen Körper ineinander geschachtelt sind, ist aus den Gruppen zu erkennen; denn es gilt der Satz:

Ist Δ_1 Unterkörper von Δ_2, so ist die zu Δ_1 gehörige Gruppe $\mathfrak{g}_1$ Obergruppe der zu Δ_2 gehörigen Gruppe $\mathfrak{g}_2$, und umgekehrt.

Beweis: Es sei erstens $\Delta_1 \subseteq \Delta_2$. Dann wird jede Substitution, die alle Elemente von Δ_2 festläßt, auch alle Elemente von Δ_1 festlassen.

Es sei zweitens $\mathfrak{g}_1 \supseteq \mathfrak{g}_2$. Dann wird jedes Körperelement, das alle Substitutionen von $\mathfrak{g}_1$ gestattet, auch alle Substitutionen von $\mathfrak{g}_2$ gestatten.

Wir wollen zum Schluß noch die Frage stellen: Was geschieht mit der GALOISschen Gruppe von $\mathsf{K}(\vartheta)$ in bezug auf K, wenn man den Grundkörper K zu einem Körper Λ und dementsprechend auch den Oberkörper $\mathsf{K}(\vartheta)$ zu $\Lambda(\vartheta)$ erweitert? (Wir setzen natürlich voraus, daß $\Lambda(\vartheta)$ einen Sinn hat, d. h. daß Λ und ϑ in einem gemeinsamen Oberkörper Ω enthalten sind.)

Die Substitutionen $\vartheta \to \vartheta_\nu$, die nach der Erweiterung Automorphismen von $\Lambda(\vartheta)$ ergeben, ergeben auch Isomorphismen von $\mathsf{K}(\vartheta)$, mithin, da $\mathsf{K}(\vartheta)$ galoissch ist, Automorphismen von $\mathsf{K}(\vartheta)$. *Daher ist die Substitutionsgruppe nach der Erweiterung des Grundkörpers eine Untergruppe der ursprünglichen.* Daß die Untergruppe eine echte sein kann, sieht man sofort, wenn man Λ speziell als Zwischenkörper von K und $\mathsf{K}(\vartheta)$ wählt. Die Untergruppe kann aber auch mit der ursprünglichen zusammenfallen; dann sagt man, daß die Erweiterung des Grundkörpers die Gruppe von $\mathsf{K}(\vartheta)$ *nicht reduziert.*

Aufgaben. 1. Zum Durchschnitt zweier Untergruppen der GALOISschen Gruppe $\mathfrak{G}$ gehört der Vereinigungskörper der zu diesen Untergruppen gehörigen Körper, und zur Vereinigungsgruppe gehört der Durchschnittskörper[1].

2. Ist der Körper Σ in bezug auf K zyklisch vom Grade n, so gibt es zu jedem Teiler d von n genau einen Zwischenkörper Δ vom Grade d, und zwei solche Zwischenkörper sind dann und nur dann ineinander enthalten, wenn der Grad des einen durch den des anderen teilbar ist (vgl. § 8, Aufg. 6).

3. Mit Hilfe der GALOISschen Theorie bestimme man von neuem die Unterkörper der $GF(p^n)$ (§ 37).

4. Es sei $\mathsf{K} \subseteq \Lambda$, und $\mathsf{K}(\vartheta)$ normal über K. Man zeige, daß die Gruppe von $\mathsf{K}(\vartheta)$ nach K dann und nur dann gleich der von $\Lambda(\vartheta)$ nach Λ ist, wenn $\mathsf{K}(\vartheta) \cap \Lambda = \mathsf{K}$ ist.

[1] Die Vereinigungsgruppe zweier Untergruppen bedeutet die durch die Vereinigungsmenge erzeugte Gruppe. Entsprechend definiert man den Begriff Vereinigungskörper.

5. Mit Hilfe des Satzes von § 49 zeige man:

Der Körper $\mathsf{K}(\alpha_1)$, der durch Adjunktion einer Wurzel einer irreduziblen algebraischen Gleichung entsteht, besitzt dann und nur dann einen Unterkörper Δ, so daß

$$\mathsf{K} \subset \Delta \subset \mathsf{K}(\alpha_1),$$

wenn die GALOISsche Gruppe der Gleichung, als Permutationsgruppe der Wurzeln aufgefaßt, imprimitiv ist. Insbesondere kann dann Δ so bestimmt werden, daß der Körpergrad (Δ/K) gleich der Anzahl der Imprimitivitätsgebiete ist und die Gleichung in Δ in irreduzible Faktoren zerfällt, die den Imprimitivitätsgebieten entsprechen.

6. Man zeige, daß der Hauptsatz auch für inseparable Erweiterungen (Charakteristik p) gilt mit folgenden Modifikationen. Behauptung 2 wird: Die Gesamtheit der Elemente von Σ, welche die Substitutionen von $\mathfrak{g}$ gestatten, ist der „Wurzelkörper von Δ in Σ", d. h. die Gesamtheit der Elemente von Σ, von denen eine p^f-te Potenz zu Δ gehört. Behauptung 3 wird: Zu jeder Untergruppe von $\mathfrak{g}$ kann man genau einen Körper Δ finden, der gegenüber der Operation des Ausziehens der p-ten Wurzel invariant ist und die Substitutionen von $\mathfrak{g}$ und nur diese gestattet. Behauptung 4 gilt für die reduzierten Grade.

§ 52. Konjugierte Gruppen, Körper und Körperelemente.

Es sei wieder $\mathfrak{G}$ die GALOISsche Gruppe von Σ nach K, und es sei β ein Element von Σ. Die Untergruppe $\mathfrak{g}$, die zum Zwischenkörper $\mathsf{K}(\beta)$ gehört, besteht aus den Substitutionen, die β invariant lassen. Die übrigen Substitutionen von $\mathfrak{G}$ transformieren β in die dazu konjugierten Größen und jede konjugierte Größe kann so erhalten werden (§ 50). Wir behaupten nun weiter:

Die Substitutionen von $\mathfrak{G}$, die β in ein vorgegebenes konjugiertes Element transformieren, bilden eine Nebenklasse $\tau\mathfrak{g}$ von $\mathfrak{g}$, und jede Nebenklasse transformiert β in ein einziges konjugiertes Element.

Beweis: Sind ϱ und τ Substitutionen, die β in dasselbe konjugierte Element überführen:

$$\varrho(\beta) = \tau(\beta),$$

so folgt

$$\tau^{-1}\varrho(\beta) = \tau^{-1}\tau(\beta) = \beta;$$

also ist $\tau^{-1}\varrho = \sigma$ ein Element von $\mathfrak{g}$, und es folgt $\varrho = \tau\sigma$; mithin liegen ϱ und τ in derselben Nebenklasse $\tau\mathfrak{g}$. Liegen umgekehrt ϱ und τ in derselben Nebenklasse, also beide in $\tau\mathfrak{g}$, so ist $\varrho = \tau\sigma$, wobei σ in $\mathfrak{g}$ liegt; mithin ist

$$\varrho(\beta) = \tau\sigma(\beta) = \tau(\sigma(\beta)) = \tau(\beta).$$

Aus diesem Satz folgt von neuem, daß der Grad von β (= Anzahl der Konjugierten) gleich dem Index von $\mathfrak{g}$ (= Anzahl der Nebenklassen) ist.

Ein Automorphismus τ, der β in $\tau\beta$ überführt, führt $\mathsf{K}(\beta)$ in den konjugierten Körper $\mathsf{K}(\tau\beta)$ über. Wir behaupten: *Der Körper* $\mathsf{K}(\tau\beta)$ *gehört zur Untergruppe* $\tau\mathfrak{g}\tau^{-1}$.

Denn die zu $\mathsf{K}(\tau\beta)$ gehörige Untergruppe besteht aus den Substitutionen σ', welche $\tau\beta$ invariant lassen, für die also gilt

$$\sigma'\tau\beta = \tau\beta$$

oder

$$\tau^{-1}\sigma'\tau\beta = \beta$$

oder

$$\tau^{-1}\sigma'\tau = \sigma \qquad \text{in } \mathfrak{g}$$

oder

$$\sigma' = \tau\sigma\tau^{-1},$$

d. h. es ist genau die Gruppe $\tau\mathfrak{g}\tau^{-1}$.

Zu konjugierten Körpern gehören demnach konjugierte Gruppen.

Nach § 50 ist ein Körper Δ über K dann und nur dann normal, wenn er mit allen seinen konjugierten Körpern identisch ist. Daraus folgt nunmehr:

Ein Körper Δ, $\mathsf{K} \subseteq \Delta \subseteq \Sigma$, *ist dann und nur dann normal, wenn die zugehörige Gruppe* $\mathfrak{g}$ *mit allen ihren Konjugierten* $\tau\mathfrak{g}\tau^{-1}$ *in* $\mathfrak{G}$ *identisch, d. h. Normalteiler in* $\mathfrak{G}$ *ist.*

Wenn nun Δ normal ist, so drängt sich die Frage auf: Welches ist die Gruppe von Δ in bezug auf K?

Jeder Automorphismus aus $\mathfrak{G}$ transformiert Δ in sich selbst und bewirkt also einen Automorphismus der gesuchten Gruppe von Δ über K. Dem Produkt zweier Automorphismen aus $\mathfrak{G}$ entspricht dabei wieder das Produkt der entsprechenden Automorphismen von Δ, also ist $\mathfrak{G}$ auf die Gruppe von Δ homomorph abgebildet. Die Elemente aus $\mathfrak{G}$, denen die Einheitssubstitution von Δ entspricht, sind gerade die von $\mathfrak{g}$; daraus folgt nach dem Homomorphiesatz (§ 10), daß die gesuchte Gruppe 1-isomorph zur Faktorgruppe $\mathfrak{G}/\mathfrak{g}$ ist. Mithin:

Die GALOIS*sche Gruppe von* Δ *in bezug auf* K *ist isomorph zur Faktorgruppe* $\mathfrak{G}/\mathfrak{g}$.

Aufgaben. 1. Alle Unterkörper eines abelschen Körpers sind galoissch und selbst wieder abelsch. Alle Unterkörper eines zyklischen Körpers sind wieder zyklisch.

2. Ist $\mathsf{K} \subseteq \Delta \subseteq \Sigma$, und Λ der kleinste Δ umfassende Normalkörper in bezug auf K, so ist die zu Λ gehörige Gruppe der Durchschnitt der zu Δ gehörigen Gruppe mit ihren konjugierten Gruppen.

3. Welches sind die Unterkörper des Körpers $\Gamma\left(\varrho, \sqrt[3]{2}\right)$, wo Γ der rationale Grundkörper, $\varrho = \frac{-1-\sqrt{-3}}{2}$ eine primitive dritte Einheitswurzel ist? Welches sind die Körpergrade? Welche Unterkörper sind konjugiert, welche normal?

4. Dieselben Fragen für den Körper $\Gamma\left(\sqrt{2}, \sqrt{5}\right)$.

§ 53. Kreisteilungskörper.

Es sei Γ der Körper der rationalen Zahlen, also der Primkörper von der Charakteristik Null. Die Gleichung, die genau die primitiven h-ten Einheitswurzeln, jede einmal gezählt, zu Wurzeln hat:

$$\Phi_h(x) = 0 \tag{1}$$

(vgl. § 36), heißt in diesem Falle die *Kreisteilungsgleichung*, und der Körper der h-ten Einheitswurzeln heißt *Kreisteilungskörper* oder *Kreiskörper*. Das hat folgenden Grund: Die komplexe Zahl

$$\zeta = e^{\frac{2\pi i}{h}} = \cos\frac{2\pi}{h} + i\sin\frac{2\pi}{h}$$

ist eine primitive h-te Einheitswurzel; aus ihr bestimmt sich $\cos\frac{2\pi}{h}$ nach der Gleichung

$$2\cos\frac{2\pi}{h} = \zeta + \zeta^{-1},$$

und die Kenntnis dieses Kosinus gestattet die Konstruktion des regelmäßigen h-Ecks, also die Teilung des Kreises in h gleiche Bogen.

Die folgende Theorie der Kreiskörper gilt natürlich unabhängig davon, ob man die primitive Einheitswurzel ζ als komplexe Zahl deutet oder als bloßes Symbol auffaßt.

Es handelt sich zunächst darum, zu zeigen, daß die Gleichung (1) in Γ irreduzibel ist.

Die irreduzible Gleichung, der eine beliebig gewählte primitive Einheitswurzel ζ genügt, sei $f(\zeta) = 0$. Dabei kann das Polynom $f(x)$ als ganzzahliges primitives Polynom angenommen werden. Zu zeigen ist $f(x) = \Phi_h(x)$.

Es sei nun p eine Primzahl, die nicht in h aufgeht. Dann ist mit ζ auch ζ^p eine primitive h-te Einheitswurzel und genügt einer ganzzahligen primitiven irreduziblen Gleichung $g(\zeta^p) = 0$. Wir wollen nun zunächst zeigen: $f(x) = \varepsilon g(x)$, wo $\varepsilon = \pm 1$ eine Einheit im Ring der ganzen Zahlen ist.

Das Polynom $x^h - 1$ hat mit $f(x)$ die Nullstelle ζ und mit $g(x)$ die Nullstelle ζ^p gemeinsam, es ist daher sowohl durch $f(x)$ als auch durch $g(x)$ teilbar. Wenn $f(x)$ und $g(x)$ wesentlich verschieden wären (d. h. sich nicht nur um eine Einheit als Faktor unterscheiden würden), so müßte $x^h - 1$ durch $f(x)g(x)$ teilbar sein:

$$x^h - 1 = f(x)\, g(x)\, h(x), \tag{2}$$

wobei $h(x)$ nach § 23 wieder ein ganzzahliges Polynom ist. Weiter hat das Polynom $g(x^p)$ die Nullstelle ζ, muß also durch $f(x)$ teilbar sein:

$$g(x^p) = f(x)\, k(x); \tag{3}$$

wiederum ist $k(x)$ ein ganzzahliges Polynom.

Wir fassen jetzt (2) und (3) als Kongruenzen modulo p auf. Es gilt modulo p

$$g(x^p) \equiv \{g(x)\}^p.$$

Denn wenn man die Potenzierung rechts auf die Weise wirklich ausführt, daß man zunächst $g(x)$ als Summe von x-Potenzen ohne Koeffizienten schreibt (indem man etwa $2x^3$ durch $x^3 + x^3$ ersetzt) und dann nach den Rechnungsregeln von § 30, Aufgabe 2, $\{g(x)\}^p$ durch Erhebung jedes einzelnen Gliedes in die p-te Potenz bildet, so erhält man gerade $g(x^p)$. Aus (3) folgt daher

$$\{g(x)\}^p \equiv f(x)\,k(x) \pmod{p}. \tag{4}$$

Wir denken uns nun beide Seiten von (4) in unzerlegbare Faktoren (mod p) zerlegt. Auf Grund des Satzes von der eindeutigen Faktorzerlegung für Polynome mit Koeffizienten aus dem Körper $C/(p)$ (vgl. § 17) muß ein beliebiger Primfaktor $\varphi(x)$ von $f(x)$ auch in $\{g(x)\}^p$, also in $g(x)$ vorkommen. Die rechte Seite von (2) ist demnach modulo p durch $\varphi(x)^2$ teilbar, also müssen die linke Seite $x^h - 1$ und ihre Ableitung $h x^{h-1}$ beide modulo p durch $\varphi(x)$ teilbar sein. $h x^{h-1}$ hat aber wegen $h \not\equiv 0$ (mod p) nur Primfaktoren x, welche in $x^h - 1$ nicht aufgehen. Wir sind damit auf einen Widerspruch gestoßen.

Also ist in der Tat $f(x) = \pm g(x)$ und ζ^p Nullstelle von $f(x)$.

Wir wollen nun weiter zeigen: Alle primitiven Einheitswurzeln sind Nullstellen von $f(x)$. Es sei ζ^ν eine primitive Einheitswurzel und

$$\nu = p_1 \cdots p_n,$$

wo die p_i gleiche oder verschiedene Primfaktoren, aber sicher zu h teilerfremd sind.

Da ζ der Gleichung $f(x) = 0$ genügt, so muß nach dem eben Bewiesenen auch ζ^{p_1} es tun. Wiederholung des Schlusses für die Primzahl p_2 lehrt, daß auch $\zeta^{p_1 p_2}$ es tut. So weiterschließend, finden wir (vollständige Induktion!), daß ζ^ν der Gleichung $f(x) = 0$ genügt.

Alle Nullstellen von $\Phi_h(x)$ genügen also der Gleichung $f(x) = 0$; da $f(x)$ irreduzibel war und $\Phi_h(x)$ keine mehrfachen Faktoren hat, so folgt

$$\Phi_h(x) = f(x).$$

Damit ist die *Irreduzibilität der Kreisteilungsgleichung* bewiesen[1].

Auf Grund dieser einen Tatsache können wir die GALOISsche Gruppe des Kreisteilungskörpers $\Gamma(\zeta)$ mühelos konstruieren.

Zunächst ist der Körpergrad gleich dem Grad von $\Phi_h(x)$, also gleich $\varphi(h)$ (vgl. § 36). Ein Automorphismus von $\Gamma(\zeta)$ wird dadurch gegeben, daß ζ in eine andere Nullstelle von $\Phi_h(x)$ übergeht. Nullstellen

[1] Für andere einfache Beweise siehe z. B. E. LANDAU und unmittelbar darauffolgend I. SCHUR in der Math. Z. Bd. 29 (1929).

von $\Phi_h(x)$ sind alle Potenzen ζ^λ, wo λ zu h teilerfremd ist. Es sei σ_λ der Automorphismus, der ζ in ζ^λ überführt. Dann und nur dann ist

$$\sigma_\lambda = \sigma_\mu ,$$

wenn

$$\zeta^\lambda = \zeta^\mu$$

oder

$$\lambda \equiv \mu \, (h)$$

ist. Weiter ist:

$$\sigma_\lambda \sigma_\mu(\zeta) = \sigma_\lambda(\zeta^\mu) = \{\sigma_\lambda(\zeta)\}^\mu = \zeta^{\lambda\mu},$$

also

$$\sigma_\lambda \sigma_\mu = \sigma_{\lambda\mu}.$$

Die Automorphismengruppe von $\Gamma(\zeta)$ ist demnach isomorph zur Gruppe der zu h teilerfremden Restklassen mod h (vgl. § 19, Aufg. 6).

Die Gruppe ist insbesondere abelsch. Folglich sind alle Untergruppen Normalteiler und alle Unterkörper normal und abelsch.

Beispiel: Die zwölften Einheitswurzeln. Die zu 12 relativ-primen Restklassen werden repräsentiert durch

1, 5, 7, 11.

Die Automorphismen können demnach mit σ_1, σ_5, σ_7, σ_{11} bezeichnet werden, wobei ζ durch den Automorphismus σ_λ in ζ^λ übergeführt wird. Die Multiplikationstafel lautet:

σ_1	σ_5	σ_7	σ_{11}
σ_5	σ_1	σ_{11}	σ_7
σ_7	σ_{11}	σ_1	σ_5
σ_{11}	σ_7	σ_5	σ_1

Jedes Element hat die Ordnung 2. Außer der Gruppe selbst und der Einheitsgruppe gibt es also genau drei Untergruppen:

1. $\{\sigma_1, \sigma_5\}$,
2. $\{\sigma_1, \sigma_7\}$,
3. $\{\sigma_1, \sigma_{11}\}$.

Zu diesen drei Gruppen gehören quadratische Körper, erzeugt durch Quadratwurzeln. Um diese zu finden, überlegen wir uns folgendes:

Die vierten Einheitswurzeln i, $-i$ sind auch zwölfte Einheitswurzeln, liegen also im Körper. Also ist $\Gamma(i)$ ein quadratischer Unterkörper.

Ebenso liegen die dritten Einheitswurzeln im Körper. Da

$$\varrho = -\tfrac{1}{2} + \tfrac{1}{2}\sqrt{-3}$$

eine dritte Einheitswurzel ist, so ist $\Gamma\left(\sqrt{-3}\right)$ ein quadratischer Unterkörper.

Aus den beiden Quadratwurzeln i und $\sqrt{-3}$ erhält man durch Multiplikation $\sqrt{3}$. Also ist $\Gamma\left(\sqrt{3}\right)$ der dritte Unterkörper.

Wir fragen nun, welche Untergruppen zu diesen drei Körpern gehören.

Wegen $\sigma_5\zeta^3=\zeta^{15}=\zeta^3$ gestattet $i=\zeta^3$ den Automorphismus σ_5. Also gehört $\Gamma(i)$ zur Gruppe $\{\sigma_1, \sigma_5\}$.

Wegen $\sigma_7\zeta^4=\zeta^{28}=\zeta^4$ gestattet $\varrho=\zeta^4$ den Automorphismus σ_7. Somit gehört $\Gamma(\sqrt{-3})$ zur Gruppe $\{\sigma_1, \sigma_7\}$.

Der übrigbleibende Körper $\Gamma(\sqrt{3})$ muß zur Gruppe $\{\sigma_1, \sigma_{11}\}$ gehören.

Je zwei der drei Unterkörper erzeugen den ganzen. Also muß sich die Einheitswurzel ζ durch zwei Quadratwurzeln ausdrücken lassen. In der Tat ist:

$$\zeta=\zeta^{-3}\zeta^4=i^{-1}\varrho=-i\,\frac{-1+\sqrt{-3}}{2}=\frac{i-\sqrt{3}}{2}\,.$$

Wie man für Kreisteilungskörper mit Primzahlexponenten die Unterkörper explizit bestimmen und den Kreiskörper selbst aus diesen Unterkörpern durch sukzessive Adjunktionen aufbauen kann, werden wir im nächsten Paragraphen sehen.

Aufgaben. 1. Die Größe $\zeta+\zeta^{-1}$ erzeugt für $h>2$ stets einen Unterkörper vom Grad $\frac{1}{2}\,\varphi(h)$.

2. Man bestimme Gruppe und Unterkörper des Körpers der fünften Einheitswurzeln, und drücke diese durch Quadratwurzeln aus. Ebenso für die achten Einheitswurzeln.

3. Man bestimme die Gruppe und die Unterkörper des Körpers der siebten Einheitswurzeln. Was ist die definierende Gleichung des Körpers $\Gamma(\zeta+\zeta^{-1})$?

§ 54. Die Perioden der Kreisteilungsgleichung.

Der Exponent h der betrachteten Einheitswurzeln sei jetzt eine Primzahl q. Die Kreisteilungsgleichung lautet in diesem Fall

$$\Phi_q(x)=\frac{x^q-1}{x-1}=x^{q-1}+x^{q-2}+\cdots+x+1=0.$$

Sie hat den Grad $n=q-1$.

Es sei ζ eine primitive q-te Einheitswurzel.

Die Gruppe der zu q teilerfremden Restklassen ist zyklisch (§ 37), besteht demnach aus den n Restklassen

$$1,\ g,\ g^2,\ldots,\ g^{n-1},$$

wo g eine „Primitivzahl mod q“ oder eine primitive Wurzel der Kongruenz $g^n\equiv 1\,(q)$ ist. *Die* GALOIS*sche Gruppe ist demnach auch zyklisch* und wird erzeugt von demjenigen Automorphismus σ, der ζ in ζ^g überführt. Die primitiven Einheitswurzeln lassen sich folgendermaßen darstellen:

$$\zeta,\ \zeta^g,\ \zeta^{g^2},\ldots,\ \zeta^{g^{n-1}},\quad \text{wo}\quad \zeta^{g^n}=\zeta.$$

Wir setzen

$$\zeta^{g^\nu}=\zeta_\nu,$$

wobei mit den Zahlen ν modulo n gerechnet werden kann wegen

$$\zeta^{g^{\nu+n}} = \zeta^{g^\nu}.$$

Es ist

$$\sigma(\zeta_i) = \sigma(\zeta^{g^i}) = \{\sigma(\zeta)\}^{g^i} = (\zeta^g)^{g^i} = \zeta^{g^{i+1}} = \zeta_{i+1}.$$

Der Automorphismus σ erhöht also jeden Index um 1. Die ν-fache Wiederholung von σ ergibt

$$\sigma^\nu(\zeta_i) = \zeta_{i+\nu}.$$

Die $\zeta_i (i = 0, 1, \ldots, n-1)$ *bilden eine Körperbasis.* Um das zu erkennen, haben wir bloß zu zeigen, daß sie linear-unabhängig sind. In der Tat, die ζ_i stimmen bis auf die Reihenfolge mit den $\zeta, \ldots \zeta^{q-1}$ überein; eine lineare Relation zwischen ihnen würde also bedeuten:

$$a_1\zeta + \cdots + a_{q-1}\zeta^{q-1} = 0,$$

oder nach Heraushebung eines Faktors ζ:

$$a_1 + a_2\zeta + \cdots + a_{q-1}\zeta^{q-2} = 0.$$

Daraus folgt, da ζ keiner Gleichung vom Grade $\leqq q-2$ genügen kann:

$$a_1 = a_2 = \cdots = a_{q-1} = 0;$$

die ζ_i sind also linear-unabhängig.

Die Unterkörper des Kreisteilungskörpers ergeben sich sofort aus den Untergruppen der zyklischen Gruppe (vgl. § 7, Schluß):

Ist

$$ef = n$$

eine Zerlegung von n *in zwei positive Faktoren, so existiert eine Untergruppe* $\mathfrak{g}$ *der Ordnung* f, *bestehend aus den Elementen*

$$\sigma^e, \sigma^{2e}, \ldots, \sigma^{(f-1)e}, \sigma^{fe},$$

wobei σ^{fe} *das Einselement ist. Jede Untergruppe kann so erhalten werden.*

Wir suchen nun die Elemente α, die σ^e (also auch die Untergruppe $\mathfrak{g}$) gestatten. Ist

(1) $$\alpha = a_0\zeta_0 + \cdots + a_{n-1}\zeta_{n-1},$$

so ist

$$\sigma^e(\alpha) = a_0\zeta_e + a_1\zeta_{e+1} + \cdots + a_{n-1}\zeta_{e+n-1}.$$

Soll dies gleich α sein, so muß sein

$$a_0 = a_e,$$
$$\cdots\cdots$$
$$a_\nu = a_{e+\nu},$$
$$\cdots\cdots$$
$$a_{n-1} = a_{e+n-1},$$

wobei die Indices modulo n zu nehmen sind. Es folgt

$$a_\nu = a_{\nu+e} = a_{\nu+2e} = \cdots;$$

also kann man in (1) die Glieder zu Gruppen

$$a_\nu(\zeta_\nu + \zeta_{\nu+e} + \cdots)$$

zusammenfassen. Wir setzen deshalb

$$(2)\qquad \eta_\nu = \zeta_\nu + \zeta_{\nu+e} + \zeta_{\nu+2e} + \cdots + \zeta_{\nu+(f-1)e} \qquad (\nu = 0, \ldots, e-1)$$

und schreiben für (1):

$$\alpha = a_0\eta_0 + a_1\eta_1 + \cdots + a_{e-1}\eta_{e-1}.$$

Daraus liest man ab, daß die η_i eine Basis für den zu $\mathfrak{g}$ gehörigen Unterkörper bilden.

Es ist

$$\sigma(\eta_0) = \eta_1,$$
$$\cdots\cdots\cdots$$
$$\sigma^\nu(\eta_0) = \eta_\nu;$$

also sind $\eta_0, \eta_1, \ldots$ konjugiert und das Polynom

$$(3)\qquad (x-\eta_0)(x-\eta_1)\cdots(x-\eta_{e-1})$$

irreduzibel.

Da der Körper $\Gamma(\eta_0)$, wie jeder Unterkörper, galoissch ist, so zerfällt in ihm das Polynom (3) vollständig; daraus folgt

$$\Gamma(\eta_0) = \Gamma(\eta_0, \ldots, \eta_{e-1});$$

der betrachtete Unterkörper wird also schon von η_0 erzeugt.

Die durch (2) definierten Größen $\eta_0, \ldots, \eta_{e-1}$ heißen nach Gauss die *f-gliedrigen Perioden* des Kreiskörpers.

Gauss hat eine Formel angegeben, die es gestattet, ein Produkt $\eta_i\eta_k$ bequem zu berechnen. Er führt die neue Bezeichnung

$$\eta^{(r)} = \zeta^r + \zeta^{rg^e} + \cdots + \zeta^{rg^{(f-1)e}}$$
$$= \sum_{\nu \bmod f} \zeta^{rg^{\nu e}}$$

ein (wo die Bezeichung „ν mod f" bedeutet, daß ν ein Repräsentantensystem der Restklassen nach f durchläuft). $\eta^{(r)}$ ist also für $r \not\equiv 0 \pmod q$ dasjenige η_ν, in welchem ein Glied ζ^r vorkommt. Man bemerkt, daß

$$\eta^{(rg^e)} = \eta^{(r)}$$

und

$$\eta^{(0)} = 1 + \cdots + 1 = f$$

ist. Multiplikation zweier $\eta^{(r)}$ ergibt nun:

$$\eta^{(r)}\eta^{(s)} = \sum_{\nu \bmod f} \left(\sum_{\mu \bmod f} \zeta^{rg^{\nu e} + sg^{\mu e}}\right)$$

oder mit $\mu = \mu' + \nu$

$$\eta^{(r)}\eta^{(s)} = \sum_{\nu \bmod f} \left(\sum_{\mu' \bmod f} \zeta^{rg^{\nu e} + sg^{(\mu'+\nu)e}}\right)$$
$$= \sum_{\mu' \bmod} \left(\sum_{\nu \bmod f} \zeta^{(rg^{\nu e} + sg^{(\mu'+\nu)e}}\right).$$

Die in der Klammer stehende Größe ist $\eta^{(r+s g^{\mu' e})}$; mithin folgt, wenn wieder μ statt μ' geschrieben wird:

$$\eta^{(r)}\eta^{(s)} = \sum_{\mu \bmod f} \eta^{(r+s g^{\mu e})} \qquad \text{(Formel von GAUSS).}$$

Die Indizes der η in dieser Summe stimmen mit den Exponenten überein, die man erhält, wenn man das erste Glied von $\eta^{(r)}$ mit allen Gliedern von $\eta^{(s)}$ multipliziert.

Aus

$$\zeta + \zeta^2 + \cdots + \zeta^{q-1} = -1$$

folgt noch

$$\eta_0 + \eta_1 + \cdots + \eta_{e-1} = -1,$$

mithin

$$\eta^{(0)} = f = -f(\eta_0 + \cdots + \eta_{e-1}).$$

Damit kann man jedes in der GAUSSschen Formel rechts auftretende $\eta^{(0)}$ wegschaffen. Beachtet man, daß die übrigen $\eta^{(j)}$ bis auf die Reihenfolge mit den Größen $\eta_0, \ldots, \eta_{e-1}$ übereinstimmen, so erhält man also für jedes Produkt $\eta_i\eta_k$ eine Darstellung als Summe von ganzzahligen Vielfachen der η_i.

Beispiel: $q = 17$. Die Zahl 3 ist eine Primitivwurzel; denn die Potenzen von 3 sind modulo 17 die folgenden:

Indizes (Exponenten):	0	1	2	3	4	5	6	7	8
Numeri (Potenzen):	1	3	−8	−7	−4	5	−2	−6	−1
Indizes (Exponenten):	9	10	11	12	13	14	15	16	
Numeri (Potenzen):	−3	8	7	4	−5	2	6	1	

Wir berechnen zunächst die *8-gliedrigen Perioden* ($e = 2$, $f = 8$):

$$\eta_0 = \zeta + \zeta^{-8} + \zeta^{-4} + \zeta^{-2} + \zeta^{-1} + \zeta^{8} + \zeta^{4} + \zeta^{2},$$
$$\eta_1 = \zeta^3 + \zeta^{-7} + \zeta^{5} + \zeta^{-6} + \zeta^{-3} + \zeta^{7} + \zeta^{-5} + \zeta^{6}.$$

Es ist $\eta_0 + \eta_1 = -1$ und nach der GAUSSschen Formel (wegen $\eta_0 = \eta^{(1)}$, $\eta_1 = \eta^{(3)}$):

$$\eta_0\eta_1 = \eta^{(4)} + \eta^{(-6)} + \eta^{(6)} + \eta^{(-5)} + \eta^{(-2)} + \eta^{(8)} + \eta^{(-4)} + \eta^{(7)}.$$

Nun ist $\eta^{(r)}$ immer dasjenige η_ν, in dem ζ^r vorkommt. Also ist

$$\eta^{(4)} = \eta^{(-2)} = \eta^{(8)} = \eta^{(-4)} = \eta_0,$$

und

$$\eta^{(-6)} = \eta^{(6)} = \eta^{(-5)} = \eta^{(7)} = \eta_1,$$

mithin

$$\eta_0\eta_1 = 4\eta_0 + 4\eta_1 = -4.$$

Also sind η_0 und η_1 die Wurzeln der Gleichung

(4) $$y^2 + y - 4 = 0,$$

deren Lösung lautet:

$$y = -\frac{1}{2} \pm \frac{1}{2}\sqrt{17}.$$

Die *4-gliedrigen Perioden* ($e = 4$, $f = 4$) sind:

$$\begin{aligned}
\xi_0 &= \zeta + \zeta^{-4} + \zeta^{-1} + \zeta^{4},\\
\xi_1 &= \zeta^{3} + \zeta^{5} + \zeta^{-3} + \zeta^{-5},\\
\xi_2 &= \zeta^{-8} + \zeta^{-2} + \zeta^{8} + \zeta^{2},\\
\xi_3 &= \zeta^{-7} + \zeta^{-6} + \zeta^{7} + \zeta^{6}.
\end{aligned}$$

Es ist

$$\begin{aligned}
\xi_0 + \xi_2 &= \eta_0,\\
\xi_1 + \xi_3 &= \eta_1.
\end{aligned}$$

Um für ξ_0 und ξ_2 eine Gleichung zu finden, berechnen wir

$$\begin{aligned}
\xi_0 \xi_2 &= \xi^{(-7)} + \xi^{(-1)} + \xi^{(-8)} + \xi^{(3)}\\
&= \xi_3 + \xi_0 + \xi_2 + \xi_1\\
&= -1.
\end{aligned}$$

Also genügen ξ_0 und ξ_2 der Gleichung

(5) $$x^2 - \eta_0 x - 1 = 0.$$

Ebenso genügen ξ_1 und ξ_3 der Gleichung

(6) $$x^2 - \eta_1 x - 1 = 0.$$

Diese Gleichungen bringen zum Ausdruck, was wir von vornherein wußten, daß $\Gamma(\xi_0)$ quadratisch in bezug auf $\Gamma(\eta_0)$ ist.

Zwei *2-gliedrige Perioden* sind

$$\begin{aligned}
\lambda^{(1)} &= \zeta + \zeta^{-1},\\
\lambda^{(4)} &= \zeta^{4} + \zeta^{-4}.
\end{aligned}$$

Addition und Multiplikation ergeben:

$$\begin{aligned}
\lambda^{(1)} + \lambda^{(4)} &= \xi_0,\\
\lambda^{(1)} \lambda^{(4)} &= \zeta^{5} + \zeta^{-3} + \zeta^{3} + \zeta^{-5} = \xi_1.
\end{aligned}$$

Also genügen $\lambda^{(1)}$ und $\lambda^{(4)}$ der Gleichung

(7) $$\Lambda^2 - \xi_0 \Lambda + \xi_1 = 0.$$

Schließlich genügt ζ selbst der Gleichung

$$\zeta + \zeta^{-1} = \lambda^{(1)}$$

oder

$$\zeta^2 - \lambda^{(1)} \zeta + 1 = 0.$$

Damit sind die 17-ten Einheitswurzeln durch quadratische Gleichungen ausgerechnet.

Deutet man insbesondere die 17-ten Einheitswurzeln als Zahlen, so kann man setzen:

$$\begin{aligned}
\zeta &= e^{\frac{2\pi i}{17}},\\
\lambda^{(1)} &= \zeta + \zeta^{-1} = 2\cos\frac{2\pi}{17}.
\end{aligned}$$

Die Gleichung (4) hat eine positive und eine negative Wurzel; da nun

$$\eta_0 = (\zeta + \zeta^{-1}) + (\zeta^8 + \zeta^{-8}) + (\zeta^4 + \zeta^{-4}) + (\zeta^2 + \zeta^{-2})$$

$$= 2\left(\cos\frac{2\pi}{17} + \cos\frac{16\pi}{17} + \cos\frac{8\pi}{17} + \cos\frac{4\pi}{17}\right) > 2\left(\frac{1}{2} - 1 + 0 + \frac{1}{2}\right) = 0$$

ist, so ist η_0 die positive Wurzel:

$$\eta_0 = -\frac{1}{2} + \frac{1}{2}\sqrt{17}.$$

Ebenso haben (5) und (6) je eine positive und eine negative Wurzel; da

$$\xi_0 = 2\left(\cos\frac{2\pi}{17} + \cos\frac{8\pi}{17}\right) > 0,$$

$$\xi_3 = 2\left(\cos\frac{14\pi}{17} + \cos\frac{12\pi}{17}\right) < 0$$

ist, so sind ξ_0 und ξ_1 die positiven Wurzeln von (5) und (6). Schließlich ist

$$\lambda^{(1)} = 2\cos\frac{2\pi}{17} > 2\cos\frac{8\pi}{17} = \lambda^{(4)}$$

die größere der beiden (positiven) Wurzeln von (7). · Mit Hilfe dieser Formeln läßt sich die *Konstruktion des regulären 17-Ecks* mit Zirkel und Lineal ausführen (vgl. § 59).

Aufgaben. 1. Man führe die Konstruktion des 17-Ecks wirklich aus.

2. Man beweise für die $\frac{p-1}{2}$-gliedrigen Perioden η_0 und η_1 allgemein die Relationen:

$$\eta_0 + \eta_1 = -1$$

$$\eta_0 \eta_1 = \frac{1+p}{4} \text{ für } p \equiv -1 \ (4),$$

$$\eta_0 \eta_1 = \frac{1-p}{4} \text{ für } p \equiv 1 \ (4),$$

und leite daraus eine quadratische Gleichung für η_0 her.

3. Das η_0 von Aufg. 2 ist die „Gausssche Summe":

$$\eta_0 = \sum_{s=1}^{\frac{p-1}{2}} \zeta^{s^2}.$$

§ 55. Zyklische Körper und reine Gleichungen.

Es sei K ein Grundkörper, der die n-ten Einheitswurzeln enthält und in welchem das n-fache des Einselements nicht die Null ist (d. h. n nicht teilbar durch die Charakteristik). Dann behaupten wir: *Die Gruppe einer „reinen" Gleichung*

$$x^n - a = 0 \qquad (a \neq 0)$$

in bezug auf K *ist zyklisch.*

Beweis. Ist ϑ eine Wurzel der Gleichung, so sind $\zeta\vartheta, \zeta^2\vartheta, \ldots, \zeta^{n-1}\vartheta$ (wo ζ eine primitive n-te Einheitswurzel bedeutet) die übrigen[1]. Daher erzeugt ϑ schon den Körper der Wurzeln, und jede Substitution der GALOISschen Gruppe hat die Gestalt

$$\vartheta \to \zeta^\nu \vartheta .$$

Die Zusammensetzung zweier Substitutionen $\vartheta \to \zeta^\nu \vartheta$ und $\vartheta \to \zeta^\mu \vartheta$ ergibt $\vartheta \to \zeta^{\mu+\nu} \vartheta$. Es entspricht also jeder Substitution eine bestimmte Einheitswurzel ζ^ν, und dem Produkt der Substitutionen das Produkt der Einheitswurzeln. Also ist die GALOISsche Gruppe isomorph einer Untergruppe der Gruppe der n-ten Einheitswurzeln. Da die letztere Gruppe zyklisch ist, ist auch jede ihrer Untergruppen und damit auch die GALOISsche Gruppe zyklisch.

Ist speziell die Gleichung $x^n - a = 0$ irreduzibel, so sind alle Wurzeln $\zeta^\nu\vartheta$ zu ϑ konjugiert und daher die GALOISsche Gruppe isomorph der vollen Gruppe der n-ten Einheitswurzeln. Ihre Ordnung ist in diesem Falle n.

Wir wollen nun umgekehrt zeigen, daß jeder zyklische Körper n-ten Grades über K durch Wurzeln reiner Gleichungen $x^n - a = 0$ erzeugt werden kann.

Es sei also $\Sigma = \mathsf{K}(\vartheta)$ ein zyklischer Körper vom Grade n, σ die erzeugende Substitution der GALOISschen Gruppe, also $\sigma^n = 1$. Wir nehmen wieder an, daß der Grundkörper K die n-ten Einheitswurzeln enthält.

Ist ζ eine solche n-te Einheitswurzel, so bilden wir die „LAGRANGE*sche Resolvente*“:

$$(\zeta, \vartheta) = \vartheta_0 + \zeta\vartheta_1 + \cdots + \zeta^{n-1}\vartheta_{n-1}, \tag{1}$$

wo

$$\vartheta_\nu = \sigma^\nu \vartheta$$

gesetzt ist.

Bei der Substitution σ werden die ϑ_ν zyklisch vertauscht:

$$\sigma\vartheta_\nu = \vartheta_{\nu+1} \qquad (\vartheta_n = \vartheta_0),$$

und die Resolvente (ζ, ϑ) geht über in

$$\begin{aligned} \sigma(\zeta, \vartheta) &= \vartheta_1 + \zeta\vartheta_2 + \cdots + \zeta^{n-2}\vartheta_{n-1} + \zeta^{n-1}\vartheta_0 \\ &= \zeta^{-1}(\vartheta_0 + \zeta\vartheta_1 + \zeta^2\vartheta_2 + \cdots + \zeta^{n-1}\vartheta_{n-1}) \\ &= \zeta^{-1}(\zeta, \vartheta). \end{aligned}$$

Daher bleibt die n-te Potenz $(\zeta, \vartheta)^n$ bei der Substitution σ ungeändert; d. h. $(\zeta, \vartheta)^n$ gehört dem Grundkörper K an.

Wir können $(\zeta, \vartheta)^n$ rein formal aus (1) durch Potenzieren erhalten und finden einen Ausdruck von der Gestalt

$$(\zeta, \vartheta)^n = P_0 + \zeta P_1 + \cdots + \zeta^{n-1} P_{n-1}, \tag{2}$$

[1] Offensichtlich sind die Wurzeln alle verschieden, mithin die Gleichung separabel.

wo die P_ν Polynome n-ten Grades in den ϑ sind, welche nicht davon abhängen, welche Einheitswurzel ζ zugrunde gelegt wurde.

Multiplizieren wir (1) mit ζ^{-r} und summieren über alle ζ, so erhalten wir (unter Beachtung des letzten Satzes von § 36):

$$\sum_{\zeta} \zeta^{-r}(\zeta, \vartheta) = n\vartheta_r. \tag{3}$$

Da nach Annahme die Zahl n nicht durch die Charakteristik des Körpers teilbar ist, läßt sich aus (3) die Größe ϑ_r ausrechnen, sobald die (ζ, ϑ) bekannt sind. Wegen (2) sind aber die (ζ, ϑ) durch Ausziehung je einer n-ten Wurzel aus einer Größe des Grundkörpers K zu erhalten. Daraus erhalten wir das gesuchte Resultat:

Jeder zyklische Körper n-ten Grades läßt sich, wenn die n-ten Einheitswurzeln schon im Grundkörper liegen und n nicht durch die Charakteristik teilbar ist, durch Adjunktion von n-ten Wurzeln erzeugen.

Oft ist die Bemerkung nützlich, daß auch $(\zeta, \vartheta) \cdot (\zeta^{-1}, \vartheta)$ sich bei der Substitution σ nicht ändert, weil der erste Faktor dabei mit ζ^{-1}, der zweite mit ζ multipliziert wird. Demnach gehört auch

$$(\zeta, \vartheta) \cdot (\zeta^{-1}, \vartheta)$$

dem Grundkörper an. Von je zwei solchen „konjugierten" Resolventen braucht man daher nur eine zu adjungieren.

Schließlich gehört auch

$$(1, \vartheta) = \vartheta_0 + \vartheta_1 + \cdots + \vartheta_{n-1},$$

wie sofort ersichtlich, zu K.

Entsteht unser Körper Σ durch Adjunktion der Wurzeln $\xi_1, \ldots, \xi_m$ einer Gleichung $f(x) = 0$, so bewirkt σ eine Permutation dieser Wurzeln, also auch eine Permutation ihrer Nummern $1, 2, \ldots, m$, die, in Zyklen zerlegt, etwa so aussehen möge:

$$(1\,2\ldots j)\,(j+1\ldots l)\ldots$$

Die übrigen Permutationen der GALOISschen Gruppe sind die Potenzen der angeschriebenen und führen die Nummer 1 in $1, 2, 3, \ldots, j$ über. Nehmen wir nun an, daß die Gleichung $f(x) = 0$ irreduzibel ist, so sind alle Wurzeln konjugiert; mithin muß die Wurzel ξ_1 in alle anderen Wurzeln übergeführt werden können, d. h. der eine Zykel $(1\,2\ldots j)$ schon alle Wurzeln umfassen. Da die erzeugende Permutation des Zykels die Ordnung n haben muß, muß $j = n$ sein. Der Grad m der Gleichung ist also ebenfalls gleich n, also gleich dem Körpergrad; daher muß die Adjunktion einer Wurzel schon den ganzen Körper erzeugen. Numerieren wir die Wurzeln nun mit $0, 1, \ldots, n-1$ statt mit $1, 2, \ldots, n$, so können wir unsere Körpererzeugende $\vartheta = \vartheta_0$ gleich ξ_0 wählen; bei geigneter Numerierung der übrigen Wurzeln wird dann automatisch $\vartheta_1 = \sigma\vartheta = \sigma\xi_0 = \xi_1$, $\vartheta_2 = \sigma\vartheta_1 = \sigma\xi_1 = \xi_2$, usw. *Für die ϑ_ν in (1) können wir daher die Wurzeln von $f(x)$ in passender Numerierung wählen.*

Enthält der Grundkörper K nicht die n-ten Einheitswurzeln, so haben wir, um die obige Auflösungsmethode mittels n-ter Wurzeln anwenden zu können, zunächst die n-ten Einheitswurzeln ζ an K zu adjungieren. Bei dieser Adjunktion bleibt die GALOISsche Gruppe zyklisch, da eine Untergruppe einer zyklischen Gruppe stets zyklisch ist.

Wir wollen nun noch einiges über die *Irreduzibilität der reinen Gleichungen vom Primzahlgrad* p beweisen.

Enthält zunächst wieder der Grundkörper K die p-ten Einheitswurzeln, so ist nach dem zu Anfang dieses Paragraphen Bewiesenen die Gruppe eine Untergruppe einer zyklischen Gruppe der Ordnung p und daher entweder die volle Gruppe oder die Einheitsgruppe. Im ersten Fall sind alle Wurzeln konjugiert, daher die Gleichung irreduzibel. Im zweiten Falle sind alle Wurzeln gegenüber den Substitutionen der GALOISschen Gruppe invariant; mithin zerfällt die Gleichung schon im Körper K in Linearfaktoren. Also: *Das Polynom* $x^p - a$ *zerfällt entweder ganz, oder es ist irreduzibel.*

Enthält K die Einheitswurzeln nicht, so läßt sich nicht so viel behaupten. Es gilt aber der Satz:

Entweder ist $x^p - a$ *irreduzibel, oder* a *ist in* K *eine* p-*te Potenz, so daß in* K *eine Zerlegung*

$$\begin{aligned} x^p - a &= x^p - \beta^p \\ &= (x - \beta)(x^{p-1} + \beta x^{p-2} + \cdots + \beta^{p-1}) \end{aligned}$$

besteht.

Beweis: Nehmen wir an, $x^p - a$ sei reduzibel:

$$x^p - a = \varphi(x) \cdot \psi(x).$$

In seinem Zerfällungskörper zerfällt $x^p - a$ in folgender Weise:

$$x^p - a = \prod_{\nu=0}^{p-1} (x - \zeta^\nu \vartheta) \qquad (\vartheta^p = a).$$

Daher muß der eine Faktor $\varphi(x)$ ein Produkt von gewissen Faktoren $x - \zeta^\nu \vartheta$ sein, und das von x unabhängige Glied $\pm b$ von $\varphi(x)$ muß die Form $\pm \zeta' \vartheta^\mu$ haben, wo ζ' eine p-te Einheitswurzel ist:

$$\begin{aligned} b &= \zeta' \vartheta^\mu, \\ b^p &= \vartheta^{p\mu} = a^\mu. \end{aligned}$$

Wegen $0 < \mu < p$ ist $(\mu, p) = 1$, daher mit passenden ganz rationalen Zahlen ϱ und σ:

$$\begin{aligned} \varrho\mu + \sigma p &= 1, \\ a = a^{\varrho\mu} a^{\sigma p} &= b^{\varrho p} a^{\sigma p}; \end{aligned}$$

a ist also eine p-te Potenz.

Interessante Sätze über die Reduzibilität der reinen Gleichungen enthalten die Arbeiten von A. CAPELLI: Sulla riducibilità dell'equazioni algebriche, Rendiconti Napoli 1898, und G. DARBI: Sulla riducibilità dell'equazioni algebriche. Annali di Mat. (4) 4 (1926).

Aufgabe. 1. Wenn nicht vorausgesetzt wird, daß der Grundkörper K die n-ten Einheitswurzeln enthält, so ist die Gruppe der reinen Gleichung $x^n - a = 0$ isomorph einer Gruppe von linearen Substitutionen modulo n:

$$x' \equiv cx + b.$$

[Der zugehörige Normalkörper ist $K(\vartheta, \zeta)$ und für jede Substitution σ der Gruppe ist

$$\sigma\zeta = \zeta^c,$$
$$\sigma\vartheta = \zeta^b\vartheta].$$

§ 56. Die Auflösung von Gleichungen durch Radikale.

Bekanntlich lassen sich die Wurzeln einer Gleichung zweiten, dritten oder vierten Grades aus den Koeffizienten durch rationale Operationen und Wurzelzeichen $\sqrt{}$, $\sqrt[3]{}$, ... („Radikale") berechnen (vgl. § 58). Wir fragen nun, welche Gleichungen die Eigenschaft haben, daß ihre Wurzeln sich aus Größen eines Grundkörpers K durch rationale Operationen und Radikale ausdrücken lassen. Dabei können wir uns natürlich auf irreduzible Gleichungen mit Koeffizienten aus K beschränken. Die Aufgabe besteht darin, daß sukzessive Adjunktionen von Größen $\sqrt[n]{a}$ (wo a jeweils dem schon konstruierten Körper angehört) einen Körper über K zu konstruieren, der eine oder alle Wurzeln der vorgelegten Gleichung enthält.

Die Fragestellung ist aber in einem Punkt noch ungenau. Das Wurzelzeichen $\sqrt[n]{}$ ist in einem Körper im allgemeinen eine mehrdeutige Funktion, und es fragt sich, welche Wurzel jeweils mit $\sqrt[n]{a}$ gemeint ist. Wenn man z. B. eine primitive sechste Einheitswurzel durch Radikale ausdrückt, indem man sie einfach durch $\sqrt[6]{1}$ oder gar durch $\sqrt[12]{1}$ darstellt, wird man das als eine unbefriedigende Lösung anzusehen haben, während die Lösung $\zeta = \frac{1}{2} \pm \frac{1}{2}\sqrt{-3}$ viel befriedigender ist, weil der Ausdruck $\frac{1}{2} \pm \frac{1}{2}\sqrt{-3}$ bei *jeder* Wahl des Wertes von $\sqrt{-3}$ (d. h. einer Lösung der Gleichung $x^2 + 3 = 0$) die beiden primitiven sechsten Einheitswurzeln darstellt.

Die schärfste Forderung, die man in dieser Hinsicht stellen kann, ist die, daß man erstens *alle* Lösungen der fraglichen Gleichung durch Ausdrücke der Gestalt

$$\sqrt[n]{\cdots\sqrt[m]{\cdots} + \sqrt[r]{\cdots} + \cdots + \cdots} \tag{1}$$

(oder ähnlich) darstellen soll und daß zweitens diese Ausdrücke auch bei *jeder* Wahl der in ihnen vorkommenden Radikale Lösungen der Gleichung darstellen sollen. (Dabei ist natürlich, wenn ein Radikal $\sqrt[m]{a}$ im Ausdruck (1) mehrmals vorkommt, ihm stets derselbe Wert beizulegen.)

Nehmen wir an, die erste Forderung sei erfüllt. Dann wird die zweite auch erfüllt sein, sobald man dafür sorgen kann, daß bei der sukzessiven Adjunktion der Radikale $\sqrt[n]{a}$ im Augenblick einer solchen Adjunktion die jeweilige Gleichung $x^n - a = 0$ stets *irreduzibel* ist. Denn dann werden alle möglichen Wahlen der $\sqrt[n]{a}$ stets konjugierte Größen ergeben, welche sich also durch Isomorphismen ineinander überführen lassen, und diese Isomorphismen lassen sich bei allen weiteren Adjunktionen zu Isomorphismen der Erweiterungskörper fortsetzen (vgl. § 35). Wenn also bei einer Wertbestimmung der Radikale $\sqrt[n]{a}$ der Ausdruck (1) eine Wurzel der fraglichen Gleichung darstellt, so muß er bei jeder Wertbestimmung eine Wurzel der fraglichen Gleichung darstellen, da jeder Isomorphismus stets die Nullstellen eines Polynoms aus $\mathsf{K}[x]$ wieder in ebensolche Nullstellen überführt.

Nach diesen Vorbemerkungen sind wir imstande, den Hauptsatz über die durch Radikale lösbaren Gleichungen zu formulieren:

1. *Wenn auch nur eine Wurzel einer in* K *irreduziblen Gleichung* $f(x) = 0$ *sich durch einen Ausdruck* (1) *darstellen läßt und wenn die Wurzelexponenten nicht durch die Charakteristik des Körpers* K *teilbar sind*[1], *so ist die Gruppe dieser Gleichung auflösbar (d. h. ihre Kompositionsfaktoren sind zyklisch von Primzahlordnung).* 2. *Wenn umgekehrt die Gruppe der Gleichung auflösbar ist, so lassen sich alle Wurzeln durch Ausdrücke* (1) *darstellen, und zwar so, daß bei den sukzessiven Adjunktionen der* $\sqrt[n]{a}$ *die Exponenten Primzahlen und die Gleichungen* $x^n - a = 0$ *jeweils irreduzibel sind, vorausgesetzt, daß die Charakteristik des Körpers* K *Null oder größer als die größte Primzahl ist, die unter den Ordnungen der Kompositionsfaktoren vorkommt*[2].

Der Satz besagt also im wesentlichen, daß die Auflösbarkeit der Gruppe für die Auflösbarkeit der Gleichung durch Radikale entscheidend ist. Der Begriff der Auflösbarkeit durch Radikale ist im ersten Teil des Satzes möglichst schwach, im zweiten Teil aber möglichst stark gefaßt, so daß der Satz möglichst viel aussagt.

Beweis: 1. Zunächst kann man alle Wurzelexponenten in (1) zu Primzahlen machen vermöge

$$\sqrt[rs]{a} = \sqrt[r]{\sqrt[s]{a}}.$$

Sodann adjungieren wir zu K alle p_1-ten, p_2-ten usw. Einheitswurzeln, wo $p_1, p_2, \ldots$ die als Wurzelexponenten in (1) auftretenden

---

[1] Diese Annahme hat den Zweck, das Auftreten inseparabler Erweiterungen zu verhüten. Man könnte sich von ihr befreien; doch interessiert uns das hier nicht.

[2] Wenn man außer Radikalen von der beschriebenen Art auch noch Einheitswurzeln in der Auflösungsformel zuläßt, so läßt sich die letztere Bedingung ersetzen durch die schwächere: unter den Ordnungen der Kompositionsfaktoren soll die Charakteristik nicht vorkommen.

Primzahlen sind. Das kommt also auf eine Reihe von aufeinanderfolgenden zyklischen normalen Körpererweiterungen hinaus, die wir noch in Erweiterungen von Primzahlgrad zerlegt denken können. Sind aber diese Einheitswurzeln einmal vorhanden, so ist auch die Adjunktion eines $\sqrt[p]{a}$ nach § 55 entweder überhaupt keine Erweiterung oder eine zyklische normale Erweiterung vom Grade p. Wir adjungieren nun, sobald wir ein $\sqrt[p]{a}$ adjungiert haben, nacheinander auch alle p-ten Wurzeln aus den zu a konjugierten Größen; das sind entweder gar keine oder zyklische Erweiterungen von Primzahlgrad, und durch sie erreichen wir, daß unsere Körper hernach immer normal in bezug auf K bleiben. So kommen wir schließlich durch eine Reihe von zyklischen Adjunktionen:

$$\mathsf{K} \subset \Lambda_1 \subset \Lambda_2 \subset \cdots \subset \Lambda_\omega, \tag{2}$$

zu einem Normalkörper $\Lambda_\omega = \Omega$, der den Ausdruck (1), eine Wurzel von $f(x)$, enthält. Da der Körper Ω galoissch ist, enthält er alle Wurzeln von $f(x)$, d. h. er enthält den Zerfällungskörper Σ von $f(x)$.

Es sei $\mathfrak{G}$ die Galoissche Gruppe von Ω nach K. Dann entspricht der Körperkette (2) eine Kette von Untergruppen von $\mathfrak{G}$:

$$\mathfrak{G} \supset \mathfrak{G}_1 \supset \mathfrak{G}_2 \supset \cdots \supset \mathfrak{G}_\omega = \mathfrak{E}, \tag{3}$$

und jede dieser Gruppen ist Normalteiler in der vorangehenden, wobei die Faktorgruppe zyklisch von Primzahlordnung ist. Das heißt, die Gruppe $\mathfrak{G}$ ist auflösbar und (3) eine Kompositionsreihe.

Zum Körper Σ gehört eine Untergruppe $\mathfrak{H}$, Normalteiler von $\mathfrak{G}$, und nach § 46 können wir auch durch $\mathfrak{H}$ eine Kompositionsreihe legen, welche dann bis auf Isomorphie dieselben Kompositionsfaktoren hat, eventuell in anderer Reihenfolge:

$$\mathfrak{G} \supset \mathfrak{H}_1 \supset \mathfrak{H}_2 \supset \cdots \supset \mathfrak{H} \supset \cdots \supset \mathfrak{E}, \tag{4}$$

Die Galoissche Gruppe von Σ nach K ist die Gruppe $\mathfrak{G}/\mathfrak{H}$; für sie haben wir jetzt die Kompositionsreihe

$$\mathfrak{G}/\mathfrak{H} \supset \mathfrak{H}_1/\mathfrak{H} \supset \mathfrak{H}_2/\mathfrak{H} \supset \cdots \supset \mathfrak{H}/\mathfrak{H} = \mathfrak{E},$$

deren Faktoren nach dem zweiten Isomorphiesatz (§ 45) zu den entsprechenden Faktoren von (4) 1-isomorph, also wieder zyklisch von Primzahlordnung sind. Damit ist die Behauptung 1 bewiesen.

Zu Behauptung 2 beweisen wir zunächst den

Hilfssatz. *Die q-ten Einheitswurzeln (q prim) sind durch „irreduzible Radikale“ (d. h. Wurzeln irreduzibler Gleichungen $x^p - a = 0$) ausdrückbar, vorausgesetzt, daß die Charakteristik von K Null oder größer als q ist.*

Da die Behauptung für $q = 2$ trivial ist (die zweiten Einheitswurzeln ± 1 sind ja rational), können wir sie für alle Primzahlen unterhalb q als bewiesen annehmen. Der Körper der q-ten Einheitswurzeln ist zyklisch vom Grade $q-1$, und wenn wir $q-1$ in Primfaktoren zerlegen: $q - 1 = p_r^{\varrho_1} \ldots p_r^{\varrho_r}$, so können wir diesen Körper durch eine Folge zyklischer Erweiterungen von den Graden p_ν aufbauen. Adjungieren wir nun vorher die p_1-ten, ..., p_r-ten Einheitswurzeln, die nach der Induktionsvoraussetzung ja durch Radikale ausdrückbar sind, so können wir auf die zyklischen Erweiterungen der Grade p_ν den Satz von § 55 anwenden, der die Darstellbarkeit der sukzessiven Körpererzeugenden durch Radikale lehrt. Die betreffenden Gleichungen $x^{p_\nu} - a = 0$ müssen irreduzibel sein, da sonst die Körpergrade nicht gleich den p_ν sein könnten.

Nunmehr können wir die Behauptung 2 beweisen. Es sei Σ der Zerfällungskörper von $f(x)$, und $\mathfrak{G} \supset \mathfrak{G}_1 \supset \cdots \supset \mathfrak{G}_l = \mathfrak{E}$ sei eine Kompositionsreihe für die GALOISsche Gruppe von Σ in bezug auf K. Zu dieser Reihe von Gruppen gehört eine Reihe von Körpern:

$$\mathsf{K} \subset \Lambda_1 \subset \cdots \subset \mathsf{K}_l = \Sigma,$$

deren jeder normal und zyklisch in bezug auf den vorangehenden ist. Sind q_1, q_2, ... die in der Reihe vorkommenden Relativgrade, so adjungieren wir an K zunächst die q_1-ten, q_2-ten usw. Einheitswurzeln, was nach dem Hilfssatz durch irreduzible Radikale möglich ist. Sodann lassen sich nach dem Satz von § 55 die Erzeugenden von $\Lambda_1, \Lambda_2, \ldots, \Lambda_l$ durch Radikale ausdrücken, wobei die betreffenden Gleichungen $x^{q_\nu} - a = 0$ jedesmal entweder irreduzibel sind oder ganz zerfallen (§ 55, Schluß); im letzteren Fall ist die Adjunktion des betreffenden Radikals überflüssig. Damit ist 2. bewiesen.

Daß die Behauptung 2 wirklich falsch wird, wenn einer der Grade q_ν gleich der Charakteristik p des Körpers wird, zeigt das folgende Beispiel: Die „allgemeine Gleichung 2. Grades" $x^2 + ux + v$ (u, v Unbestimmte, die dem Primkörper der Charakteristik 2 adjungiert werden) ist irreduzibel und separabel und bleibt irreduzibel bei Adjunktion sämtlicher Einheitswurzeln. Adjunktion einer Wurzel einer irreduziblen reinen Gleichung von ungeradem Grade kann die Gleichung nicht zum Zerfall bringen, da jene einen Körper ungeraden Grades erzeugt. Adjunktion einer Quadratwurzel kann aber die Gleichung ebensowenig zum Zerfall bringen, weil dabei der reduzierte Körpergrad sich nicht ändert. Die Gleichung ist also in keiner Weise durch Radikale lösbar.

Anwendung. Die symmetrischen Permutationsgruppen von 2, 3 oder 4 Ziffern (und ihre Untergruppen) sind auflösbar; daraus erklärt sich die Möglichkeit der Auflösungsformeln der Gleichungen 2., 3. und 4. Grades (Ausführung in § 58). Die symmetrischen Gruppen von 5 und mehr Ziffern sind aber nicht mehr auflösbar (§ 48), und wir werden sogleich sehen, daß es Gleichungen von jedem Grade gibt, deren Gruppe wirklich die symmetrische ist; daher gibt es keine allgemeine Auflösungsformel für die Gleichungen 5. Grades oder höherer Grade. Nur gewisse spezielle von diesen Gleichungen (wie die Kreisteilungsgleichungen) können durch Radikale gelöst werden.

Solche Körper oder Gleichungen, deren Gruppe auflösbar ist, heißen *metazyklisch*. Bisweilen nennt man auch die Gruppe metazyklisch (statt auflösbar).

§ 57. Die allgemeine Gleichung n-ten Grades.

Unter der *allgemeinen Gleichung n-ten Grades* versteht man die Gleichung

$$(1)\qquad z^n - u_1 z^{n-1} + u_2 z^{n-2} - + \cdots + (-1)^n u_n = 0,$$

mit *unbestimmten* Koeffizienten $u_1, \ldots, u_n$, die dem Grundkörper K adjungiert werden. Sind ihre Wurzeln $v_1, \ldots, v_n$, so ist

$$\begin{cases} u_1 = v_1 + \cdots + v_n, \\ u_2 = v_1 v_2 + v_1 v_3 + \cdots + v_{n-1} v_n, \\ \cdots\cdots\cdots\cdots\cdots\cdots \\ u_n = v_1 v_2 \ldots v_n. \end{cases}$$

Wir vergleichen die allgemeine Gleichung (1) mit einer anderen Gleichung, deren *Wurzeln* Unbestimmte $x_1, \ldots, x_n$ sind und deren Koeffizienten daher die elementarsymmetrischen Funktionen dieser Unbestimmten sind:

$$(2)\qquad \begin{cases} z^n - \sigma_1 z^{n-1} + \sigma_2 z^{n-2} - + \cdots + (-1)^n \sigma_n \\ \quad = (z - x_1)(z - x_2) \cdots (z - x_n) = 0; \end{cases}$$

$$\begin{cases} \sigma_1 = x_1 + \cdots + x_n, \\ \sigma_2 = x_1 x_2 + x_1 x_3 + \cdots + x_{n-1} x_n, \\ \cdots\cdots\cdots\cdots\cdots\cdots \\ \sigma_n = x_1 x_2 \ldots x_n. \end{cases}$$

Die Gleichung (2) ist separabel und hat als Galoissche Gruppe in bezug auf den Körper $\mathsf{K}(\sigma_1, \ldots, \sigma_n)$ die symmetrische Gruppe aller Permutationen der x_ν; denn jede solche Permutation stellt einen 1-Automorphismus des Körpers $\mathsf{K}(x_1, \ldots, x_n)$ dar, der die symmetrischen Funktionen $\sigma_1, \ldots, \sigma_n$ und somit auch alle Elemente des Körpers $\mathsf{K}(\sigma_1, \ldots, \sigma_n)$ invariant läßt. Jede Funktion der $x_1, \ldots, x_n$, die bei den Permutationen der Gruppe invariant bleibt, gehört also dem Körper $\mathsf{K}(\sigma_1, \ldots \sigma_n)$ an; d. h. *jede symmetrische Funktion der x_ν ist rational durch $\sigma_1, \ldots \sigma_n$ ausdrückbar.* Damit haben wir einen Teil des „Hauptsatzes über symmetrische Funktionen“ von § 26 mit Hilfe der Galoisschen Theorie neu bewiesen.

Auch den „Eindeutigkeitssatz“ von § 26, d. h. die Tatsache, daß *keine Relation $f(\sigma_1, \ldots, \sigma_n) = 0$ bestehen kann, wenn nicht das Polynom f selber identisch verschwindet,* erhalten wir mühelos wieder. Denn gesetzt, es wäre

$$f(\sigma_1, \ldots, \sigma_n) = f\left(\sum x_i, \sum x_i x_k, \ldots, x_1 x_2 \ldots x_n\right) = 0,$$

so würde diese Relation bestehen bleiben bei Substitution der Größen v für die Unbestimmten x_i. Wir hätten also

$$f\left(\sum v_i, \sum v_i v_k, \ldots, v_1 v_2 \ldots v_n\right) = 0$$

oder $f(u_1, \ldots, u_n) = 0$; also würde f identisch verschwinden.

Aus dem Eindeutigkeitssatz folgt, daß die Zuordnung

$$f(u_1, \ldots, u_n) \to f(\sigma_1, \ldots, \sigma_n)$$

nicht nur ein Homomorphismus, sondern ein 1-Isomorphismus der Ringe $K[u_1, \ldots, u_n]$ und $K[\sigma_1, \ldots, \sigma_n]$ ist. Sie läßt sich zu einem Isomorphismus der Quotientenkörper $K(u_1, \ldots, u_n)$ und $K(\sigma_1, \ldots, \sigma_n)$ und nach § 35 weiter zu einem Isomorphismus der Nullstellenkörper $K(v_1, \ldots, v_n)$ und $K(x_1, \ldots, x_n)$ erweitern. Die v_i gehen in die x_k in irgendeiner Reihenfolge über; da die x_k aber permutierbar sind, können wir auch jedes v_i in x_i übergehen lassen. Damit ist bewiesen:

Es gibt einen Isomorphismus

$$K(v_1, \ldots, v_n) \cong K(x_1, \ldots, x_n),$$

der jedes v_i in x_i, jedes u_i in σ_i überführt.

Vermöge dieses Isomorphismus können alle Sätze über die Gleichung (2) unmittelbar auf (1) übertragen werden. Insbesondere erhält man:

Die allgemeine Gleichung (1) *ist separabel und hat als* GALOIS*sche Gruppe in bezug auf ihren Koeffizientenkörper* $K(u_1, \ldots, u_n)$ *die symmetrische. Der Grad ihres Zerfällungskörpers ist* $n!$.

Wir setzen

$$K(u_1, \ldots, u_n) = \Delta,$$
$$K(v_1, \ldots, v_n) = \Sigma$$

und bezeichnen die symmetrische Gruppe mit $\mathfrak{S}_n$. Sie besitzt immer eine Untergruppe vom Index 2: die alternierende Gruppe $\mathfrak{A}_n$. Der zugehörige Zwischenkörper Λ hat den Grad 2 und wird von jeder Funktion der v_i erzeugt, welche $\mathfrak{A}_n$, nicht aber $\mathfrak{S}_n$ gestattet. Eine solche Funktion ist, falls die Charakteristik von K von Null verschieden ist, das *Differenzenprodukt*

$$\prod_{i<k} (v_i - v_k) = \sqrt{D},$$

dessen Quadrat die *Diskriminante* der Gleichung (1)

$$D = \prod_{i<k} (v_i - v_k)^2$$

ist. Die Diskriminante ist eine symmetrische Funktion, also ein Polynom in den u_i. Den Körper Λ erhalten wir also in der Form

$$\Lambda = \Delta\left(\sqrt{D}\right).$$

Für $n > 4$ ist die Gruppe $\mathfrak{A}_n$ einfach (§ 48), daher

(3) $$\mathfrak{S}_n \supset \mathfrak{A}_n \supset \mathfrak{E}$$

eine Kompositionsreihe. Die Gruppe $\mathfrak{S}_n$ ist also für $n > 4$ nicht auflösbar, und daraus folgt nach § 56 der berühmte Satz von ABEL:

Die allgemeine Gleichung n-ten Grades ist für $n > 4$ nicht durch Radikale lösbar.

Für $n=2$ und $n=3$ sind in (3) die Kompositionsfaktoren zyklisch. Für $n=2$ ist sogar $\mathfrak{A}_n=\mathfrak{E}$; für $n=3$ haben die Faktoren die Ordnungen 2 und 3. Für $n=4$ hat man die Kompositionsreihe

$$\mathfrak{S}_n \supset \mathfrak{A}_n \supset \mathfrak{B}_4 \supset \mathfrak{Z}_2 \supset \mathfrak{Z},$$

wo $\mathfrak{B}_4$ die „KLEINsche Vierergruppe"

$$\{1,\ (1\,2)\,(3\,4),\ (1\,3)\,(2\,4),\ (1\,4)\,(2\,3)\}$$

und $\mathfrak{Z}_2$ irgendeine ihrer Untergruppen der Ordnung 2 ist. Die Ordnungen der Kompositionsfaktoren sind

$$2,\ 3,\ 2,\ 2.$$

Auf diesen Tatsachen beruhen die Auflösungsformeln der Gleichungen 2., 3. und 4. Grades, die wir im nächsten Paragraphen behandeln werden.

§ 58. Gleichungen zweiten, dritten und vierten Grades.

Die Auflösung der allgemeinen *Gleichung 2. Grades*

$$x^2+px+q=0$$

muß nach der allgemeinen Theorie durch eine Quadratwurzel geschehen können; für diese kann man wählen (vgl. den Schluß des vorigen Paragraphen) das Differenzenprodukt der Wurzeln x_1, x_2:

$$x_1-x_2=\sqrt{D}; \qquad D=p^2-4q.$$

Hieraus und aus

$$x_1+x_2=-p$$

erhält man die bekannten Auflösungsformeln

$$x_1=\frac{-p+\sqrt{D}}{2}, \qquad x_2=\frac{-p+\sqrt{D}}{2}.$$

Voraussetzung ist dabei nur, daß die Charakteristik des Grundkörpers nicht 2 ist.

Die allgemeine *Gleichung 3. Grades*

$$z^3+a_1z^2+a_2z+a_3=0$$

läßt sich zunächst durch die Substitution

$$z=x-\tfrac{1}{3}a_1$$

auf die Gestalt

$$x^3+px+q=0$$

bringen[1]. (Entsprechend der allgemeinen Auflösungstheorie des vorletzten Paragraphen setzen wir voraus, daß die Charakteristik des Grundkörpers von 2 und 3 verschieden sei.)

---

[1] Nur zur Vereinfachung der Formeln. Aus dem Beweis ist ebenso leicht zu entnehmen, wie die Ausführungsformeln für die ursprüngliche Gleichung

$$z^3+a_1z^2+a_2z+a_3=0$$

lauten.

Gemäß der Kompositionsreihe

$$\mathfrak{S}_3 \supset \mathfrak{A}_3 \supset \mathfrak{E}$$

adjungieren wir zunächst das Differenzprodukt der Wurzeln:

$$(x_1 - x_2)(x_1 - x_3)(x_2 - x_3) = \sqrt{D} = \sqrt{-4p^3 - 27q^2}$$

(vgl. § 26, Schluß, wo wir $a_1 = 0$, $a_2 = p$, $a_3 = -q$ zu setzen haben). Durch diese Adjunktion entsteht ein Körper $\Delta(\sqrt{D})$, in bezug auf den die Gleichung die Gruppe $\mathfrak{A}_3$ hat, also eine zyklische Gruppe 3. Ordnung. Der allgemeinen Theorie von § 55 entsprechend adjungieren wir zunächst die dritten Einheitswurzeln:

$$(1) \qquad \varrho = -\tfrac{1}{2} + \tfrac{1}{2}\sqrt{-3}, \qquad \varrho^2 = -\tfrac{1}{2} - \tfrac{1}{2}\sqrt{-3}.$$

und betrachten dann die LAGRANGEschen Resolventen:

$$\begin{aligned}(1, x_1) &= x_1 + x_2 + x_3 = 0,\\ (\varrho, x_1) &= x_1 + \varrho x_2 + \varrho^2 x_3,\\ (\varrho^2, x_1) &= x_1 + \varrho^2 x_2 + \varrho x_3.\end{aligned}$$

Die dritte Potenz einer jeden dieser Größen muß sich rational durch $\sqrt{-3}$ und $\sqrt{D}$ ausdrücken. Die Rechnung ergibt:

$$\begin{aligned}(\varrho, x_1)^3 = {} & x_1^3 + x_2^3 + x_3^3\\ & + 3\varrho x_1^2 x_2 + 3\varrho x_2^2 x_3 + 3\varrho x_3^2 x_1\\ & + 3\varrho^2 x_1 x_2^2 + 3\varrho^2 x_2 x_3^2 + 3\varrho^2 x_3 x_1^2\\ & + 6 x_1 x_2 x_3,\end{aligned}$$

und entsprechend ergibt sich $(\varrho^2, x_1)^3$ durch Vertauschung von ϱ und ϱ^2. Setzen wir hierin (1) ein und beachten

$$\begin{aligned}\sqrt{D} &= (x_1 - x_2)(x_1 - x_3)(x_2 - x_3)\\ &= x_1^2 x_2 + x_2^2 x_3 + x_3^2 x_1 - x_1 x_2^2 - x_2 x_3^2 - x_3 x_1^2,\end{aligned}$$

so folgt:

$$(\varrho, x_1)^3 = \sum x_1^3 - \tfrac{3}{2}\sum x_1^2 x_2 + 6 x_1 x_2 x_3 + \tfrac{3}{2}\sqrt{-3}\sqrt{D}.$$

(Die Bedeutung der Summenzeichen ist dieselbe wie bei den symmetrischen Funktionen, § 26.) Die hier auftretenden symmetrischen Funktionen lassen sich nach § 26 leicht durch die elementarsymmetrischen Funktionen $\sigma_1, \sigma_2, \sigma_3$ und damit durch die Koeffizienten unserer Gleichung ausdrücken. Es ist

$$\begin{aligned}\sigma_1^3 &= \sum x_1^3 + 3\sum x_1^2 x_2 + 6 x_1 x_2 x_3 &&= 0 \text{ wegen } \sigma_1 = 0,\\ -\frac{9}{2}\sigma_1\sigma_2 &= \qquad -\frac{9}{2}\sum x_1^2 x_2 - \frac{27}{2} x_1 x_2 x_3 &&= 0 \text{ wegen } \sigma_1 = 0,\\ \frac{27}{2}\sigma_3 &= \qquad\qquad \frac{27}{2} x_1 x_2 x_3 &&= -\frac{27}{2} q\\ \hline & \sum x_1^3 - \frac{3}{2}\sum x_1^2 x_2 + 6 x_1 x_2 x_3 &&= -\frac{27}{2} q;\end{aligned}$$

daher

$$(\varrho, x_1)^3 = -\frac{27}{2} q + \frac{3}{2} \sqrt{-3}\sqrt{D}$$

und ebenso

$$(\varrho^2, x_1)^3 = -\frac{27}{2} q - \frac{3}{2} \sqrt{-3}\sqrt{D}.$$

Die beiden kubischen Irrationalitäten (ϱ, x_1) und (ϱ^2, x_1) sind nicht unabhängig; sondern es ist (vgl. § 55)

$$\begin{aligned}(\varrho, x_1) \cdot (\varrho^2, x_1) &= x_1^2 + x_2^2 + x_3^2 + (\varrho + \varrho^2) x_1 x_2 + (\varrho + \varrho^2) x_1 x_3 + (\varrho + \varrho^2) x_2 x_3 \\ &= x_1^2 + x_2^2 + x_3^2 - x_1 x_2 - x_1 x_3 - x_2 x_3 \\ &= \sigma_1^2 - 3\sigma_2 = -3p.\end{aligned}$$

Man hat also die Kubikwurzeln

$$(2) \quad (\varrho, x_1) = \sqrt[3]{-\frac{27}{2} q + \frac{3}{2} \sqrt{-3D}}, \quad (\varrho^2, x_1) = \sqrt[3]{-\frac{27}{2} q - \frac{3}{2} \sqrt{-3D}}$$

so zu bestimmen, daß ihr Produkt

$$(3) \qquad (\varrho, x_1) \cdot (\varrho^2, x_1) = -3p$$

wird.

Die Wurzeln x_1, x_2, x_3 bestimmen sich nun mit Hilfe von Gleichung (3), § 55, folgendermaßen:

$$(4) \quad \begin{cases} 3 \cdot x_1 = \sum\limits_{\zeta} (\zeta, x_1) = (\varrho, x_1) + (\varrho^2, x_1), \\ 3 \cdot x_2 = \sum\limits_{\zeta} \zeta^{-1} (\zeta, x_1) = \varrho^2 (\varrho, x_1) + \varrho (\varrho^2, x_1), \\ 3 \cdot x_3 = \sum\limits_{\zeta} \zeta^{-2} (\zeta, x_1) = \varrho (\varrho, x_1) + \varrho^2 (\varrho^2, x_1). \end{cases}$$

Die Formeln (2), (3), (4) sind die „*Auflösungsformeln von* CARDANO“. Sie gelten kraft ihrer Herleitung nicht nur für die „allgemeine“, sondern auch für jede spezielle kubische Gleichung.

Realitätsfragen. Ist der Grundkörper, dem die Koeffizienten p, q angehören, ein reeller Zahlkörper K, so sind zwei Fälle möglich:

a) Die Gleichung hat eine reelle und zwei konjugiert-komplexe Wurzeln. Dann ist offenbar $(x_1 - x_2)(x_1 - x_3)(x_2 - x_3)$ rein imaginär, mithin $D < 0$. Die Größen $\pm\sqrt{-3D}$ sind reell, und man kann in (2) für (ϱ, x_1) eine reelle dritte Wurzel wählen. Wegen (3) wird dann auch (ϱ^2, x_1) reell, und die Formel (4) liefert $3x_1$ als Summe zweier reeller Kubikwurzeln, während x_2 und x_3 durch (4) als konjugiert-komplexe Größen dargestellt werden.

b) Die Gleichung hat drei reelle Wurzeln. Jetzt ist $\sqrt{D}$ reell, mithin $D \geqq 0$. Im Falle $D = 0$ (zwei Wurzeln gleich) geht alles wie bisher; im Falle $D > 0$ aber werden die Größen unter dem Kubikwurzelzeichen in (2) imaginär, und man erhält mithin die drei (reellen) Ausdrücke (4) als Summen *imaginärer* Kubikwurzeln, d. h. nicht in reeller Form.

Dieser Fall ist der sogenannte „*Casus irreducibilis*“ der kubischen Gleichung. Wir zeigen, daß *es in diesem Fall tatsächlich unmöglich ist, die Gleichung*

$$x^3 + px + q = 0$$

durch reelle Radikale aufzulösen, es sei denn, daß die Gleichung schon im Grundkörper K *zerfällt.*

Die Gleichung $x^3 + px + q = 0$ sei also irreduzibel in K und habe drei reelle Wurzeln x_1, x_2, x_3. Wir adjungieren zunächst $\sqrt{D}$. Dadurch zerfällt die Gleichung nicht [denn der höchstens quadratische Körper $K(\sqrt{D})$ kann keine Wurzel einer irreduziblen kubischen Gleichung enthalten], und ihre Gruppe wird jetzt $\mathfrak{A}_3$. Wenn es nun möglich ist, die Gleichung durch eine Reihe von Adjunktionen reeller Radikale, deren Wurzelexponenten natürlich als Primzahlen angenommen werden können, zum Zerfall zu bringen, so gibt es unter diesen Adjunktionen eine „kritische" Adjunktion $\sqrt[h]{a}$ (h prim), welche gerade den Zerfall bewirkt, während vor der Adjunktion der $\sqrt[h]{a}$, etwa im Körper Λ, die Gleichung noch irreduzibel war. Nach § 55 ist entweder $x^h - a$ irreduzibel in Λ, oder a ist eine h-te Potenz einer Zahl aus Λ. Der letzte Fall scheidet aus, da dann die reelle h-te Wurzel aus a schon in Λ enthalten wäre, also ihre Adjunktion keinen Zerfall bewirken könnte. Also ist $x^h - a$ irreduzibel und der Grad des Körpers $\Lambda(\sqrt[h]{a})$ genau h. In $\Lambda(\sqrt[h]{a})$ ist nach Voraussetzung eine Wurzel der in Λ noch irreduziblen Gleichung $x^3 + px + q = 0$ enthalten; mithin ist h durch 3 teilbar, also $h = 3$, und etwa $\Lambda(\sqrt[3]{a}) = \Lambda(x_1)$. Der Zerfällungskörper $\Lambda(x_1, x_2, x_3)$ hat in bezug auf Λ ebenfalls den Grad 3; mithin ist auch $\Lambda(\sqrt[3]{a}) = \Lambda(x_1, x_2, x_3)$. Der nunmehr als normal erkannte Körper $\Lambda(\sqrt[3]{a})$ muß neben $\sqrt[3]{a}$ auch die konjugierten Größen $\varrho\sqrt[3]{a}$ und $\varrho^2\sqrt[3]{a}$ enthalten, also auch die Einheitswurzeln ϱ und ϱ^2. Damit sind wir auf einen Widerspruch gestoßen; denn der Körper $\Lambda(\sqrt[3]{a})$ ist reell und die Zahl ϱ nicht.

Die allgemeine *Gleichung 4. Grades*

$$z^4 + a_1 z^3 + a_2 z^2 + a_3 z + a_4 = 0$$

kann wieder durch die Substitution

$$z = x - \tfrac{1}{4} a_1$$

in

$$x^4 + p x^2 + q x + r = 0$$

transformiert werden. Zu der Kompositionsreihe

$$\mathfrak{S}_4 \supset \mathfrak{A}_4 \supset \mathfrak{B}_4 \supset \mathfrak{Z}_2 \supset \mathfrak{E}$$

gehört eine Reihe von Körpern

$$\Delta \subset \Delta(\sqrt{D}) \subset \Lambda_1 \subset \Lambda_2 \subset \Sigma.$$

Die Charakteristik von Δ sei wieder $\neq 2$ und $\neq 3$. Die explizite Bestimmung von D ist, wie wir sehen werden, nicht nötig. Der Körper Λ_1 wird aus $\Delta(\sqrt{D})$ erzeugt durch eine Größe, welche die Substitutionen von $\mathfrak{B}_4$, aber nicht die von $\mathfrak{A}_4$ gestattet; eine solche ist

$$\Theta_1 = (x_1 + x_2)(x_3 + x_4).$$

Diese Größe gestattet, nebenbei bemerkt, außer den Substitutionen von $\mathfrak{B}_4$ noch die folgenden:

$$(1\,2),\ (3\,4),\ (1\,3\,2\,4),\ (1\,4\,2\,3)$$

(die zusammen mit $\mathfrak{B}_4$ eine Gruppe der Ordnung 8 bilden). Sie hat in bezug auf Δ drei verschiedene Konjugierte, in die sie durch die Substitutionen von $\mathfrak{S}_4$ übergeführt wird, nämlich:

$$\Theta_1 = (x_1 + x_2)(x_3 + x_4),$$
$$\Theta_2 = (x_1 + x_3)(x_2 + x_4),$$
$$\Theta_3 = (x_1 + x_4)(x_2 + x_3).$$

Diese Größen sind Wurzeln einer Gleichung 3. Grades

(5) $$\Theta^3 - b_1\Theta^2 + b_2\Theta - b_3 = 0,$$

worin die b_i die elementarsymmetrischen Funktionen von Θ_1, Θ_2, Θ_3 sind:

$$\begin{aligned} b_1 &= \Theta_1 + \Theta_2 + \Theta_3 = 2 \sum x_1 x_2 = 2p, \\ b_2 &= \sum \Theta_1\Theta_2 = \sum x_1^2 x_2^2 + 3 \sum x_1^2 x_2 x_3 + 6\, x_1 x_2 x_3 x_4, \\ b_3 &= \Theta_1\Theta_2\Theta_3 = \sum x_1^3 x_2^2 x_3 + 2 \sum x_1^3 x_2 x_3 x_4 \\ &\quad + 2 \sum x_1^2 x_2^2 x_3^2 + 4 \sum x_1^2 x_2^2 x_3 x_4. \end{aligned}$$

b_2 und b_3 können durch die elementarsymmetrischen Funktionen σ_1, σ_2, σ_3, σ_4 der x_i ausgedrückt werden. Es ist (Methode des § 26):

$$\begin{aligned} \sigma_2^2 &= \sum x_1^2 x_2^2 + 2 \sum x_1^2 x_2 x_3 + 6\, x_1 x_2 x_3 x_4 = p^2, \\ \sigma_1\sigma_3 &= \sum x_1^2 x_2 x_3 + 4\, x_1 x_2 x_3 x_4 = 0, \\ -4\sigma_4 &= -4\, x_1 x_2 x_3 x_4 = -4r \\ \hline b_2 &= \sum x_1^2 x_2^2 + 3 \sum x_1^2 x_2 x_3 + 6\, x_1 x_2 x_3 x_4 = p^2 - 4r; \end{aligned}$$

$$\begin{aligned} \sigma_1\sigma_2\sigma_3 &= \sum x_1^3 x_2^2 x_3 + 3 \sum x_1^3 x_2 x_3 x_4 + 3 \sum x_1^2 x_2^2 x_3^2 + 8 \sum x_1^2 x_2^2 x_3 x_4 = 0, \\ -\sigma_1^2\sigma_4 &= - \sum x_1^3 x_2 x_3 x_4 - 2 \sum x_1^2 x_2^2 x_3 x_4 = 0, \\ -\sigma_3^2 &= - \sum x_1^2 x_2^2 x_3^2 - 2 \sum x_1^2 x_2^2 x_3 x_4 = -q^2 \\ \hline b_3 &= \sum x_1^3 x_2^2 x_3 + 2 \sum x_1^3 x_2 x_3 x_4 + 2 \sum x_1^2 x_2^2 x_3^2 + 4 \sum x_2^2 x_2^2 x_3 x_4 = -q^2. \end{aligned}$$

Damit wird die Gleichung (5) zu:

(6) $$\Theta^3 - 2p\Theta^2 + (p^2 - 4r)\Theta + q^2 = 0.$$

Diese Gleichung heißt die *kubische Resolvente* der Gleichung 4. Grades; ihre Wurzeln $\Theta_1, \Theta_2, \Theta_3$ können nach „CARDANO" durch Radikale ausgedrückt werden. Jedes einzelne Θ gestattet eine Gruppe von 8 Permutationen; alle drei gestatten aber nur $\mathfrak{V}_4$, und daher ist

$$\mathsf{K}(\Theta_1, \Theta_2, \Theta_3) = \Lambda_1.$$

Der Körper Λ_2 entsteht aus Λ_1 durch Adjunktion einer Größe, die nicht alle vier Substitutionen von $\mathfrak{V}_4$, sondern nur (etwa) das Einselement und die Substitution (1 2) (3 4) gestattet. Eine solche ist $x_1 + x_2$. Man hat

$$(x_1 + x_2)(x_3 + x_4) = \Theta_1 \quad \text{und} \quad (x_1 + x_2) + (x_3 + x_4) = 0,$$

daher etwa

$$x_1 + x_2 = \sqrt{-\Theta_1}; \qquad x_3 + x_4 = -\sqrt{-\Theta_1}.$$

Ebenso hat man

$$\begin{aligned} x_1 + x_3 &= \sqrt{-\Theta_2}; \qquad x_2 + x_4 = -\sqrt{-\Theta_2}; \\ x_1 + x_4 &= \sqrt{-\Theta_3}; \qquad x_2 + x_3 = -\sqrt{-\Theta_3}. \end{aligned}$$

Diese drei Irrationalitäten sind aber nicht unabhängig; sondern es ist

$$\begin{aligned}\sqrt{-\Theta_1}\cdot\sqrt{-\Theta_2}\cdot\sqrt{-\Theta_3} &= (x_1+x_2)(x_1+x_3)(x_1+x_4)\\ &= x_1^3 + x_1^2(x_2+x_3+x_4) + x_1x_2x_3 + x_1x_2x_4 + x_1x_3x_4 + x_2x_3x_4\\ &= x_1^2(x_1+x_2+x_3+x_4) + \sum x_1x_2x_3\\ &= \sum x_1x_2x_3\\ &= -q.\end{aligned}$$

Zwei quadratische Irrationalitäten braucht man gerade, um von $\mathfrak{V}_4$ zu $\mathfrak{E}$ hinunter- oder von Λ zu Σ hinaufzusteigen; denn $\mathfrak{V}_4$ hat die Ordnung 4 und besitzt eine Untergruppe von der Ordnung 2. Und tatsächlich lassen sich durch die drei Größen Θ (die schon von zweien unter ihnen abhängen) die x_i rational bestimmen; denn es ist offenbar

$$\left\{\begin{aligned} 2x_1 &= \sqrt{-\Theta_1}+\sqrt{-\Theta_2}+\sqrt{-\Theta_3},\\ 2x_2 &= \sqrt{-\Theta_1}-\sqrt{-\Theta_2}-\sqrt{-\Theta_3},\\ 2x_3 &= -\sqrt{-\Theta_1}+\sqrt{-\Theta_2}-\sqrt{-\Theta_3},\\ 2x_4 &= -\sqrt{-\Theta_1}-\sqrt{-\Theta_2}+\sqrt{-\Theta_3}.\end{aligned}\right.$$

Das sind die Auflösungsformeln der allgemeinen Gleichung 4. Grades. Sie gelten kraft ihrer Herleitung auch für jede spezielle Gleichung 4. Grades.

Bemerkung: Wegen

$$\begin{aligned}\Theta_1-\Theta_2 &= -(x_1-x_4)(x_2-x_3),\\ \Theta_1-\Theta_3 &= -(x_1-x_3)(x_2-x_4),\\ \Theta_2-\Theta_3 &= -(x_1-x_2)(x_3-x_4)\end{aligned}$$

ist die Diskriminante der kubischen Resolvente gleich der Diskriminante der ursprünglichen Gleichung. Das gibt ein einfaches Mittel, die Diskriminante der Gleichung 4. Grades zu berechnen, da wir die der kubischen Gleichung schon kennen; man findet:

$$D = 16p^4r - 4p^3q^2 - 128p^2r^2 + 144pq^2r - 27q^4 + 256r^3.$$

Aufgaben. 1. Die Gruppe der kubischen Resolvente einer bestimmten Gleichung 4. Grades ist die Faktorgruppe der Gruppe der Ausgangsgleichung nach ihrem Durchschnitt mit der Vierergruppe $\mathfrak{V}_4$.

2. Man bestimme die Gruppe der Gleichung

$$x^4 + x^2 + x + 1 = 0.$$

[Vgl. Aufg. 4 § 50 und die vorstehende Aufg. 1.]

§ 59. Konstruktionen mit Zirkel und Lineal.

Wir wollen die Frage untersuchen: *Wann ist ein geometrisches Konstruktionsproblem mit Zirkel und Lineal lösbar?*

Gegeben seien einige elementargeometrische Gebilde (Punkte, Gerade oder Kreise). Die Aufgabe laute, daraus andere zu konstruieren, welche gewissen Bedingungen genügen.

Wir denken uns zu den gegebenen Gebilden noch ein kartesisches Koordinatensystem hinzugegeben. Alle gegebenen Gebilde kann man dann durch Zahlen (Koordinaten) repräsentieren, und das gleiche gilt für die zu konstruierenden Gebilde. Wenn es gelingt, die letzteren Zahlen (als Strecken) zu konstruieren, so ist die Aufgabe gelöst. Alles ist demnach auf die Konstruktion von Strecken aus gegebenen Strecken zurückgeführt. Es seien $a, b, \ldots$ die gegebenen Strecken, x eine gesuchte.

Wir können nun zunächst eine *hinreichende* Bedingung für die Konstruierbarkeit angeben:

Immer dann, wenn eine Lösung x des Problems reell ist und sich mittels rationaler Operationen und (nicht notwendig reeller) Quadratwurzeln aus den gegebenen Strecken $a, b, \ldots$ berechnen läßt, ist die Strecke x mit Zirkel und Lineal konstruierbar.

Am bequemsten ist dieser Satz so zu beweisen, daß man alle komplexen Zahlen $p + iq$, die in der Berechnung von x vorkommen, in bekannter Weise[1] durch Punkte in einer Ebene mit rechtwinkligen Koordinaten p, q darstellt und alle vorzunehmenden Rechenoperationen durch geometrische Konstruktionen in dieser Ebene ersetzt. Wie das ausgeführt wird, ist hinreichend bekannt: Die Addition ist die Vektoraddition, die Subtraktion die dazu inverse Operation. Bei der Multiplikation addieren sich die Argumentenwinkel und multiplizieren sich die Beträge; daher hat man, wenn φ_1, φ_2 die Argumente und r_1, r_2 die Beträge der zu multiplizierenden Zahlen sind, die entsprechenden Größen φ, r für das Produkt mit Hilfe der Gleichungen

$$\varphi = \varphi_1 + \varphi_2 \quad \text{und} \quad r = r_1 r_2 \quad \text{oder} \quad 1 : r_1 = r_2 : r$$

zu konstruieren. Die inverse Operation ist wieder die Division. Um schließlich eine Quadratwurzel aus einer Zahl mit dem Betrag r und dem Argument φ zu berechnen, hat man r_1, φ_1 aus

$$\varphi = 2\varphi_1 \quad \text{oder} \quad \varphi_1 = \tfrac{1}{2}\varphi$$

und

$$r = r_1^2 \quad \text{oder} \quad 1 : r_1 = r_1 : r$$

zu konstruieren. Damit ist alles auf bekannte Konstruktionen mit Zirkel und Lineal zurückgeführt[2].

Von dem eben bewiesenen Satz gilt nun aber auch die Umkehrung:

Wenn eine Strecke x sich mit Lineal und Zirkel aus gegebenen Strecken $a, b, \ldots$ konstruieren läßt, so läßt sich x mittels rationaler Operationen und Quadratwurzeln durch $a, b, \ldots$ ausdrücken.

---

[1] Wir setzen für den Augenblick die komplexen Zahlen, deren genaue Bedeutung im Rahmen der abstrakten Algebra wir erst im Kap. 9 behandeln werden, als bekannt voraus.

[2] Einen anderen Beweis erhält man, wenn man alle vorkommenden Zahlen in Real- und Imaginärteil spaltet und nach § 69 die komplexen Quadratwurzeln auf reelle zurückführt, welche dann in bekannter Weise konstruierbar sind.

Um dies zu beweisen, sehen wir uns genauer die Operationen an, die bei der Konstruktion verwendet werden dürfen. Es sind dies: Annahme eines beliebigen Punktes (innerhalb eines vorgegebenen Gebiets); Konstruktion einer Geraden durch zwei Punkte, eines Kreises aus Mittelpunkt und Radius, endlich eines Schnittpunkts zweier Geraden, einer Geraden und eines Kreises, oder zweier Kreise.

Alle diese Operationen lassen sich nun mit Hilfe unseres Koordinatensystems algebraisch verfolgen. Wenn ein Punkt innerhalb eines Gebietes beliebig angenommen werden kann, so dürfen wir insbesondere seine Koordinaten als rationale Zahlen annehmen. Alle übrigen Konstruktionen führen auf rationale Operationen, mit Ausnahme der letzten beiden (Schnitt von Kreisen mit Geraden oder mit Kreisen), die auf quadratische Gleichungen, also auf Quadratwurzeln führen. Damit ist die Behauptung bewiesen.

Man hat noch zu beachten, daß es bei einem geometrischen Problem nicht darauf ankommt, für jede *spezielle* Wahl der gegebenen Punkte eine Konstruktion zu finden, sondern daß eine *allgemeine* Konstruktion gefordert wird, die (innerhalb gewisser Schranken) immer die Lösung ergibt. Algebraisch kommt das darauf hinaus, daß eine und dieselbe Formel (sie darf Quadratwurzeln enthalten) für alle Werte von $a, b, \ldots$ innerhalb gewisser Schranken eine sinnvolle Lösung x ergibt, welche den Gleichungen des geometrischen Problems genügt. Oder, wie wir auch sagen können, die Gleichungen, durch die x bestimmt wird, und die Quadratwurzeln usw., durch die wir die Gleichungen lösen, müssen sinnvoll bleiben, wenn die gegebenen Elemente $a, b, \ldots$ durch *Unbestimmte* ersetzt werden. Wenn also z. B. gefragt wird, ob die Dreiteilung des Winkels mit Lineal und Zirkel ausführbar ist — ein Problem, welches vermöge der Beziehung

$$\cos 3\varphi = 4\cos^3\varphi - 3\cos\varphi$$

auf die Auflösung der Gleichung

$$4x^3 - 3x = \alpha \qquad (\alpha = \cos 3\varphi) \tag{1}$$

zurückgeführt werden kann — so ist nicht die Frage gemeint, ob für jeden speziellen Wert von α eine Lösung der Gleichung (1) mit Hilfe von Quadratwurzeln gefunden werden kann, sondern es ist gefragt, ob eine allgemeine Lösungsformel der Gleichung (1) existiert; eine Lösungsformel also, die bei unbestimmtem α sinnvoll bleibt.

Wir haben das geometrische Problem der Konstruierbarkeit mit Zirkel und Lineal jetzt auf das folgende algebraische Problem zurückgeführt: Wann läßt eine Größe x sich mittels rationaler Operationen und Quadratwurzeln durch gegebene Größen $a, b, \ldots$ ausdrücken?

Diese Frage ist nicht schwer zu beantworten. $\mathfrak{K}$ sei der Körper der rationalen Funktionen der gegebenen Größen $a, b, \ldots$. Soll sich dann x mittels rationaler Operationen und Quadratwurzeln durch $a, b, \ldots$

ausdrücken lassen, so muß x jedenfalls einem Körper angehören, der aus $\mathfrak{K}$ durch sukzessive Adjunktion endlichvieler Quadratwurzeln, also durch endlichviele Erweiterungen vom Grade 2 entsteht. Adjungiert man nach jeder Quadratwurzel auch noch die Quadratwurzeln aus den konjugierten Körperelementen, so sind nach wie vor alle Erweiterungen quadratisch, und es entsteht somit ein normaler Erweiterungskörper vom Grade 2^m, in dem x liegt. Also:

Damit die Strecke x mit Zirkel und Lineal konstruierbar ist, ist notwendig, daß die Zahl x einem normalen Erweiterungskörper vom Grade 2^m von $\mathfrak{K}$ angehört.

Diese Bedingung ist aber auch hinreichend. Denn die GALOISsche Gruppe eines Körpers vom Grade 2^m ist eine Gruppe der Ordnung 2^m, also, wie jede Gruppe von Primzahlpotenzordnung, eine *auflösbare* Gruppe (§ 46, Aufg. 5). Es gibt also eine Kompositionsreihe, deren Kompositionsfaktoren die Ordnung 2 haben, und ihr entspricht nach dem Hauptsatz der GALOISschen Theorie eine Kette von Körpern, in der jeder folgende in bezug auf den vorigen den Grad 2 hat. Eine Erweiterung vom Grade 2 läßt sich aber immer durch Adjunktion einer Quadratwurzel erzielen; demnach läßt sich die Größe x durch Quadratwurzeln ausdrücken, woraus die Behauptung folgt.

Wir wenden diese allgemeinen Sätze gleich auf einige klassische Probleme an.

Das DELIsche Problem der *Kubusverdoppelung* führt auf die kubische Gleichung

$$x^3 = 2,$$

die nach dem EISENSTEINschen Kriterium irreduzibel ist, so daß jede Wurzel einen Erweiterungskörper vom Grade 3 erzeugt. Ein solcher aber kann niemals Unterkörper eines Körpers vom Grade 2^m sein. *Also ist die Kubusverdoppelung nicht mit Zirkel und Lineal ausführbar.*

Das Problem der *Trisektion des Winkels* führt, wie wir schon sahen, auf die Gleichung

$$4x^3 - 3x - \alpha = 0,$$

wo α eine Unbestimmte ist. Die Irreduzibilität dieser Gleichung im Rationalitätsbereich von α ist leicht nachzuweisen: Hätte die linke Seite einen in α rationalen Faktor, so hätte sie auch einen in α ganzrationalen Faktor; aber ein lineares Polynom in α, dessen Koeffizienten keinen gemeinsamen Teiler haben, ist offenbar irreduzibel. Daraus schließt man wie vorhin, daß die Trisektion des Winkels nicht mit Zirkel und Lineal ausführbar ist.

Eine algebraisch bequemere Form für die Gleichung der Winkeltrisektion erhält mag, wenn man zum Rationalitätsbereich von $\alpha = \cos 3\varphi$ noch die Größe

$$i \sin 3\varphi = \sqrt{-(1 - \cos^2 3\varphi)}$$

adjungiert und die Gleichung für

$$y = \cos\varphi + i\sin\varphi$$

sucht. Sie lautet

$$(\cos\varphi + i\sin\varphi)^3 = \cos 3\varphi + i\sin 3\varphi,$$

kurz

$$y^3 = \beta.$$

Auch aus der geometrischen Deutung der komplexen Zahlen geht leicht hervor, daß die Trisektion des Winkels 3φ auf diese reine Gleichung zurückgeführt werden kann.

Die Größen x und y lassen sich mit Hilfe von Quadratwurzeln durcheinander ausdrücken.

Die *Quadratur des Kreises* führt auf die Konstruktion der Zahl π. Ihre Unmöglichkeit wird nachgewiesen sein, wenn gezeigt ist, daß π überhaupt keiner algebraischen Gleichung genügt, m. a. W. transzendent ist; denn dann kann π nicht in einem endlichen Erweiterungskörper des Körpers der rationalen Zahlen liegen. Hinsichtlich dieses Beweises, der nicht in die Algebra gehört, siehe etwa das Buch von G. HESSENBERG, Transzendenz von e und π.

Die *Konstruktion der regulären Polygone* mit gegebenem Umkreis führt im Falle des h-Ecks auf die Größe

$$2\cos\frac{2\pi}{h} = \zeta + \zeta^{-1},$$

wo ζ die primitive h-te Einheitswurzel $e^{\frac{2\pi i}{h}}$ bedeutet. Da diese Größe nur bei den Substitutionen $\zeta \to \zeta$ und $\zeta \to \zeta^{-1}$ der GALOISschen Gruppe des Kreisteilungskörpers in sich übergeht, also einen reellen Unterkörper vom Grade $\frac{\varphi(h)}{2}$ erzeugt, so erhalten wir als Bedingung für ihre Konstruierbarkeit, daß $\frac{\varphi(h)}{2}$, also auch $\varphi(h)$, eine Potenz von 2 sein soll. Nun ist für $h = 2^\nu q_1^{\nu_1} \ldots q_r^{\nu_r}$ (q_i ungerade Primzahlen)

$$\varphi(h) = 2^{\nu-1} q_1^{\nu_1-1} \cdots q_r^{\nu_r-1}(q_1-1)\cdots(q_r-1). \tag{2}$$

(Im Fall $\nu = 0$ fällt der erste Faktor $2^{\nu-1}$ aus.) Die Bedingung besteht also darin, daß die ungeraden Primfaktoren nur in der ersten Potenz in h aufgehen dürfen ($\nu_i = 1$) und außerdem für jede in h aufgehende ungerade Primzahl q_i die Zahl $q_i - 1$ eine Zweierpotenz sein soll; d. h. jedes q_i muß die Form

$$q_i = 2^k + 1$$

haben. Welche sind die Primzahlen von dieser Gestalt?

k kann nicht durch eine ungerade Zahl $\mu > 2$ teilbar sein; denn aus

$$k = \mu\nu, \qquad \mu \not\equiv 0 \pmod 2, \qquad \mu > 2$$

würde folgen, daß $(2^\nu)^\mu + 1$ durch $2^\nu + 1$ teilbar, also nicht prim wäre.

Also muß $k = 2^\lambda$ und

$$q_i = 2^{2^\lambda} + 1$$

sein. Die Werte $\lambda = 0, 1, 2, 3, 4$ geben in der Tat Primzahlen q_i, nämlich

$$3, 5, 17, 257, 65537.$$

Für $\lambda = 5$ und einige größere λ (wie weit, ist unbekannt) ist $2^{2^\lambda} + 1$ aber nicht mehr prim; beispielsweise hat $2^{2^5} + 1$ den Teiler 641.

Jedes h-Eck, wo h außer Zweierpotenzen nur die genannten Primzahlen 3, 5, 17, .. in höchstens erster Potenz enthält, ist demnach konstruierbar (Gauss). Das Beispiel des 17-Ecks haben wir in § 49 behandelt. Bekannt sind die Konstruktionen des 3-, 4-, 5-, 6-, 8- und 10-Ecks. Die regulären 7- und 9-Ecke sind schon nicht mehr konstruierbar, da sie auf kubische Unterkörper in Kreisteilungskörpern 6. Grades führen.

Aufgabe. Man zeige, daß die kubische Gleichung

$$x^3 + px + q = 0$$

im Casus irreducibilis durch eine Substitution $x = \beta x'$ stets auf die Gestalt der Trisektionsgleichung (1) zu bringen ist und leite daraus für diese kubische Gleichung eine Lösungsformel mit trigonometrischen Funktionen ab.

§ 60. Die metazyklischen Gleichungen von Primzahlgrad.

Zu einer irreduziblen Gleichung vom Primzahlgrad q gehört eine transitive Permutationsgruppe vom „Grade" q, d. h. eine transitive Gruppe $\mathfrak{G}$ von Permutationen von q Dingen $1, 2, \ldots, q$. Wir wollen diese Gruppen und ihre Normalteiler untersuchen, und insbesondere sehen, welche Struktur die Gruppe haben kann, wenn sie metazyklisch sein soll.

In § 49 wurde schon bemerkt, daß die Untergruppe $\mathfrak{G}_1$, welche die Ziffer 1 fest läßt, den Index q hat; daraus folgt, daß die Ordnung von $\mathfrak{G}$ durch den Grad q teilbar sein muß. (Für diesen Schluß braucht q noch keine Primzahl zu sein.)

Ist $\mathfrak{H}$ ein Normalteiler von $\mathfrak{G}$, so gibt es zwei Möglichkeiten:

Entweder $\mathfrak{H}$ ist transitiv. Dann ist die Ordnung von $\mathfrak{H}$ wieder durch q teilbar.

Oder $\mathfrak{H}$ ist intransitiv. Ist dann etwa $\{1, 2, \ldots, k\}$ ein Transitivitätsgebiet von $\mathfrak{H}$, und σ eine Substitution aus $\mathfrak{G}$, welche die Ziffer 1 in eine andere, nicht zum Transitivitätsgebiet gehörige Ziffer i überführt, so wird $\sigma\{1, 2, \ldots, k\}$ ein Transitivitätsgebiet von $\sigma\mathfrak{H}\sigma^{-1}$ sein. Da aber $\mathfrak{H}$ Normalteiler ist, ist $\sigma\mathfrak{H}\sigma^{-1} = \mathfrak{H}$; also ist $\sigma\{1, 2, \ldots, k\}$ wieder ein Transitivitätsgebiet von $\mathfrak{H}$, welches zudem aus genau k Ziffern besteht und die Ziffer i enthält. Da i beliebig war, bestehen alle Transitivitätsgebiete aus gleich vielen, nämlich k Ziffern; somit ist k ein (echter) Teiler von q.

Ist nun, wie zu Anfang vorausgesetzt, q eine Primzahl, so kommt nur $k = 1$ in Frage; in diesem Fall läßt aber $\mathfrak{H}$ alle Ziffern $1, 2, \ldots, q$ fest. Also:

Ein Normalteiler $\mathfrak{H}$ einer transitiven Permutationsgruppe vom Primzahlgrad q ist entweder transitiv oder gleich $\mathfrak{E}$.

Wir beweisen nun den Satz:

Eine transitive metazyklische Gruppe $\mathfrak{G}$ vom Primzahlgrad q läßt sich bei passender Numerierung der Permutationsobjekte $1, 2, \ldots, q$ stets als Gruppe von linearen Substitutionen modulo q schreiben:

$$\tau(z) \equiv az + b \pmod{q} \qquad (a \not\equiv 0\,(q)\,;\; z = 1, 2, \ldots, q),$$

und in der Gruppe kommen stets alle Substitutionen mit $a = 1$:

$$\sigma(z) \equiv z + b \qquad (b = 1, \ldots, q),$$

vor.

Beweis. Die Ordnung der Gruppe $\mathfrak{G}$ ist durch q teilbar. Ist sie gleich q, so ist die Gruppe zyklisch (denn die Ordnung eines beliebigen von der Einheit verschiedenen Elements σ kann, als Teiler von q, nur gleich q sein, und dann erzeugt σ schon die ganze Gruppe). Die erzeugende Permutation σ muß aus einem einzigen, alle Ziffern $1, 2, \ldots, q$ enthaltenden Zyklus bestehen; denn sonst wäre die Gruppe nicht transitiv. Bei passender Numerierung ist daher

$$\sigma = (1\ 2 \ldots q),$$

mithin

$$\sigma(z) \equiv z + 1 \pmod q,$$

$$\sigma^b(z) \equiv z + b \pmod q \qquad (b = 1, \ldots, q).$$

In diesem Fall ist der Satz also bewiesen. Wir können also eine Induktion nach der Ordnung der Gruppe $\mathfrak{G}$ vornehmen und voraussetzen, diese Ordnung sei eine zusammengesetzte Zahl $q \cdot j$ und der Satz sei (bei festem q) für alle Gruppen kleinerer Ordnung richtig.

Wegen der Auflösbarkeit von $\mathfrak{G}$ gibt es einen von $\mathfrak{E}$ verschiedenen auflösbaren Normalteiler $\mathfrak{H}$ von Primzahlindex. Auf Grund des vorangehenden Satzes ist dieser Normalteiler $\mathfrak{H}$ transitiv und daher nach der Induktionsvoraussetzung eine Gruppe von linearen Substitutionen modulo q, welche die Gruppe der Substitutionen $z \to z + b$ umfaßt.

Die Substitutionen $z \to z + b$ sind, wie man leicht sieht, für $b \not\equiv 0$ stets q-gliedrige Zyklen. Sie sind in der Gruppe $\mathfrak{H}$ die einzigen; denn jede andere Substitution $z \to az + b$ läßt ein Element z fest, das aus

$$az + b \equiv z,$$

$$(a - 1)z \equiv -b$$

bestimmt werden kann.

Ist nun σ die Substitution

$$\sigma(z) \equiv z + 1$$

und τ eine beliebige Substitution aus $\mathfrak{G}$, so ist $\tau\sigma\tau^{-1}$ wieder ein q-gliedriger Zyklus und wieder in $\mathfrak{H}$ enthalten, also wieder von der Form

$$\tau\sigma\tau^{-1}(z) \equiv z + a.$$

Es sei nun $\tau^{-1}(z) = \zeta$, also $z = \tau(\zeta)$,

$$\tau\sigma(\zeta) \equiv \tau(\zeta) + a,$$

$$\tau(\zeta + 1) \equiv \tau(\zeta) + a.$$

Hieraus folgt durch Induktion nach ν:

$$\tau(\zeta + \nu) \equiv \tau(\zeta) + \nu a,$$

insbesondere für $\zeta = 0$, wenn $\tau(0) = b$ gesetzt wird:

$$\tau(\nu) \equiv \nu a + b.$$

Also ist τ eine lineare Substitution modulo q. Und da die Substitutionen $\sigma(z) \equiv z + b$ schon sämtlich in $\mathfrak{H}$ enthalten sind, sind sie auch in $\mathfrak{G}$ enthalten. Damit ist der Satz bewiesen.

Umgekehrt: *Jede Gruppe* $\mathfrak{G}$ *von linearen Substitutionen modulo* q, *die die Substitutionen*

$$\sigma(z) \equiv z + b$$

sämtlich enthält, ist auflösbar.

Beweis. Die eben genannten Substitutionen σ bilden einen Normalteiler $\mathfrak{N}$ in $\mathfrak{G}$; denn mit σ ist auch jedes $\tau\sigma\tau^{-1}$ ein q-gliedriger Zyklus bzw. die Identität.

In jeder Nebenklasse $\mathfrak{N}\tau$, wo τ die Substitution

$$\tau(z) \equiv az + b$$

darstellt, kommt auch die Substitution $\sigma^{-1}\tau$ vor:

$$\sigma^{-1}\tau(z) \equiv az.$$

Die Zusammensetzung zweier Nebenklassen geschieht demnach am bequemsten so, daß man einfach die Substitutionen $\tau'(z) \equiv az$ zusammensetzt. Das geschieht aber einfach durch Multiplikation der Koeffizienten a (die demnach eine multiplikative Gruppe modulo q bilden). Also bilden die Nebenklassen nach $\mathfrak{N}$ eine abelsche Gruppe: $\mathfrak{G}/\mathfrak{N}$ ist abelsch. Da auch $\mathfrak{N}$ abelsch ist, ist $\mathfrak{G}$ auflösbar.

Folgerungen. Eine von der Identität verschiedene lineare Substitution

$$\sigma(z) \equiv az + b$$

läßt höchstens ein Element z fest; denn die Kongruenz

$$(a-1)z \equiv -b \pmod{q}$$

hat höchstens eine Lösung, es sei denn, daß $a \equiv 1$ und $b \equiv 0$ ist. Das heißt, *die einzige Untergruppe, die zwei Ziffern i, k fest läßt, ist die Einheitsgruppe.*

Die bei unseren Beweisen benutzten Überlegungen geben uns zugleich das Mittel, alle Normalteiler der linearen Gruppe $\mathfrak{G}$ aufzustellen. Es zeigte sich ja, daß jeder Normalteiler (außer $\mathfrak{E}$) den Normalteiler $\mathfrak{N}$ umfassen muß und daß in jeder Nebenklasse nach $\mathfrak{N}$ eine Substitution $\tau(z) \equiv az$ vorhanden ist. Es genügt also, in der multiplikativen Gruppe der vorkommenden a (mod q) alle Untergruppen zu bestimmen. Nun ist die Gruppe *aller* Restklassen $\not\equiv 0$ (mod q) zyklisch, und jede Untergruppe ebenfalls. Hat die gegebene Gruppe von Restklassen die Ordnung j, so gehört also zu jedem Teiler von j eine Untergruppe.

Sind die Permutationsobjekte die Wurzeln einer Gleichung und ist $\mathfrak{G}$ die GALOISsche Gruppe der Gleichung, so lassen sich unsere Gruppensätze sofort körpertheoretisch deuten. Wir erhalten:

Die Gruppe einer irreduziblen metazyklischen Gleichung vom Primzahlgrad q über dem Körper K läßt sich bei passender Numerierung der Wurzeln stets als Gruppe von linearen Substitutionen der Nummern mod q auffassen. Der Grad des Zerfällungskörpers $\mathsf{K}(\alpha_1, \ldots, \alpha_q)$ ist $q \cdot j$, wo $j/q-1$. Es gibt einen normalen Zwischenkörper vom Grade j, in dem alle anderen normalen Zwischenkörper enthalten sind. Zu jedem Teiler von j gehört ein normaler Zwischenkörper. Der Zwischenkörper $\mathsf{K}(\alpha_i, \alpha_k)$, der von zwei Wurzeln α_i, α_k erzeugt wird, ist notwendig schon mit dem ganzen Körper $\mathsf{K}(\alpha_1, \ldots, \alpha_q)$ identisch.

Aufgaben. 1. Eine metazyklische irreduzible Gleichung vom Primzahlgrad $q \neq 2$ über einem reellen Zahlkörper K hat entweder nur eine reelle Wurzel, oder alle ihre Wurzeln sind reell.

2. Eine irreduzible Gleichung 5. Grades mit genau 3 reellen Wurzeln ist nicht durch Radikale auflösbar.

3. Mit Hilfe von 2. ist zu beweisen, daß die Gleichung

$$x^5 - 4x + 2 = 0$$

nicht durch Radikale lösbar ist. [Zur Bestimmung der Anzahl der reellen Wurzeln kann man Sätze aus Kap. 9, z. B. den Satz von WEIERSTRASS und den von ROLLE heranziehen.]

§ 61. Die Berechnung der GALOISschen Gruppe. Gleichungen mit symmetrischer Gruppe.

Eine Methode, mit der man (wenigstens theoretisch) die GALOISsche Gruppe einer Gleichung $f(x) = 0$ in bezug auf einen Körper Δ wirklich aufstellen kann, ist die folgende.

Die Wurzeln der Gleichung seien $\alpha_1, \ldots, \alpha_n$. Man bilde mit Hilfe der Unbestimmten $u_1, \ldots, u_n$ den Ausdruck

$$\vartheta = u_1\alpha_1 + \cdots + u_n\alpha_n,$$

übe auf ihn alle Permutationen s_u der Unbestimmten u aus, und bilde das Produkt

$$F(z, u) = \prod_s (z - s_u\vartheta).$$

Dieses Produkt ist offensichtlich eine symmetrische Funktion der Wurzeln und kann daher nach § 26 durch die Koeffizienten von $f(x)$ ausgedrückt werden. Nun zerlege man $F(z, u)$ in irreduzible Faktoren in $\Delta[u, z]$:

$$F(z, u) = F_1(z, u) F_2(z, u) \ldots F_r(z, u).$$

Die Permutationen s_u, die irgendeinen der Faktoren, etwa F_1, in sich überführen, bilden eine Gruppe $\mathfrak{g}$. Nun behaupten wir, *daß* $\mathfrak{g}$ *genau die* GALOIS*sche Gruppe der gegebenen Gleichung ist.*

Beweis. Nach Adjunktion aller Wurzeln zerfällt F und daher auch F_1 in Linearfaktoren $z - \Sigma u_\nu\alpha_\nu$, mit den Wurzeln α_ν in irgendeiner Anordnung als Koeffizienten. Wir numerieren nun die Wurzeln so, daß F_1 den Faktor $z - (u_1\alpha_1 + \cdots + u_n\alpha_n)$ enthält. Im folgenden bezeichne immer s_u irgendeine Permutation der u und s_α dieselbe Permutation der α. Dann läßt offenbar das Produkt $s_u s_\alpha$ den Ausdruck $\vartheta = u_1\alpha_1 + \cdots + u_n\alpha_n$ invariant, d. h. es ist

$$s_u s_\alpha \vartheta = \vartheta$$
$$s_\alpha \vartheta = s_u^{-1}\vartheta.$$

Wenn s_u zur Gruppe $\mathfrak{g}$ gehört, d. h. F_1 invariant läßt, so transformiert s_u jeden Linearfaktor von F_1, insbesondere den Faktor $z - \vartheta$, wieder in einen Linearfaktor von F_1. Wenn umgekehrt eine Permutation s_u den Faktor $z - \vartheta$ in einen anderen Linearfaktor von F_1 transformiert, so transformiert sie F_1 in ein in $\Delta[u, z]$ irreduzibles Polynom, Teiler von $F(z, u)$, also wieder in eins der Polynome F_j, aber in ein solches, das mit F_1 einen Linearfaktor gemein hat, also notwendigerweise in F_1 selbst; mithin gehört dann s_u zu $\mathfrak{g}$. Also besteht $\mathfrak{g}$ aus den Permutationen der u, welche $z - \vartheta$ wieder in einen Linearfaktor von F_1 transformieren.

Die Permutationen s_α der GALOISschen Gruppe von $f(x)$ sind solche Permutationen der α, welche die Größe

$$\vartheta = u_1\alpha_1 + \cdots + u_n\alpha_n$$

in ihre konjugierten Größen überführen, für die also $s_\alpha\vartheta$ derselben irreduziblen Gleichung wie ϑ genügt, d. h. es sind die Permutationen s_α, die den Linearfaktor $z - \vartheta$ in die anderen Linearfaktoren von F_1 überführen. Wegen $s_\alpha\vartheta = s_u^{-1}\vartheta$ führt dann auch s_u^{-1} den Linearfaktor $z - \vartheta$ wieder in einen Linearfaktor von F_1 über, d. h. s_u^{-1} und damit auch s_u gehört zu $\mathfrak{g}$. Und umgekehrt. Also besteht die GALOISsche

Gruppe aus genau denselben Permutationen wie die Gruppe $\mathfrak{g}$, nur auf die α statt auf die u angewandt.

Diese Methode zur Bestimmung der GALOISschen Gruppe ist nicht so sehr praktisch von Interesse als wegen einer theoretischen Folgerung, die so lautet:

Es sei $\mathfrak{R}$ ein Integritätsbereich mit Einselement, in dem der Satz von der eindeutigen Primfaktorzerlegung gilt. Es sei $\mathfrak{p}$ ein Primideal in $\mathfrak{R}$, $\overline{\mathfrak{R}} = \mathfrak{R}/\mathfrak{p}$ der Restklassenring. Die Quotientenkörper von $\mathfrak{R}$ und $\overline{\mathfrak{R}}$ seien Δ und $\overline{\Delta}$. Es sei $f(x) = x^n + \cdots$ ein Polynom aus $\mathfrak{R}[x]$, $\overline{f}(x)$ das ihm in der Homomorphie $\mathfrak{R} \to \overline{\mathfrak{R}}$ zugeordnete Polynom, beide als doppelwurzelfrei vorausgesetzt. Dann ist die GALOISsche Gruppe $\overline{\mathfrak{g}}$ der Gleichung $\overline{f} = 0$ in bezug auf $\overline{\Delta}$ (als Permutationsgruppe der passend angeordneten Wurzeln) eine Untergruppe der GALOISschen Gruppe $\mathfrak{g}$ von $f = 0$.

Beweis. Die Zerlegung von

$$F(z, u) = \prod_s (z - s_u \vartheta)$$

in irreduzible Faktoren $F_1 F_2 \ldots F_k$ in $\Delta[z, u]$ kann nach § 23 ganzrational in $\mathfrak{R}[z, u]$ geschehen und überträgt sich dann vermöge des Homomorphismus auf $\overline{\mathfrak{R}}[z, u]$:

$$\overline{F}(z, u) = \overline{F}_1 \overline{F}_2 \ldots \overline{F}_k.$$

Die Faktoren $\overline{F}_1, \ldots$ können eventuell noch weiter zerlegbar sein. Die Permutationen von $\mathfrak{g}$ führen F_1 und daher auch $\overline{F}_1$ in sich, die übrigen Permutationen der u führen $\overline{F}_1$ in $\overline{F}_2, \ldots, \overline{F}_k$ über. Die Permutationen von $\overline{\mathfrak{g}}$ führen einen irreduziblen Faktor von $\overline{F}_1$ in sich über, also können sie $\overline{F}_1$ nicht in $\overline{F}_2, \ldots, \overline{F}_k$ überführen, sondern müssen $\overline{F}_1$ in $\overline{F}_1$ überführen, d. h. $\overline{\mathfrak{g}}$ ist Untergruppe von $\mathfrak{g}$.

Der Satz wird oft angewandt zur Bestimmung der Gruppe $\mathfrak{g}$. Insbesondere wählt man das Ideal $\mathfrak{p}$ oft so, daß das Polynom $f(x)$ mod $\mathfrak{p}$ zerfällt, weil dann die GALOISsche Gruppe $\overline{\mathfrak{g}}$ von $\overline{f}$ leichter zu bestimmen ist. Es sei z. B. $\mathfrak{R}$ der Ring der ganzen Zahlen und $\mathfrak{p} = (p)$, wo p eine Primzahl. Modulo p zerfalle $f(x)$ folgendermaßen:

$$f(x) \equiv \varphi_1(x)\,\varphi_2(x) \ldots \varphi_h(x) \qquad (p).$$

Es folgt

$$\overline{f} = \overline{\varphi}_1 \overline{\varphi}_2 \cdots \overline{\varphi}_h.$$

Die GALOISsche Gruppe $\overline{\mathfrak{g}}$ von $\overline{f}(x)$ ist immer zyklisch, da die Automorphismengruppe eines GALOIS-Feldes stets zyklisch ist (§ 37). Die erzeugende Permutation s von $\overline{\mathfrak{g}}$ sei, in Zyklen zerlegt:

$$(1\ 2 \ldots j)\,(j+1 \ldots) \ldots$$

Da die Transitivitätsgebiete der Gruppe $\overline{\mathfrak{g}}$ genau den irreduziblen Faktoren von $\overline{f}$ entsprechen, so müssen die in den Zyklen $(1\ 2 \ldots j)$, $(\ldots)$, $\ldots$ vorkommenden Nummern genau die Wurzeln von $\overline{\varphi}_1$, von $\overline{\varphi}_2, \ldots$

angeben. Sobald man also die Grade j, k, ... von φ_1, φ_2, ... kennt, ist der Typus der Substitution s bekannt: s besteht dann aus einem j-gliedrigen, einem k-gliedrigen Zyklus, usw. Da nun nach dem obigen Satz bei passender Anordnung der Wurzeln $\bar{\mathfrak{g}}$ eine Untergruppe von $\mathfrak{g}$ ist, so *muß* $\mathfrak{g}$ *eine Permutation vom gleichen Typus enthalten.*

Wenn also z. B. eine ganzzahlige Gleichung 5. Grades modulo irgendeiner Primzahl in einen irreduziblen Faktor 2. und einen 3. Grades zerfällt, so enthält die GALOISsche Gruppe eine Permutation vom Typus (12) (345).

Beispiel. Vorgelegt sei die ganzzahlige Gleichung

$$x^5 - x - 1 = 0.$$

Modulo 2 ist die linke Seite zerlegbar in

$$(x^2 + x + 1)(x^3 + x^2 + 1)$$

und modulo 3 ist sie irreduzibel, denn hätte sie einen linearen oder quadratischen Faktor, so müßte sie mit $x^9 - x$ einen Faktor gemein haben (§ 37, Aufg. 6), also entweder mit $x^5 - x$ oder mit $x^5 + x$ einen Faktor gemein haben, was offensichtlich nicht der Fall ist. Also enthält ihre Gruppe einen Fünferzyklus und ein Produkt $(i k)$ $(l m n)$. Die 3. Potenz der letzteren Permutation ist $(i k)$; diese, transformiert mit (12345) und dessen Potenzen, ergibt eine Kette von Transpositionen $(i k)$, $(k p)$, $(p q)$, $(q r)$, $(r i)$, die zusammen die symmetrische Gruppe erzeugen. Also ist die Gruppe $\mathfrak{g}$ die *symmetrische.*

Man kann die erwähnten Tatsachen benutzen zur Konstruktion von Gleichungen beliebigen Grades, deren Gruppe die symmetrische ist, auf Grund des folgenden Satzes: *Eine transitive Permutationsgruppe von n Objekten, die einen Zweierzyklus und einen $(n-1)$-Zyklus enthält, ist die symmetrische Gruppe.*

Beweis. Es sei $(1\,2 \ldots n-1)$ der $(n-1)$-Zyklus. Der Zweierzyklus $(i j)$ kann vermöge der Transitivität in $(k n)$ transformiert werden, wo k eine der Ziffern von 1 bis $(n-1)$ ist. Transformation von $(k n)$ mit $(1\,2 \ldots n-1)$ und dessen Potenzen ergibt alle Zyklen $(1 n)$, $(2 n)$, ..., $(n-1\; n)$, und diese erzeugen zusammen die symmetrische Gruppe.

Um auf Grund dieses Satzes eine Gleichung n-ten Grades $(n > 3)$ zu konstruieren, deren Gruppe die symmetrische ist, wähle man zunächst ein mod 2 irreduzibles Polynom n-ten Grades, f_1, sodann ein Polynom f_2, das in einen mod 3 irreduziblen Faktor $(n-1)$-ten Grades und einen Linearfaktor zerfällt, und schließlich ein Polynom f_3 vom Grade n, das sich mod 5 zerlegt in einen quadratischen Faktor und einen oder zwei Faktoren ungeraden Grades (alle irreduzibel mod 5). Das geht alles, weil es modulo jeder Primzahl irreduzible Polynome jedes Grades gibt (§ 37, Aufg. 6). Schließlich wähle man f so, daß

$$f \equiv f_1 \pmod 2$$
$$f \equiv f_2 \pmod 3$$
$$f \equiv f_3 \pmod 5$$

ist, was immer möglich ist. Es genügt zum Beispiel,

$$f = -15 f_1 + 10 f_2 + 6 f_3$$

zu wählen. Die GALOISsche Gruppe ist dann transitiv (weil das Polynom mod 2 irreduzibel ist), enthält einen Zyklus vom Typus $(1\ 2 \ldots n-1)$, und enthält einen Zweierzyklus multipliziert mit Zyklen ungerader Ordnung. Erhebt man dieses Produkt in eine passende ungerade Potenz, so erhält man einen reinen Zweierzyklus und schließt nach dem obigen Satz, daß die GALOISsche Gruppe die symmetrische ist.

Die angegebene Konstruktionsmethode ist natürlich lange nicht die einzige. Man kann z. B., um die Irreduzibilität der Gleichung und damit die Transitivität der Gruppe zu erzwingen, auch den EISENSTEINschen Satz (§ 24) benutzen. Für Gleichungen ungeraden Grades $n > 3$ kann man noch einfacher verfahren, indem man Sorge trägt, daß die Gleichung mod 2 in Faktoren der Grade $(n-1)$ und 1, mod 3 aber in Faktoren der Grade $(n-2)$ und 2 zerfällt. Die Irreduzibilität ist dann automatisch gewährleistet. Für alle geraden Gradzahlen > 6 erreicht man dasselbe, indem man modulo 2 wie vorhin, modulo 3 aber in Faktoren der Grade 2, 3 und $n-5$ zerfallen läßt. Andere Kriterien und Methoden um Gleichungen der verlangten Art zu bilden findet man bei PH. FURTWÄNGLER, Math. Ann., Bd. 85, S. 34—40. Ob es Gleichungen mit rationalen Koeffizienten gibt, deren Gruppe eine beliebig vorgegebene Permutationsgruppe ist, ist im allgemeinen ein ungelöstes Problem; vgl. dazu E. NOETHER, Gleichungen mit vorgeschriebener Gruppe. Math. Ann. Bd. 78, S. 221.

Aufgaben. 1. Was ist (in bezug auf den rationalen Zahlkörper) die Gruppe der Gleichung

$$x^4 + 2x^2 + x + 3 = 0\,?$$

2. Man konstruiere eine Gleichung 6. Grades, deren Gruppe die symmetrische ist.

Achtes Kapitel.

Unendliche Körpererweiterungen.

Jeder Körper entsteht aus seinem Primkörper durch eine endliche oder unendliche Körpererweiterung. In den Kapiteln 5 und 7 haben wir die endlichen Körpererweiterungen studiert; in diesem Kapitel sollen die unendlichen Körpererweiterungen behandelt werden, und zwar zunächst die algebraischen, sodann die transzendenten.

Alle betrachteten Körper sind kommutativ.

§ 62. Die algebraisch-abgeschlossenen Körper.

Unter den algebraischen Erweiterungen eines vorgelegten Körpers spielen naturgemäß eine wichtige Rolle die *maximalen* algebraischen

Erweiterungen, d. h. die, welche sich nicht mehr algebraisch erweitern lassen. Daß solche existieren, wird in diesem Paragraphen bewiesen werden.

Damit Ω ein solcher maximaler algebraischer Erweiterungskörper ist, ist eine notwendige Bedingung, daß jedes Polynom in $\Omega[x]$ vollständig in Linearfaktoren zerfällt (sonst könnte man nämlich nach § 32 den Körper Ω noch erweitern durch Adjunktion einer Nullstelle einer nichtlinearen Primfunktion). Diese Bedingung reicht aber auch hin. Denn wenn jedes Polynom in $\Omega[x]$ in Linearfaktoren zerfällt, so muß, falls Ω' ein algebraischer Erweiterungskörper ist, jedes Element von Ω' einer Gleichung in Ω genügen, also (indem man die linke Seite in lineare Faktoren zerlegt) auch einer linearen Gleichung in Ω genügen, also schon in Ω liegen; mithin ist $\Omega' = \Omega$, und Ω ist maximal.

Wir definieren deshalb:

Ein Körper Ω heißt algebraisch-abgeschlossen, wenn in $\Omega[x]$ jedes Polynom in Linearfaktoren zerfällt.

Eine damit gleichwertige Definition ist: *Ω ist algebraisch-abgeschlossen, wenn jedes nicht konstante Polynom aus $\Omega[x]$ mindestens eine Nullstelle in Ω, also einen Linearfaktor in $\Omega[x]$ besitzt.*

Ist nämlich diese Bedingung erfüllt, und zerlegt man ein beliebiges Polynom $f(x)$ in Primfaktoren, so können diese nur linear sein.

Der „Fundamentalsatz der Algebra", auf den wir in § 69 zurückkommen, besagt, daß der Körper der komplexen Zahlen algebraisch abgeschlossen ist. Ein weiteres Beispiel eines algebraisch-abgeschlossenen Körpers ist der Körper aller komplexen algebraischen Zahlen, d. h. aller derjenigen komplexen Zahlen, die einer Gleichung mit rationalen Koeffizienten genügen. Die komplexen Wurzeln einer Gleichung mit algebraischen Koeffizienten sind nämlich nicht nur algebraisch in bezug auf den Körper der algebraischen Zahlen, sondern sogar algebraisch in bezug auf den Körper der rationalen Zahlen, also selbst algebraische Zahlen.

E. Steinitz hat bewiesen, daß jeder Körper P sich zu einem algebraisch-abgeschlossenen Körper Ω erweitern läßt. Er benutzt dabei eine „Wohlordnung" des Körpers P, also ein prinzipiell transzendentes Hilfsmittel. Für diesen Beweis, der recht viel Mengenlehre voraussetzt, verweisen wir den Leser auf die in der Einleitung dieses Buches zitierte Steinitzsche Originalabhandlung. Wir werden hier nur den für die Algebra wichtigsten und algebraischen Methoden zugänglichen Fall eines abzählbaren Grundkörpers P behandeln. Dieser Spezialfall läßt übrigens die algebraischen Züge des Steinitzschen Beweises schon klar hervortreten.

Wir beweisen einen Existenzsatz und einen Eindeutigkeitssatz für algebraisch-abgeschlossene Körper.

Existenzsatz. *Jeder abzählbare Körper P besitzt einen algebraisch-abgeschlossenen algebraischen Erweiterungskörper Ω.*

Dem Beweis dieses Satzes müssen einige Hilfssätze vorausgeschickt werden:

Hilssatz 1. Es *sei Ω ein algebraischer Erweiterungskörper von* P. *Hinreichend, damit Ω algebraisch-abgeschlossen sei, ist die Bedingung, daß alle Polynome aus* $\mathsf{P}[x]$ *in* $\Omega[x]$ *in Linearfaktoren zerfallen.*

Beweis: Es sei $f(x)$ ein Polynom aus $\Omega[x]$. Wenn es nicht in Linearfaktoren zerfiele, so könnte man eine Nullstelle α adjungieren und käme zu einem echten Oberkörper Ω'. α ist algebraisch in bezug auf Ω und Ω algebraisch in bezug auf P, also α algebraisch in bezug auf P. Daher ist α Nullstelle eines Polynoms $g(x)$ in $\mathsf{P}[x]$. Dieses zerfällt aber in $\Omega[x]$ in Linearfaktoren. Also ist α Nullstelle eines Linearfaktors in $\Omega[x]$, liegt also in Ω, entgegen der Voraussetzung.

Hilfssatz 2. *Ist* P *abzählbar, so ist auch der Polynombereich* $\mathsf{P}[x]$, *sowie jede einfache algebraische Erweiterung* $\mathsf{P}(\vartheta)$ *abzählbar, und zwar läßt sich für die Abzählung eine ganz bestimmte Vorschrift geben, sobald die Abzählung von* P *und das primitive Element* ϑ *bekannt sind.*

Beweis: Es genügt, den Beweis für den Polynombereich $\mathsf{P}[x]$ durchzuführen, denn die Elemente von $\mathsf{P}(\vartheta)$ lassen sich nach § 32 eindeutig durch Polynome vom Grad $< n$ in ϑ darstellen.

Als erstes Element in der Abzählung nehmen wir die Null; sodann zählen wir in lexikographischer Reihenfolge die endlichvielen Polynome vom Grade $\leqq 1$ ab, deren Koeffizienten in der Abzählung von P Nummern $\leqq 1$ erhalten haben; sodann die endlichvielen Polynome vom Grade $\leqq 2$, deren Koeffzienten Nummern $\leqq 2$ haben; dann die vom Grad $\leqq 3$ mit Koeffizientennummern $\leqq 3$, usw.

Hilfssatz 3. *Ist $f(x)$ ein Polynom vom Grade n über dem abzählbaren Körper* P *und sind dazu n Symbole $\alpha_1, \ldots, \alpha_n$ vorgegeben, so läßt sich ein Zerfällungskörper* $\mathsf{P}(\alpha_1, \ldots, \alpha_n)$, *in dem $f(x)$ vollständig in Linearfaktoren $(x - \alpha_\nu)$ zerfällt, nach einer eindeutigen Vorschrift konstruieren und abzählen.*

Beweis: Die Konstruktion des Zerfällungskörpers haben wir in § 35 schon gegeben. Der Zerfällungskörper ergab sich dabei durch sukzessive einfache Erweiterung, indem immer wieder eine Wurzel α_{k+1} an $\mathsf{P}(\alpha_1, \ldots, \alpha_k)$ adjungiert wurde. Die Abzählung dieser einfachen Erweiterungen wird bei jeden Schritt durch Hilfssatz 2 gegeben, sobald das Symbol α_{k+1} und die definierende Gleichung für α_{k+1} bekannt sind. Die ganze Konstruktion ist also eindeutig bestimmt, wenn noch festgesetzt wird, daß α_{k+1} jeweils eine Wurzel desjenigen in $\mathsf{P}(\alpha_1, \ldots, \alpha_k)$ irreduziblen Faktors von $\frac{f(x)}{(x-\alpha_1)\cdots(x-\alpha_k)}$ sein soll, der in der Abzählung des Polynombereichs $\mathsf{P}(\alpha_1, \ldots, \alpha_k)[x]$ zuerst kommt.

Hilfssatz 4. *Wenn in einer geordneten Folge von Körpern jeder frühere Körper Unterkörper eines jeden späteren ist, so ist ihre Vereinigungsmenge wieder ein Körper.*

Beweis. Zu je zwei Elementen α, β der Vereinigung gibt es zwei Körper Σ_α, Σ_β, welche α bzw. β enthalten und von denen einer den anderen umfaßt. In diesem umfassenden Körper sind $\alpha+\beta$ und $\alpha\cdot\beta$ definiert, und diese Definitionen stimmen für alle Körper der Folge, welche α und β umfassen, überein, da ja von zwei solchen Körpern immer einer ein Unterkörper des anderen ist. Um nun z. B. das Assoziativgesetz

$$\alpha\beta\cdot\gamma=\alpha\cdot\beta\gamma$$

zu beweisen, suche man aus den Körpern Σ_α, Σ_β, Σ_γ wieder den umfassendsten (spätesten); in ihm sind α, β und γ enthalten und in ihm gilt auch das Assoziativgesetz. In derselben Weise werden alle Rechnungsregeln bewiesen.

Beweis des Existenzsatzes. Hilfssatz 1 zeigt, daß man, um einen algebraisch-abgeschlossenen Erweiterungskörper Ω von P zu konstruieren, bloß einen solchen über P algebraischen Körper zu konstruieren hat, in welchem alle Polynome von $\mathsf{P}[x]$ vollständig zerfallen.

Die nichtkonstanten Polynome aus $\mathsf{P}[x]$ mögen nach Hilfssatz 2 durchnumeriert werden. Jedem Polynom $f_\nu(x)$ seien soviele neue Symbole $\alpha_{\nu 1},\ldots,\alpha_{\nu n}$ zugeordnet, wie der Grad von $f_\nu(x)$ beträgt. Zu $f_1(x)$ konstruieren wir nach Hilfssatz 3 einen abzählbaren Zerfällungskörper P_1. Mit P_1 als Grundkörper konstruieren wir für f_2 einen Zerfällungskörper P_2 usw. Die Vereinigungsmenge aller Körper $\mathsf{P}_1, \mathsf{P}_2, \ldots$ ist nach Hilfssatz 4 ein Körper Ω. Da alle Körper P_ν algebraisch über P sind, ist Ω es auch. In Ω zerfallen sämtliche Polynome $f_1(x), f_2(x), \ldots$ in Linearfaktoren. Nach Hilfssatz 1 ist also Ω algebraisch-abgeschlossen.

Eindeutigkeitssatz. *Je zwei algebraisch-abgeschlossene algebraische Erweiterungskörper Ω, Ω' eines abzählbaren Körpers P sind äquivalent.*

Beweis. Jedes Element von Ω oder Ω' ist Nullstelle eines Polynoms $f_\nu(x)$ aus $\mathsf{P}[x]$, und jedes $f_\nu(x)$ hat nur endlichviele Wurzeln; also sind Ω und Ω' beide abzählbar. Man kann nämlich zuerst alle Wurzeln von $f_1(x)$ abzählen, sodann die von $f_2(x)$ usw., und dabei immer die Wurzeln, die schon früher vorgekommen sind, weglassen[1].

Es seien $\omega_1, \omega_2, \ldots$ sämtliche Elemente von Ω. Wir wollen den identischen Automorphismus von P schrittweise zu einem Isomorphismus $\mathsf{P}(\omega_1,\ldots,\omega_n)\cong\mathsf{P}(\omega_1^*,\ldots,\omega_n^*)$ erweitern, wobei $\omega_\nu^*\in\Omega'$. Angenommen, der Isomorphismus $\mathsf{P}(\omega_1,\ldots,\omega_{n-1})\cong\mathsf{P}(\omega_1^*,\ldots,\omega_{n-1}^*)$ sei schon konstruiert. ω_n ist Nullstelle eines irreduziblen Polynoms $f(x)$ über $\mathsf{P}(\omega_1,\ldots,\omega_{n-1})$. Diesem entspricht im Isomorphismus ein Polynom $f^*(x)$ über $\mathsf{P}(\omega_1^*\ldots,\omega_{n-1}^*)$. Die in der Abzählung von Ω' erste Nullstelle von $f^*(x)$ sei ω_n^*. Dann läßt sich der Isomorphismus $\mathsf{P}(\omega_1,\ldots,\omega_{n-1})\cong\mathsf{P}(\omega_1^*,\ldots,\omega_{n-1}^*)$ nach § 35 eindeutig zu einem Isomorphismus $\mathsf{P}(\omega_1,\ldots,\omega_n)\cong\mathsf{P}(\omega_1^*,\ldots,\omega_n^*)$ erweitern, der ω_n in ω_n^* überführt.

---

[1] Da die Abzählung der Wurzeln eines Polynoms $f(x)$ nicht eindeutig ist, muß an dieser Stelle das Auswahlpostulat benutzt werden.

Durch die so konstruierte sich stets erweiternde Folge von Isomorphismen wird jedem Element ω_n von Ω ein bestimmtes Element ω_n^* von Ω' zugeordnet. Der Summe $\omega_p+\omega_q$ und dem Produkt $\omega_p \cdot \omega_q$ entsprechen wieder Summe und Produkt, denn ω_p und ω_q kommen beide schon in einem endlichen Erweiterungskörper $\mathsf{P}(\omega_1, \ldots, \omega_n)$ vor. Also ist Ω einem Unterkörper Ω^* von Ω' isomorph. Da Ω algebraisch-abgeschlossen ist, ist Ω^* es auch; daher ist jedes Element von Ω' schon in Ω^* enthalten, d. h. es ist $\Omega^* = \Omega'$ und $\Omega \cong \Omega'$.

Die Bedeutung der algebraisch-abgeschlossenen Erweiterungskörper eines gegebenen Körpers liegt darin, daß sie bis auf äquivalente Erweiterungen alle überhaupt möglichen algebraischen Erweiterungen umfassen. Genauer:

Ist Ω ein algebraisch-abgeschlossener algebraischer Erweiterungskörper von P und Σ irgendein algebraischer Erweiterungskörper von P, so gibt es innerhalb Ω einen zu Σ äquivalenten Erweiterungskörper Σ_0.

Beweis. Man erweitere Σ zu einem algebraisch-abgeschlossenen algebraischen Erweiterungskörper Ω'. Dieser ist auch algebraisch in bezug auf P, also mit Ω äquivalent. Bei einem 1-Isomorphismus, der Ω' in Ω überführt und P elementweise fest läßt, geht insbesondere Σ über in einen äquivalenten Unterkörper Σ_0 von Ω.

Nimmt man als Ausgangskörper P den rationalen Zahlkörper Γ, so liefert die im Beweis des Hauptsatzes angegebene Konstruktion in abzählbar vielen wirklich ausführbaren Schritten einen Körper Ω, den man den *Körper aller algebraischen Zahlen* nennt (vgl. dazu auch § 69). Seine Unterkörper, also die algebraischen Erweiterungen von Γ, nennt man *algebraische Zahlkörper*. In derselben Weise konstruiert man, vom Körper $GF(p)$ der Restklassen modulo p ausgehend, einen Körper $\Omega(p)$, der alle GALOIS-Felder der Charakteristik p umfaßt.

Aufgabe. Man beweise die Existenz und Eindeutigkeit eines Erweiterungskörpers von P, der durch Adjunktion aller Nullstellen einer vorgegebenen (abzählbaren) Menge von Polynomen aus $\mathsf{P}[x]$ entsteht.

§ 63. Einfache transzendente Erweiterungen.

Jede einfache transzendente Erweiterung eines (kommutativen) Körpers Δ ist, wie wir wissen, äquivalent dem Quotientenkörper $\Delta(x)$ des Polynombereichs $\Delta[x]$. Wir studieren daher diesen Quotientenkörper

$$\Omega = \Delta(x).$$

Elemente von Ω sind rationale Funktionen

$$\eta = \frac{f(x)}{g(x)},$$

die in unverkürzbarer Gestalt (f und g teilerfremd) angenommen werden können. Der größte der beiden Grade von $f(x)$ und $g(x)$ heißt der *Grad* der Funktion η.

Satz. *Jedes nichtkonstante* η *vom Grade* n *ist transzendent in bezug auf* Δ, *und* $\Delta(x)$ *ist algebraisch vom Grade* n *in bezug auf* $\Delta(\eta)$.

Beweis: Die Darstellung $\eta = \frac{f(x)}{g(x)}$ sei unverkürzbar. Dann genügt x der Gleichung

$$g(x) \cdot \eta - f(x) = 0$$

mit Koeffizienten aus $\Delta(\eta)$. Diese Koeffizienten können nicht alle Null sein. Wären sie es nämlich und wäre a_k ein nichtverschwindender Koeffizient in $g(x)$, b_k der Koeffizient derselben Potenz von x in $f(x)$, so hätte man

$$a_k \eta - b_k = 0,$$

mithin $\eta = \frac{b_k}{a_k} =$ konst., entgegen der Voraussetzung. Also ist x algebraisch in bezug auf $\Delta(\eta)$.

Wäre nun η algebraisch in bezug auf Δ, so wäre auch x algebraisch in bezug auf Δ, was nicht der Fall ist. Mithin ist η transzendent.

x ist Nullstelle des Polynoms in $\Delta(\eta)[z]$

$$g(z)\,\eta - f(z)$$

vom Grade n. Dieses Polynom ist irreduzibel in $\Delta(\eta)[z]$. Denn sonst wäre es nach § 23 auch in $\Delta[\eta, z]$ reduzibel; da es linear in η ist, müßte ein Faktor von η unabhängig sein und nur von z abhängen; einen solchen Faktor kann es aber nicht geben, da $g(z)$ und $f(z)$ teilerfremd sind.

Mithin ist x algebraisch vom Grade n in bezug auf $\Delta(\eta)$. Daraus folgt die Behauptung $(\Delta(x) : \Delta(\eta)) = n$.

Wir merken uns für später noch, daß das Polynom

$$g(z)\,\eta - f(z)$$

keinen von z allein abhängigen (in $\Delta[z]$ liegenden) Faktor hat. Dieser Tatbestand bleibt erhalten, wenn man η durch seinen Wert $\frac{f(x)}{g(x)}$ ersetzt und mit dem Nenner $g(x)$ aufmultipliziert; mithin hat das Polynom in $\Delta[x, z]$

$$g(z)\,f(x) - f(z)\,g(x)$$

keinen von z allein abhängigen Faktor.

Aus dem bewiesenen Satz fließen drei *Folgerungen*.

1. Der Grad einer Funktion $\eta = \frac{f(x)}{g(x)}$ hängt nur von den Körpern $\Delta(\eta)$ und $\Delta(x)$, nicht von der speziellen Wahl der Erzeugenden x des letzteren Körpers ab.

2. Dann und nur dann ist $\Delta(\eta) = \Delta(x)$, wenn η vom Grade 1, also gebrochen-linear ist. Das heißt: *Körpererzeugende sind neben* x *alle gebrochenen linearen Funktionen von* x *und nur diese.*

3. Ein Automorphismus von $\Delta(x)$, der die Elemente von Δ fest läßt, muß x wieder in eine Körpererzeugende überführen. Führt man umgekehrt x in eine andere Körpererzeugende $\bar{x} = \frac{a\,x + b}{c\,x + d}$ und jedes

$\varphi(x)$ in $\varphi(\bar{x})$ über, so entsteht ein Automorphismus, bei dem die Elemente von Δ fest bleiben. Also:

Alle relativen Automorphismen von $\Delta(x)$ in bezug auf Δ sind die gebrochen-linearen Substitutionen.

$$\bar{x} = \frac{a x + b}{c x + d}, \qquad a d - b c \neq 0.$$

Wichtig für gewisse geometrische Untersuchungen ist der folgende

Satz von Lüroth: *Jeder Zwischenkörper Σ mit $\Delta \subset \Sigma \subseteqq \Delta(x)$ ist eine einfache transzendente Erweiterung: $\Sigma = \Delta(\vartheta)$.*

Beweis: Das Element x muß algebraisch in bezug auf Σ sein; denn wenn η irgendein nicht in Δ gelegenes Element von Σ ist, so ist x, wie gezeigt, algebraisch in bezug auf $\Delta(\eta)$, also um so mehr in bezug auf Σ. Das im Polynombereich $\Sigma[z]$ irreduzible Polynom mit dem höchsten Koeffizienten 1 und der Nullstelle x sei

$$(1) \qquad f_0(z) = z^n + a_1 z^{n-1} + \cdots + a_n.$$

Wir wollen den Bau dieses $f_0(z)$ bestimmen.

Die a_i sind rationale Funktionen von x. Durch Multiplikation mit dem Hauptnenner kann man sie ganzrational machen und außerdem erreichen, daß man ein in bezug auf x primitives Polynom (vgl. § 23) erhält:

$$f(x, z) = b_0(x) z^n + b_1(x) z^{n-1} + \cdots + b_n(x).$$

Der Grad dieses irreduziblen Polynoms in x sei m, der Grad in z ist n.

Die Koeffizienten $a_i = \frac{b_i}{b_0}$ von (1) können nicht sämtlich von x unabhängig sein, da sonst x algebraisch in bezug auf Δ wäre, es muß also einer unter ihnen, etwa

$$\vartheta = a_i = \frac{b_i(x)}{b_0(x)}$$

oder, unverkürzbar geschrieben,

$$\vartheta = \frac{g(x)}{h(x)}$$

von x wirklich abhängen. Die Grade von $g(x)$ und $h(x)$ sind $\leqq m$. Das (nichtverschwindende) Polynom

$$g(z) - \vartheta h(z) = g(z) - \frac{g(x)}{h(x)} h(z)$$

hat die Nullstelle $z = x$, ist also in $\Sigma[z]$ durch $f_0(z)$ teilbar. Geht man nach § 23 von diesen in x rationalen Polynomen zu ganzrationalen und in x primitiven Polynomen über, so bleibt diese Teilbarkeit bestehen, und man erhält

$$h(x) g(z) - g(x) h(z) = q(x, z) f(x, z).$$

In x hat die linke Seite einen Grad $\leqq m$. Auf der rechten hat aber f schon den Grad m; also folgt, daß der Grad auf der linken Seite genau m ist und daß $q(x, z)$ nicht von x abhängt. Einen von z allein abhängigen

Faktor hat aber die linke Seite nicht (siehe oben); also ist $q(x, z)$ eine Konstante:

$$h(x)\,g(z) - g(x)\,h(z) = q \cdot f(x, z).$$

Damit ist, da es auf die Konstante q nicht ankommt, der Bau von $f(x, z)$ bestimmt. Der Grad von $f(x, z)$ in x ist m; also ist (aus Symmetriegründen) der Grad in z auch m, mithin $m = n$. Mindestens eine der Gradzahlen von $g(x)$ und $h(x)$ muß den Höchstwert m wirklich erreichen; also hat auch ϑ als Funktion von x genau den Grad m.

Demnach ist einerseits

$$(\Delta(x) : \Delta(\vartheta)) = m,$$

andererseits

$$(\Delta(x) : \Sigma) = m,$$

mithin, da Σ ja $\Delta(\vartheta)$ umfaßt:

$$(\Sigma : \Delta(\vartheta)) = 1,$$

$$\Sigma = \Delta(\vartheta), \qquad \text{q. e. d.}$$

Der LÜROTHsche Satz hat die folgende Bedeutung für die Geometrie:

Eine ebene (irreduzible) algebraische Kurve $F(\xi, \eta) = 0$ heißt *rational*, wenn ihre Punkte bis auf endlichviele dargestellt werden können durch rationale Parametergleichungen:

$$\xi = f(t),$$
$$\eta = g(t).$$

Es kann nun vorkommen, daß jeder Kurvenpunkt (vielleicht mit endlichvielen Ausnahmen) zu mehreren Werten von t gehört. (Beispiel:

$$\xi = t^2,$$
$$\eta = t^2 + 1;$$

zu t und $-t$ gehört der gleiche Punkt.) Zufolge des LÜROTHschen Satzes kann man das aber immer durch geschickte Parameterwahl vermeiden. Es sei nämlich Δ ein Körper, der die Koeffizienten der Funktionen f, g enthält, und t zunächst eine Unbestimmte. $\Sigma = \Delta(f, g)$ ist ein Unterkörper von $\Delta(t)$. Ist t' ein primitives Element von Σ, so ist etwa

$$f(t) = f_1(t') \qquad \text{(rational)},$$
$$g(t) = g_1(t') \qquad \text{(rational)},$$
$$t' = \varphi(f, g) = \varphi(\xi, \eta),$$

und man verifiziert leicht, daß die neue Parameterdarstellung

$$\xi = f_1(t'),$$
$$\eta = g_1(t')$$

die gleiche Kurve darstellt, während der Nenner der Funktion $\varphi(x, y)$ nur in endlichvielen Punkten der Kurve verschwindet, so daß zu allen Kurvenpunkten (bis auf endlichviele) nur *ein* t'-Wert gehört.

Aufgabe. Ist der Körper $\Delta(x)$ galoissch in bezug auf den Unterkörper $\Delta(\eta)$, so zerfällt das Polynom (1) in ihm in Linearfaktoren. Alle diese Linearfaktoren gehen durch gebrochen-lineare Transformationen von x aus einem unter ihnen, etwa aus $z - x$, hervor. Diese linearen Transformationen bilden eine endliche Gruppe, lassen die Funktion $\vartheta = \frac{g(x)}{h(x)}$ invariant und sind dadurch gekennzeichnet.

§ 64. Der Transzendenzgrad.

Es sei Ω ein Erweiterungskörper eines festen Körpers P. Ein Element v von Ω heißt *algebraisch abhängig* von $u_1, \ldots, u_n$, wenn v algebraisch in bezug auf den Körper $\mathsf{P}(u_1, \ldots, u_n)$ ist, d. h. wenn v einer algebraischen Gleichung

$$a_0(u)\,v^g + a_1(u)\,v^{g-1} + \cdots + a_g(u) = 0$$

genügt, deren Koeffzienten $a_0(u), \ldots, a_g(u)$ Polynome in $u_1, \ldots, u_n$ mit Koeffizienten aus P und nicht sämtlich gleich Null sind.

Die Relation der algebraischen Abhängigkeit hat folgende Grundeigenschaften, die zu den Grundeigenschaften der linearen Abhängigkeit vollkommen analog sind (vgl. § **33**):

Grundsatz 1. *Jedes u_i $(i = 1, \ldots, n)$ ist von $u_1, \ldots, u_n$ algebraisch abhängig.*

Grundsatz 2. *Ist v algebraisch abhängig von $u_1, \ldots, u_n$, aber nicht von $u_1, \ldots, u_{n-1}$, so ist u_n algebraisch abhängig von $u_1, \ldots, u_{n-1}, v$.*

Beweis. Wir denken uns $u_1, \ldots, u_{n-1}$ zum Grundkörper adjungiert. Dann ist v algebraisch abhängig von u_n, also gilt eine algebraische Relation

$$a_0(u_n)\,v^g + a_1(u_n)\,v^{g-1} + \cdots + a_g(u_n) = 0. \tag{1}$$

Ordnen wir diese Gleichung nach Potenzen von u_n, so kommt:

$$b_0(v)\,u_n^h + b_1(v)\,u_n^{h-1} + \cdots + b_g(v) = 0. \tag{2}$$

Nach Voraussetzung ist v transzendent in bezug auf den Grundkörper $\mathsf{P}(u_1, \ldots, u_{n-1})$. Die Polynome $b_0(v), \ldots, b_g(v)$ sind also entweder identisch Null in v oder $\neq 0$. Sie können aber nicht alle identisch Null in v sein, da sonst die linke Seite von (1) auch identisch in v gleich Null, d. h. $a_0(u_n) = a_1(u_n) = \cdots = a_g(u_n) = 0$ sein würde, entgegen der Voraussetzung. Also sind in (2) nicht alle Koeffizienten $b_k(v)$ gleich Null; somit ist u_n auf Grund von (2) algebraisch abhängig von v in bezug auf den Grundkörper $\mathsf{P}(u_1, \ldots, u_{n-1})$.

Grundsatz 3. *Ist w algebraisch abhängig von $v_1, \ldots, v_s$ und ist jedes v_j $(j = 1, \ldots, s)$ algebraisch abhängig von $u_1, \ldots, u_n$, so ist w algebraisch abhängig von $u_1, \ldots, u_n$.*

Beweis. Ist w algebraisch über dem Körper $\mathsf{P}(v_1, \ldots, v_s)$, also auch über $\mathsf{P}(u_1, \ldots, u_n, v_1, \ldots, v_s)$, und ist dieser Körper wiederum algebraisch über $\mathsf{P}(u_1, \ldots, u_n)$, so ist nach § **35** auch w algebraisch über $\mathsf{P}(u_1, \ldots, u_n)$, was zu beweisen war.

Da nunmehr die Grundsätze der linearen Abhängigkeit als erfüllt nachgewiesen sind, so gelten auch alle in § **33** aufgestellten Folgesätze.

Wir nennen die Elemente $u_1, \ldots, u_n$ *algebraisch unabhängig*, wenn keines von ihnen algebraisch von den übrigen abhängt. Zwei Systeme $\{u_1, \ldots, u_n\}$ und $\{v_1, \ldots, v_s\}$ heißen (algebraisch) *äquivalent*, wenn jedes v_k von $u_1, \ldots, u_n$ und jedes u_i von $v_1, \ldots, v_s$ algebraisch abhängt. Jedes endliche System $\{u_1, \ldots, u_n\}$ ist einem algebraisch unabhängigen Teilsystem äquivalent (Folgesatz 3). Je zwei äquivalente algebraisch unabhängige Systeme $\{u_1, \ldots, u_r\}$ und $\{v_1, \ldots, v_s\}$ bestehen aus gleich viel Elementen (Folgesatz 5).

Eine Menge $\mathfrak{M}$ (insbesondere ein Körper Ω) heißt *von endlichem Transzendenzgrad über* P, wenn alle Elemente der Menge von endlich vielen unter ihnen algebraisch abhängen. Es gibt dann eine *algebraische Basis für* $\mathfrak{M}$, d. h. ein solches algebraisch unabhängiges Teilsystem $\{u_1, \ldots, u_r\}$, von dem alle Elemente von $\mathfrak{M}$ algebraisch abhängen. Die Anzahl r der Basiselemente ist unabhängig von der Wahl der Basis und heißt der *Transzendenzgrad der Menge* $\mathfrak{M}$. Der Transzendenzgrad ist die Maximalanzahl von algebraisch unabhängigen Elementen der Menge. Eine Teilmenge von $\mathfrak{M}$ hat höchstens denselben Transzendenzgrad wie die ganze Menge und eine algebraische Basis der Teilmenge läßt sich zu einer algebraischen Basis der ganzen Menge ergänzen (vgl. § 33, Aufg. 2).

Satz. *Die Elemente* $u_1, \ldots, u_r$ *sind dann und nur dann algebraisch unabhängig, wenn aus*

$$f(u_1, \ldots, u_r) = 0,$$

wo f *ein Polynom mit Koeffizienten aus* P *ist, notwendig das Verschwinden aller Koeffizienten dieses Polynoms folgt.*

Beweis. Wenn $f(u_1, \ldots, u_r) = 0$ das identische Verschwinden des Polynoms f zur Folge hat, so ist klar, daß kein u_i algebraisch von den übrigen u_j abhängen kann. Nun seien umgekehrt $u_1, \ldots, u_r$ algebraisch unabhängig. Wenn nun

$$f(u_1, \ldots, u_r) = 0$$

ist und wenn man das Polynom f nach Potenzen von u_r ordnet, so folgt, daß die Koeffizienten $f_i(u_1, \ldots, u_{r-1})$ dieses Polynoms gleich Null sind. Ordnet man diese nach Potenzen von u_{r-1} und schließt in der gleichen Weise weiter, so folgt schließlich, daß alle Koeffizienten des Polynoms f gleich Null sein müssen.

Nach diesem Satz sind $u_1, \ldots, u_r$, wenn sie algebraisch unabhängig sind, durch keinerlei algebraische Gleichungen miteinander verknüpft. Man nennt sie daher auch *unabhängige Transzendente*. Der Transzendenzgrad eines Körpers Ω in bezug auf P ist demnach die Maximalzahl der unabhängigen Transzendenten, die in Ω enthalten sind.

Sind $u_1, \ldots, u_r$ algebraisch unabhängig und sind $z_1, \ldots, z_r$ Unbestimmte über P, so kann man jedem Polynom $f(z_1, \ldots, z_r)$ mit Koeffizienten aus P eineindeutig ein Polynom $f(u_1, \ldots, u_r)$ zuordnen. Daher ist $\mathsf{P}[z_1, \ldots, z_r] \cong \mathsf{P}[u_1, \ldots, u_r]$. Aus dem Isomorphismus der Polynomringe folgt auch der Isomorphismus ihrer Quotientenkörper:

$$\mathsf{P}(z_1, \ldots, z_r) \cong \mathsf{P}(u_1, \ldots, u_r).$$

Die unabhängigen Transzendenten $u_1, \ldots, u_r$ stimmen demnach in allen algebraischen Eigenschaften mit r Unbestimmten $z_1, \ldots, z_r$ überein.

Eine Körpererweiterung, die durch Adjunktion von endlichvielen oder unendlichvielen algebraisch unabhängigen Größen $u_1, \ldots, u_r$ entsteht, heißt eine *rein transzendente Erweiterung*.

Ist Ω ein Erweiterungskörper von endlichem Transzendenzgrad über P und ist $u_1, \ldots, u_r$ eine algebraische Basis von Ω, so ist jedes Element von Ω algebraisch über $\mathsf{P}(u_1, \ldots, u_r)$. Das heißt:

Jeder Erweiterungskörper Ω von endlichem Transzendenzgrad über P läßt sich durch eine rein transzendente Erweiterung $\mathsf{P}(u_1, \ldots, u_r)$ und eine darauf folgende algebraische Erweiterung erhalten.

Steinitz hat mit Hilfe seiner Wohlordnungsmethoden diesen Satz nicht nur für Erweiterungen von endlichem Transzendenzgrad, sondern für beliebige transzendente Erweiterungskörper bewiesen. Durch diesen Steinitzschen Satz wird die Struktur der transzendenten Erweiterungskörper weitgehend aufgedeckt. Für die Anwendungen sind aber die Körper vom endlichen Transzendenzgrad, auf die die Untersuchung hier beschränkt wurde, weitaus die wichtigsten.

Aufgabe: Eine Erweiterung, die sich aus zwei sukzessiven Erweiterungen von den (endlichen) Transzendenzgraden s und t zusammensetzt, hat den Transzendenzgrad $s+t$.

§ 65. Differentiation der algebraischen Funktionen.

Die in § 20 gegebene Definition der Ableitung eines Polynoms $f(x)$ läßt sich ohne weiteres auf rationale Funktionen einer Unbestimmten

$$\varphi(x) = \frac{f(x)}{g(x)}$$

mit Koeffizienten aus einem Körper P übertragen. Bildet man nämlich

$$\varphi(x+h) - \varphi(x) = \frac{f(x+h)\,g(x) - f(x)\,g(x+h)}{g(x)\,g(x+h)},$$

so wird der Zähler dieses Bruches Null für $h=0$, also enthält er den Faktor h. Dividiert man nun beide Seiten durch h, so erhält man

$$(1)\qquad \frac{\varphi(x+h) - \varphi(x)}{h} = \frac{q(x,h)}{g(x)\,g(x+h)}.$$

Die rechte Seite ist eine rationale Funktion von h, die für $h=0$ einen bestimmten Wert hat, da der Nenner nicht verschwindet. Diesen Wert nennen wir den *Differentialquotienten* oder die *Ableitung* $\varphi'(x)$ der rationalen Funktion $\varphi(x)$:

$$(2)\qquad \varphi'(x) = \frac{d\,\varphi(x)}{d\,x} = \frac{q(x,0)}{g(x)^2}.$$

Um $q(x, 0)$ wirklich auszurechnen, entwickeln wir den Zähler der rechten Seite von (1) nach aufsteigenden Potenzen von h, dividieren durch h, setzen $h = 0$ und erhalten das Ergebnis

$$q(x, 0) = f'(x) g(x) - f(x) g'(x),$$

welches in (2) eingesetzt die bekannte Formel für Differentiation eines Quotienten ergibt:

$$\frac{d}{dx} \frac{f(x)}{g(x)} = \frac{f'(x) g(x) - f(x) g'(x)}{g(x)^2}.$$

Es sei $R(u_1, \ldots, u_n)$ eine rationale Funktion; $R'_1, \ldots, R'_n$ seien ihre partiellen Ableitungen nach den Unbestimmten $u_1, \ldots, u_n$ und $\varphi_1, \ldots, \varphi_n$ seien rationale Funktionen von x.

Wir wollen die *Regel der totalen Differentiation*

$$\frac{d}{dx} R(\varphi_1, \ldots, \varphi_n) = \sum_1^n R'_\nu(\varphi_1, \ldots, \varphi_n) \frac{d\varphi_\nu}{dx} \tag{3}$$

beweisen. Zu diesem Zweck setzen wir, entsprechend der Definition des Differentialquotienten,

$$\varphi_\nu(x + h) - \varphi_\nu(x) = h \psi_\nu(x, h), \quad \psi_\nu(x, 0) = \varphi'_\nu(x)$$

und

$$\left\{\begin{aligned} & R(u_1 + h_1, \ldots, u_n + h_n) - R(u_1, \ldots, u_n) \\ & = \sum_{\nu=1}^n \{R(u_1 + h_1, \ldots, u_\nu + h_\nu, u_{\nu+1}, \ldots, u_n) - \\ & \qquad\qquad - R(u_1 + h_1, \ldots, u_\nu, u_{\nu+1}, \ldots, u_n)\} \\ & = \sum_{\nu=1}^n h_\nu S_\nu(u_1 + h_1, \ldots, u_\nu, h_\nu, u_{\nu+1}, \ldots, u_n); \end{aligned}\right. \tag{4}$$

mit

$$S_\nu(u_1, \ldots, u_\nu, 0, u_{\nu+1}, \ldots, u_n) = R'_\nu(u_1, \ldots, u_n).$$

Setzen wir in die Identität (4)

$$u_\nu = \varphi_\nu(x), \quad h_\nu = \varphi_\nu(x + h) - \varphi_\nu(x) = h \psi_\nu(x, h)$$

ein und dividieren durch h, so folgt

$$\left\{\begin{aligned} & \frac{R(\varphi_1(x + h), \ldots, \varphi_n(x + h)) - R(\varphi_1(x), \ldots, \varphi_n(x))}{h} \\ & = \sum_{\nu=1}^n \psi_\nu(x, h) S_\nu(\varphi_1 + h\psi_1, \ldots, \varphi_\nu, h\psi_\nu, \varphi_{\nu+1}, \ldots, \varphi_n). \end{aligned}\right.$$

Setzt man nun rechts $h = 0$, so folgt

$$\frac{d}{dx} R(\varphi_1, \ldots, \varphi_n) = \sum \varphi'_\nu(x) R'_\nu(\varphi_1, \ldots, \varphi_n)$$

womit (3) bewiesen ist.

Wir wollen nun versuchen, die Theorie der Differentiation auf algebraische Funktionen einer Veränderlichen x auszudehnen. Unter einer *algebraischen Funktion der Unbestimmten* x verstehen wir ein beliebiges

Element η eines algebraischen Erweiterungskörpers von $\mathsf{P}(x)$. Wir machen dabei nur die Annahme, daß η separabel in bezug auf $\mathsf{P}(x)$ ist.

Die algebraische Funktion η sei also eine Nullstelle eines über $\mathsf{P}(x)$ irreduziblen separablen Polynoms $F(x, y)$:

$$F(x, \eta) = 0.$$

Die Ableitungen von $F(x, y)$ nach x und y mögen mit F'_x und F'_y bezeichnet werden. Wegen der Separabilität hat $F'_y(x, y)$ keine Nullstelle mit $F(x, y)$ gemeinsam; es ist also

$$F'_y(x, \eta) \neq 0.$$

Von einer vernünftigen Definition der Ableitung $d\eta/dx$ ist zu verlangen, daß für das Polynom $F(x, y)$ die Regel von der totalen Differentiation gilt, daß also

$$F'_x(x, \eta) + \frac{d\eta}{dx} F'_y(x, \eta) = 0$$

ausfällt. Wir *definieren* also

(5) $$\frac{d\eta}{dx} = -\frac{F'_x(x, \eta)}{F'_y(x, \eta)}.$$

Man sieht sofort, daß die Definition unabhängig von der Wahl des definierenden Polynoms $F(x, y)$ ist, denn wenn man $F(x, y)$ durch $F(x, y) \cdot \psi(x)$ ersetzt, wobei $\psi(x)$ irgendeine rationale Funktion von x ist, so werden $F'_x(x, \eta)$ und $F'_y(x, \eta)$ in (5) durch

$$F'_x(x, \eta) \cdot \psi(x) + F(x, \eta) \cdot \psi'(x) = F'_x(x, \eta) \cdot \psi(x)$$

und

$$F'_y(x, \eta) \cdot \psi(x)$$

ersetzt, wodurch der Quotient (5) sich nicht ändert.

Ist speziell $\eta = c$ eine Konstante aus P, so kommt x in der definierenden Gleichung von η gar nicht vor, mithin wird $\frac{dc}{dx} = 0$.

Nun sei ζ ein Element des Körpers $\mathsf{P}(x, \eta)$, also eine rationale Funktion von x und η, ganz rational in η:

$$\zeta = \varphi(x, \eta).$$

Wir wollen nun für diese Funktion φ die Regel der totalen Differentiation beweisen:

(6) $$\frac{d\zeta}{dx} = \varphi'_x(x, \eta) + \varphi'_y(x, \eta) \frac{d\eta}{dx},$$

wobei φ'_x und φ'_y die Ableitungen von $\varphi(x, y)$ nach x und nach y bedeuten. Zu diesem Zweck bilden wir die die definierende Gleichung von ζ, welche ganzrational in x und ζ angenommen werden kann:

$$G(x, \zeta) = 0,$$

setzen in ihr den Ausdruck $\varphi(x, \eta)$ für ζ ein und ersetzen dann η durch die Unbestimmte y. Das entstehende Polynom in y hat die Nullstelle η und ist daher durch $F(x, y)$ teilbar:

$$G(x, \varphi(x, y)) = Q(x, y) F(x, y).$$

Differenziert man diese Identität partiell nach x und y mittels der Regel der totalen Differentiation (3), so erhält man

$$\begin{cases} G'_x(x, \varphi(x, y)) + G'_z(x, \varphi(x, y))\varphi'_x(x, y) = QF'_x + Q'_x F(x, y) \\ G'_z(x, \varphi(x, y))\varphi'_y(x, y) = QF'_y + Q'_y F(x, y). \end{cases}$$

Nun ersetze man y wieder durch η, wodurch die Glieder mit $F(x, y)$ verschwinden und setze weiter, der Definition (3) entsprechend

$$F'_x(x, \eta) = -F'_y(x, \eta) \cdot \frac{d\eta}{dx}$$

$$G'_x(x, \zeta) = -G'_z(x, \zeta) \cdot \frac{d\zeta}{dx}.$$

So erhält man

$$\begin{cases} -G'_z(x, \zeta) \cdot \frac{d\zeta}{dx} + G'_z(x, \zeta)\varphi'_x(x, \eta) = -Q(x, \eta)F'_y(x, \eta) \cdot \frac{d\eta}{dx} \\ G'_z(x, \zeta)\varphi'_y(x, \eta) = Q(x, \eta)F'_y(x, \eta). \end{cases}$$

Multipliziert man die zweite Gleichung mit $\frac{d\eta}{dx}$, addiert sie zu der ersten und dividiert das Ganze durch G'_z, so folgt

$$-\frac{d\zeta}{dx} + \varphi'_x(x, \eta) + \varphi'_y(x, \eta) \cdot \frac{d\eta}{dx} = 0,$$

womit (6) bewiesen ist.

Nachdem durch diese Rechnung der Spezialfall (6) erledigt ist, macht der Beweis der allgemeinen *Regel der totalen Differentiation* keine Mühe mehr. Die Regel heißt: *Sind $\eta_1, \ldots, \eta_n$ separable algebraische Funktionen von x in einem Körper und ist $R(u_1, \ldots, u_n)$ ein Polynom mit den Ableitungen R'_ν, so ist*

$$\frac{d}{dx} R(\eta_1, \ldots, \eta_n) = \sum_1^n R'_\nu(\eta_1, \ldots, \eta_n) \frac{d\eta_\nu}{dx}. \tag{7}$$

Beweis: Es sei ϑ ein primitives Element des separablen Erweiterungskörpers $\mathsf{P}(x, \eta_1, \ldots, \eta_n)$ von $\mathsf{P}(x)$. Dann sind alle η_ν rational durch x und ϑ ausdrückbar:

$$\eta_\nu = \varphi_\nu(x, \vartheta).$$

Nach (6) ist nun, wenn $\varphi'_{\nu x}$ und $\varphi'_{\nu t}$ die Ableitungen von $\varphi_\nu(x, t)$ nach x und t sind,

$$\frac{d\eta_\nu}{dx} = \varphi'_{\nu x}(x, \vartheta) + \varphi'_{\nu y}(x, \vartheta) \cdot \frac{d\vartheta}{dx}$$

und ebenso, wenn R'_x und R'_t die Ableitungen der Funktion $R(\varphi_1(x, t), \ldots, \varphi_n(x, t))$ sind,

$$\frac{d}{dx} R(\eta_1, \ldots, \eta_n) = \frac{d}{dx} R(\varphi_1(x, \vartheta), \ldots, \varphi_n(x, \vartheta))$$

$$= R'_x(x, \vartheta) + R'_t(x, \vartheta) \cdot \frac{d\vartheta}{dt}.$$

Nach (3) ist aber

$$R'_x(x,t) = \sum_1^n R'_\nu(\varphi_1(x,t), \ldots, \varphi_n(x,t))\,\varphi'_{\nu x}(x,t)$$

$$R'_t(x,t) = \sum_1^n R'_\nu(\varphi_1(x,t), \ldots, \varphi_n(x,t))\,\varphi'_{\nu t}(x,t)$$

also

$$\frac{d}{dx} R(\eta_1, \ldots, \eta_n) = \sum_1^n R'_\nu(\varphi_1(x,\vartheta), \ldots, \varphi_n(x,\vartheta)) \left\{\varphi'_{\nu x}(x,\vartheta) + \varphi'_{\nu t}(x,\vartheta) \cdot \frac{d\vartheta}{dt}\right\}$$

$$= \sum_1^n R'_\nu(\eta_1, \ldots, \eta_n) \frac{d\eta_\nu}{dx}.$$

Wichtige Spezialfälle der allgemeinen Regel (7) sind:

(8) $$\frac{d}{dx}(\eta + \zeta) = \frac{d\eta}{dx} + \frac{d\zeta}{dx},$$

(9) $$\frac{d}{dx}\eta\zeta = \eta\frac{d\zeta}{dx} + \frac{d\eta}{dx}\zeta,$$

(10) $$\frac{d}{dx}\frac{\eta}{\zeta} = \frac{1}{\zeta^2}\left(\zeta\frac{d\eta}{dx} - \eta\frac{d\zeta}{dx}\right),$$

(11) $$\frac{d}{dx}\eta^r = r\,\eta^{r-1}\frac{d\eta}{dx}.$$

Die Definition (5) des Differentialquotienten ist selbstverständlich nicht nur dann anwendbar, wenn x eine Unbestimmte ist, sondern immer dann, wenn x ein in bezug auf den Grundkörper P transzendentes Element und η separabel algebraisch über $\mathsf{P}(x)$ ist. Wir schreiben dann lieber ξ statt x. In einem Körper vom Transzendenzgrad 1 über P kann man demnach alle Elemente η, soweit sie separabel über $\mathsf{P}(\xi)$ sind, nach dem transzendenten Element ξ differenzieren.

Sind η und ζ algebraisch von ξ abhängig, so hat der Körper $\mathsf{P}(\xi, \eta, \zeta)$ den Transzendenzgrad 1 über P. Ist nun η transzendent über P, so ist ζ algebraisch abhängig von η; man kann also $\frac{d\zeta}{d\eta}$ bilden. Ist

(12) $$G(\eta, \zeta) = 0$$

die definierende Gleichung von ζ über $\mathsf{P}(\eta)$ und sind G'_y und G'_z die partiellen Ableitungen von $G(y, z)$, so ist

(13) $$G'_y(\eta, \zeta) + G'_z(\eta, \zeta)\frac{d\zeta}{d\eta} = 0.$$

Differenziert man andererseits (12) nach ξ, so erhält man nach der Regel für totale Differentiation

(14) $$G'_y(\eta, \zeta)\frac{d\eta}{d\xi} + G'_z(\eta, \zeta)\frac{d\zeta}{d\xi} = 0.$$

Aus (13) und (14) folgt, wenn man (13) mit $\frac{d\eta}{d\xi}$ multipliziert und davon (14) subtrahiert, die *Kettenregel:*

(15) $$\frac{d\zeta}{d\xi} = \frac{d\zeta}{d\eta}\frac{d\eta}{d\xi}.$$

Ist insbesondere $\zeta = \xi$, so ergibt (15):

$$\frac{d\xi}{d\eta} \cdot \frac{d\eta}{d\xi} = 1. \tag{16}$$

Damit haben wir alle Regeln der gewöhnlichen Differentialrechnung für algebraische Funktionen einer Veränderlichen rein algebraisch hergeleitet, ohne dabei irgendwelche Limesbetrachtungen zu benutzen.

Neuntes Kapitel.

Reelle Körper.

Beim Studium der algebraischen Zahlkörper spielen außer den algebraischen Eigenschaften ihrer Zahlen gewisse unalgebraische Eigenschaften: *absolute Beträge* $|a|$, *Realität, Positivsein,* eine Rolle. Daß diese Eigenschaften sich nicht mit Hilfe der algebraischen Operationen + und · eindeutig definieren lassen, zeigt sich an folgendem Beispiel.

Es sei w eine reelle, also iw eine rein imaginäre Wurzel der Gleichung $x^4 = 2$. Bei der Isomorphie

$$\Gamma(w) \cong \Gamma(iw)$$

bleiben alle algebraischen Eigenschaften erhalten; aber diese Isomorphie führt die reelle Zahl w in die rein imaginäre iw, die positive Zahl $w^2 = \sqrt{2}$ in die negative $(iw)^2 = -\sqrt{2}$ über, während die Zahl $1 + \sqrt{2}$ vom Betrag > 1 in die Zahl $1 - \sqrt{2}$ vom Betrag < 1 übergeht.

Im Verlauf der Untersuchung wird sich aber zeigen, daß an diesen nichtalgebraischen Eigenschaften trotzdem etwas Algebraisches haftet, daß man nämlich im Körper der algebraischen Zahlen (d. h. in dem zu Γ gehörigen algebraisch-abgeschlossenen Erweiterungskörper) zwar nicht *einen*, wohl aber eine ganze Schar von Unterkörpern, deren jeder dem Körper der reellen algebraischen Zahlen algebraisch-äquivalent ist, durch algebraische Eigenschaften auszeichnen kann. Bei einer bestimmten Wahl eines solchen Körpers, dessen Elemente dann als „reell" bezeichnet werden können, lassen sich auch die Beträge und das Positivsein algebraisch definieren. Für jeden endlichen algebraischen Zahlkörper werden dann die Definitionen der Beträge, der Realität usw. *endlich-vieldeutig*.

Bevor wir aber an diese algebraische Theorie herangehen, erörtern wir zunächst die in der Analysis übliche (transzendente) Einführung der reellen und komplexen Zahlen, nicht so sehr, weil es logisch notwendig wäre, das vorwegzunehmen, als weil die Problemstellung der rein algebraischen Theorie klarer wird, wenn man einmal weiß, was reelle und komplexe Zahlen überhaupt sind, und weil wir zugleich die prinzipiell wichtigen Begriffe der Anordnung und der Fundamentalfolge dabei besprechen können.

§ 66. Angeordnete Körper.

In diesem Paragraphen sollen eine erste nichtalgebraische Eigenschaft: das „Positivsein", und die darauf beruhende „Anordnung" axiomatisch untersucht werden.

Ein (kommutativer) Körper K *heiße „angeordnet", wenn für seine Elemente die Eigenschaft, positiv* (>0) *zu sein, gemäß den folgenden Forderungen definiert ist:*

1. *Für jedes Element* a *aus* K *gilt genau eine der Beziehungen*

$$a=0, \quad a>0, \quad -a>0.$$

2. Ist $a>0$ *und* $b>0$, *so ist* $a+b>0$ *und* $ab>0$.

Ist $-a>0$, so sagen wir: a ist *negativ*.

Definieren wir in einem angeordneten Körper allgemein eine Größenbeziehung durch die Festsetzung

$$a>b, \text{ in Worten: } a \text{ größer als } b$$
$$(\text{oder } b<a, \text{ in Worten: } b \text{ kleiner als } a),$$
$$\text{wenn } a-b>0,$$

so zeigt man mühelos, daß die mengentheoretischen Ordnungsaxiome erfüllt sind. Für je zwei Elemente a, b ist nämlich entweder $a<b$ oder $a=b$ oder $a>b$. Aus $a>b$ und $b>c$ folgt $a-b>0$ und $b-c>0$, also auch $a-c=(a-b)+(b-c)>0$, mithin $a>c$. Weiter hat man wie im § 3 die Regel, daß aus $a>b$ folgt $a+c>b+c$ und im Falle $c>0$ auch $ac>bc$. Schließlich folgt, wenn a und b positiv sind, aus $a>b$ stets $a^{-1}<b^{-1}$ (und umgekehrt), da

$$ab(b^{-1}-a^{-1})=a-b$$

ist.

Verstehen wir in einem angeordneten Körper unter dem *Betrag* $|a|$ eines Elements a das nichtnegative unter den Elementen a, $-a$, so gelten für das Rechnen mit Beträgen die Regeln

$$|ab|=|a|\cdot|b|,$$
$$|a+b|\leqq|a|+|b|.$$

Die erstere verifiziert man ohne jede Mühe für die vier möglichen Fälle

$$a\geqq 0, \quad b\geqq 0;$$
$$a\geqq 0, \quad b<0;$$
$$a<0, \quad b\geqq 0;$$
$$a<0, \quad b<0.$$

Die zweite Regel gilt offenbar mit dem Gleichheitszeichen im Fall $a\geqq 0$, $b\geqq 0$, da dann beide Seiten gleich der nichtnegativen Zahl $a+b$ sind, und ebenso im Fall $a<0$, $b<0$, wo beide Seiten gleich der nichtnegativen Zahl $-(a+b)$ sind. Es bleiben von unseren vier Fällen noch die beiden mittleren übrig; es genügt, den einen: $a\geqq 0$, $b<0$, zu betrachten. Es ist dann

$$a+b<a<a-b=|a|+|b|,$$
$$-a-b\leqq -b\leqq a-b=|a|+|b|,$$

also

$$|a+b|\leqq |a|+|b|.$$

Man hat auch

$$a^2=(-a)^2=|a|^2\geqq 0,$$

mit dem Gleichzeichen nur für $a=0$. Daraus folgt weiter, daß eine Summe von Quadraten stets $\geqq 0$ ist, und zwar $=0$ nur dann, wenn alle Summanden einzeln verschwinden.

Insbesondere ist das Einselement $1=1^2$ stets positiv, ebenso jede Summe $n\cdot 1=1+1+\cdots+1$. Daher kann auch nie $p\cdot 1=0$ sein, wenn p eine Primzahl ist. Also: *Die Charakteristik eines angeordneten Körpers ist Null.*

Hilfssatz. *Ist* K *der Quotientenkörper des Ringes* $\mathfrak{R}$ *und ist* $\mathfrak{R}$ *angeordnet, so kann* K *auf eine und nur eine Weise so angeordnet werden, daß die Anordnung von* $\mathfrak{R}$ *erhalten bleibt.*

Es sei nämlich K in der gewünschten Weise angeordnet. Ein beliebiges Element von K hat die Gestalt $a=\frac{b}{c}$ (b und c in $\mathfrak{R}$ und $c\neq 0$). Aus

$$\frac{b}{c}>0 \text{ bzw. } =0 \text{ bzw. } <0$$

folgt durch Multiplikation mit c^2 sofort

$$bc>0 \text{ bzw. } =0 \text{ bzw. } <0.$$

Also ist die etwaige Anordnung von K durch die von $\mathfrak{R}$ eindeutig bestimmt. Umgekehrt erkennt man leicht, daß durch die Festsetzung

$$\frac{b}{c}>0, \text{ wenn } bc>0,$$

tatsächlich eine Anordnung von K definiert ist, bei der die Anordnung von $\mathfrak{R}$ erhalten bleibt.

Insbesondere läßt sich also der Körper Γ der rationalen Zahlen nur in einer Weise anordnen, da der Ring C der ganzen Zahlen offenbar nur der natürlichen Anordnung fähig ist. Es ist also $\frac{m}{n}>0$, sobald $m\cdot n$ eine natürliche Zahl ist.

Zwei angeordnete Körper heißen *ähnlich-isomorph*, wenn es einen Isomorphismus der beiden Körper gibt, der positive Elemente stets wieder in positive überführt.

Ein Körper heißt *archimedisch angeordnet*[1], wenn es in einer gegebenen Anordnung zu jedem Körperelement a eine „natürliche Zahl"

[1] Das „Archimedische Axiom" in der Geometrie lautet nämlich so: Man kann jede gegebene Strecke PQ („Einheitsstrecke") von einem gegebenen Punkt P („Nullpunkt") stets so oft in der Richtung PR abtragen, daß man über jeden gegebenen Punkt R hinauskommt.

$n > a$ gibt. Es gibt dann auch zu jedem a eine Zahl $-n < a$ und zu jedem positiven a einen Bruch $\frac{1}{n} < a$. Zum Beispiel ist der rationale Zahlkörper Γ archimedisch angeordnet. Ist ein Körper nichtarchimedisch angeordnet, so gibt es „unendlich große" Elemente, die größer als jede rationale Zahl, und „unendlich kleine" Elemente, die kleiner als jede positive rationale Zahl, aber größer als Null sind.

Literatur über nichtarchimedisch angeordnete Körper.

ARTIN, E. u. O. SCHREIER: Algebraische Konstruktion reeller Körper. Abh. Math. Sem. Hamburg Bd. 5 (1926) S. 83—115.

BAER, R.: Über nichtarchimedisch geordnete Körper. Sitzungsber. Heidelb. Ak. 8. Abhandlung, 1927.

Aufgaben. 1. Man nenne ein Polynom $f(t)$ mit rationalen Koeffizienten positiv, wenn der Koeffizient der höchsten vorkommenden Potenz der Unbestimmten t positiv ist. Man zeige, daß damit eine Anordnung des Polynomrings $\Gamma[t]$ und daher auch des Quotientenkörpers $\Gamma(t)$ definiert ist und daß die letztere Anordnung nichtarchimedisch ist (t ist „unendlich groß").

2. Es sei
$$f(x) = x^n + a_1 x^{n-1} + \cdots + a_n,$$
wo die a_i einem angeordneten Körper K entnommen sind. Es sei M das größte der Elemente 1 und $|a_1| + \cdots + |a_n|$. Man zeige, daß
$$f(s) > 0 \text{ für } s > M$$
$$(-1)^n f(s) > 0 \text{ für } s < -M$$
ist. Wenn also $f(x)$ Nullstellen in K besitzt, so liegen diese im Bereich $-M \leqq s \leqq M$.

3. Unter den Bezeichnungen von Aufg. 2 sei $R > 0$, $-S$ die Summe der negativen unter den Größen $a_1, \frac{a_2}{R}, \frac{a_3}{R^2}, \ldots, \frac{a_n}{R^{n-1}}$; es sei M_R die größte der Zahlen R und S. Dann ist für $s > M_R$ stets $f(s) > 0$. (Für $R = 1$ erhält man eine Verschärfung der oberen Grenze M von Aufg. 2.)

4. Es sei wieder $f(x) = x^n + a_1 x^{n-1} + \cdots + a_n$, alle $a_\nu \geqq -c$, $c \geqq 0$. Man zeige, daß $f(s) > 0$ für $s \geqq 1 + c$. [Man benutze die Ungleichung $s^m \geqq c(s^{m-1} + s^{m-2} + \cdots + 1)$.] Durch Ersetzung von x durch $-x$ bestimme man in derselben Weise eine Schranke $-1 - c'$, so daß $(-1)^n f(s) > 0$ für $s < -1 - c'$. Sind außer dem Anfangskoeffizienten 1 auch noch $a_1, \ldots, a_r$ positiv, so läßt sich die Schranke $1 + c$ auch durch $1 + \frac{c}{1 + a_1 + \cdots + a_r}$ ersetzen.

5. Für $a > b > 0$ ist $a^n > b^n > 0$ (n eine natürliche Zahl). Das Polynom $x^n - c$ hat in jedem angeordneten Körper K höchstens eine positive Nullstelle $\sqrt[n]{c}$. Für ungerades n hat es überhaupt höchstens eine Nullstelle; für gerades n höchstens zwei, die dann entgegengesetzt sind. Existieren $\sqrt[n]{c}$ und $\sqrt[n]{d}$ beide und ist $0 < c < d$, so ist $\sqrt[n]{c} < \sqrt[n]{d}$.

§ 67. Definition der reellen Zahlen.

Es sei K ein angeordneter Körper und $\mathfrak{M}$ eine nichtleere Menge von Elementen aus K. Wenn alle Elemente von $\mathfrak{M}$ kleiner oder gleich einer festen Größe s aus K sind, so heißt s eine *obere Schranke* von $\mathfrak{M}$, und $\mathfrak{M}$ heißt *nach oben beschränkt*. Wenn es eine kleinste obere Schranke gibt, so heißt diese *die obere Grenze* der Menge $\mathfrak{M}$.

Sind alle Elemente von $\mathfrak{M}$ größer oder gleich einer festen Größe s' aus K, so heißt s' eine *untere Schranke* von $\mathfrak{M}$, und $\mathfrak{M}$ heißt *nach unten beschränkt*.

Im rationalen Zahlkörper Γ besitzt nicht jede nach oben beschränkte Menge $\mathfrak{M}$ eine obere Grenze. Beispiel: $\mathfrak{M}$ sei die Menge der positiven Zahlen, deren Quadrat kleiner als 3 ist. Eine obere Schranke von $\mathfrak{M}$ ist jede positive rationale Zahl, deren Quadrat größer als 3 ist. Eine Zahl von Γ, deren Quadrat gleich 3 ist, gibt es nicht, da $x^2 - 3$ in Γ irreduzibel ist. Ist r eine positive rationale Zahl und $r^2 > 3$, so ist

$$r' = \frac{r + 3r^{-1}}{2}$$

eine kleinere positive Zahl, deren Quadrat auch noch > 3 ist; denn es ist

$$r' = \frac{r + 3r^{-1}}{2} > \frac{r}{2} > 0,$$

$$r' = \frac{r + 3r^{-1}}{2} < \frac{r + r^2 r^{-1}}{2} = r,$$

$$r'^2 = \left(\frac{r + 3r^{-1}}{2}\right)^2 = \left(\frac{r - 3r^{-1}}{2}\right)^2 + 3 \geqq 3, \quad \text{also} \quad > 3.$$

Also gibt es zu jeder oberen Schranke r in Γ eine kleinere obere Schranke r', und somit existiert keine obere Grenze.

Wir wollen nun versuchen, zu jedem angeordneten Körper K einen angeordneten Erweiterungskörper Ω zu finden, in welchem jede nach oben beschränkte nichtleere Menge auch eine obere Grenze besitzt. Ist speziell K der Körper der rationalen Zahlen, so wird Ω der wohlbekannte Körper der „reellen Zahlen" werden. Von den verschiedenen aus der Grundlegung der Analysis bekannten Konstruktionen des Körpers Ω bringen wir hier die CANTORsche Konstruktion durch „Fundamentalfolgen".

Eine unendliche Folge von Elementen $a_1, a_2, \ldots$ aus einem angeordneten Körper K heißt eine *Fundamentalfolge* $\{a_\nu\}$, wenn es zu jeder positiven Größe ε von K eine natürliche Zahl $n = n(\varepsilon)$ gibt, so daß

(1) $$|a_p - a_q| < \varepsilon \quad \text{für} \quad p > n,\ q > n.$$

Aus (1) folgt für $q = n + 1$:

$$|a_p| \leqq |a_q| + |a_p - a_q| < |a_{n+1}| + \varepsilon = \mathsf{M} \qquad \text{für } p > n.$$

Also ist jede Fundamentalfolge nach oben und unten beschränkt.

Summen und Produkte von Fundamentalfolgen werden definiert durch

$$c_n = a_n + b_n; \qquad d_n = a_n b_n.$$

Daß die Summe und das Produkt wieder Fundamentalfolgen sind, sieht man so: Zu jedem ε gibt es ein n_1 mit

$$|a_p - a_q| < \tfrac{1}{2}\varepsilon \qquad \text{für } p > n_1,\ q > n_1$$

und ein n_2 mit

$$|b_p - b_q| < \tfrac{1}{2}\varepsilon \qquad \text{für } p > n_2,\ q > n_2.$$

Ist nun n die größte der Zahlen n_1 und n_2, so folgt

$$|(a_p + b_p) - (a_q + b_q)| < \varepsilon \qquad \text{für } p > n,\ q > n.$$

Ebenso gibt es ein M_1 und ein M_2 mit

$$|a_p| < \mathsf{M}_1 \qquad \text{für } p > n_1,$$
$$|b_p| < \mathsf{M}_2 \qquad \text{für } p > n_2$$

und weiter zu jedem ε ein $n' \geqq n_2$ und ein $n'' \geqq n_1$ mit

$$|a_p - a_q| < \frac{\varepsilon}{2\,\mathsf{M}_2} \qquad \text{für } p > n',\ q > n',$$

$$|b_p - b_q| < \frac{\varepsilon}{2\,\mathsf{M}_1} \qquad \text{für } p > n'',\ q > n''.$$

Daraus folgt durch Multiplikation mit $|b_p|$ bzw. $|a_q|$

$$|a_p b_p - a_q b_p| < \frac{\varepsilon}{2} \qquad \text{für } p > n',\ q > n',$$

$$|a_q b_p - a_q b_q| < \frac{\varepsilon}{2} \qquad \text{für } p > n'',\ q > n'',$$

also, wenn n die größte der Zahlen n' und n'' ist,

$$|a_p b_p - a_q b_q| < \varepsilon \qquad \text{für } p > n,\ q > n.$$

Die Addition und Multiplikation von Fundamentalfolgen erfüllen offensichtlich alle Postulate für einen Ring; es gilt also: *Die Fundamentalfolgen bilden einen Ring* $\mathfrak{o}$.

Eine Fundamentalfolge $\{a_p\}$, die „zu 0 konvergiert", d. h. bei der es zu jedem ε ein n gibt mit

$$|a_p| < \varepsilon \qquad \text{für } p > n,$$

heißt eine *Nullfolge*. Wir zeigen nun:

Die Nullfolgen bilden ein Ideal $\mathfrak{n}$ *im Ring* $\mathfrak{o}$.

Beweis. Wenn $\{a_p\}$ und $\{b_p\}$ Nullfolgen sind, so gibt es zu jedem ε ein n_1 und ein n_2 mit

$$|a_p| < \tfrac{1}{2}\varepsilon \qquad \text{für } p > n_1,$$
$$|b_p| < \tfrac{1}{2}\varepsilon \qquad \text{für } p > n_2,$$

also, wenn wieder n die größte der Zahlen n_1, n_2 ist,

$$|a_p - b_p| < \varepsilon \qquad \text{für } p > n;$$

mithin ist auch $\{a_p - b_p\}$ eine Nullfolge. Ist weiter $\{a_p\}$ eine Nullfolge und $\{c_p\}$ eine beliebige Fundamentalfolge, so bestimme man ein n' und ein M so, daß

$$|c_p| < \mathsf{M} \qquad \text{für } p > n',$$

und zu jedem ε ein $n = n(\varepsilon) \geqq n'$, so daß

$$|a_p| < \frac{\varepsilon}{\mathsf{M}} \qquad \text{für } p > n.$$

Dann folgt

$$|a_p c_p| < \varepsilon \qquad \text{für} \quad p > n;$$

mithin ist auch $\{a_p c_p\}$ eine Nullfolge.

Der Restklassenring $\mathfrak{o}/\mathfrak{n}$ heiße Ω. Wir zeigen, daß *Ω ein Körper ist*, d. h. daß in $\mathfrak{o}$ die Kongruenz

(2) $$a x \equiv 1 \,(\mathfrak{n})$$

für $a \not\equiv 0 (\mathfrak{n})$ eine Lösung besitzt. Dabei bedeutet 1 das Einselement von $\mathfrak{o}$, d. h. die Fundamentalfolge $\{1, 1, \ldots\}$.

Es muß ein n und ein $\eta > 0$ geben mit

$$|a_q| \geqq \eta \qquad \text{für} \quad q > n.$$

Denn wenn es für alle n und alle $\eta > 0$ noch

$$|a_q| < \eta \qquad (q > n),$$

geben würde, so würde man n bei gegebenem η auch so groß wählen können, daß für $p > n$, $q > n$

$$|a_p - a_q| < \eta$$

wäre, und daraus würde folgen

$$|a_p| < 2\eta$$

für alle $p > n$, d. h. die Folge $\{a_p\}$ wäre eine Nullfolge, entgegen der Voraussetzung.

Die Fundamentalfolge $\{a_p\}$ bleibt in derselben Restklasse modulo $\mathfrak{n}$, wenn wir $a_1, \ldots, a_n$ durch η ersetzen. Bezeichnet man diese n neuen Elemente η wieder mit $a_1, \ldots, a_n$, so ist für *alle* p

$$|a_p| \geqq \eta, \qquad \text{insbesondere} \quad a_p \neq 0.$$

Nun ist $\{a_p^{-1}\}$ eine Fundamentalfolge. Denn zu jedem ε gibt es ein n, so daß

$$|a_q - a_p| < \varepsilon\eta^2 \qquad \text{für} \quad p > n,\ q > n.$$

Wäre nun $|a_p^{-1} - a_q^{-1}| \geqq \varepsilon$ für ein $p > n$ und ein $q > n$, so würde durch Multiplikation mit $|a_p| \geqq \eta$ und $|a_q| \geqq \eta$ folgen

$$|a_q - a_p| = |a_p a_q (a_p^{-1} - a_q^{-1})| \geqq \varepsilon\eta^2,$$

was nicht zutrifft. Also ist

$$|a_p^{-1} - a_q^{-1}| < \varepsilon \qquad \text{für} \quad p > n,\ q > n.$$

Die Fundamentalfolge $\{a_p^{-1}\}$ löst offenbar die Kongruenz (2).

Der Körper Ω enthält insbesondere diejenigen Restklassen mod $\mathfrak{n}$, die durch Fundamentalfolgen von der Gestalt

$$\{a, a, a, \ldots\}$$

dargestellt werden. Diese bilden einen zu K isomorphen Unterring K' von Ω; denn jedem a von K entspricht eine solche Restklasse, verschiedenen a entsprechen verschiedene Restklassen, der Summe entspricht die Summe, und dem Produkt entspricht das Produkt. Identifizieren wir nun die Elemente von K' mit denen von K, so wird Ω ein Erweiterungskörper von K.

Eine Fundamentalfolge $\{a_p\}$ heißt *positiv*, wenn es ein $\varepsilon > 0$ in K und ein n gibt, derart, daß

$$a_p > \varepsilon \qquad \text{für} \quad p > n$$

ist. Die Summe und das Produkt zweier positiver Fundamentalfolgen sind offenbar wieder positiv. Auch die Summe einer positiven Folge $\{a_p\}$ und einer Nullfolge $\{b_p\}$ ist stets positiv; das zeigt man, indem man ein n so groß wählt, daß

$$a_p > \varepsilon \qquad \text{für} \quad p > n,$$

$$|b_p| < \tfrac{1}{2}\varepsilon \qquad \text{für} \quad p > n$$

ist, und daraus schließt, daß $a_p + b_p > \frac{1}{2}\varepsilon$ ist für $p > n$. Mithin sind alle Folgen einer Restklasse modulo $\mathfrak{n}$ positiv, sobald eine einzige es ist. In diesem Fall heißt die Restklasse selbst *positiv*. Eine Restklasse k heißt *negativ*, wenn $-k$ positiv ist.

Ist weder $\{a_p\}$ noch $\{-a_p\}$ positiv, so gibt es zu jedem $\varepsilon > 0$ und jedem n ein $r > n$ und ein $s > n$, so daß

$$a_r \leqq \varepsilon \quad \text{und} \quad -a_s \leqq \varepsilon.$$

Wählt man nun n so groß, daß für $p > n$, $q > n$

$$|a_p - a_q| < \varepsilon$$

ist, so folgert man, indem man zuerst $q = r$ und p beliebig $> n$ nimmt,

$$a_p = (a_p - a_q) + a_r < \varepsilon + \varepsilon = 2\varepsilon$$

und, indem man sodann $q = s$ und p beliebig $> n$ nimmt,

$$-a_p = (a_q - a_p) - a_s < \varepsilon + \varepsilon = 2\varepsilon,$$

mithin

$$|a_p| < 2\varepsilon \qquad \text{für} \quad p > n.$$

Daher ist $\{a_p\}$ eine Nullfolge.

Also ist stets entweder $\{a_p\}$ positiv oder $\{-a_p\}$ positiv oder $\{a_p\}$ eine Nullfolge. Daher ist jede Restklasse mod $\mathfrak{n}$ entweder positiv oder negativ oder Null. Da Summe und Produkt positiver Restklassen wieder positiv sind, so schließt man:

Ω ist ein angeordneter Körper.

Man sieht unmittelbar, daß die Anordnung von K in Ω erhalten bleibt.

Definiert eine Folge $\{a_p\}$ ein Element α und eine Folge $\{b_p\}$ ein Element β von Ω, so folgt aus

$$a_p \geqq b_p \qquad \text{für} \quad p > n$$

stets $\alpha \geqq \beta$. Wäre nämlich $\alpha < \beta$, also $\beta - \alpha > 0$, so würde es zu der Fundamentalfolge $\{b_p - a_p\}$ ein ε und ein m geben, so daß

$$b_p - a_p > \varepsilon > 0 \qquad \text{für} \quad p > m$$

wäre. Wählt man hier $p = m + n$, so kommt man in Widerspruch zur Voraussetzung $a_p \geqq b_p$. Es ist nützlich, sich zu merken, daß aus $a_p > b_p$ nicht $\alpha > \beta$, sondern nur $\alpha \geqq \beta$ folgt.

Aus der Beschränktheit einer jeden Fundamentalfolge nach oben folgt, daß es zu jedem Element ω von Ω ein größeres Element s von K

gibt. Ist K *archimedisch* angeordnet, so gibt es zu s wiederum eine größere natürliche Zahl n; mithin gibt es zu jedem ω auch ein $n > \omega$, d. h. *Ω ist archimedisch angeordnet.*

Im Körper Ω selbst kann man natürlich wieder die Begriffe absoluter Betrag, Fundamentalfolge und Nullfolge definieren. Die Nullfolgen bilden wieder ein Ideal. Ist eine Folge $\{\alpha_p\}$ kongruent einer konstanten Folge $\{\alpha\}$ modulo diesem Ideal, d. h. ist $\{\alpha_p - \alpha\}$ eine Nullfolge, so sagt man, die Folge $\{\alpha_p\}$ konvergiere zum Limes α, geschrieben

$$\lim_{p \to \infty} \alpha_p = \alpha \quad \text{oder kurz} \quad \lim \alpha_p = \alpha .$$

Die Fundamentalfolgen $\{a_p\}$ von K, welche zur Definition der Elemente von Ω dienten, können natürlich auch als Fundamentalfolgen in Ω aufgefaßt werden, denn K ist in Ω enthalten. Wir zeigen nun: *Wenn die Folge $\{a_p\}$ das Element α von Ω definiert, so ist* $\lim a_p = \alpha$. Zum Beweis bemerken wir, daß es zu jedem positiven ε aus Ω ein kleineres positives ε' aus K gibt und zu diesem wiederum ein n, so daß für $p > n$, $q > n$ stets

$$|a_p - a_q| < \varepsilon'$$

gilt, d. h. daß $a_p - a_q$ und $a_q - a_p$ beide kleiner als ε' sind. Nach der oben gemachten Bemerkung folgt daraus, daß $a_p - \alpha$ und $\alpha - a_p$ beide $\leqq \varepsilon'$ sind, also

$$|a_p - \alpha| \leqq \varepsilon' < \varepsilon .$$

Mithin ist $\{a_p - \alpha\}$ eine Nullfolge.

Wir zeigen nun, daß der Körper Ω sich nicht mehr durch Hinzunahme von Fundamentalfolgen erweitern läßt, sondern daß jede Fundamentalfolge $\{\alpha_p\}$ schon in Ω einen Limes besitzt *(Konvergenzsatz von* CAUCHY).

Beim Beweis können wir annehmen, daß in der Folge $\{\alpha_p\}$ zwei aufeinanderfolgende Elemente α_p, α_{p+1} immer voneinander verschieden sind. Ist das nämlich nicht der Fall, so können wir entweder eine Teilfolge auswählen, bestehend aus den α_p, die von ihren α_{p-1} verschieden sind, wobei natürlich aus der Konvergenz der Teilfolge die Konvergenz der gegebenen Folge sofort folgt, oder die Folge α_p bleibt von einer gewissen Stelle an konstant: $\alpha_p = \alpha$ für $p > n$; in diesem Falle ist natürlich $\lim \alpha_p = \alpha$.

Wir setzen nun

$$|\alpha_p - \alpha_{p+1}| = \varepsilon_p .$$

Weil $\{\alpha_p\}$ eine Fundamentalfolge war, so ist $\{\varepsilon_p\}$ eine Nullfolge[1]. Nach Voraussetzung ist $\varepsilon_p > 0$.

Wir wählen nun zu jedem α_p ein approximierendes a_p mit der Eigenschaft

$$|a_p - \alpha_p| < \varepsilon_p .$$

[1] Der bisherige Teil des Beweises diente nur dazu, die Existenz einer Nullfolge sicherzustellen, die im weiteren Verlauf gebraucht wird. Im archimedischen Fall hätte man einfacher $\varepsilon_p = 2^{-p}$ setzen können; wir wollen aber den Satz in voller Allgemeinheit beweisen. Im nichtarchimedischen Fall ist $\{2^{-p}\}$ keine Nullfolge.

Das geht, weil α_p selbst durch eine Fundamentalfolge $\{a_{p1}, a_{p2}, \ldots\}$ mit dem Limes α_p definiert war. Weiter gibt es zu jedem ε ein n', so daß

$$|\alpha_p - \alpha_q| < \tfrac{1}{3}\varepsilon \qquad \text{für} \quad p > n', \; q > n'$$

und ein n'', so daß

$$\varepsilon_p < \tfrac{1}{3}\varepsilon \quad \text{für} \quad p > n''$$

ist. Ist nun n die größere der beiden Zahlen n' und n'', so sind für $p > n$, $q > n$ die drei Beträge $|a_p - \alpha_p|$, $|\alpha_p - \alpha_q|$ und $|\alpha_q - a_q|$ alle kleiner als $\frac{1}{3}\varepsilon$, also

$$|a_p - a_q| \leqq |a_p - \alpha_p| + |\alpha_p - \alpha_q| + |\alpha_q - a_q| < \tfrac{1}{3}\varepsilon + \tfrac{1}{3}\varepsilon + \tfrac{1}{3}\varepsilon = \varepsilon.$$

Somit bilden die a_p eine Fundamentalfolge in K, die ein Element ω von Ω definiert. Die Folge $\{\alpha_p\}$ unterscheidet sich von dieser Fundamentalfolge nur um eine Nullfolge $\{a_p - \alpha_p\}$, also hat sie den gleichen Limes ω.

Nunmehr wollen wir für den Fall, daß K und daher auch Ω archimedisch angeordnet ist, den *Satz von der oberen Grenze* beweisen:

Jede nach oben beschränkte nichtleere Menge $\mathfrak{M} \subset \Omega$ hat in Ω eine obere Grenze.

Beweis. Es sei s eine obere Schranke von $\mathfrak{M}$, M eine ganze Zahl $> s$ (also ebenfalls eine obere Schranke), μ ein beliebiges Element von $\mathfrak{M}$ und m eine ganze Zahl $> -\mu$. Dann ist

$$-m < \mu < M.$$

Für jede natürliche Zahl p bilden wir nun die endlichvielen Brüche $k \cdot 2^{-p}$ (k eine ganze Zahl), die „zwischen" $-m$ und M liegen:

$$-m \leqq k \cdot 2^{-p} \leqq M.$$

Wir suchen den kleinsten derjenigen unter diesen Brüchen, die noch obere Schranken der Menge $\mathfrak{M}$ bilden. Einen solchen gibt es, weil M selbst diese Eigenschaft hat.

Diese kleinste obere Schranke bezeichnen wir mit a_p. Dann ist $a_p - 2^{-p}$ keine obere Schranke mehr; mithin ist für jedes $q > p$

$$a_p - 2^{-p} < a_q \leqq a_p. \tag{4}$$

Daraus folgt

$$|a_p - a_q| < 2^{-p},$$

mithin

$$|a_p - a_q| < 2^{-n} \qquad \text{für} \quad p > n, \; q > n. \tag{5}$$

Bei gegebenem ε kann man nun stets eine natürliche Zahl $h > \varepsilon^{-1}$ und weiter ein $2^n > h > \varepsilon^{-1}$ finden. Dann ist $2^{-n} < \varepsilon$. Mithin besagt (5), daß $\{a_p\}$ eine Fundamentalfolge ist, die somit ein Element ω von Ω definiert. Aus (4) folgt weiter, daß

$$a_p - 2^{-p} \leqq \omega \leqq a_p$$

ist.

ω ist eine obere Schranke von $\mathfrak{M}$; d. h. alle Elemente μ von $\mathfrak{M}$ sind $\leqq \omega$. Wäre nämlich $\mu > \omega$, so könnte man eine Zahl $2^p > (\mu - \omega)^{-1}$

finden; dann wäre also $2^{-p} < \mu - \omega$. Addiert man dazu $a_p - 2^{-p} \leqq \omega$, so folgt $a_p < \mu$, was nicht geht, da a_p eine obere Schranke von $\mathfrak{M}$ ist.

ω ist die kleinste obere Schranke von $\mathfrak{M}$. Wäre nämlich σ eine kleinere, so könnte man wieder eine Zahl p mit $2^{-p} < \omega - \sigma$ finden. Da $a_p - 2^{-p}$ keine obere Schranke von $\mathfrak{M}$ ist, so gibt es ein μ in $\mathfrak{M}$ mit $a_p - 2^{-p} < \mu$. Daraus folgt

$$a_p - 2^{-p} < \sigma$$

und durch Addition zum vorigen

$$a_p < \omega,$$

was nicht zutrifft. Also ist ω die obere Grenze von $\mathfrak{M}$.

Die obige Konstruktion ergibt demnach zu jedem angeordneten Körper K einen eindeutig bestimmten angeordneten Erweiterungskörper Ω, in dem, wenn K archimedisch ist, der Satz von der oberen Grenze gilt. Ist K speziell der Körper der rationalen Zahlen, so ist Ω der Körper der *reellen Zahlen*. Eine reelle Zahl ist also in dieser Theorie definiert als eine Restklasse modulo $\mathfrak{n}$ im Bereich der Fundamentalfolgen aus rationalen Zahlen.

Aufgaben. 1. Man zeige die folgenden Eigenschaften des Limesbegriffs:

a) Sind $\{\alpha_n\}$ und $\{\beta_n\}$ konvergente Folgen, so ist

$$\lim (\alpha_n \pm \beta_n) = \lim \alpha_n \pm \lim \beta_n,$$
$$\lim \alpha_n \beta_n = \lim \alpha_n \cdot \lim \beta_n.$$

b) Ist $\lim \beta_n \neq 0$ und alle $\beta_n \neq 0$, so ist

$$\lim (\beta_n^{-1}) = (\lim \beta_n)^{-1}.$$

c) Eine Teilfolge einer konvergenten Folge ist konvergent zum selben Limes.

2. Die (bis auf äquivalente Erweiterungen) einzige Art, einen archimedisch angeordneten Körper zu einem ebensolchen zu erweitern, in dem der CAUCHYsche Konvergenzsatz gilt, ist die obige Konstruktion mittels der Fundamentalfolgen.

3. Jeder archimedisch angeordnete Körper ist ähnlich-isomorph einem Unterkörper des Körpers der reellen Zahlen.

4. Jede reelle Zahl s ist als unendlicher Dezimalbruch

$$s = a_0 + \sum_{\nu=1}^{\infty} a_\nu 10^{-\nu} \left(\text{d. h. } s = \lim_{n \to \infty} \left(a_0 + \sum_{\nu=1}^{n} a_\nu 10^{-\nu}\right)\right) \qquad (0 \leqq a_\nu < 10)$$

darstellbar.

§ 68. Nullstellen reeller Funktionen.

Es sei P der Körper der reellen Zahlen. Wir betrachten nun reellwertige Funktionen $f(x)$ der reellen Veränderlichen x. Eine solche Funktion heißt *stetig* für $x = a$, wenn es zu jedem $\varepsilon > 0$ ein $\delta > 0$ gibt, so daß

$$|f(a+h)-f(a)|<\varepsilon \qquad \text{für} \quad |h|<\delta.$$

Man beweist leicht, daß Summen und Produkte stetiger Funktionen wieder stetige Funktionen sind (vgl. den entsprechenden Nachweis für Fundamentalfolgen in § 67). Da die Konstanten und die Funktion $f(x)=x$ überall stetige Funktionen sind, so stellen alle Polynome in x überall stetige Funktionen von x dar.

Der WEIERSTRASS*sche Nullstellensatz für stetige Funktionen* lautet:

Eine für $a \leqq x \leqq b$ *stetige Funktion* $f(x)$, *für die* $f(a)<0$ *und* $f(b)>0$ *ist, hat zwischen* a *und* b *eine Nullstelle.*

Beweis. Es sei c die obere Grenze aller x zwischen a und b, für die $f(x)<0$ ist. Dann gibt es drei Möglichkeiten:

1. $f(c)>0$. Dann ist zunächst $c>a$ und es gibt ein $\delta>0$, so daß für $0<h<\delta$

$$|f(c-h)-f(c)|<f(c),$$
$$f(c)-f(c-h)<f(c),$$

d. h.

$$f(c-h)>0,$$
$$f(x)>0 \qquad \text{für} \quad c-\delta<x\leqq c.$$

Also ist $c-\delta$ eine obere Schranke für die x mit $f(x)<0$. Aber c war die kleinste obere Schranke. Der Fall ist also unmöglich.

2. $f(c)<0$. Dann ist $c<b$ und es gibt ein $\delta>0$, so daß für $0<h<\delta$, z. B. für $h=\frac{1}{2}\delta$,

$$f(c+h)-f(c)<-f(c),$$
$$f(c+h)<0.$$

Daher ist c keine obere Schranke aller x mit $f(x)<0$. Dieser Fall ist also ebenfalls unmöglich.

3. $f(c)=0$ ist der einzig übrigbleibende Fall. Also hat $f(x)$ die Nullstelle c.

Der WEIERSTRASSsche Nullstellensatz für Polynome ist das Fundament aller Sätze über die reellen Wurzeln algebraischer Gleichungen. Wir werden ihn später auf andere Körper als den der reellen Zahlen, nämlich auf die sogenannten „reell-abgeschlossenen Körper" ausdehnen. Alle weiteren Sätze dieses Paragraphen beruhen ausschließlich auf dem WEIERSTRASSschen Nullstellensatz für Polynome und gelten dementsprechend auch für die späteren allgemeineren Körper.

Folgerungen. 1. *Das Polynom* x^n-d *hat für* $d>0$ *und jedes natürliche* n *immer eine, sogar eine positive Nullstelle.*

Denn für $x=0$ ist $x^n-d<0$, und für große x $\left(\text{z. B. } x>1+\frac{d}{n}\right)$ ist $x^n-d>0$.

Aus $a^n-b^n=(a-b)(a^{n-1}+a^{n-2}b+\cdots+b^{n-1})$ folgt weiter, daß für $a>b>0$ auch $a^n>b^n$ ist, mithin kann es auch nur eine positive

Wurzel der Gleichung $x^n = d$ geben. Diese wird mit $\sqrt[n]{d}$, für $n = 2$ kurz mit $\sqrt{d}$ („Quadratwurzel") bezeichnet. Ferner setzt man $\sqrt[n]{0} = 0$. Aus $a > b \geqq 0$ folgt nunmehr $\sqrt[n]{a} > \sqrt[n]{b}$, denn wenn $\sqrt[n]{a} \leqq \sqrt[n]{b}$ wäre, so würde $a \leqq b$ folgen.

2. *Jedes Polynom ungeraden Grades hat in* P *eine Nullstelle.*

Denn nach Aufg. 2, § 66, gibt es ein M so, daß $f(\mathsf{M}) > 0$ und $f(-\mathsf{M}) < 0$ ist.

Wir wenden uns nun zur *Berechnung der reellen Wurzeln eines Polynoms* $f(x)$. Unter Berechnung ist, entsprechend der Definition der reellen Zahlen, beliebig genaue Approximation durch rationale Zahlen zu verstehen.

Wir haben in § 66 (Aufg. 2) schon gesehen, wie man die reellen Wurzeln von $f(x)$ in Schranken einschließen kann: Ist

$$f(x) = x^n + a_1 x^{n-1} + \cdots + a_n$$

und ist M die größte der Zahlen 1 und $|a_1| + \cdots + |a_n|$, so liegen alle Wurzeln zwischen $-\mathsf{M}$ und $+\mathsf{M}$. [Der Wert von $f(x)$ ist > 0 für $x > \mathsf{M}$ und hat das Vorzeichen von $(-1)^n$ für $x < -\mathsf{M}$.] Man kann M durch eine (eventuell größere) rationale Zahl ersetzen, diese wieder M nennen und dann das Intervall $-\mathsf{M} \leqq x \leqq \mathsf{M}$ durch rationale Zwischenpunkte in beliebig kleine Teile zerlegen. In welcher dieser Teile die Wurzeln liegen, kann man feststellen, sobald man ein Mittel hat, zu entscheiden, wie viele Wurzeln zwischen zwei gegebenen Grenzen liegen. Durch weitere Unterteilung der Intervalle, in denen Wurzeln liegen, kann man dann die reellen Wurzeln beliebig genau approximieren.

Das Mittel, zu entscheiden, wie viele Wurzeln zwischen zwei gegebenen Grenzen liegen oder auch wie viele Wurzeln es überhaupt gibt, liefert das

Theorem von STURM. *Man bestimme die Polynome* $X_1, X_2, \ldots, X_r$, *von einem gegebenen Polynom* $X = f(x)$ *ausgehend, folgendermaßen:*

$$X_1 = f'(x) \qquad \text{(Differentiation)},$$

$$(1) \qquad \left\{\begin{array}{l} X = Q_1 X_1 - X_2, \\ X_1 = Q_2 X_2 - X_3, \\ \ldots\ldots\ldots\ldots\ldots\ldots \\ X_{r-1} = Q_r X_r \end{array}\right\} \qquad \begin{array}{l}\text{(euklidischer} \\ \text{Algorithmus).}\end{array}$$

Für jede reelle Zahl a, die keine Nullstelle von $f(x)$ *ist, sei* $w(a)$ *die Anzahl der Vorzeichenwechsel*[1] *in der Zahlenfolge*

$$X(a),\ X_1(a), \ldots,\ X_r(a)$$

[1] Unter dem *Vorzeichen* einer Zahl c verstehen wir das Symbol $+$, $-$ oder 0, je nachdem c positiv, negativ oder Null ist. Ein *Wechsel* in einer nur die Zeichen $+$ und $-$ in beliebiger Anzahl aufweisenden Vorzeichenfolge liegt vor, sobald einem $+$ ein $-$ oder einem $-$ ein $+$ folgt. Sind auch Nullen vorhanden, so hat man diese bei der Zählung der Wechsel einfach wegzulassen.

in der man alle Nullen weggelassen hat. Sind dann b und c irgendwelche Zahlen mit $b < c$, für die $f(x)$ nicht verschwindet, so hat die Anzahl der verschiedenen Nullstellen im Intervall $b \leqq x \leqq c$ (mehrfache Nullstellen nur einmal gezählt!) den *Wert*

$$w(b) - w(c).$$

Die Reihe der Polynome $X, X_1, \ldots, X_r$ heißt die Sturmsche *Kette* von $f(x)$. Das Theorem besagt also, daß die Anzahl der Nullstellen zwischen b und c gegeben wird durch die Anzahl der Vorzeichenwechsel, die beim Übergang von b nach c verloren gehen.

Beweis. Das letzte Polynom X_r der Kette ist offenbar der G.G.T. von $X = f(x)$ und $X_1 = f'(x)$. Denkt man sich alle Polynome der Kette durch $c \cdot X_r$ dividiert, wo c eine Konstante ist, so hat man $f(x)$ von mehrfachen Linearfaktoren befreit, ohne die Anzahl der Vorzeichenwechsel an einer Nichtnullstelle a zu beeinflussen; denn die Vorzeichen der Kettenglieder sind bei der Division entweder alle ungeändert geblieben oder alle umgekehrt worden. Wir können also beim Beweis diese Division vorher ausgeführt denken; das letzte Glied der Kette ist dann eine von Null verschiedene Konstante. Das zweite Glied der Kette wird nun im allgemeinen nicht mehr die Ableitung des ersten sein; vielmehr führt, wenn etwa d eine l-fache Nullstelle von $f(x)$, also etwa

$$X = f(x) = (x-d)^l g(x), \quad g(d) \neq 0,$$
$$X_1 = f'(x) = l(x-d)^{l-1} g(x) + (x-d)^l g'(x)$$

ist, die Weghebung des Faktors $(x-d)^{l-1}$ auf zwei Polynome von der Gestalt

$$\overline{X} = (x-d)\, g(x),$$
$$\overline{X}_1 = l \cdot g(x) + (x-d)\, g'(x),$$

aus denen für die anderen Nullstellen $d', d'', \ldots$ noch weitere Faktoren herauszuheben sind. Wir bezeichnen die so modifizierten Polynome der Sturmschen Kette wieder mit $X = X_0, X_1, \ldots, X_r$.

Unter dieser Annahme werden an keiner Stelle a zwei aufeinanderfolgende Glieder der Kette gleich Null. Denn wären etwa $X_k(a)$ und $X_{k+1}(a)$ gleichzeitig Null, so würde man aus den Gleichungen (1) schließen, daß auch $X_{k+2}(a), \ldots, X_r(a)$ gleich Null wären, während doch $X_r = \text{konst.} \neq 0$ ist.

Die Nullstellen der Polynome der Sturmschen Kette teilen das Intervall $b \leqq x \leqq c$ in Teilintervalle. Innerhalb eines solchen Teilintervalls wird weder X noch irgendein X_k Null, und daraus folgt nach dem Weierstrassschen Nullstellensatz, daß im Innern eines solchen Intervalls alle Polynome der Sturmschen Kette ihre Vorzeichen beibehalten, mithin die Zahl $w(a)$ konstant bleibt. Wir haben also nur noch zu untersuchen, wie sich die Zahl $w(a)$ an einer Stelle d ändert, an der ein Polynom der Kette verschwindet.

Es sei zunächst d eine Nullstelle von $X_k (0 < k < r)$. Auf Grund der Gleichung

$$X_{k-1} = Q_k X_k - X_{k+1}$$

haben die Zahlen $X_{k-1}(d)$ und $X_{k+1}(d)$ notwendig entgegengesetzte Vorzeichen. Auch in den beiden angrenzenden Teilintervallen haben also X_{k-1} und X_{k+1} entgegengesetzte Vorzeichen. Welches Vorzeichen nun X_k hat ($+$, $-$ oder 0), ist für die Anzahl der Vorzeichenwechsel zwischen X_{k-1} und X_{k+1} ganz gleichgültig: es gibt immer genau einen Wechsel. Also ändert die Zahl $w(a)$ sich beim Durchgang durch die Stelle d überhaupt nicht.

Sodann sei d eine Nullstelle von $f(x)$, also nach der zu Anfang gemachten Bemerkung etwa

$$X = (x - d)\, g(x), \qquad g(d) \neq 0,$$

$$X_1 = l \cdot g(x) + (x - d)\, g'(x),$$

wo l eine natürliche Zahl ist. Das Vorzeichen von X_1 an der Stelle d und daher auch in den beiden angrenzenden Intervallen ist gleich dem von $g(d)$, während das von X an jeder einzelnen Stelle gleich dem von $(x - d)\, g(d)$ ist. Also hat man für $a < d$ einen Vorzeichenwechsel zwischen $X(a)$ und $X_1(a)$, dagegen für $a > d$ keinen Wechsel mehr. Alle etwaigen übrigen Wechsel in der STURMschen Kette bleiben, wie schon gezeigt, beim Durchgang durch die Stelle d erhalten. Also nimmt die Zahl $w(a)$ beim Durchgang durch die Stelle d um Eins ab. Damit ist das STURMsche Theorem bewiesen.

Will man das STURMsche Theorem dazu benutzen, die Gesamtzahl der verschiedenen reellen Nullstellen von $f(x)$ zu bestimmen, so hat man für die Schranke b einen so kleinen und für die Schranke c einen so großen Wert zu nehmen, daß es für $x < b$ und für $x > c$ keine Nullstelle mehr gibt. Es genügt z. B., $b = -\mathsf{M}$ und $c = \mathsf{M}$ zu wählen. Noch bequemer ist es aber, b und c so zu wählen, daß alle Polynome der STURMschen Kette für $x < b$ und $x > c$ keine Nullstellen mehr haben. Ihre Vorzeichen werden dann durch die Vorzeichen ihrer Anfangskoeffizienten bestimmt: $a_0 x^m + a_1 x^{m-1} + \cdots$ hat für sehr große x das Vorzeichen von a_0 und für sehr kleine (negative) x das von $(-1)^m a_0$. Um die Frage, wie groß b und c sein müssen, braucht man sich bei dieser Methode nicht zu kümmern: man braucht nur die Anfangskoeffizienten a_0 und Grade m der STURMschen Polynome zu berechnen.

Aufgaben. 1. Man bestimme die Anzahl der reellen Nullstellen des Polynoms

$$x^3 - 5x^2 + 8x - 8.$$

Zwischen welchen aufeinanderfolgenden ganzen Zahlen liegen diese Nullstellen?

2. Sind die letzten beiden Polynome X_{r-1}, X_r der STURMschen Kette vom Grade 1, 0, so kann man die Konstante X_r (oder deren

Vorzeichen, auf das es allein ankommt) auch berechnen, indem man die Nullstelle von X_{r-1} in $-X_{r-2}$ einsetzt.

3. Ist man bei der Berechnung der STURMschen Kette auf ein X_k gestoßen, welches nirgends sein Vorzeichen wechselt (etwa eine Summe von Quadraten), so kann man die Kette mit diesem X_k abbrechen. Ebenso kann man stets aus einem X_k einen überall positiven Faktor weglassen und mit dem in dieser Weise modifizierten X_k die Rechnung fortsetzen.

4. Das beim Beweis des STURMschen Satzes benutzte Polynom X_1 [ein Teiler von $f'(x)$] wechselt zwischen zwei aufeinanderfolgenden Nullstellen von $f(x)$ sicher sein Vorzeichen. Beweis? Daher hat $f'(x)$ zwischen je zwei Nullstellen von $f(x)$ mindestens eine Nullstelle (*Satz von* ROLLE).

5. Aus dem Satz von ROLLE ist der *Mittelwertsatz der Differentialrechnung* herzuleiten, der besagt, daß für $a < b$

$$\frac{f(b) - f(a)}{b - a} = f'(c)$$

ist für ein passendes c mit $a < c < b$. [Man setze

$$f(x) - f(a) - \frac{f(b) - f(a)}{b - a}(x - a) = \varphi(x).]$$

6. In einem Intervall $a \leqq x \leqq b$, wo $f'(x) > 0$ ist, ist $f(x)$ eine zunehmende Funktion von x; ebenso, wenn $f'(x) < 0$ ist, eine abnehmende.

7. Ein Polynom $f(x)$ hat in jedem Intervall $a \leqq x \leqq b$ einen größten und einen kleinsten Wert, und zwar wird jeder von diesen entweder in einer Nullstelle von $f'(x)$ oder in einem der Endpunkte a oder b angenommen.

§ 69. Der Körper der komplexen Zahlen.

Adjungiert man zum Körper der reellen Zahlen P eine Wurzel i des in P irreduziblen Polynoms $x^2 + 1$, so erhält man den *Körper der komplexen Zahlen* $\Omega = \mathsf{P}(i)$.

Wenn von „Zahlen“ die Rede ist, sind im folgenden immer komplexe (und insbesondere reelle) Zahlen gemeint. *Algebraische Zahlen* sind solche Zahlen, die in bezug auf den rationalen Zahlkörper Γ algebraisch sind. Es ist nun klar, was man unter algebraischen Zahlkörpern, reellen Zahlkörpern usw. zu verstehen hat. Die algebraischen Zahlen bilden den Sätzen von § 35 zufolge einen Körper A; in ihm sind alle algebraischen Zahlkörper enthalten.

Wir beweisen nun:

Im Körper der komplexen Zahlen ist die Gleichung $x^2 = a + bi$ (a, b reell) stets lösbar; d. h. jede Zahl des Körpers besitzt im Körper eine „Quadratwurzel“.

Beweis. Eine Zahl $x = c + di$ (c, d reell) hat dann und nur dann die verlangte Eigenschaft, wenn

$$(c + di)^2 = a + bi$$

ist, d. h. wenn die Bedingungen

$$c^2 - d^2 = a, \qquad 2cd = b$$

erfüllt sind. Aus diesen Gleichungen folgt weiter: $(c^2 + d^2)^2 = a^2 + b^2$, also $c^2 + d^2 = \sqrt{a^2 + b^2}$. Daraus und aus der ersten Bedingung bestimmt man c^2 und d^2:

$$c^2 = \frac{a + \sqrt{a^2 + b^2}}{2},$$

$$d^2 = \frac{-a + \sqrt{a^2 + b^2}}{2}$$

Die rechts stehenden Größen sind tatsächlich $\geqq 0$. Also kann man aus ihnen c und d bis auf die Vorzeichen bestimmen. Multiplikation ergibt

$$4c^2d^2 = -a^2 + (a^2 + b^2) = b^2;$$

mithin kann man die Vorzeichen von c und d auch so bestimmen, daß die letzte Bedingung

$$2cd = b$$

erfüllt ist.

Aus dem Bewiesenen folgt, daß man im Körper der komplexen Zahlen jede quadratische Gleichung

$$x^2 + px + q = 0$$

lösen kann, indem man sie auf die Form

$$\left(x - \frac{p}{2}\right)^2 = \frac{p^2}{4} - q$$

bringt. Die Lösung lautet also

$$x = -\frac{p}{2} \pm w,$$

wenn w irgendeine Lösung der Gleichung $w^2 = \frac{p^2}{4} - q$ bedeutet.

Der „*Fundamentalsatz der Algebra*“, besser Fundamentalsatz der Lehre von den komplexen Zahlen, besagt, daß im Körper Ω nicht nur jedes quadratische, sondern jedes nicht konstante Polynom $f(z)$ eine Nullstelle besitzt. Der einfachste Beweis des Fundamentalsatzes ist wohl der funktionentheoretische, der so verläuft: Gesetzt, das Polynom $f(z)$ hätte keine komplexe Nullstelle, so wäre

$$\frac{1}{f(z)} = \varphi(z)$$

eine in der ganzen z-Ebene reguläre Funktion, welche für $z \to \infty$ beschränkt bleibt (sogar gegen Null strebt), also nach LIONVILLE eine Konstante; dann wäre aber auch $f(z)$ eine Konstante.

Will man nur die ersten Elemente der Funktionentheorie voraussetzen, so kann man statt der Funktion $\varphi(z)$ die ebenfalls rationale Funktion

$$\psi(z) = \frac{\varphi(z) - \varphi(0)}{z}$$

betrachten, die mit $\varphi(z)$ zugleich in der ganzen z-Ebene regulär ist. Das Integral dieser Funktion auf einem Kreis K mit Radius R muß also verschwinden:

$$\int_K \frac{\varphi(z) - \varphi(0)}{z}\, dz = \int_0^{2\pi} \{\varphi(R e^{i\vartheta}) - \varphi(0)\}\, i\, d\vartheta = 0 .$$

Nun ist aber für genügend große R

$$|\varphi(R e^{i\vartheta})| < \varepsilon$$

$$\left|\int_0^{2\pi} \varphi(R e^{i\vartheta})\, i\, d\vartheta\right| < 2\pi\varepsilon,$$

ferner ist

$$\int_0^{2\pi} \varphi(0)\, i\, d\vartheta = 2\pi i\, \varphi(0)$$

also

$$|2\pi i\, \varphi(0)| < 2\pi\varepsilon$$

$$\varphi(0) = 0$$

$$1 = f(0)\varphi(0) = 0.$$

Widerspruch.

Gauss hat für den Fundamentalsatz fünf Beweise gegeben. Den zweiten Gaussschen Beweis, der nur die einfachsten Eigenschaften der reellen und komplexen Zahlen benutzt, dafür aber recht schwere algebraische Hilfsmittel heranzieht, werden wir in § 70 kennenlernen[1].

Unter dem *Betrag* $|\alpha|$ der komplexen Zahl $\alpha = a + bi$ versteht man die reelle Zahl

$$|\alpha| = \sqrt{a^2 + b^2} = \sqrt{\alpha\bar{\alpha}},$$

wo $\bar{\alpha}$ die konjugiert-komplexe, d. h. in bezug auf den Körper der reellen Zahlen konjugierte Zahl $a - bi$ ist.

Offenbar ist $|\alpha| \geqq 0$, und zwar $|\alpha| = 0$ nur für $\alpha = 0$. Weiter ist $\sqrt{\alpha\beta\overline{\alpha\beta}} = \sqrt{\alpha\bar{\alpha}} \cdot \sqrt{\beta\bar{\beta}}$, also

(1) $$|\alpha\beta| = |\alpha| \cdot |\beta|.$$

Um die andere Relation

(2) $$|\alpha + \beta| \leqq |\alpha| + |\beta|$$

zu beweisen, setzen wir für einen Augenblick die speziellere Beziehung

(3) $$|1 + \gamma| \leqq 1 + |\gamma|$$

als bekannt voraus. Ist nun $\alpha = 0$, so ist (2) trivial; ist aber $\alpha \neq 0$, so ist

$$|\alpha + \beta| = |\alpha(1 + \alpha^{-1}\beta)| = |\alpha|\, |1 + \alpha^{-1}\beta|$$
$$\leqq |\alpha|(1 + |\alpha^{-1}\beta|) = |\alpha| + |\beta|.$$

[1] Einen anderen einfachen Beweis findet man z. B. bei C. Jordan: Cours d'Analyse I, 3me éd., S. 202. Einen intuitionistischen Beweis gab H. Weyl: Math. Z. Bd. 20 (1914) S. 142.

Zum Beweis von (3) setze man $\gamma = a + bi$ und hat

$$|\gamma| = \sqrt{a^2+b^2} \geqq \sqrt{a^2} = |a|,$$

$$|1+\gamma|^2 = (1+\gamma)(1+\bar{\gamma}) = 1+\gamma+\bar{\gamma}+\gamma\bar{\gamma} =$$
$$= 1+2a+|\gamma|^2 \leqq 1+2|\gamma|+|\gamma|^2 = (1+|\gamma|)^2,$$

also

$$|1+\gamma| \leqq 1+|\gamma|,$$

womit (3) und also auch (2) bewiesen ist.

§ 70. Algebraische Theorie der reellen Körper.

Die angeordneten Körper, insbesondere die reellen Zahlkörper, haben die Eigenschaft, daß in ihnen eine Summe von Quadraten nur dann verschwindet, wenn die einzelnen Summanden verschwinden. Oder, was damit gleichbedeutend ist: -1 ist nicht als Quadratsumme darstellbar[1]. Der Körper der komplexen Zahlen hat diese Eigenschaft nicht; denn in ihm ist -1 sogar ein Quadrat. Es wird sich nun zeigen, daß diese Eigenschaft für die reellen algebraischen Zahlkörper und ihre konjugierten Körper (im Körper aller algebraischen Zahlen) charakteristisch ist und auch zu einer algebraischen Konstruktion des Körpers der reellen algebraischen Zahlen samt den konjugierten Körpern verwendet werden kann. Wir definieren[2]:

Ein Körper heißt formal-reell, wenn in ihm -1 *nicht als Quadratsumme darstellbar ist.*

Ein formal-reeller Körper hat stets die Charakteristik Null; denn in einem Körper der Charakteristik p ist -1 Summe von $p-1$ Summanden 1^2. — Ein Unterkörper eines formal-reellen Körpers ist offenbar wieder formal-reell.

Ein Körper P *heißt reell-abgeschlossen*[3], *wenn zwar* P *formal-reell, dagegen keine echte algebraische Erweiterung von* P *formal-reell ist.*

Satz 1. *Jeder reell-abgeschlossene Körper kann auf eine und nur eine Weise angeordnet werden.*

Sei P reell-abgeschlossen. Dann wollen wir zeigen:

Ist a ein von 0 verschiedenes Element aus P, so ist a entweder selbst Quadrat, oder es ist $-a$ Quadrat, und diese Fälle schließen einander aus. Quadratsummen von Elementen aus P sind selbst Quadrate.

---

[1] Ist in irgendeinem Körper das Element -1 als Summe Σa_ν^2 darstellbar, so ist $1^2 + \Sigma a_\nu^2 = 0$; somit ist 0 eine Summe von Quadraten mit nicht sämtlich verschwindenden Basen. Ist umgekehrt eine Summe $\Sigma b_\nu^2 = 0$ gegeben, wo ein $b_\lambda \neq 0$ ist, so kann man dieses b_λ leicht zu Eins machen, indem man die Summe durch b_λ^2 dividiert; schafft man die Eins auf die andere Seite, so erhält man $-1 = \Sigma a_\nu^2$.

[2] Vgl. E. Artin u. O. Schreier: Algebraische Konstruktion reeller Körper. Abh. Math. Sem. Hamburg Bd. 5 (1926) S. 83—115.

[3] Man hat die kurze Bezeichnung „reell-abgeschlossen" der präziseren „reell-algebraisch abgeschlossen" vorgezogen.

Hieraus wird Satz 1 unmittelbar folgen; denn durch die Festsetzung $a > 0$, wenn a Quadrat und von 0 verschieden ist, wird dann offenbar eine Anordnung des Körpers P definiert sein, und sie ist die einzig mögliche, da ja Quadrate in jeder Anordnung $\geqq 0$ ausfallen müssen.

Ist γ nicht Quadrat eines Elementes aus P, so ist, wenn $\sqrt{\gamma}$ eine Wurzel des Polynoms $x^2 - \gamma$ bedeutet, $\mathsf{P}(\sqrt{\gamma})$ eine echte algebraische Erweiterung von P, also nicht formal-reell. Demnach gilt eine Gleichung

$$-1 = \sum_{\nu=1}^{n} \left(\alpha_\nu \sqrt{\gamma} + \beta_\nu\right)^2$$

oder

$$-1 = \gamma \sum_{\nu=1}^{n} \alpha_\nu^2 + \sum_{\nu=1}^{n} \beta_\nu^2 + 2\sqrt{\gamma} \sum_{\nu=1}^{n} \alpha_\nu \beta_\nu,$$

wobei die α_ν, β_ν, zu P gehören. Hierin muß der letzte Term verschwinden, da sonst $\sqrt{\gamma}$ entgegen der Annahme in P läge. Dagegen kann das erste Glied nicht verschwinden, da andernfalls P nicht formal-reell wäre. Daraus schließen wir zunächst, daß γ in P nicht als Quadratsumme darstellbar ist; denn sonst erhielten wir auch für -1 eine Darstellung als Quadratsumme. Das heißt: Ist γ nicht Quadrat, so ist es auch nicht Quadratsumme. Oder positiv gewendet: Jede Quadratsumme in P ist auch Quadrat in P.

Nunmehr erhalten wir

$$-\gamma = \frac{1 + \sum\limits_{\nu=1}^{n} \beta_\nu^2}{\sum\limits_{\nu=1}^{n} \alpha_\nu^2}.$$

Zähler und Nenner dieses Ausdrucks sind Quadratsummen, also selbst Quadrate; daher ist $-\gamma = c^2$, wo c in P liegt. Demnach gilt für jedes Element γ aus P mindestens eine der Gleichungen $\gamma = b^2$, $-\gamma = c^2$; ist aber $\gamma \neq 0$, so können nicht beide bestehen, da sonst $-1 = \left(\frac{b}{c}\right)^2$ wäre, was nicht geht.

Auf Grund von Satz 1 nehmen wir im folgenden reell-abgeschlossene Körper stets als angeordnet an.

Satz 2. *In einem reell-abgeschlossenen Körper besitzt jedes Polynom ungeraden Grades mindestens eine Nullstelle.*

Der Satz ist für den Grad 1 trivial. Wir nehmen an, er sei bereits für alle ungeraden Grade $< n$ bewiesen; $f(x)$ sei ein Polynom des ungeraden Grades n (> 1). Ist $f(x)$ reduzibel in dem reell-abgeschlossenen Körper P, so besitzt mindestens ein irreduzibler Faktor einen ungeraden Grad $< n$, also auch eine Nullstelle in P. Die Annahme, $f(x)$ wäre irreduzibel, soll jetzt ad absurdum geführt werden. Es sei nämlich α eine symbolisch adjungierte Nullstelle von $f(x)$. $\mathsf{P}(\alpha)$ wäre dann nicht formal-reell; also hätten wir eine Gleichung

$$(1) \qquad -1 = \sum_{\nu=1}^{r} (\varphi_\nu(\alpha))^2,$$

wobei die $\varphi_\nu(x)$ Polynome höchstens $(n-1)$-ten Grades mit Koeffizienten aus P sind. Aus (1) erhalten wir eine Identität

$$(2) \qquad -1 = \sum_{\nu=1}^{r} (\varphi_\nu(x))^2 + f(x)\, g(x).$$

Die Summe der φ_ν^2 hat geraden Grad, da die höchsten Koeffizienten Quadrate sind und sich also beim Addieren nicht wegheben können. Ferner ist der Grad positiv, da sonst schon (1) einen Widerspruch enthielte. Demnach hat $g(x)$ einen ungeraden Grad $\leqq n-2$; also besitzt $g(x)$ jedenfalls eine Nullstelle a in P. Setzen wir aber a in (2) ein, so haben wir

$$-1 = \sum_{\nu=1}^{r} (\varphi_\nu(a))^2,$$

womit wir bei einem Widerspruch angelangt sind, da die $\varphi_\nu(a)$ in P liegen.

Satz 3. *Ein reell-abgeschlossener Körper ist nicht algebraisch-abgeschlossen. Dagegen ist der durch Adjunktion von i entstehende Körper*[1] *algebraisch-abgeschlossen.*

Die erste Hälfte ist trivial. Denn die Gleichung $x^2+1=0$ ist in jedem formal-reellen Körper unlösbar.

Die zweite Hälfte folgt unmittelbar aus

Satz 3a. *Besitzt in einem angeordneten Körper* K *jedes positive Element eine Quadratwurzel und jedes Polynom ungeraden Grades mindestens eine Nullstelle, so ist der durch Adjunktion von i entstehende Körper algebraisch-abgeschlossen.*

Zunächst bemerken wir, daß in K(i) jedes Element eine Quadratwurzel besitzt und daher jede quadratische Gleichung lösbar ist. Der Beweis geschieht durch dieselbe Rechnung wie für den Körper der komplexen Zahlen im § 69.

Zum Nachweis der algebraischen Abgeschlossenheit von K(i) genügt es nach § 62, zu zeigen, daß jedes in K irreduzible Polynom $f(x)$ in K(i) eine Nullstelle besitzt. $f(x)$ sei ein doppelwurzelfreies Polynom n-ten Grades, wo $n = 2^m q$, q ungerade. Wir wollen Induktion nach m anwenden, also annehmen, daß jedes doppelwurzelfreie Polynom mit Koeffizienten aus K, dessen Grad durch 2^{m-1}, aber nicht durch 2^m teilbar ist, in K(i) eine Wurzel besitzt. (Dies trifft für $m=1$ nach Voraussetzung zu.) $\alpha_1, \alpha_2, \ldots, \alpha_n$ seien die Wurzeln von $f(x)$ in einer Erweiterung von K. Wir wählen c aus K so, daß die $\frac{n(n-1)}{2}$ Ausdrücke $\alpha_j\alpha_k + c(\alpha_j+\alpha_k)$ für $1 \leqq j < k \leqq n$ lauter verschiedene Werte haben[2].

---

[1] i bedeutet hier und im folgenden stets eine Nullstelle von x^2+1.

[2] Dies ist möglich, weil $f(x)$ doppelwurzelfrei sein sollte.

Da diese Ausdrücke ersichtlich einer Gleichung vom Grade $\frac{n(n-1)}{2}$ in K genügen, so liegt nach Annahme mindestens einer von ihnen in $\mathsf{K}(i)$, etwa $\alpha_1\alpha_2 + c(\alpha_1 + \alpha_2)$. Zufolge der Bedingung, der c unterworfen war, ist aber (vgl. § 40)

$$\mathsf{K}(\alpha_1\alpha_2,\ \alpha_1 + \alpha_2) = \mathsf{K}(\alpha_1\alpha_2 + c(\alpha_1 + \alpha_2));$$

also finden wir α_1 und α_2 durch Auflösung einer quadratischen Gleichung in $\mathsf{K}(i)$.

Aus Satz 3a folgt gleichzeitig (in Verbindung mit § 68), daß der Körper der komplexen Zahlen algebraisch-abgeschlossen ist. Das ist der „Fundamentalsatz der Algebra" (vgl. §. 69).

Eine Umkehrung von Satz 3 lautet:

Satz 4. *Wenn ein formal-reeller Körper* K *durch Adjunktion von* i *algebraisch abgeschlossen werden kann, so ist er reell-abgeschlossen.*

Beweis. Es gibt keinen Zwischenkörper zwischen K und $\mathsf{K}(i)$, also keine algebraische Erweiterung von K außer K selbst und $\mathsf{K}(i)$. $\mathsf{K}(i)$ ist nicht formal-reell, da -1 in ihm ein Quadrat ist. Also ist K reell-abgeschlossen.

Aus Satz 4 folgt insbesondere, daß der Körper der reellen Zahlen reell-abgeschlossen ist.

Die Wurzeln einer Gleichung $f(x) = 0$ mit Koeffizienten aus einem reell-abgeschlossenen Körper K liegen in $\mathsf{K}(i)$ und kommen daher, soweit sie nicht in K enthalten sind, immer als Paare konjugierter Wurzeln (in bezug auf K) vor. Ist $a + bi$ eine Wurzel, so ist $a - bi$ die konjugierte. Faßt man in der Zerlegung von $f(x)$ immer die Paare konjugierter Linearfaktoren zusammen, so ergibt sich eine Zerlegung von $f(x)$ in lineare und quadratische, in K irreduzible Faktoren.

Wir sind jetzt imstande, den „Weierstrassschen Nullstellensatz" für Polynome (§ 68) auf beliebige reell-abgeschlossene Körper auszudehnen.

Satz 5. *Es sei* $f(x)$ *ein Polynom mit Koeffizienten aus einem reell-abgeschlossenen Körper* P *und* a, b *Elemente aus* P, *für die* $f(a) < 0$, $f(b) > 0$. *Dann gibt es mindestens ein Element* c *in* P *zwischen* a *und* b, *für das* $f(c) = 0$.

Beweis. Wie wir eben sahen, zerfällt $f(x)$ in P in lineare und in irreduzible quadratische Faktoren. Ein irreduzibles quadratisches Polynom $x^2 + px + q$ ist in P beständig positiv; denn es kann in der Form $\left(x + \frac{p}{2}\right)^2 + \left(q - \frac{p^2}{4}\right)$ geschrieben werden, und hierin ist der erste Term stets $\geqq 0$ und der zweite wegen der vorausgesetzten Irreduzibilität positiv. Daher kann ein Vorzeichenwechsel von $f(x)$ nur durch Vorzeichenwechsel eines Linearfaktors, also durch eine Nullstelle zwischen a und b bewirkt werden.

Auf Grund dieses Satzes gelten für reell-abgeschlossene Körper auch alle Folgerungen, die in § 68 aus dem Weierstrassschen Nullstellensatz gezogen wurden, insbesondere das Theorem von STURM über die reellen Nullstellen.

Wir beweisen zum Schluß den

Satz 6. *Sei* K *ein angeordneter Körper,* $\overline{\mathsf{K}}$ *der Körper, der aus* K *durch Adjunktion der Quadratwurzeln aus allen positiven Elemente von* K *hervorgeht. Dann ist* $\overline{\mathsf{K}}$ *formal-reell.*

Es genügt offenbar, zu zeigen, daß keine Gleichung der Form

$$-1=\sum_{\nu=1}^{n} c_\nu \xi_\nu^2 \tag{3}$$

besteht, wo die c_ν positive Elemente aus K, die ξ_ν aber Elemente aus $\overline{\mathsf{K}}$ sind. Angenommen, es gäbe eine solche Gleichung. In den ξ_ν könnten natürlich nur endlichviele der zu K adjungierten Quadratwurzeln wirklich auftreten, etwa $\sqrt{a_1}, \sqrt{a_2}, \ldots, \sqrt{a_r}$. Wir denken uns unter allen Gleichungen (3) eine solche gewählt, für die r möglichst klein ausfällt. [Sicher ist $r \geqq 1$, da in K keine Gleichung der Form (3) existiert.] ξ_ν läßt sich in der Gestalt $\xi_\nu = \eta_\nu + \zeta_\nu \sqrt{a_r}$ darstellen, wo η_ν, ζ_ν in $\mathsf{K}\left(\sqrt{a_1}, \sqrt{a_2}, \ldots, \sqrt{a_{r-1}}\right)$ liegen. Also hätten wir

$$-1=\sum_{\nu=1}^{n} c_\nu \eta_\nu^2+\sum_{\nu=1}^{n} c_\nu a_r \zeta_\nu^2+2\sqrt{a_r}\sum_{\nu=1}^{n} c_\nu \eta_\nu \zeta_\nu . \tag{4}$$

Verschwindet in (4) der letzte Summand, so ist (4) eine Gleichung derselben Gestalt wie (3), enthält aber weniger als r Quadratwurzeln. Verschwindet er aber nicht, so läge $\sqrt{a_r}$ in $\mathsf{K}\left(\sqrt{a_1}, \ldots, \sqrt{a_{r-1}}\right)$, und (3) könnte mit weniger als r Quadratwurzeln geschrieben werden. Unsere Annahme führt daher auf jeden Fall zu einem Widerspruch.

Aufgaben. 1. Der Körper der algebraischen Zahlen ist algebraisch-abgeschlossen, und der Körper der reellen algebraischen Zahlen ist reell-abgeschlossen.

2. Der nach § 62 rein algebraisch konstruierbare algebraisch-abgeschlossene algebraische Erweiterungskörper zum Körper Γ ist isomorph dem Körper A der algebraischen Zahlen.

3. Es sei P ein reeller Zahlkörper, Σ der Körper der reellen in bezug auf P algebraischen Zahlen. Dann ist Σ reell-abgeschlossen.

4. Ist P formal-reell und t transzendent in bezug auf P, so ist auch $\mathsf{P}(t)$ formal-reell. [Ist $-1=\Sigma\varphi_\nu(t)^2$, so setze man für t eine passend gewählte Konstante aus P ein.]

§ 71. Existenzsätze für formal-reelle Körper.

Satz 7. *Es sei* K *ein abzählbarer formal-reeller Körper,* Ω *ein ebenfalls abzählbarer algebraisch-abgeschlossener Körper über* K. *Dann gibt es (mindestens) einen reell-abgeschlossenen Körper* P *zwischen* K *und* Ω, *für den* $\Omega = \mathsf{P}(i)$ ist.

Beweis. Die Elemente von Ω seien $\omega_1, \omega_2, \ldots$. Wir definieren nun eine Folge von Erweiterungskörpern $\Sigma_1, \Sigma_2, \Sigma_3, \ldots$ von K durch vollständige Induktion folgendermaßen:

$$\Sigma_1 = \mathsf{K}$$

$$\Sigma_{n+1} = \Sigma_n(\omega_n), \quad \text{wenn} \quad \Sigma_n(\omega_n) \text{ formal-reell ist,}$$

sonst $\Sigma_{n+1} = \Sigma_n$.

Wir definieren schließlich P als die Vereinigung aller Σ_n.

Durch vollständige Induktion ergibt sich unmittelbar, daß alle Körper Σ_n formal-reell sind. Sind aber alle Σ_n formal-reell, so ist ihre Vereinigung P es auch, denn wenn in P eine Darstellung $-1 = \Sigma a_\nu^2$ existiert, so gehören die a_ν alle schon einem einzigen Σ_n an.

Es sei nun $\omega = \omega_n$ ein Element von Ω, das nicht in P enthalten ist. Dann ist ω_n auch nicht in Σ_{n+1} enthalten, also $\Sigma_n(\omega_n)$ nicht formal-reell, also um so mehr $\mathsf{P}(\omega)$ nicht formal-reell. Das ist zunächst nur möglich, wenn ω algebraisch über P ist; denn eine einfache transzendente Erweiterung eines formal-reellen Körpers ist wieder formal-reell (§ 70, Aufg. 4). Jedes Element von Ω ist also algebraisch über P; d. h. Ω ist algebraisch über P. Da man weiter für ω ein beliebiges algebraisches Element von Ω außerhalb P nehmen kann, so ist keine einfache echte algebraische Erweiterung $\mathsf{P}(\omega)$ von P formal-reell, mithin P reell-abgeschlossen. Nach Satz 3 (§ 70) ist $\mathsf{P}(i)$ algebraisch-abgeschlossen, mithin mit Ω identisch. Damit ist der Satz bewiesen.

Bemerkung. Satz und Beweis gelten mit ganz unwesentlichen Modifikationen auch dann, wenn Ω nicht abzählbar, dafür aber wohlgeordnet ist. Auf Grund des Zermeloschen Wohlordnungssatzes kann man also Satz 7 auch ohne Abzählbarkeitsvoraussetzung aussprechen. Für die wichtigsten Anwendungen genügt jedoch der abzählbare Spezialfall, den wir hier allein betrachten.

Einige Sonderfälle bzw. unmittelbare Folgerungen von Satz 7 mögen noch besonders formuliert werden.

Satz 7a. *Zu jedem abzählbaren formal-reellen Körper* K *gibt es (mindestens) eine reell-abgeschlossene algebraische Erweiterung.*

Wir brauchen zum Beweis bloß für Ω in Satz 7 die algebraisch-abgeschlossene, algebraische Erweiterung von K zu wählen.

Satz 7b. *Jeder abzählbare formal-reelle Körper kann auf (mindestens) eine Weise angeordnet werden.*

Dies folgt ohne weiteres aus Satz 1 (§ 70) und Satz 7a.

Ist ferner Ω irgendein algebraisch-abgeschlossener Körper der Charakteristik Null und setzen wir in Satz 7 für K den Körper der rationalen Zahlen, so haben wir

Satz 7c. *Jeder abzählbare algebraisch-abgeschlossene Körper* Ω *der Charakteristik Null enthält (mindestens) einen reell-abgeschlossenen Unterkörper* P, *für den* $\Omega = \mathsf{P}(i)$.

Für angeordnete Körper läßt Satz 7a sich wesentlich verschärfen:

Satz 8. *Ist* K *ein abzählbarer angeordneter Körper, so gibt es eine und — von äquivalenten Erweiterungen abgesehen — nur eine reell-abgeschlossene algebraische Erweiterung* P *von* K, *deren Anordnung eine Fortsetzung der Anordnung von* K *ist.* P *besitzt außer dem identischen keinen Automorphismus, der die Elemente aus* K *fest läßt.*

Beweis: Wie in Satz 6 (§ 70) werde mit $\overline{\mathsf{K}}$ der Körper bezeichnet, der aus K durch Adjunktion der Quadratwurzeln aus allen positiven Elementen von K entsteht. Es sei P eine algebraische, reell-abgeschlossene Erweiterung von $\overline{\mathsf{K}}$. Eine solche gibt es nach Satz 7a, da $\overline{\mathsf{K}}$ bereits als formal-reell erkannt ist. P ist auch algebraisch in bezug auf K, und die Anordnung von P ist eine Fortsetzung der Anordnung von K, da doch jedes positive Element aus K in $\overline{\mathsf{K}}$ Quadrat ist, also erst recht in P. Damit ist die Existenz eines solchen P bewiesen.

Zum Eindeutigkeitsbeweis von P ist die Voraussetzung der Abzählbarkeit von K nicht erforderlich.

Es sei P^* eine zweite algebraische, reell-abgeschlossene Erweiterung von K, deren Anordnung die von K fortsetzt. $f(x)$ sei ein (nicht notwendig irreduzibles) Polynom mit Koeffizienten aus K. Der Sturmsche Satz gestattet uns, bereits in K zu entscheiden, wie viele Wurzeln $f(x)$ in P oder P^* besitzt. Wir brauchen bloß eine Sturmsche Kette für $f(x) = x^n + a_1 x^{n-1} + \cdots + a_n$ zu untersuchen. Daher hat $f(x)$ in P ebenso viele Wurzeln wie in P^*. Insbesondere besitzt jede Gleichung in K, die in P mindestens eine Wurzel besitzt, auch in P^* mindestens eine Wurzel und umgekehrt. Seien nun $\alpha_1, \alpha_2, \ldots, \alpha_r$ die Wurzeln von $f(x)$ in P, $\beta_1^*, \beta_2^*, \ldots, \beta_r^*$ die Wurzeln von $f(x)$ in P^*. Ferner sei ξ in P so gewählt, daß $\mathsf{K}(\xi) = \mathsf{K}(\alpha_1, \ldots, \alpha_r)$ ist, und $F(x) = 0$ die irreduzible Gleichung für ξ in K. $F(x)$ besitzt also in P die Wurzel ξ, daher auch in P^* mindestens eine Wurzel η^*; $\mathsf{K}(\xi)$ und $\mathsf{K}(\eta^*)$ sind äquivalente Erweiterungen von K. Da $\mathsf{K}(\xi)$ durch die r Nullstellen $\alpha_1, \ldots, \alpha_r$ von $f(x)$ erzeugt wird, muß auch $\mathsf{K}(\eta^*)$ durch r Wurzeln von $f(x)$ erzeugt werden; nun ist $\mathsf{K}(\eta^*)$ ein Unterkörper von P^*, also gilt $\mathsf{K}(\eta^*) = \mathsf{K}(\beta_1^*, \ldots, \beta_r^*)$. Demnach sind $\mathsf{K}(\alpha_1, \ldots, \alpha_r)$ und $\mathsf{K}(\beta_1^*, \ldots, \beta_r^*)$ äquivalente Erweiterungen von K.

Um nun zu zeigen, daß P und P^* äquivalente Erweiterungen von K sind, bemerken wir, daß eine isomorphe Abbildung von P auf P^* notwendig die Anordnung erhalten muß, da diese sich ja (nach dem Beweis von Satz 1, § 70) durch die Eigenschaft, Quadrat zu sein oder nicht zu sein, erklären läßt. Wir definieren daher folgende Abbildung σ von P auf P^*. Sei α ein Element aus P, $p(x)$ das irreduzible Polynom in K, dessen Nullstelle α ist, und seien $\alpha_1, \alpha_2 \ldots, \alpha_r$ die Wurzeln von $p(x)$ in P, so numeriert, daß $\alpha_1 < \alpha_2 < \cdots < \alpha_r$ ist; speziell sei $\alpha = \alpha_k$. Sind dann $\alpha_1^*, \alpha_2^*, \ldots, \alpha_r^*$ die Wurzeln von $p(x)$ in P^* und ist $\alpha_1^* < \alpha_2^* \cdots < \alpha_r^*$, so sei $\sigma(\alpha) = \alpha_k^*$. Offenbar ist σ eindeutig und läßt die Elemente aus K

fest. Es ist nachzuweisen, daß σ eine isomorphe Abbildung ist. Sei zu diesem Zweck $f(x)$ wieder irgendein Polynom in K; $\gamma_1, \gamma_2, \ldots, \gamma_s$ seine Wurzeln in P; $\gamma_1^*, \gamma_2^*, \ldots, \gamma_s^*$ die in P^*. Ferner sei $g(x)$ das Polynom in K, dessen Nullstellen die Quadratwurzeln aus den positiven Wurzeldifferenzen von $f(x)$ sind. $\delta_1, \delta_2, \ldots, \delta_t$ seien die Nullstellen von $g(x)$ in P; $\delta_1^*, \delta_2^*, \ldots, \delta_t^*$ die in P^*. Nach dem oben Bewiesenen sind

$$\Lambda = \mathsf{K}(\gamma_1, \ldots, \gamma_s, \delta_1, \ldots, \delta_t) \quad \text{und} \quad \Lambda^* = \mathsf{K}(\gamma_1^*, \ldots, \gamma_s^*, \delta_1^*, \ldots, \delta^*)$$

äquivalente Erweiterungen von K. Es gibt also eine isomorphe Abbildung τ von Λ auf Λ^*, die K elementweise fest läßt. Durch τ wird jedem γ ein γ^*, jedem δ ein δ^* zugeordnet. Die Bezeichnung sei so gewählt, daß $\tau(\gamma_k^*) = \gamma_k$, $\tau(\delta^*) = \delta_h$ ist. Ist nun $\gamma_k < \gamma_l$ (in P), so ist $\gamma_l - \gamma_k = \delta_h^2$ für einen gewissen Index h, also auch $\gamma_l^* - \gamma_k^* = \delta_h^{*\,2}$, demnach $\gamma_k^* < \gamma_l^*$ (in P^*). τ ordnet also die Wurzeln von $f(x)$ in P und P^* einander der Größe nach zu. Da dies folglich auch für die Nullstellen der in K irreduziblen Faktoren von $f(x)$ gilt, haben wir $\tau(\gamma_k) = \sigma(\gamma_k)$ $(k = 1, 2, \ldots, s)$. Indem wir also dafür sorgen, daß zwei beliebig vorgegebene Elemente α, β aus P sowie $\alpha + \beta$ und $\alpha \cdot \beta$ unter den Wurzeln von $f(x)$ vorkommen, erkennen wir, daß σ eine isomorphe Abbildung von P auf P^* ist, und zwar die einzige, die K elementweise fest läßt. Wählen wir $\mathsf{P}^* = \mathsf{P}$, so ergibt sich die Richtigkeit unserer Behauptung über die Automorphismen von P.

Da sich der Körper Γ der rationalen Zahlen nach § 66 nur in einer Weise anordnen läßt, so folgt aus Satz 8 unmittelbar:

Satz. 8a. *Es gibt — von isomorphen Körpern abgesehen — einen und nur einen reell-abgeschlossenen algebraischen Körper über* Γ.

Für diesen Körper kann man natürlich den Körper der reellen algebraischen Zahlen im gewöhnlichen Sinn (§ 67) nehmen, der durch Aussonderung der algebraischen unter den reellen Zahlen entsteht. Das ist aber ein transzendenter Umweg, den man durch die rein algebraische Konstruktion aus Satz 7 (wobei man $\mathsf{K} = \Gamma$ und für Ω den algebraisch-abgeschlossenen algebraischen Erweiterungskörper A über Γ nimmt) vermeiden kann. Damit ist also auf rein algebraischem Wege der *Körper der reellen algebraischen Zahlen*, den wir mit P bezeichnen, konstruiert. Der Körper aller algebraischen Zahlen hat die Gestalt $\mathsf{A} = \mathsf{P}(i)$.

Wie wir noch sehen werden, ist P in A nicht der einzige reell-abgeschlossene Körper, sondern nur einer unter unendlichvielen äquivalenten.

Satz 9. *Jeder formal-reelle abzählbare algebraische Erweiterungskörper* K^* *von* Γ *ist mit einem Unterkörper von* P, *also mit einem reellen algebraischen Zahlkörper isomorph.*

Beweis. Nach Satz 7a können wir zu K^* stets einen algebraischen, reell-abgeschlossenen Erweiterungskörper P^* konstruieren, der nach Satz 8a notwendig zu P isomorph ausfällt. Daraus folgt die Behauptung.

Eine gewisse isomorphe Abbildung von K^* auf $\mathsf{K} \subseteq \mathsf{P}$ ergibt natürlich auch eine gewisse Anordnung von K^*, da alle Unterkörper K von P von Haus aus angeordnet sind. Umgekehrt kann auch jede Anordnung von K^* in dieser Weise erhalten werden, da der im Beweis von Satz 9 konstruierte reell-abgeschlossene Erweiterungskörper P^* nach Satz 8 so konstruiert werden kann, daß bei seiner Anordnung die von K^* erhalten bleibt. Diese Anordnung geht dann beim Isomorphismus über in die (einzig mögliche) Anordnung von P.

Nehmen wir für K^* speziell einen endlichen algebraischen Zahlkörper, der nur endlichviele Isomorphismen in A besitzt, so folgt:

Die Anzahl der Isomorphismen, die K^* in einen reellen algebraischen Zahlkörper überführen, ist gleich der Anzahl der verschiedenen Anordnungen, deren K^* fähig ist (und insbesondere Null, wenn K^* nicht formal-reell ist).

Die Tatsache, daß jeder in A gelegene formal-reelle Körper zu einem reell-abgeschlossenen Körper $\mathsf{P}^* \subset \mathsf{A}$ erweitert werden kann, führt zugleich zu der Erkenntnis, daß es unendlichviele solche Körper P^* in A gibt (wiewohl diese nach Satz 8a alle untereinander isomorph sind). Denn die Körper $\mathsf{K}_\zeta^* = \Gamma(\zeta \sqrt[n]{2})$, wo n eine ungerade natürliche Zahl und ζ eine n-te Einheitswurzel ist, sind alle isomorph zu $\Gamma(\sqrt[n]{2})$, also formal-reell. Sie führen also zu je einem reell-abgeschlossenen Erweiterungskörper P_ζ^*, und diese Körper bei festem n müssen alle verschieden sein, da ein angeordneter Körper nur eine n-te Wurzel aus 2 enthalten kann (§ 66, Aufg. 5). Die Anzahl n dieser Körper kann aber beliebig hoch gewählt werden.

Aufgaben. 1. Es sei ϑ eine Wurzel der in Γ irreduziblen Gleichung $x^4 - x - 1 = 0$. Auf wieviel Arten kann der Körper $\Gamma(\vartheta)$ angeordnet werden?

2. Der Körper $\Gamma(t)$, wo t eine Unbestimmte ist, kann auf unendlichviel Arten angeordnet werden, und zwar sowohl archimedisch als auch nichtarchimedisch. Auch kann t sowohl unendlich groß als unendlich klein gewählt werden (vgl. § 66, Aufg. 1).

3. Wie viele Nullstellen hat das Polynom $(z^2 - t)^2 - t^3$ in einem reell-abgeschlossenen Erweiterungskörper von $\Gamma(t)$, wenn t unendlich klein ist? Wo liegen diese Nullstellen?

§ 72. Summen von Quadraten.

Wir wollen nun die Frage untersuchen, welche Elemente eines Körpers K sich als Summen von Quadraten von Elementen aus K darstellen lassen.

Dabei kann man sich zunächst auf formal-reelle Körper beschränken. Ist nämlich K nicht formal-reell, so ist -1 Quadratsumme, etwa:

$$-1 = \sum_1^n \alpha_\nu^2 .$$

Wenn nun K eine von 2 verschiedene Charakteristik hat, so folgt daraus für ein beliebiges Element γ von K die Zerlegung in $n+1$ Quadrate:

$$\gamma = \left(\frac{1+\gamma}{2}\right)^2 + (\Sigma\, \alpha_\nu^2)\left(\frac{1-\gamma}{2}\right)^2.$$

Hat aber K die Charakteristik 2, so erledigt sich die Frage durch die Bemerkung, daß jede Quadratsumme selbst Quadrat ist:

$$\Sigma \alpha_\nu^2 = (\Sigma\, \alpha_\nu)^2.$$

Daß Summe und Produkt von Quadratsummen wieder Quadratsummen sind, leuchtet ein. Aber auch ein Quotient von Quadratsummen ist wieder Quadratsumme:

$$\frac{\alpha}{\beta} = \alpha \cdot \beta \cdot (\beta^{-1})^2.$$

Für formal-reelle, abzählbare Körper K beweisen wir nun den Satz: *Ist γ in K nicht Summe von Quadraten, so gibt es eine Anordnung von K, in der γ negativ ausfällt.*

Beweis. Es sei γ nicht Quadratsumme. Wir zeigen zunächst, daß $K(\sqrt{-\gamma})$ formal-reell ist. Liegt $\sqrt{-\gamma}$ bereits in K, so ist die Behauptung klar. Andernfalls schließt man so: Wäre

$$-1 = \sum_1^n \left(\alpha_\nu \sqrt{-\gamma} + \beta_\nu\right)^2,$$

so würde man durch genau dieselben Schlüsse wie bei Satz 1 (§ 70) erhalten:

$$\gamma = \frac{1 + \Sigma\, \beta_\nu^2}{\Sigma\, \alpha_\nu^2},$$

mithin wäre γ doch Quadratsumme, entgegen der Voraussetzung. Daher ist $K(\sqrt{-\gamma})$ formal-reell. Wird nun $K(\sqrt{-\gamma})$ nach Satz 7b (§ 71) angeordnet, so muß $-\gamma$, als Quadrat, positiv ausfallen. Damit ist die Behauptung bewiesen.

Auf formal-reelle algebraische Zahlkörper angewandt, ergibt das (wenn man beachtet, daß alle möglichen Anordnungen eines solchen nach § 71 durch die isomorphen Abbildungen auf konjugierte reelle Zahlkörper erhalten werden können) den Satz:

Ein Element γ eines algebraischen Zahlkörpers K ist Summe von Quadraten dann und nur dann, wenn bei den Isomorphismen, welche K in seine reellen konjugierten Körper überführen, die Zahl γ niemals in eine negative Zahl übergeführt wird.

Der Satz gilt auch noch, wenn K nicht formal-reell ist, da dann alle Zahlen von K Quadratsummen sind, während es keine Isomorphismen der verlangten Art gibt.

Solche Zahlen eines algebraischen Zahlkörpers K, die bei jeder isomorphen Abbildung von K auf einen konjugierten reellen Zahlkörper stets in positive Zahlen übergehen, heißen *total-positiv in* K. Hat K keine reell-konjugierten Körper, so ist demnach jede Zahl von K total-positiv zu nennen. Der Begriff total-positiv kann auf beliebige Körper K ausgedehnt werden, indem man als total-positiv diejenigen Elemente von K bezeichnet, welche bei jeder überhaupt möglichen Anordnung von K positiv ausfallen. (Insbesondere sind wieder alle Zahlen von K total-positiv, wenn es keine Anordnung von K gibt, also wenn K nicht formal-reell ist.) Die Ergebnisse dieses Paragraphen lassen sich dann dahin zusammenfassen, daß *in einem abzählbaren Körper der Charakteristik* $\neq 2$ *jedes total-positive Element sich als Quadratsumme darstellen läßt.*

Literatur zum Kap. 10.

Weitere Sätze über die Anzahl der Quadrate, die zur Darstellung der total-positiven Zahlen eines Zahlkörpers hinreichen, findet man bei E. LANDAU: *Über die Zerlegung total positiver Zahlen in Quadrate.* Göttinger Nachr. **1919** S. **392**. Für den Fall eines Funktionenkörpers siehe D. HILBERT: *Über die Darstellung definiter Formen als Summen von Formenquadraten,* Math. Ann. Bd. **32** (**1888**) S. **342**—**350**, sowie E. ARTIN: *Über die Zerlegung definiter Funktionen in Quadrate.* Abhandlungen aus dem Math. Seminar der Hamburgischen Universität Bd. **5** (**1926**) S. **100**—**115**.

Zehntes Kapitel.

Bewertete Körper.

§ 73. Bewertungen.

Die in § 67 angegebene Konstruktion des Körpers Ω_K zu einem gegebenen angeordneten Körper K benutzt nicht ganz die Anordnung des Körpers K, sondern nur die Anordnung der absoluten Beträge $|a|$ der Körperelemente a. Es liegt daher nahe zu versuchen, diese Konstruktion auch auf andere als nur angeordnete Körper auszudehnen, für welche eine Funktion $\varphi(a)$ mit den Eigenschaften des absoluten Betrages existiert.

Ein Körper K heißt *bewertet*, wenn für die Elemente a von K eine Funktion $\varphi(a)$ definiert ist mit den folgenden Eigenschaften:

1. $\varphi(a)$ ist ein Element aus einem angeordneten Körper P.
2. $\varphi(a) > 0$ für $a \neq 0$; $\varphi(0) = 0$.
3. $\varphi(ab) = \varphi(a)\varphi(b)$.
4. $\varphi(a+b) \leqq \varphi(a) + \varphi(b)$.

Aus 2. und 3. folgt sofort

$$\varphi(1) = 1, \quad \varphi(-1) = 1, \quad \varphi(a) = \varphi(-a).$$

Aus 4. folgt

$$\varphi(c) - \varphi(a) \leqq \varphi(c-a)$$

ebenso

$$\varphi(a) - \varphi(c) \leqq \varphi(c-a),$$

mithin schließlich

$$|\varphi(c) - \varphi(a)| \leqq \varphi(c-a).$$

Die Eigenschaften 1. bis 4. sind erfüllt, wenn K selbst angeordnet ist und $\varphi(a)=|a|$ gesetzt wird. Jeder Körper hat die „triviale" Bewertung $\varphi(a)=1$ für $a \neq 0$, $\varphi(0)=0$. Es gibt aber noch ganz andere Typen von Bewertungen. Γ sei der Körper der rationalen Zahlen. Ist p eine feste Primzahl und schreibt man jede rationale Zahl $a \neq 0$ in der Form

$$a = \frac{s}{t} p^n$$

mit durch p nicht teilbaren ganzen Zahlen s und t, so wird durch

$$\varphi_p(a) = p^{-n}, \quad \varphi_p(0) = 0$$

eine Bewertung von Γ definiert. 1. bis 3. sind ganz leicht nachzuweisen. An Stelle von 4. gilt die schärfere Ungleichung

$$\varphi_p(a+b) \leqq \max(\varphi_p(a), \varphi_p(b)). \tag{1}$$

Denn ist

$$a = \frac{s}{t} p^n, \quad b = \frac{u}{v} p^m, \quad s, t, u, v \text{ zu } p \text{ prim},$$

und etwa $\varphi_p(b) \geqq \varphi_p(a)$, d. h. $n \geqq m$, so ist

$$a + b = \frac{s\,v\,p^{n-m} + t\,u}{t\,v} p^m$$

und somit wird

$$\varphi_p(a+b) = p^{-m'} \quad \text{mit} \quad m' \geqq m,$$

also

$$\varphi_p(a+b) \leqq \varphi_p(b).$$

Dies ist die *p-adische Bewertung von Γ.*

Die p-adische Bewertung läßt sich unschwer verallgemeinern. Es sei $\mathfrak{o}$ ein Integritätsbereich, K sein Quotientenkörper, $\mathfrak{p}$ ein Primideal von $\mathfrak{o}$ mit folgenden Eigenschaften: A. *Alle Potenzen $\mathfrak{p}, \mathfrak{p}^2, \ldots$ sind voneinander verschieden und ihr Durchschnitt ist leer.* B. *Ist a in $\mathfrak{o}$ genau durch $\mathfrak{p}^\alpha$, d. h. durch $\mathfrak{p}^\alpha$, aber nicht durch $\mathfrak{p}^{\alpha+1}$ teilbar, und ist ebenso b genau durch $\mathfrak{p}^\beta$ teilbar, so ist ab genau durch $\mathfrak{p}^{\alpha+\beta}$ teilbar.* Dabei bedeutet $\mathfrak{p}^\alpha$ die Gesamtheit aller Summen $\sum\limits_{\nu} p_{\nu 1} p_{\nu 2} \ldots, p_{\nu\alpha}$, wo alle $p_{\nu\varkappa}$ Elemente von $\mathfrak{p}$ sind. Insbesondere ist $\mathfrak{p}^1 = \mathfrak{p}$, $\mathfrak{p}^0 = \mathfrak{o}$. Nun definiere man, wenn a in $\mathfrak{o}$ genau durch $\mathfrak{p}^\alpha$ teilbar ist,

$$\varphi(a) = e^{-\alpha} \quad \text{und} \quad \varphi(0) = 0,$$

wobei e irgendeine reelle Zahl > 1 ist. Die Bewertung $\varphi(a)$ ist dann für die Elemente von $\mathfrak{o}$ definiert und hat die Eigenschaften 1. bis 4.

Wenn aber eine Bewertung für die Elemente eines Integritätsbereiches definiert ist, so läßt sie sich durch

$$\varphi\left(\frac{a}{b}\right) = \frac{\varphi(a)}{\varphi(b)}$$

sofort auf die Elemente des Quotientenkörpers ausdehnen. Die Definition ist eindeutig, denn aus

$$\frac{a}{b} = \frac{c}{d} \quad \text{oder} \quad ad = bc$$

folgt

$$\varphi(a)\,\varphi(d) = \varphi(b)\,\varphi(c) \quad \text{oder} \quad \frac{\varphi(a)}{\varphi(b)} = \frac{\varphi(c)}{\varphi(d)}.$$

Weiter hat die Bewertung $\varphi\left(\frac{a}{b}\right)$ auch die Eigenschaften 1. bis 4. Die ersten drei sind selbstverständlich. Die Eigenschaft 4. ergibt sich so:

$$\varphi\left(\frac{a}{b}+\frac{c}{d}\right) = \frac{\varphi(a\,d+b\,c)}{\varphi(b\,d)} \leqq \frac{\varphi(a\,d)+\varphi(b\,c)}{\varphi(b\,d)} = \varphi\left(\frac{a}{b}\right)+\varphi\left(\frac{c}{d}\right).$$

In dieser Weise erhält man aus der durch das Primideal $\mathfrak{p}$ definierten Bewertung des Integritätsbereiches $\mathfrak{o}$ sofort eine Bewertung des Quotientenkörpers K. Diese heißt die $\mathfrak{p}$-adische Bewertung von K.

Die Eigenschaften A., B. sind für sehr viele Primideale erfüllt. In Ringen mit eindeutiger Faktorzerlegung z. B. haben alle Prim-Hauptideale diese Eigenschaften. Im Polynomring $\Delta[x_1, \ldots, x_n]$ hat aber auch das Ideal

$$\mathfrak{p} = (x_1, \ldots, x_n)$$

die Eigenschaften A. und B. Die zugehörige Bewertung $\varphi(f)$ ist $e^{-\alpha}$, wobei α der Grad der Glieder niedrigsten Grades ist, die im Polynom f vorkommen.

Aufgaben 1. Man lasse in der Bewertungsdefinition die Forderung fallen, daß $\varphi(a)$ nicht negativ sein soll und beweise: Gibt es ein c in K mit $\varphi(c) < 0$, so ist $a \to \varphi(a)$ eine isomorphe Abbildung von K auf einen Teilkörper des Wertekörpers P. [Man beweise, daß in 4. das Gleichheitszeichen gilt, indem man die 4. entsprechende Ungleichung für $\varphi(ac+bc)$ hinzunimmt.]

2. Bei den $\mathfrak{p}$-adischen Bewertungen läßt sich 4. verschärfen zu (1).

Die wichtigsten Untersuchungen über bewertete Körper beziehen sich auf den Fall, daß der Wertekörper P archimedisch geordnet ist. P kann dann nach § 67, Aufg. 3 in den Körper der reellen Zahlen eingebettet werden. Wir wollen also jetzt die Annahme machen, daß die Werte $\varphi(a)$ reelle Zahlen sind. Wir setzen dabei die (natürlichen) Logarithmen der reellen Zahlen und ihre einfachsten Eigenschaften, sowie die Potenzen α^β einer positiven Zahl α mit beliebigen reellen Exponenten als bekannt voraus.

Wir machen außerdem von folgendem Hilfssatz über reelle Zahlen Gebrauch:

Wenn α, β, γ positive reelle Zahlen sind und

$$\gamma^\nu \leqq \alpha\nu + \beta$$

für jede natürliche Zahl ν gilt, so ist $\gamma \leqq 1$.

Beweis. Gesetzt, es wäre $\gamma = 1 + \delta$, $\delta > 0$. Dann wäre für $\nu \geqq 2$

$$\gamma^\nu = (1+\delta)^\nu = 1 + \nu\delta + \tfrac{1}{2}\nu(\nu-1)\delta^2 + \cdots > \nu\delta + \tfrac{1}{2}\nu(\nu-1)\delta^2$$

aber für genügend große ν ist doch sicher

$$\nu\delta > \beta \quad \text{und} \quad \tfrac{1}{2}(\nu-1)\delta^2 > \alpha,$$

also wäre

$$\gamma^\nu > \beta + \alpha\nu$$

gegen die Voraussetzung.

Eine reellzahlige Bewertung $\varphi(a)$ eines Körpers K heißt *nichtarchimedisch,* wenn für alle natürlichen Vielfachen $n = 1 + 1 + 1 \cdots + 1$ der Eins die Bedingung

$$\varphi(n) \leqq 1$$

gilt. Die p-adische Bewertung des Körpers der rationalen Zahlen ist nichtarchimedisch. Daß der Wertekörper archimedisch ist, hat damit nichts zu tun.

Die Bewertung φ von K ist dann und nur dann nichtarchimedisch, wenn statt 4. die schärfere Ungleichung

4'. $$\varphi(a+b) \leqq \max(\varphi(a), \varphi(b))$$

gilt.

Beweis. 1. Wenn 4'. gilt, so ist für $n = 1 + 1 + \cdots + 1$

$$\varphi(n) \leqq \max(\cdots, \varphi(1), \cdots) = 1.$$

2. Wenn φ nichtarchimedisch ist, so gilt für $\nu = 1, 2, 3, \ldots$

$$(\varphi(a+b))^\nu = \varphi((a+b)^\nu) = \varphi(a^\nu + \tbinom{\nu}{1} a^{\nu-1} b + \cdots + b^\nu)$$
$$\leqq \varphi(a)^\nu + \varphi(a)^{\nu-1}\varphi(b) + \cdots + \varphi(b)^\nu \leqq (\nu+1) M^\nu,$$

$M = \max(\varphi(a), \varphi(b))$. Daraus folgt aber nach dem Hilfssatz

$$\frac{\varphi(a+b)}{M} \leqq 1, \quad \text{also} \quad \varphi(a+b) \leqq M,$$

d. h. 4'.

Wir wollen die Ungleichung 4'. fortan auch dann als Merkmal einer nichtarchimedischen Bewertung ansehen, wenn der Wertekörper P nicht aus reellen Zahlen besteht. Wie KRULL[1] bemerkt hat, kann man dann als Wertebereich eine beliebige geordnete abelsche Gruppe nehmen, da die Werte nur miteinander multipliziert und der Größe nach verglichen zu werden brauchen, Addition von Werten aber gar nicht vorkommt.

Es ist häufig zweckmäßig (und in der Literatur üblich), für nichtarchimedische Bewertungen eine andere Bezeichnungsweise einzuführen. An Stelle des reellen Wertes $\varphi(a)$ betrachtet man den *Exponenten* $w(a) = -\log\varphi(a)$. Die Definitionsrelationen der Bewertung lauten in den Exponenten so:

1. $w(a)$ ist für $a \neq 0$ eine reelle Zahl.
2. $w(0)$ ist das Symbol ∞.
3. $w(ab) = w(a) + w(b)$.
4. $w(a+b) \geqq \min(w(a), w(b))$.

Man spricht dann von einer *Exponentenbewertung*. Der Übergang zu den Exponenten wird durch den Umstand ermöglicht, daß wegen

[1] KRULL, W.: Allgemeine Bewertungstheorie. J. reine angew. Math. Bd. 167 (1932) S. 160—196.

der scharfen Ungleichung 4'. eine Addition der Werte $\varphi(a)$ nicht ausgeführt zu werden braucht. Die Logarithmenbildung kehrt die Anordnung um und verwandelt die Multiplikation in eine Addition.

Beispiel: Die Elemente des Körpers K seien eindeutige analytische (meromorphe) Funktionen in einem Gebiet der z-Ebene oder noch allgemeiner auf einer RIEMANNschen Fläche. Wir wählen einen bestimmten Punkt P der RIEMANNschen Fläche und definieren: Der Wert $w(a)$ einer Funktion a soll gleich α sein, wenn die Funktion in P eine Nullstelle α-ter Ordnung hat; er soll Null sein, wenn die Funktion dort einen von Null verschiedenen endlichen Wert hat und er soll gleich $-\alpha$ sein, wenn die Funktion in P einen Pol α-ter Ordnung hat. Die Eigenschaften 1. bis 4. sind dann erfüllt. So gehört zu jeder Stelle P eine Bewertung des Körpers K. Dieses Beispiel läßt die Bedeutung der Bewertungstheorie für die Theorie der algebraischen Funktionen einer komplexen Veränderlichen ahnen. Auch wird durch dieses Beispiel erklärlich, warum man die Bewertungen eines Körpers K gelegentlich auch „Stellen" nennt.

Wir unterscheiden die Exponentenbewertungen in zwei Typen: *Diskrete*, die dadurch gekennzeichnet sind, daß es einen kleinsten positiven Wert $w(a)$ gibt, von denen alle vorkommenden Werte $w(a)$ Vielfache sind (vgl. das obige Beispiel), und *nichtdiskrete*, bei denen die vorkommenden $w(a)$ beliebig nahe an den Wert Null herankommen. Da die Vielfachen eines Wertes $w(a)$ wieder Werte sind: $nw(a) = w(a^n)$, so liegen im nichtdiskreten Fall die Werte $w(a)$ überall dicht in der Menge der reellen Zahlen.

Die p-adische Bewertung des rationalen Zahlkörpers ist diskret; ebenso alle $\mathfrak{p}$-adischen Bewertungen.

In einem exponentiell bewerteten Körper K bilden die Elemente a mit $w(a) \geqq 0$ einen Ring $\mathfrak{J}$. Denn aus $w(a) \geqq 0$ und $w(b) \geqq 0$ folgt $w(a \pm b) \geqq \min(w(a), w(b)) \geqq 0$ und $w(ab) = w(a) + w(b) \geqq 0$. Die Gesamtheit $\mathfrak{p}$ aller Elemente a von K mit $w(a) > 0$ ist ein Primideal von $\mathfrak{J}$. Denn erstens folgt wiederum aus $w(a) > 0$, $w(b) > 0$, daß $w(a \pm b) \geqq \min(w(a), w(b)) > 0$ ist; also ist $\mathfrak{p}$ ein Modul. Zweitens folgt aus $a \in \mathfrak{p}$, d. h. $w(a) > 0$ und $w(c) \geqq 0$, daß $w(ca) = w(c) + w(a) > 0$ ist; also ist $\mathfrak{p}$ ein Ideal. Drittens folgt aus $ab \equiv 0 \pmod{\mathfrak{p}}$, d. h. aus $w(ab) = w(a) + w(b) > 0$, daß mindestens eine der beiden Zahlen $w(a)$ und $w(b)$ positiv, daß also mindestens eines der beiden Elemente a und b durch $\mathfrak{p}$ teilbar ist: $\mathfrak{p}$ ist prim.

$\mathfrak{J}$ heißt der *Bewertungsring* zu der Bewertung w. Elemente aus $\mathfrak{J}$ heißen *ganz* (in bezug auf die Bewertung). Ein Element a heißt durch b *teilbar* (in bezug auf die Bewertung w), wenn $\frac{a}{b}$ ganz ist, oder wenn $w(a) \geqq w(b)$ ist.

Die Elemente a mit $w(a) = 0$ sind die Einheiten des Ringes $\mathfrak{J}$. Da alle nicht zu $\mathfrak{p}$ gehörigen Elemente von $\mathfrak{J}$ Einheiten von $\mathfrak{J}$ sind, so ist $\mathfrak{p}$

ein teilerloses Ideal von $\mathfrak{J}$. Der Restklassenring $\mathfrak{J}/\mathfrak{p}$ ist somit ein Körper, der *Restklassenkörper* der Bewertung. Hat der Körper K die Charakteristik p, so hat der Restklassenkörper offenbar ebenfalls die Charakteristik p. Hat aber K die Charakteristik Null, so kann der Restklassenkörper entweder die Charakteristik Null haben (charakteristik-gleicher Fall), oder eine Primzahlcharakteristik besitzen (charakteristik-ungleicher Fall). Typische Beispiele für den charakteristik-ungleichen Fall liefern die p-adischen Bewertungen. Ein Beispiel für den charakteristik-gleichen Fall erhält man, wenn man den Körper der rationalen Funktionen einer Veränderlichen zugrunde legt und den Exponentenwert einer rationalen Funktion gleich Grad des Nenners minus Grad des Zählers setzt. Auch die durch Ideale des Polynomrings $\mathsf{K}[x_1, \ldots, x_n]$ definierten $\mathfrak{p}$-adischen Bewertungen (siehe oben) gehören zum charakteristik-gleichen Fall.

Für die weitere Verfolgung dieser Begriffsbildungen bis zur vollständigen Klassifizierung aller Bewertungen siehe die Arbeiten von H. HASSE, F. K. SCHMIDT, O. TEICHMÜLLER und E. WITT[1].

Aufgaben. 3. Man zeige: In $\mathfrak{J}$ ist jedes Ideal entweder die Menge aller a mit $w(a) > \delta$ oder die Menge aller a mit $w(a) \geqq \delta$, wo δ eine nicht negative reelle Zahl bedeutet. Bei einer diskreten Bewertung kann man sich auf den Fall $\geqq$ beschränken und für δ eine Zahl nehmen, die in der Menge der Werte wirklich vorkommt. Bei einer nicht diskreten Bewertung ist δ durch das Ideal eindeutig bestimmt.

4. Bei einer diskreten Bewertung sind alle Ideale von $\mathfrak{J}$ Potenzen von $\mathfrak{p}$, dagegen sind bei einer nicht diskreten Bewertung alle Potenzen von $\mathfrak{p}$ gleich $\mathfrak{p}$.

§ 74. Perfekte Erweiterungen.

Zu jedem bewerteten Körper K kann man genau nach dem Verfahren von § 67 einen bewerteten Erweiterungskörper Ω_{K} konstruieren, für den der CAUCHY*sche Konvergenzsatz* gilt. Zu diesem Zwecke muß man vorher zum Wertekörper P den zugehörigen angeordneten Körper Ω konstruieren, der nachher als Wertekörper für Ω_{K} benutzt wird. Nunmehr definiert man in K die Fundamentalfolgen $\{a_\nu\}$ durch die Eigenschaft

$$\varphi(a_p - a_q) < \varepsilon \quad \text{für} \quad p > n(\varepsilon), \quad q > n(\varepsilon),$$

wo ε eine beliebige positive Größe aus P ist. Aus dem Ring der Fundamentalfolgen erhält man den Restklassenkörper Ω_{K} genau nach dem Vorbild von § 67; alle Beweise lassen sich wörtlich übertragen. Der einzige Unterschied ist, daß Ω_{K} ebenso wie K nicht angeordnet, sondern nur bewertet ist. Die Bewertung von Ω_{K} wird so definiert: Ist α durch die Fundamentalfolge $\{a_\nu\}$ definiert, so bilden auf Grund der schon

[1] WITT, E.: J. reine u. angew. Math. Bd. 176 (1936) S. 126—140 und die dort angegebene Literatur.

bewiesenen Ungleichung

$$|\varphi(a_\nu) - \varphi(a_\mu)| \leqq \varphi(a_\nu - a_\mu)$$

auch die Werte $\varphi(a_\nu)$ in P eine Fundamentalfolge, die also in Ω_P einen limes ω hat. Dann setzen wir

$$\varphi(\alpha) = \omega.$$

Alle Fundamentalfolgen mit dem gleichen limes α definieren auch den gleichen Wert $\varphi(\alpha)$ und dieser genügt den Forderungen 1—4. *Ω_K heißt die in Beziehung auf die Bewertung φ perfekte Erweiterung von* K.

Für die Exponentenbewertungen nimmt das CAUCHYsche Konvergenzkriterium die folgende einfache Gestalt an:

Ist der Körper K *in Beziehung auf die Exponentenbewertung w perfekt, so ist eine Folge $\{a_\nu\}$ dann (und nur dann) konvergent, wenn*

$$\lim_{\nu \to \infty} w(a_{\nu+1} - a_\nu) = \infty$$

gilt. Denn das allgemeine CAUCHYsche Konvergenzkriterium lautet in unserem Falle: $\{a_\nu\}$ ist genau dann konvergent, wenn für jedes feste k $\lim_{\nu \to \infty} w(a_{\nu+k} - a_\nu) = \infty$ gilt. Da aber $w(a_{\nu+k} - a_\nu) \geqq \min(w(a_{\nu+k} - a_{\nu+k-1}), \ldots, w(a_{\nu+1} - a_\nu))$ ist, so genügt schon $\lim_{\nu \to \infty} w(a_{\nu+1} - a_\nu) = \infty$ für Konvergenz.

Wir können dies Kriterium auch so aussprechen: *Für die Konvergenz einer unendlichen Reihe $a_1 + a_2 + a_3 + \cdots$ ist es notwendig und hinreichend, daß $\lim_{\nu \to \infty} w(a_\nu) = \infty$ ist.*

Im folgenden beschränken wir uns auf den Fall, daß alle Werte reelle Zahlen sind. Der Wertekörper P ist dann ein reeller Zahlkörper und Ω ist der Körper der reellen Zahlen; wir können von vornherein $\mathsf{P} = \Omega$ annehmen.

Bewertet man den Körper Γ der rationalen Zahlen durch die gewöhnlichen Absolutbeträge, $\varphi(a) = |a|$, so erhält man als perfekte Erweiterung natürlich den Körper der reellen Zahlen. Geht man aber von der p-adischen Bewertung von Γ aus, so erhält man als perfekte Erweiterung den *Körper Ω_p der p-adischen Zahlen* von HENSEL.

Die Körper $\Omega_2, \Omega_3, \Omega_5, \Omega_7, \Omega_{11}, \ldots$ treten so als völlig gleichberechtigte (und für die Arithmetik auch ebenso wichtige) perfekte Körper an die Seite des Körpers der reellen Zahlen.

Die Elemente des Körpers Ω_p, also die p-adischen Zahlen, lassen sich noch etwas bequemer darstellen als durch beliebige Fundamentalfolgen. Betrachten wir nämlich für $\lambda = 0, 1, 2, 3, \ldots$ den Modul $\mathfrak{M}_\lambda$, bestehend aus den rationalen Zahlen, deren Zähler durch p^λ und deren Nenner nicht durch p teilbar ist, für die also $\varphi(a) \leqq p^{-\lambda}$ ist. Wir nennen zwei rationale Zahlen kongruent (mod p^λ), wenn ihre Differenz zu $\mathfrak{M}_\lambda$ gehört. Ist nun $\{r_\mu\}$ eine p-adische Fundamentalfolge rationaler Zahlen, so ist für jedes λ von einem gewissen $n = n(\lambda)$ an:

$$\varphi(r_\mu - r_\nu) \leqq p^{-\lambda} \quad \text{für} \quad \mu > n(\lambda),\ \nu > n(\lambda),$$

d. h.

$$r_\mu \equiv r_\nu \,(\text{mod}\ p^\lambda).$$

Alle Zahlen r_μ mit $\mu > n(\lambda)$ gehören also einer einzigen Restklasse $\mathfrak{R}_\lambda$ modulo $\mathfrak{M}_\lambda$ an. Die Fundamentalfolge $\{r_\mu\}$ definiert daher eine Folge von Restklassen

$$\mathfrak{R}_0 \supset \mathfrak{R}_1 \supset \mathfrak{R}_2 \supset \mathfrak{R}_3 \supset \mathfrak{R}_4 \supset \ldots,$$

die in der angegebenen Weise ineinander geschachtelt sind. Umgekehrt ist jede Folge $\{r_1, r_2, \ldots\}$, die in der angegebenen Weise eine Folge $\{\mathfrak{R}_\lambda\}$ von ineinander geschachtelten Restklassen $\mathfrak{R}_\lambda$ modulo $\mathfrak{M}$ definiert, so daß

$$r_\mu \text{ in } \mathfrak{R}_\lambda \quad \text{für alle} \quad \mu > n(\lambda),$$

stets eine Fundamentalfolge.

Ist insbesondere $\{r_\mu\}$ eine Nullfolge, so wird $\mathfrak{R}_\lambda = \mathfrak{M}_\lambda$ die Nullrestklasse. Addiert man zwei Fundamentalfolgen: $\{r_\mu\} + \{s_\mu\} = \{r_\mu + s_\mu\}$, so addieren sich auch die zugehörigen Restklassenfolgen: $\{\mathfrak{R}_\lambda + \mathfrak{S}_\lambda\}$. Addiert man insbesondere zu einer Fundamentalfolge eine Nullfolge, so ändert sich die zugehörige Restklassenfolge nicht. Gehören umgekehrt zwei Folgen $\{r_\mu\}$ und $\{s_\mu\}$ zur gleichen Restklassenfolge $\{\mathfrak{R}_\lambda\}$, so ist ihre Differenz eine Nullfolge. *Also entspricht jeder p-adischen Zahl $\alpha = \lim r_\nu$ umkehrbar eindeutig eine Restklassenfolge $\{\mathfrak{R}_\lambda\}$ der angegebenen Art.*

Diese Darstellung der p-adischen Zahlen durch Restklassenfolgen ist die bequeme Darstellung, die wir oben meinten. Um von der Restklassendarstellung einer p-adischen Zahl α zu einer (besonderen) Fundamentalfolge zurückzugehen, braucht man nur aus jeder Restklasse $\mathfrak{R}_\lambda$ ein r'_λ auszuwählen: dann ist $\alpha = \lim r'_\lambda$. Man kann α auch als unendliche Summe darstellen, indem man

$$r'_1 = s_0, \quad r'_{\lambda+1} - r'_\lambda = s_\lambda p^\lambda$$

setzt, dann wird

$$r_{\lambda+1} = s_0 + s_1 p + s_2 p^2 + \cdots + s_\lambda p^\lambda,$$

also

$$\alpha = \lim_{\lambda \to \infty} \sum_{\nu=0}^{\lambda} s_\nu p^\nu = \sum_{\nu=0}^{\infty} s_\nu p^\nu. \tag{1}$$

Dabei sind $s_1, s_2 \ldots$ rationale Zahlen, deren Nenner nicht durch p teilbar sind.

Ein p-adischer Limes von gewöhnlichen ganzen Zahlen heißt eine *ganze p-adische Zahl.* Für die Restklassen $\mathfrak{R}_0, \mathfrak{R}_1, \ldots$ bedeutet das, daß in jeder von ihnen eine ganze Zahl vorkommen muß. Insbesondere ist im Fall einer ganzen p-adischen Zahl $\mathfrak{R}_0$ die Nullrestklasse $\mathfrak{M}_0$, die Gesamtheit der rationalen Zahlen mit nicht durch p teilbaren Nennern. Diese Bedingung genügt aber auch für die Ganzheit: Wenn $\mathfrak{R}_0$ die

Nullrestklasse modulo $\mathfrak{M}_0$ ist, so enthalten alle Restklassen $\mathfrak{R}_1, \mathfrak{R}_2, \ldots$ ganze Zahlen. $\mathfrak{R}_\lambda$ ist nämlich in $\mathfrak{R}_0$ enthalten und besteht daher aus lauter Zahlen r/s mit $s \not\equiv 0 \pmod{p}$. Löst man nun die Kongruenz

$$s x \equiv r \pmod{p^\lambda},$$

so wird

$$x - \frac{r}{s} = \frac{s x - r}{s} \equiv 0 \pmod{\mathfrak{M}_\lambda},$$

also gehört die Zahl x zur Restklasse $\mathfrak{R}_\lambda$.

In der Reihendarstellung (1) kann man demnach, wenn α eine ganze p-adische Zahl ist, alle r'_λ und damit auch alle s_ν als gewöhnliche ganze Zahlen wählen. (1) ist also eine Potenzreihe in p mit ganzzahligen Koeffizienten Jede solche Potenzreihe konvergiert im Sinne der p-adischen Bewertung und stellt eine ganze p-adische Zahl dar.

Jede p-adische Zahl α mit der Restklassendarstellung $\{\mathfrak{R}_0, \mathfrak{R}_1, \ldots\}$ läßt sich durch Multiplikation mit einer Potenz von p in eine ganze p-adische Zahl verwandeln. Ist nämlich r'_0 ein Element der Restklasse $\mathfrak{R}_0$, so kann man durch Multiplikation von r'_0 mit einer Potenz p^m von p erreichen, daß der Nenner von $p^m r'_0$ keinen Faktor p mehr enthält und somit $p^m r'_0$ zur Nullrestklasse modulo $\mathfrak{M}_0$ gehört. Entwickelt man nun die ganze p-adische Zahl $p^m \alpha$ in eine Potenzreihe (1) mit ganzzahligen $s_0, s_1, \ldots$, so erhält man für α eine Darstellung mit endlichvielen negativen Exponenten:

$$(2) \qquad \alpha = a_{-m} p^{-m} + a_{-m+1} p^{-m+1} + \cdots + a_0 + a_1 p + a_2 p^2 + \cdots.$$

Die Darstellung (1) der ganzen p-adischen Zahl α kann normiert werden, indem man für r'_λ stets die kleinste nichtnegative ganze Zahl aus der Restklasse $\mathfrak{R}_\lambda$ wählt. Dann genügen alle Zahlen s_ν der Bedingung $0 \leqq s_\nu < p$. Geht man nun wieder von (1) zu (2) über, so erhält man *für jede p-adische Zahl eine eindeutig bestimmte Entwicklung* (2) *mit* $0 \leqq a_\nu < p$.

Aus der Darstellung (2) der p-adischen Zahlen folgt unmittelbar, daß der Bewertungsring der p-adischen Bewertung in Ω_p gerade aus allen ganzen p-adischen Zahlen besteht, daß also der in § 73 eingeführte Begriff „ganz" mit der Bezeichnung „ganze p-adische Zahlen" in Einklang steht.

Aus der $\mathfrak{p}$-adischen Bewertung eines Körpers K, die in der in § 73 angegebenen Weise durch ein Primideal $\mathfrak{p}$ eines Integritätsbereiches $\mathfrak{o}$ gegeben wird, erhält man ebenfalls einen perfekten $\mathfrak{p}$-*adischen Körper* $\Omega_\mathfrak{p}$, die Verallgemeinerung der HENSELschen p-adischen Körper. Ist z. B. $\mathfrak{p}$ das Ideal $(x—c)$ im Polynombereich $\Delta[x]$, so wird $\Omega_\mathfrak{p}$ der Ring aller Potenzreihen

$$(3) \qquad \alpha = a_{-m}(x-c)^{-m} + \cdots + a_0 + a_1(x-c) + a_2(x-c)^2 + \cdots$$

mit konstanten a_ν aus Δ (Beweis wie oben). Die Potenzreihe konvergiert im Sinne der $\mathfrak{p}$-adischen Bewertung *immer*, wie auch die Koeffizienten a_ν

gewählt werden. Man nennt die Ausdrücke (3) *formale Potenzreihen* in $(x-c)$.

Aufgaben 1. Man schreibe -1 und $\frac{1}{2}$ als 3-adische normierte Potenzreihen.

2. Eine Gleichung $f(\xi)=0$, wo f ein ganzzahliges Polynom ist, ist im Körper Ω_p dann und nur dann lösbar, wenn die Kongruenz

$$f(\xi)\equiv 0 \pmod{p^n}$$

für jede natürliche Zahl n eine rationale Lösung ξ hat.

3. Sind die Gleichungen

$$x^2=-1, \quad x^2=3, \quad x^2=7$$

im Körper Ω_3 lösbar?

4. Es sei $\mathfrak{p}$ das Ideal $(x_1, x_2, \ldots, x_n)$ im Polynombereich $\Delta[x_1, x_2, \ldots, x_n]$. Man zeige, daß die Kongruenz

$$fg\equiv 1 \pmod{\mathfrak{p}}$$

bei gegebenem $f\not\equiv 0 \pmod{\mathfrak{p}}$ eine Lösung besitzt. Mit Hilfe davon zeige man, daß der $\mathfrak{p}$-adische Körper $\Omega_{\mathfrak{p}}$ aus allen Quotienten von formalen Potenzreihen

$$h_0+h_1+h_2+\cdots$$

besteht, in denen h_k eine homogene Form vom Grade k in $x_1, \ldots, x_n$ ist.

Es ist möglich, daß zwei verschiedene Bewertungen φ und ψ eines Körpers K zu dem gleichen perfekten Erweiterungskörper Ω führen. Ersichtlich ist dies dann und nur dann der Fall, wenn jede Folge $\{a_\nu\}$ von K, die für φ eine Nullfolge ist, auch für ψ eine Nullfolge ist und umgekehrt. Wir nennen in diesem Fall, wenn also $\lim\limits_{\nu\to\infty}\varphi(a_\nu)=0$ und $\lim\limits_{\nu\to\infty}\psi(a_\nu)=0$ das gleiche bedeuten, die beiden Bewertungen φ und ψ *äquivalent*.

Zu der Bewertung $\varphi(a)=|a|$ des Körpers der komplexen Zahlen durch gewöhnliche Absolutbeträge, kann man unendlich viele äquivalente bilden, indem man $\varphi(a)=|a|^\varrho$ setzt, wo ϱ eine feste positive reelle Zahl ist, die nicht größer als 1 ist. Die Bedingungen 1 bis 3 sind trivialerweise erfüllt. 4. folgt aus $|a+b|\leqq|a|+|b|$ mit Hilfe der Ungleichung $\varepsilon^\varrho+\delta^\varrho\leqq(\varepsilon+\delta)^\varrho$, die für je zwei reelle Zahlen $\varepsilon\geqq 0$, $\delta\geqq 0$ und $0<\varrho\leqq 1$ gilt[1].

Zur p-adischen Bewertung $\varphi_p(a)$ des Körpers der rationalen Zahlen ist jede Bewertung $\psi(a)=\varphi_p(a)^\sigma$ äquivalent, wo σ irgendeine feste positive Zahl bedeutet.

Sind φ und ψ zwei äquivalente Bewertungen eines Körpers K, *so ist ψ eine Potenz von φ, d. h. es gibt eine feste positive Zahl ε mit $\psi(a)=\varphi(a)^\varepsilon$ für alle a aus* K.

[1] Vgl. z. B. HARDY-LITTLEWOOD-POLYA: Inequalities. Cambridge 1934, Kap. II.

Beweis. Wenn $\varphi(a) < \varphi(b)$ ist, so ist auch $\psi(a) < \psi(b)$ und umgekehrt. Denn aus $\varphi(a) < \varphi(b)$ folgt $\varphi(a/b) < 1$, $(a/b)^n$ konvergiert also für $n \to \infty$ im Sinne der Bewertung φ gegen Null. $(a/b)^n$ konvergiert daher auch für ψ gegen Null. Das bedeutet aber $\psi(a/b) < 1$ oder $\psi(a) < \psi(b)$. Jetzt sei p irgendein festes Element von K mit $\varphi(p) > 1$. Es ist dann also auch $\psi(p) > 1$. a sei ein beliebiges Element von K und $\varphi(a) = \varphi(p)^\delta$, $\psi(a) = \psi(p)^{\delta'}$. Wir wollen zeigen, daß $\delta = \delta'$ ist. n und m seien natürliche Zahlen mit $n/m \leqq \delta$. Dann ist

$$\varphi(p)^{n/m} \leqq \varphi(p)^\delta = \varphi(a), \text{ also } \varphi(p^n) \leqq \varphi(a^m).$$

Daraus folgt aber

$$\psi(p^n) \leqq \psi(a^m), \quad \psi(p)^{n/m} \leqq \psi(a) = \psi(p)^{\delta'}, \quad n/m \leqq \delta'.$$

Da die obere Grenze aller Brüche n/m mit $n/m \leqq \delta$ gerade δ ist, so folgt $\delta \leqq \delta'$, und ebenso $\delta' \leqq \delta$, also $\delta = \delta'$. Nun ist $\varepsilon = \dfrac{\log \psi(p)}{\log \varphi(p)}$ eine feste von a unabhängige positive Zahl, und wegen $\delta = \delta'$ ist für alle a

$$\log \psi(a) = \delta' \log \psi(p) = \delta \log \psi(p) = \delta\varepsilon \log \varphi(p) = \varepsilon \log \varphi(a),$$

mithin

$$\psi(a) = \varphi(a)^\varepsilon.$$

Ist K ein Körper mit der Bewertung φ, K' ein zu K isomorpher Körper mit der Bewertung ψ, so heißt ein Isomorphismus zwischen K und K' *beiderseits stetig* oder *topologisch*, wenn er eine φ-Nullfolge von K stets auf eine ψ-Nullfolge von K' abbildet und umgekehrt. Die Körper K und K' heißen in diesem Fall *stetig isomorph*. Bei einem topologischen Isomorphismus entsprechen einander auch konvergente Folgen und Fundamentalfolgen. Daraus folgt ohne weiteres:

Stetig isomorphe bewertete Körper K *und* K' *haben stetig isomorphe perfekte Erweiterungen* Ω_K *und* $\Omega_{\mathsf{K}'}$.

Aufgabe 5. Man zeige, daß von den uns bekannten Bewertungen des Körpers der rationalen Zahlen, nämlich Absolutbetragbewertung und p-adische Bewertungen, keine zwei äquivalent sind.

§ 75. Die Bewertungen des Körpers der rationalen Zahlen. Archimedische Bewertungen von Zahlkörpern.

Der folgende von Ostrowski herrührende Satz zeigt, daß die uns bekannten Bewertungen des Körpers der rationalen Zahlen, nämlich die p-adischen und die nach dem absoluten Betrag, im wesentlichen die einzig möglichen sind. Dabei wird als Wertekörper wieder der Körper der reellen Zahlen genommen.

Eine nicht triviale Bewertung φ *des Körpers* Γ *der rationalen Zahlen ist entweder* $\varphi(a) = |a|^\varrho$ *mit* $0 < \varrho \leqq 1$, *also zur gewöhnlichen Absolutbetragbewertung äquivalent, oder sie ist* $\varphi(a) = \varphi_p(a)^\sigma$ *mit einer festen Primzahl* p *und einer festen positiven Zahl* σ, *also zu einer* p*-adischen Bewertung äquivalent.*

Beweis. Für jede ganze rationale Zahl gilt

$$\varphi(n) \leqq |n|.$$

Denn es ist

$$\varphi(n) = \varphi(|n|) = \varphi(1 + 1 + \cdots + 1) \leqq \varphi(1) + \varphi(1) + \cdots + \varphi(1) = |n|.$$

$a > 1$ und $b > 1$ seien irgend zwei ganze rationale Zahlen. Wir entwickeln b^ν nach Potenzen von a

$$b^\nu = c_0 + c_1 a + \cdots + c_n a^n,$$
$$0 \leqq c_\nu < a, \qquad c_n \neq 0.$$

Die höchste vorkommende Potenz a^n von a ist höchstens gleich b^ν:

$$a^n \leqq b^\nu,$$

d. h.

$$n \leqq \nu \frac{\log b}{\log a}$$

Da nun, wenn $M = \max(1, \varphi(a))$ gesetzt wird,

$$\varphi(b^\nu) \leqq \varphi(c_0) + \varphi(c_1)\varphi(a) + \cdots + \varphi(c_n)\varphi(a)^n$$
$$< a(1 + \varphi(a) + \cdots + \varphi(a)^n) \leqq a(n+1) M^n$$

ist, so gilt

$$\varphi(b)^\nu < a\left(\frac{\log b}{\log a}\nu + 1\right) M^{\frac{\log b}{\log a}\nu}$$

oder

$$\left(\frac{\varphi(b)}{M^{\frac{\log b}{\log a}}}\right)^\nu < a\frac{\log b}{\log a}\nu + a.$$

Nach dem Hilfssatz aus § 73 folgt daraus

$$\varphi(b) \leqq M^{\frac{\log b}{\log a}},$$

d. h.

$$\varphi(b) \leqq \max\left(1, \varphi(a)^{\frac{\log b}{\log a}}\right).$$

Erster Fall. φ ist archimedisch. Dann gibt es eine ganze Zahl b mit $\varphi(b) > 1$. Wäre für irgendeine andere ganze Zahl $a > 1$ etwa $\varphi(a) \leqq 1$, so würde aus der eben bewiesenen Ungleichung der Widerspruch $\varphi(b) \leqq 1$ folgen. Es ist also $\varphi(a) > 1$ für alle ganzen $a > 1$. Die Ungleichung heißt somit in dem vorliegenden Fall

$$\varphi(b) \leqq \varphi(a)^{\frac{\log b}{\log a}}$$

oder

$$\varphi(b)^{\frac{1}{\log b}} \leqq \varphi(a)^{\frac{1}{\log a}}.$$

Da aber a und b vertauscht werden können, so gilt auch

$$\varphi(a)^{\frac{1}{\log a}} \leqq \varphi(b)^{\frac{1}{\log b}},$$

also

$$\varphi(a)^{\frac{1}{\log a}} = \varphi(b)^{\frac{1}{\log b}}.$$

Ist $\varphi(b) = b^\varrho$, so folgt hieraus $\varphi(a) = a^\varrho$ und also

$$\varphi(r) = |r|^\varrho$$

für jede rationale Zahl r. Es ist $\varrho > 0$ wegen $\varphi(a) > 1$. Und es ist $\varrho \leqq 1$ wegen

$$2^\varrho = \varphi(2) = \varphi(1+1) \leqq \varphi(1) + \varphi(1) = 2.$$

Zweiter Fall. φ ist nichtarchimedisch; es ist also $\varphi(a) \leqq 1$ für alle ganzen Zahlen a. Die Gesamtheit aller ganzen Zahlen a mit $\varphi(a) < 1$ ist ein Primideal im Ring der ganzen Zahlen. Das ergibt sich genau wie in § 73: Aus $\varphi(a) < 1$ und $\varphi(b) < 1$ folgt $\varphi(a+b) \leqq \max(\varphi(a), \varphi(b)) < 1$, daher ist die Menge aller ganzen a mit $\varphi(a) < 1$ ein Ideal; das Ideal ist prim, weil aus $\varphi(ab) = \varphi(a)\,\varphi(b) < 1$ entweder $\varphi(a) < 1$ oder $\varphi(b) < 1$ (oder beides) folgt. Nun ist im Ring der ganzen Zahlen jedes Ideal Hauptideal, insbesondere wird jedes Primideal von einer Primzahl erzeugt. Die ganzen Zahlen a mit $\varphi(a) < 1$ sind also genau die Vielfachen einer Primzahl p. Jede rationale Zahl r kann in der Form $r = \frac{z}{n} p^\varrho$ mit ganzen, nicht durch p teilbaren z und n geschrieben werden. Da $\varphi(z) = \varphi(n) = 1$ ist, so wird $\varphi(r) = \varphi(p)^\varrho = p^{-\varrho\sigma} = \varphi_p(r)^\sigma$, wo $\sigma = -\frac{\log \varphi(p)}{\log p}$ eine feste, wegen $\varphi(p) < 1$ positive Zahl ist.

Für die eindringenderen Untersuchungen der Bewertungstheorie sind allein die nichtarchimedischen Bewertungen von Belang. Denn es gilt der ebenfalls von OSTROWSKI bewiesene Satz: *Ein archimedisch bewerteter Körper* K *ist zu einem mit gewöhnlichen Absolutbeträgen bewerteten Körper aus komplexen Zahlen stetig isomorph.* Für den Beweis verweisen wir auf die Originalabhandlung[1].

Wir wollen hier nur die wichtigsten Spezialfälle behandeln, und zwar betrachten wir zunächst den Körper der komplexen Zahlen selbst.

Der Körper $\Omega = \mathsf{P}(i)$ der komplexen Zahlen hat genau eine Bewertung Φ, welche für den Körper P der reellen Zahlen mit der Absolutbetragbewertung $\varphi(a) = |a|^\varrho$ übereinstimmt: nämlich $\Phi(a) = |a|^\varrho$.

Beweis. Gesetzt, es gäbe eine komplexe Zahl ξ mit $\Phi(\xi) \neq |\xi|^\varrho$. Je nachdem, ob $\Phi(\xi) > |\xi|^\varrho$ oder $\Phi(\xi) < |\xi|^\varrho$ ist, setzen wir $\eta = \frac{\xi}{|\xi|}$ oder $\eta = \frac{|\xi|}{\xi}$. Dann ist $|\eta| = 1$ und $\Phi(\eta) > 1$.

Setzen wir

$$\eta^\nu = a_\nu + i b_\nu$$

so folgte

$$a_\nu^2 + b_\nu^2 = |\eta^\nu|^2 = |\eta|^{2\nu} = 1,$$

$$|a_\nu| \leqq 1, \quad |b_\nu| \leqq 1,$$

$$\Phi(a_\nu) = |a_\nu|^\varrho \leqq 1, \quad \Phi(b_\nu) = |b_\nu|^\varrho \leqq 1,$$

$$\Phi(\eta)^\nu = \Phi(\eta^\nu) \leqq \Phi(a_\nu) + \Phi(i)\,\Phi(b_\nu) \leqq 1 + \Phi(i)$$

für alle ν. Das ist aber wegen $\Phi(\eta) > 1$ nicht möglich.

[1] OSTROWSKI, A.: Über einige Lösungen der Funktionalgleichung $\varphi(x)\varphi(y) = \varphi(xy)$. Acta math. Bd. 41 (1918) S. 271—284.

Jetzt können wir alle archimedischen Bewertungen eines algebraischen Zahlkörpers aufstellen.

Alle archimedischen Bewertungen eines algebraischen Zahlkörpers Σ *werden erhalten, indem man* Σ *in allen möglichen Weisen in den Körper der reellen oder in den der komplexen Zahlen einbettet und jedesmal* $\varphi(a) = |a|^\varrho$, $0 < \varrho \leqq 1$ *setzt.*

Beweis. Wir denken uns Σ durch Adjunktion einer Zahl ϑ zum Körper der rationalen Zahlen Γ erzeugt.

Die Elemente des in $\Gamma(\vartheta)$ enthaltenen Primkörpers Γ können nach dem ersten Satz dieses Paragraphen nur mit $\varphi(a) = |a|^\varrho$ bewertet werden. Die perfekte Erweiterung Ω von $\Gamma(\vartheta)$ umfaßt die perfekte Erweiterung von Γ, also den Körper der reellen Zahlen P. In $P[x]$ zerfällt das Polynom $f(x)$ nach dem Fundamentalsatz der Algebra in r_1 lineare und r_2 quadratische Faktoren

$$f(x) = (x-\vartheta_1)\ldots\ldots(x-\vartheta_{r_1})\, q_1(x)\ldots\ldots q_{r_2}(x),$$
$$q_\nu(x) = (x-a_\nu)^2 + b_\nu^2.$$

Da ϑ eine Nullstelle von $f(x)$ ist, so muß einer der Faktoren von $f(x)$ die Nullstelle ϑ haben. Ist es einer von den linearen Faktoren, so ist $\vartheta = \vartheta_\mu$ $(\mu \leqq r_1)$ und $\Gamma(\vartheta)$ erscheint in dem Körper der reellen Zahlen mit der Bewertung $\varphi(a) = |a|^\varrho$ eingebettet. Ist ϑ aber eine Nullstelle eines quadratischen Faktors $q_\nu(x)$, so ist die Adjunktion von ϑ gleichbedeutend mit der Adjunktion von $i = \sqrt{-1}$, und $\Gamma(\vartheta) = \Sigma$ erscheint in den Körper der komplexen Zahlen mit der Bewertung $\varphi(a) = |a|^\varrho$ eingebettet, denn nach dem vorhergehenden ist dies die einzige Bewertung von $P(i)$, die die Betragbewertung $|a|^\varrho$ von P fortsetzt.

Ist ϑ eine Nullstelle von $q_\nu(x)$, so kann man ϑ noch auf zwei verschiedene Weisen in $P(i)$ einbetten, nämlich durch $\vartheta = a_\nu + i b_\nu$ und durch $\vartheta = a_\nu - i b_\nu$. Beide Einbettungen führen aber zu der gleichen Bewertung, da zwei konjugiert-komplexe Größen den gleichen absoluten Betrag haben. Jeder lineare oder quadratische Faktor von $f(x)$ führt demnach zu einer und bis auf Äquivalenz nur einer Bewertung des Körpers $\Gamma(\vartheta)$. Umgekehrt führt jede Bewertung von $\Gamma(\vartheta)$ eindeutig zu einer bestimmten perfekten Erweiterung Ω, in welcher das Element ϑ nur einen einzigen Faktor $x - \vartheta_\mu$ oder $q_\nu(x)$ zu Null machen kann. Die Anzahl der wesentlich verschiedenen archimedischen Bewertungen von $\Gamma(\vartheta)$ ist demnach gleich der Zahl $r_1 + r_2$ der Faktoren von $f(x)$. Dabei ist r_1 die Anzahl der reellen Wurzeln, r_2 die Anzahl der Paare konjugiert-komplexer Wurzeln von $f(x)$.

Die Bewertungen des Körpers $\Gamma(\vartheta)$ durch Absolutbeträge hängen sehr eng mit den „Einheiten" dieses Körpers zusammen[1].

---

[1] Vgl. dazu B. L. VAN DER WAERDEN: Ein logarithmenfreier Beweis des DIRICHLETschen Einheitensatzes. Abh. Math. Sem. Hamburg. Univ. Bd. 6 (1928) S. 259—262.

§ 76. Bewertung von algebraischen Erweiterungskörpern.

Wir wollen untersuchen, ob und auf wie viele Weisen eine vorgegebene nichtarchimedische Bewertung eines Körpers K sich zu einer Bewertung eines algebraischen Erweiterungskörpers Λ von K erweitern läßt. Dabei gehen wir entsprechend § 73 zur Exponentenbewertung $w(a) = -\log\varphi(a)$ über und bezeichnen mit $\mathfrak{p}$ das Ideal der Elemente a mit $w(a) > 0$ im Ring der ganzen Elemente a, $w(a) \geqq 0$.

Grundlegend für diese Untersuchung ist ein *Reduzibilitätskriterium* in perfekten Körpern, das auf HENSEL zurückgeht. Wenn a_ν der Koeffizient mit kleinstem Exponenten des Polynomes

$$a_n x^n + a_{n-1} x^{n-1} + \cdots + a_0$$

in einem exponentiell bewerteten Körper ist, so ist

$$\frac{a_n}{a_\nu} x^n + \frac{a_{n-1}}{a_\nu} x^{n-1} + \cdots + \frac{a_0}{a_\nu}$$

ein Polynom mit *ganzen*, aber nicht sämtlich durch $\mathfrak{p}$ teilbaren Koeffizienten. Ein Polynom mit dieser Eigenschaft heißt *primitiv*.

Reduzibilitätskriterium. K *sei für die Exponentenbewertung w perfekt. $f(x)$ sei ein primitives Polynom mit ganzen Koeffizienten aus* K. *Sind $g_0(x)$ und $h_0(x)$ zwei Polynome mit ganzen Koeffizienten aus* K, *die*

$$f(x) \equiv g_0(x)\, h_0(x) \pmod{\mathfrak{p}}$$

erfüllen, so gibt es zwei Polynome $g(x)$, $h(x)$ mit ganzen Koeffizienten aus K, *für die*

$$f(x) = g(x)\, h(x),$$
$$g(x) \equiv g_0(x) \pmod{\mathfrak{p}}$$
$$h(x) \equiv h_0(x) \pmod{\mathfrak{p}}$$

gilt, vorausgesetzt, daß $g_0(x)$ und $h_0(x)$ modulo $\mathfrak{p}$ teilerfremd sind. Es ist zudem möglich, $g(x)$ und $h(x)$ so zu bestimmen, daß der Grad von $g(x)$ gleich dem Grad modulo $\mathfrak{p}$ von $g_0(x)$ ist.

Beweis. Da wir in $g_0(x)$ und $h_0(x)$ durch $\mathfrak{p}$ teilbare Koeffizienten einfach fortlassen können, ohne Voraussetzung und Behauptung zu ändern, so können wir annehmen, daß $g_0(x)$ ein Polynom vom Grade r ist und die Anfangskoeffizienten von $g_0(x)$ und $h_0(x)$ Einheiten sind. Da es wiederum nichts ausmacht, wenn wir $g_0(x)$ durch $\frac{1}{a} g_0(x)$ und $h_0(x)$ durch $a h_0(x)$ ersetzen, so können wir von vornherein annehmen, daß $g_0(x) = x^r + \cdots$ ein *normiertes* Polynom vom Grade r ist. Ist dann b der Anfangskoeffizient und s der Grad von $h_0(x)$, so ist der Anfangskoeffizient des Produktes $g_0(x)\, h_0(x)$ gleich b und der Grad $r + s \leqq n$. Wir werden nun die Faktoren $g(x)$ und $h(x)$ so konstruieren, daß $g(x)$ ein normiertes Polynom vom Grade r und $h(x)$ demzufolge ein Polynom vom Grade $n - r$ wird.

Die Koeffizienten des Polynomes $f(x) - g_0(x)\, h_0(x)$ haben nach Voraussetzung durchweg positive Exponenten; der kleinste davon sei

$\delta_1 > 0$. Ist $\delta_1 = \infty$, so ist $f(x) = g_0(x) h_0(x)$, also haben wir nichts weiter zu beweisen.

Da $g_0(x)$ und $h_0(x)$ modulo $\mathfrak{p}$ teilerfremd sind, so gibt es zwei Polynome $l(x)$ und $m(x)$ mit ganzen Koeffizienten aus K, für die

$$l(x)\, g_0(x) + m(x)\, h_0(x) \equiv 1 \pmod{\mathfrak{p}}$$

gilt. Der kleinste unter den Exponenten des Polynomes

$$l(x)\, g_0(x) + m(x)\, h_0(x) - 1$$

sei $\delta_2 > 0$. Die kleinere der beiden Zahlen δ_1, δ_2 sei ε und schließlich sei π ein Element mit $w(\pi) = \varepsilon$. Dann ist also

(1) $$f(x) \equiv g_0(x)\, h_0(x) \pmod{\pi}$$

(2) $$l(x)\, g_0(x) + m(x)\, h_0(x) \equiv 1 \pmod{\pi},$$

Wir konstruieren nun $g(x)$ als Grenzwert einer Folge von Polynomen $g_\nu(x)$ des Grades r, die mit $g_0(x)$ beginnt, ebenso $h(x)$ als Grenzwert einer Folge von Polynomen $h_\nu(x)$ der Grade $\leqq n - r$, die mit $h_0(x)$ beginnt. Gesetzt, $g_\nu(x)$ und $h_\nu(x)$ seien schon so bestimmt, daß

(3) $$f(x) \equiv g_\nu(x)\, h_\nu(x) \pmod{\pi^{\nu+1}}$$

(4) $$g_\nu(x) \equiv g_0(x) \pmod{\pi}$$

(5) $$h_\nu(x) \equiv h_0(x) \pmod{\pi}$$

ist und daß außerdem $g_\nu(x) = x^r + \cdots$ den höchsten Koeffizienten 1 hat. Zur Bestimmung von $g_{\nu+1}(x)$ und $h_{\nu+1}(x)$ machen wir den Ansatz

(6) $$g_{\nu+1}(x) = g_\nu(x) + \pi^{\nu+1} u(x)$$

(7) $$h_{\nu+1}(x) = h_\nu(x) + \pi^{\nu+1} v(x).$$

Dann wird

$$\left\{\begin{aligned} & g_{\nu+1}(x)\, h_{\nu+1}(x) - f(x) = g_\nu(x)\, h_\nu(x) - f(x) + \\ & \qquad \pi^{\nu+1}\{g_\nu(x)\, v(x) + h_\nu(x)\, u(x)\} + \pi^{2\nu+2} u(x)\, v(x). \end{aligned}\right.$$

Setzen wir gemäß (3)

$$f(x) - g_\nu(x)\, h_\nu(x) = \pi^{\nu+1} p(x),$$

so wird

$$\left\{\begin{aligned} & g_{\nu+1}(x)\, h_{\nu+1}(x) - f(x) \equiv \\ & \qquad \pi^{\nu+1}\{g_\nu(x)\, v(x) + h_\nu(x)\, u(x) - p(x)\} \pmod{\pi^{\nu+2}}. \end{aligned}\right.$$

Damit die linke Seite durch $\pi^{\nu+2}$ teilbar wird, genügt es, daß die Kongruenz

(8) $$g_\nu(x)\, v(x) + h_\nu(x)\, u(x) \equiv p(x) \pmod{\pi}$$

befriedigt wird.

Um das zu erreichen, multiplizieren wir die Kongruenz (2) mit $p(x)$

(9) $$p(x)\, l(x)\, g_0(x) + p(x)\, m(x)\, h_0(x) \equiv p(x) \pmod{\pi},$$

dividieren $p(x)\, m(x)$ durch $g_0(x)$, so daß der Rest $u(x)$ einen Grad $< r$ hat:

(10) $$p(x)\, m(x) = q(x)\, g_0(x) + u(x),$$

setzen (10) in (9) ein:

$$\{p(x)\, l(x) + q(x)\, h_0(x)\}\, g_0(x) + u(x)\, h_0(x) \equiv p(x) \pmod{\pi},$$

ersetzen alle durch π teilbaren Koeffizienten des Polynomes in der geschweiften Klammer durch 0 und erhalten so

$$v(x)\, g_0(x) + u(x)\, h_0(x) \equiv p(x) \pmod{\pi}. \tag{11}$$

Aus (11) folgt wegen (4) und (5) die gewünschte Kongruenz (8). Weiter hat $u(x)$ einen Grad $< r$, also hat $g_{\nu+1}(x)$ wegen (6) den gleichen Grad und dasselbe Anfangsglied wie $g_\nu(x)$. Es bleibt nun zu zeigen übrig, daß $v(x)$ einen Grad $\leqq n - r$ hat. Wäre das nicht der Fall, so würde im ersten Term von (11) ein höchstes Glied vom Grade $> n$ vorkommen, nicht aber in den übrigen. Der Koeffizient dieses Gliedes müßte nach (11) durch π teilbar sein, also wäre der Anfangskoeffizient von $v(x)$ durch π teilbar. Da wir aber alle durch π teilbaren Koeffizienten aus $v(x)$ weggelassen hatten, so hat $v(x)$ einen Grad $\leqq n - r$.

Aus der Kongruenz (8) folgt, wie wir oben sahen,

$$f(x) \equiv g_{\nu+1}(x)\, h_{\nu+1}(x) \pmod{\pi^{\nu+2}}. \tag{12}$$

Die so konstruierten Folgen $\{g_\nu(x)\}$ und $\{h_\nu(x)\}$ konvergieren wegen (3), (6), (7) gegen Polynome $g(x) = x^r + \cdots$ und $h(x)$ mit

$$f(x) = g(x)\, h(x).$$

Wegen (4) und (5) ist weiter

$$g(x) \equiv g_0(x) \pmod{\mathfrak{p}}$$
$$h(x) \equiv h_0(x) \pmod{\mathfrak{p}}.$$

Eine einfache Folgerung aus dem Reduzibilitätskriterium lautet:

Für ein irreduzibles Polynom

$$f(x) = a_0 + a_1 x + \cdots + a_n x^n$$

aus K *ist*

$$\min(w(a_0), w(a_1), \ldots, w(a_n)) = \min(w(a_0), w(a_n)).$$

Zum Beweis können wir annehmen, daß $f(x)$ primitiv ist. Das $\min(w(a_0), \ldots, w(a_n))$ ist dann Null. Angenommen, $w(a_0)$ und $w(a_n)$ wären beide größer als Null, dann gäbe es ein r, $0 < r < n$, mit $w(a_r) = 0$, aber $w(a_\nu) > 0$ für $\nu = r+1, \ldots, n$. Dann wäre

$$f(x) \equiv (a_0 + a_1 x + \cdots + a_r x^r) \cdot 1 \pmod{\mathfrak{p}}$$
$$0 < r < n,$$

und also $f(x)$ nach dem Reduzibilitätskriterium zerlegbar in einen Faktor vom Grade r und einen vom Grade $n - r$.

Aufgaben 1. Wenn ein Polynom $f(x) = x^n + a_{n-1} x^{n-1} + \cdots + a_0$ ganze Koeffizienten aus K hat und mod $\mathfrak{p}$ irreduzibel ist, so ist $f(x)$ auch im perfekten Körper Ω_{K} irreduzibel.

2. Wenn in $f(x) = x^n + a_{n-1} x^{n-1} + \cdots + a_0$ alle Koeffizienten $a_{n-1}, \ldots, a_0$ durch $\mathfrak{p}$ teilbar sind und a_0 nicht Produkt von zwei Elementen aus $\mathfrak{p}$

ist, so ist $f(x)$ irreduzibel (Verallgemeinerung des EISENSTEINschen Irreduzibilitätskriteriums).

3. Man untersuche die Zerlegung der rational irreduziblen Polynome

$$x^2+1, \quad x^2+2, \quad x^2-3, \quad x^2+x+1, \quad x^3+2$$

im Körper der 3-adischen Zahlen.

Die wichtigste Anwendung des letzten Satzes besteht in dem Beweis der Ausdehnbarkeit perfekter Exponentenbewertungen auf algebraische Erweiterungen.

K sei in Beziehung auf die Exponentenbewertung w perfekt, Λ sei eine algebraische Erweiterung von K. Dann gibt es eine Exponentenbewertung W von Λ, die für K mit w zusammenfällt.

Beweis. 1. ξ sei ein Element von Λ und

$$\xi^n + a_{n-1}\xi^{n-1} + \cdots + a_0 = 0$$

die irreduzible Gleichung für ξ mit Koeffizienten aus K. Wir behaupten, daß

$$W(\xi) = \frac{1}{n}\, w(a_0)$$

eine Bewertung von Λ ist (die ersichtlich für K mit w identisch ist). Um für zwei Elemente ξ, η von Λ die Relationen

$$W(\xi\eta) = W(\xi) + W(\eta)$$
$$W(\xi+\eta) \geqq \min(W(\xi),\ W(\eta))$$

zu beweisen, betrachten wir den Teilkörper $\Lambda_0 = \mathsf{K}(\xi, \eta)$, der von endlichem Grad t über K ist. Nach § 41 kann die Definition von $W(\xi)$ auch so gefaßt werden

$$W(\xi) = \frac{1}{t}\, w(N_{\Lambda_0/\mathsf{K}}(\xi)).$$

Wegen $N(\xi\eta) = N(\xi)N(\eta)$ folgt daraus sofort

$$W(\xi\eta) = W(\xi) + W(\eta).$$

Beim Beweis von $W(\xi+\eta) \geqq \min(W(\xi),\ W(\eta))$ können wir uns wegen

$$W(\xi+\eta) = W(\eta) + W\left(1 + \frac{\xi}{\eta}\right)$$

und $\min(W(\xi),\ W(\eta)) = W(\eta) + \min\left(W\left(\frac{\xi}{\eta}\right),\ 0\right)$ auf $\eta = 1$ beschränken.

Nun ist aber die irreduzible Gleichung für $\xi + 1$

$$(\xi+1)^n + \cdots + (a_0 - a_1 + a_2 - \cdots + (-1)^{n-1}a_{n-1} + (-1)^n) = 0.$$

Nach dem vorhergehenden Satze ist in der Tat

$$W(\xi+1) = \frac{1}{n}\, w(a_0 - a_1 + \cdots) \geqq \frac{1}{n} \min(w(a_0), w(a_1), \ldots, w(a_{n-1}), w(1))$$
$$= \frac{1}{n} \min(w(a_0),\ w(1)) = \min(W(\xi),\ 0).$$

Wenn wir von den Exponentenbewertungen $w(a)$, $W(\xi)$ wieder zu den gewöhnlichen Bewertungen

$$\varphi(a) = e^{-w(a)}, \quad \Phi(\xi) = e^{-W(\xi)}$$

übergehen, so wird die Bewertung des Erweiterungskörpers Λ durch

$$\Phi(\xi) = \sqrt[n]{\varphi(a_0)}$$

oder, falls Λ einen endlichen Grad t über K hat, durch

$$\Phi(\xi) = \sqrt[t]{\varphi(N_\Lambda(\xi))}$$

definiert. Wir bemerken, daß genau die gleiche Formel auch im Falle archimedischer Bewertungen richtig ist, wenn K der Körper der reellen Zahlen, Λ der Körper der komplexen Zahlen und $\Phi(\xi) = |\xi|^\varrho$ ist. In diesem Fall ist nämlich für $\xi = a + bi$

$$|\xi| = \sqrt{a^2 + b^2} = \sqrt{N(\xi)} = \sqrt{|N(\xi)|}.$$

Wir behandeln daher von jetzt ab archimedische und nicht-archimedische Bewertungen wieder gemeinsam; verstehen also unter K entweder einen perfekten nichtarchimedisch bewerteten Körper oder den Körper der reellen oder den der komplexen Zahlen, durch Beträge $\varphi(a) = |a|^\varrho$ bewertet.

Λ sei von endlichem Grad über K und $u_1, \ldots, u_n$ sei eine Basis von Λ/K. K sei für die Bewertung φ perfekt. Wenn Φ eine Bewertung von Λ ist, die für K mit φ übereinstimmt, so ist eine Folge

$$c_\nu = a_1^{(\nu)} u_1 + \cdots + a_n^{(\nu)} u_n, \quad \nu = 1, 2, 3, \ldots$$

dann und nur dann eine Fundamentalfolge für Φ, wenn die n Folgen $\{a_i^{(\nu)}\}$ für φ Fundamentalfolgen sind.

Da die Folgen $a_i^{(\nu)}$ gegen Grenzwerte a_i aus K konvergieren, so folgt: *Λ ist für Φ perfekt.*

Beweis. Die Konvergenz der Folgen $\{a_i^{(\nu)}\}$ beweisen wir durch eine vollständige Induktion: Wenn die c_ν die Form

$$c_\nu = a_1^{(\nu)} u_1$$

haben, so ist $\{a_1^{(\nu)}\}$ natürlich eine Fundamentalfolge, sobald $\{c_\nu\}$ eine ist. Die Behauptung sei bewiesen für alle Folgen $\{c_\nu\}$ der Gestalt

$$c_\nu = \sum_{i=1}^{m-1} a_i^{(\nu)} u_i.$$

Dann sei eine Folge

$$c_\nu = \sum_{i=1}^{m} a_i^{(\nu)} u_i$$

gegeben. Wenn die Folge $\{a_m^{(\nu)}\}$ konvergiert, so ist auch $\{c_\nu - a_m^{(\nu)} u_m\}$ eine Fundamentalfolge, die $\{a_i^{(\nu)}\}$, $i < m$, konvergieren also nach der Induktionsvoraussetzung. Gesetzt, $\{a_m^{(\nu)}\}$ wäre nicht konvergent. Dann wäre es möglich, die Zahlenfolge $n_1, n_2, n_3, \ldots$ so auszuwählen, daß $\varphi(a_m^{(\nu)} - a_m^{(\nu + n_\nu)}) > \varepsilon$ ist für alle ν, wo ε eine feste *positive* Zahl bedeutet. Die Folge

$$d_\nu = \frac{c_\nu - c_{\nu + n_\nu}}{a_m^{(\nu)} - a_m^{(\nu + n_\nu)}} = \sum_{i=1}^{m-1} \frac{a_i^{(\nu)} - a_i^{(\nu + n_\nu)}}{a_m^{(\nu)} - a_m^{(\nu + n_\nu)}} u_i + u_m = \sum_{i=1}^{m-1} b_i^{(\nu)} u_i + u_m$$

müßte also gegen Null konvergieren, denn die Folge der Zähler konvergiert gegen Null, weil $\{c_\nu\}$ eine Fundamentalfolge ist. Nun ist

$$d_\nu - u_m = \sum_{i=1}^{m-1} b_i^{(\nu)} u^i.$$

Nach der Induktionsvoraussetzung konvergieren also die Folgen $\{b_i^{(\nu)}\}$ gegen gewisse Grenzwerte b_i und es wäre

$$-u_m = \sum_{i=1}^{m-1} b_i u_i,$$

was dem Umstand widerspricht, daß $u_1, \ldots, u_n$ eine Basis von Λ/K ist.

Genau ebenso beweist man: Die Folge $\{c_\nu\}$ ist dann und nur dann eine Nullfolge, wenn die Folgen $\{a_i^{(\nu)}\}(i = 1, \ldots, n)$ Nullfolgen sind.

Auf diese Bemerkung stützt sich der Beweis des folgenden Eindeutigkeitssatzes:

Die Fortsetzung Φ der Bewertung φ eines perfekten Körpers K auf eine algebraische Erweiterung Λ ist eindeutig bestimmt, und zwar ist

$$\Phi(\xi) = \sqrt[n]{\varphi(N(\xi))},$$

wobei die Norm im Körper $\mathsf{K}(\xi)$ zu bilden ist und n den Grad dieses Körpers über K bedeutet.

Beweis. Es genügt, ein festes Element ξ mit dem zugehörigen Körper $\mathsf{K}(\xi)$ zu betrachten; unter Normen sind dann immer Normen in diesem Körper zu verstehen. Wenn eine Folge $\{c_\nu\}$ in diesem Körper gegen Null strebt (im Sinne Φ) und wenn man die c_ν linear durch die Basiselemente $u_1, \ldots, u_n$ von $\mathsf{K}(\xi)$ ausdrückt, so streben nach dem obigen die einzelnen Koeffizienten $a_i^{(\nu)}$ und daher auch die Norm, die ein homogenes Polynom in diesen Koeffizienten ist, gegen Null. Gesetzt nun, es wäre $\Phi(\xi)^n < \varphi(N(\xi))$ oder $\Phi(\xi)^n > \varphi(N(\xi))$; betrachten wir dann das Element

$$\eta = \frac{\xi^n}{N(\xi)} \quad \text{bzw.} \quad \eta = \frac{N(\xi)}{\xi^n},$$

so ist in beiden Fällen $N(\eta) = 1$ und $\Phi(\eta) < 1$. Es folgt $\lim \eta^\nu = 0$, also $\lim N(\eta^\nu) = 0$, was zu $N(\eta^\nu) = N(\eta)^\nu = 1$ in Widerspruch steht.

Aus dem bewiesenen Satze folgt

Ein Isomorphismus zwischen zwei bewerteten algebraischen Erweiterungskörpern Λ, Λ' des perfekten bewerteten Körpers K, welcher die Elemente von K in sich überführt, führt auch notwendig die Bewertung von Λ in die von Λ' über.

Die archimedischen Bewertungen eines algebraischen Zahlkörpers haben wir in § 75 dadurch konstruiert, daß wir den Körper in einen perfekten Körper einbetteten, der sich dann mit dem Körper der reellen, bzw. der komplexen Zahlen identifizieren ließ. In ganz entsprechender Weise werden wir nun auch die Fortsetzungen einer nichtarchimedischen Bewertung eines nicht perfekten Grundkörpers auf einen algebraischen Erweiterungskörper dadurch studieren, daß wir diesen zu einem perfekten Körper erweitern. Dabei beschränken wir uns der Einfachheit halber auf den Fall einer endlichen Erweiterung Λ des Grundkörpers K, die durch Adjunktion von $\xi_1, \ldots, \xi_t$ an K entstehen möge, obwohl alle folgenden Betrachtungen ohne weiteres auch auf den Fall anwendbar sind, in dem eine abzählbare (oder wohlgeordnete) Folge von Größen $\xi_1, \xi_2, \ldots$ zu K adjungiert wird.

$\xi_1, \ldots, \xi_t$ mögen Nullstellen der Polynome $f_1(x), \ldots, f_t(x)$ sein. Der zu K gehörige perfekte Erweiterungskörper sei Ω. Der Zerfällungskörper von $f_1(x), \ldots, f_t(x)$ über Ω sei Σ. Σ hat als algebraische Erweiterung des perfekten Körpers Ω eine einzige, die Bewertung von Ω fortsetzende Bewertung. Das gleiche gilt für alle Zwischenkörper zwischen Ω und Σ; die Bewertung eines solchen Zwischenkörpers ist durch die von Σ mitgegeben.

Es ist klar, daß man eine Bewertung von $\Lambda = \mathsf{K}(\xi_1, \ldots, \xi_t)$ erhalten kann, sobald es gelingt, Λ in Σ *einzubetten*, d. h. einen Isomorphismus σ von Λ anzugeben, der Λ in einen Teilkörper $\Lambda' = \mathsf{K}(\xi_1', \ldots, \xi_t')$ von Σ überführt und dabei die Elemente von K fest läßt. Die Bewertung von Λ' als Unterkörper von Σ überträgt sich dann nämlich vermöge σ^{-1} unmittelbar auf Λ.

Wir behaupten nun, daß durch diese Einbettungen schon alle die Bewertung von K fortsetzenden Bewertungen von Λ erschöpft sind: *Zu jeder solchen Bewertung φ von Λ gibt es einen Isomorphismus σ der Λ in einen Teilkörper Λ' von Σ überführt, die Elemente von K fest läßt und die Bewertung φ von Λ in die Bewertung von Λ' überführt.*

Beweis. Wir bilden die perfekte Erweiterung von Λ. Sie umfaßt die perfekte Erweiterung Ω von K und sie enthält die Größen $\xi_1, \ldots, \xi_t$; also umfaßt sie den Körper $\Omega(\xi_1, \ldots, \xi_t)$. Dieser läßt sich aber stets zu einem Zerfällungskörper der Polynome $f_1, \ldots, f_t$ erweitern, welcher mit dem Zerfällungskörper Σ isomorph ist. Der Isomorphismus führt $\Omega(\xi_1, \ldots, \xi_t)$ in einen Teilkörper $\Omega(\xi_1', \ldots, \xi_t')$ über, läßt alle Elemente von Ω fest und führt daher auch die Bewertung von $\Omega(\xi_1, \ldots, \xi_t)$ in die einzig mögliche Bewertung von $\Omega(\xi_1', \ldots, \xi_t')$ über.

Aus dem bewiesenen Satz folgt, *daß alle möglichen Fortsetzungen der gegebenen Bewertung von K zu Bewertungen von $\Lambda = \mathsf{K}(\xi_1, \ldots, \xi_n)$ gefunden werden, indem man den Körper Λ in allen möglichen Weisen in den perfekt bewerteten Zerfällungskörper Σ einbettet.*

Ist speziell Λ eine einfache Erweiterung, $\Lambda = \mathsf{K}(\xi)$ mit der definierenden Gleichung $f(\xi) = 0$, so ist Σ der Zerfällungskörper des Polynomes $f(x)$. Die Zerlegung von $f(x)$ in irreduzible Faktoren in Ω möge lauten

$$f(x) = f_1(x) f_2(x) \ldots f_s(x).$$

Jeder Isomorphismus σ von $\mathsf{K}(\xi)$ führt das Element ξ in eine Nullstelle des Polynomes $f(x)$, also in eine Nullstelle eines Polynomes $f_\nu(x)$ über. Zu jedem der Polynome $f_\nu(x)$ gehört ein Erweiterungskörper $\Omega(\xi')$, wobei ξ' irgendeine Nullstelle vom $f_\nu(x)$ ist (ganz gleichgültig welche), der in einer eindeutig bestimmten Weise bewertet ist. Jeder Isomorphismus $\mathsf{K}(\xi) \cong \mathsf{K}(\xi')$, der ξ in ξ' überführt und die Elemente von K fest läßt, definiert eine Einbettung im obigen Sinn und daher eine mögliche Bewertung von $\mathsf{K}(\xi)$. Es gibt demnach (genau wie in § 75) so viele verschiedene Bewertungen, wie es irreduzible Faktoren von $f(x)$ in $\Omega[x]$ gibt.

Der Fall einer nicht einfachen algebraischen Erweiterung kann auf sukzessive einfache Erweiterungen zurückgeführt werden, indem man der Reihe nach $\xi_1, \ldots, \xi_t$ adjungiert. Man kann aber auch die nicht einfache Erweiterung zerlegen in eine separable Erweiterung, die nach dem Satz vom primitiven Element einfach ist, und eine nachfolgende Adjunktion von p-ten Wurzeln (p = Charakteristik von K), bei denen sich die Bewertung in trivialer Weise eindeutig überträgt, da dann *jedes* Element des Erweiterungskörpers eine p-te Wurzel und die Bewertung durch

$$\varphi\left(\sqrt[p]{a}\right) = \sqrt[p]{\varphi(a)}$$

gegeben ist.

Aufgaben. 4. Alle Bewertungen des GAUSSschen Zahlkörpers (§ 14) sind anzugeben.

5. Ordnet man jeder Bewertung von $\Lambda(\xi_1, \ldots, \xi_t)$ eine Zahl zu, die gleich dem Grade des Körpers $\Omega(\xi_1', \ldots, \xi_t')$ über Ω ist, so ist die Summe dieser Zahlen gleich dem Grad $(\Lambda : \mathsf{K})$.

Neuere Literatur über bewertete Körper.

OSTROWSKI, A.: Untersuchungen zur arithmetischen Theorie der Körper. (Die Theorie der Teilbarkeit in allgemeinen Körpern.) Math. Z. Bd. 39 (1934) S. 269—404.

WITT, E.: Zyklische Körper und Algebren der Charakteristik p vom Grad $p^{\varkappa}$. J. reine angew. Math. Bd. 176 (1936) S. 126—140.

TEICHMÜLLER, O.: Diskret bewertete perfekte Körper mit unvollkommenem Restklassenkörper. J. reine angew. Math. Bd. 176 (1936) S. 141—152.

MAHLER, K.: Über Pseudobewertungen. I. Acta math. Bd. 66 (1936) S. 79—199; Ia. Akad. Wetensch. Amsterdam, Proc. Bd. 39 (1936) S. 57—65; II. Acta math. Bd. 67 (1936) S. 51—80.

KRULL, W.: Allgemeine Bewertungstheorie. J. reine angew. Math. Bd. 167 (1932) S. 160—196.

Sachverzeichnis.

Die Zahlen geben die Seiten an, wo die Begriffe zum erstenmal vorkommen.

Druck der Universitätsdruckerei H. Stürtz A.G., Würzburg.

MIX
Papier aus verantwortungsvollen Quellen
Paper from responsible sources
FSC® C105338

If you have any concerns about our products,
you can contact us on
ProductSafety@springernature.com

In case Publisher is established outside the EU,
the EU authorized representative is:
Springer Nature Customer Service Center GmbH
Europaplatz 3, 69115 Heidelberg, Germany

Printed by Libri Plureos GmbH
in Hamburg, Germany